Heinrich Riedl

# Handbuch praktischer Motorradtechnik

Heinrich Riedl

# Handbuch praktische Motorrad-technik

Für alle Marken:

Grundwissen,
Störfälle,
Pannendiagnose,
Schadensbehebung

BLV Verlagsgesellschaft
München Wien Zürich

CIP-Titelaufnahme der Deutschen Bibliothek

**Riedl, Heinrich:**
Handbuch praktische Motorradtechnik: Für alle Marken:
Grundwissen, Störfälle, Pannendiagnose, Schadensbehebung /
Heinrich Riedl. – München; Wien; Zürich:
BLV Verlagsgesellschaft, 1988
ISBN 3-405-13526-5



Redaktion: Halwart Schrader
Gestaltung: Sonja Anderle
Titelbild: Hans-Jürgen Schneider
Alle Abbildungen vom Autor

Gesamtherstellung: Friedrich Pustet, Regensburg

Printed in Germany · ISBN 3-405-13526-5

# Inhalt

# Vorwort

Da Motorräder komplizierte und hochbeanspruchte Maschinen sind, ist die Reparaturhäufigkeit relativ hoch. Jeder Motorradfahrer wird trotz sorgfältiger Pflege und regelmäßiger Inspektionen irgendwann auch mit einem Störfall konfrontiert werden. Meist tritt eine Panne zum ungünstigsten Zeitpunkt auf, zum Beispiel kurz vor einer wichtigen Verabredung, oder bei schlechtem Wetter springt der Motor nicht an oder bleibt stehen. Um in allen Situationen eine Fehlerdiagnose stellen und zur Selbsthilfe greifen zu können, sind Kenntnisse über sämtliche Bauteile und Komponenten sowie über die Wirkungsweise der Motoren, deren Hilfssysteme und über die elektrische Anlage erforderlich. Sie werden in diesem Buch ausführlich vermittelt. Selbstverständlich sind auch Benzineinspritzung und Turbolader beschrieben und die elektrischen Stromlaufpläne detailliert dargestellt, eine Voraussetzung zur schnellen und sicheren Fehlerdiagnose und gezielten Fehlersuche in der elektrischen Anlage.

Der erste Schritt zur Beseitigung einer Störung ist deren Diagnose. Hierzu dient die Störfallübersicht, durch die man feststellen kann, welche Anlagenteile Ursache einer Störung sein können. Zur Erleichterung der Diagnose sind 170 der 230 erfaßten Motorrad-Störfälle gründlich erläutert.

Ist die Diagnose erstellt, kann mit der Fehlersuche und Fehlerbehebung begonnen werden. Hierzu findet der Praktiker 185 Arbeitsabläufe. Die auszuführenden Arbeitsgänge eines Arbeitsablaufs sind in richtiger Schrittfolge aufgeführt und entsprechend illustriert.

Da oft auch mehrere Komponenten Ursache einer Störung sind, kann auch eine Fachwerkstatt bereits bei einfachen Fahrzeugmängeln Probleme haben. Dies führt häufig zum Austausch noch einwandfreier Teile und folglich zu erhöhten Reparaturkosten. Deshalb sollte jeder Motorradfahrer in der Lage sein, eine sichere Störfalldiagnose selbst zu erstellen, damit Störungen gezielt beseitigt werden können bzw. der Werkstatt ein einwandfreier Arbeitsauftrag erteilt werden kann. Ferner können auch Rückschlüsse auf Folgeschäden und Auswirkungen auf die Verkehrs- und Betriebssicherheit getroffen werden.

Somit ist dieses Buch, in welchem alle Fabrikate und Typen berücksichtigt sind, eine unentbehrliche Unterlage zur Bewältigung aller praxisbezogenen Probleme.

Daß Sie im Falle einer Panne deren Ursache stets auf die Spur kommen mögen und möglichst viele Reparatur- und Wartungsarbeiten selbst und fachmännisch ausführen können, wünscht Ihnen Ihr

Heinrich Riedl

*Bepackt für die Große Fahrt – hoffentlich sind auch die notwendigsten Werkzeuge dabei!*

# 1. Grundlagen

## 1.1 Elektrotechnik

Jeder überhaupt vorkommende Stoff ist aus Atomen aufgebaut, die sich im wesentlichen aus Elektronen, Protonen und Neutronen zusammensetzen.

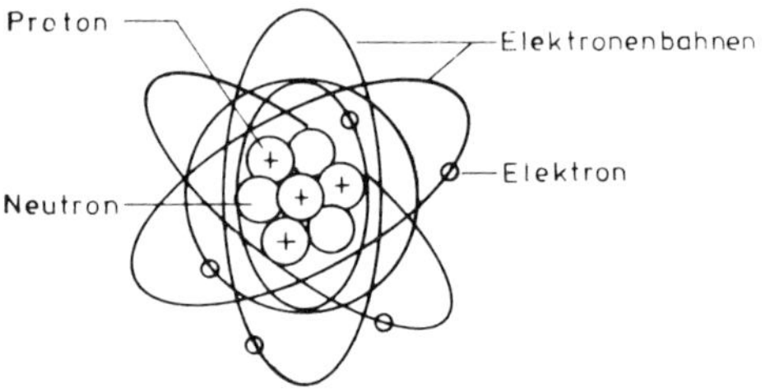


*1 Prinzipieller Aufbau eines Atoms*

Um die atomaren Vorgänge verstehen zu können, stellt man sich am besten ein Atom aus einem kugelartigen Kern vor (Abb. 1), um den auf bestimmten Bahnen (wie die Planeten um die Sonne) die Elektronen kreisen. Außer dem Wasserstoff-Atom, das aus einem Proton (positive elektrische Ladung) und einem Elektron (negativ elektrisch geladenes Elementarteilchen) besteht, weisen alle übrigen Elemente mehrere Protonen und Elektronen auf. Außerdem sind in ihren Atomkernen neben den Protonen auch Neutronen (elektrisch neutrale Elementarteilchen, das heißt, sie haben nach außen keine wirksame Ladung) vorhanden. Da ein Leiter dadurch gekennzeichnet ist, daß er außer den Elektronen, die um den Atomkern kreisen, noch freie, das heißt: an keinen Atomkern gebundene Elektronen besitzt, kann er ein aus dem Atomverband entferntes Elektron ersetzen. Daraus folgt, daß ein elektrischer Stromfluß ein Austausch von Elektronen, ein Elektronenfluß ist.
Nichtleiter, zum Beispiel Glas oder Gummi, besitzen keine freien Elektronen, und ihre Atome sind nicht in der Lage, gegenseitig Elektronen auszutauschen. Außer metallischen Leitern und Nichtleitern gibt es Halbleiter, zum Beispiel Germanium und Silizium.

### Spannung und Strom

Zum leichteren Verständnis dieser Begriffe gehen wir von einem Wasserkreislauf gemäß Abb. 2 A aus.
Wird die Pumpe P von einem Motor angetrieben, so stellt sich bei geschlossenem Ventil V auf der Druckseite $P_1$ gegenüber der Saugseite $P_2$ ein Überdruck ein, das heißt, zwischen $P_1$ und $P_2$ entsteht eine Druckdifferenz $\Delta p$.
Abb. 2 B zeigt den entsprechenden elektrischen Kreislauf mit einem galvanischen Element (Stromquelle), das als Elektronenpumpe zu betrachten ist. Der Druckunterschied $\Delta p$ des Wassers läßt sich mit der Spannung U der Stromquelle Uq vergleichen. Innerhalb der Stromquelle bewirkt die Spannung eine Verschiebung der freien Elektronen von einer Klemme zur anderen. Beim galvanischen Element besteht an der Minusklemme eine Anhäufung von Elektronen, während an der Plusklemme ein Elektronenmangel besteht.

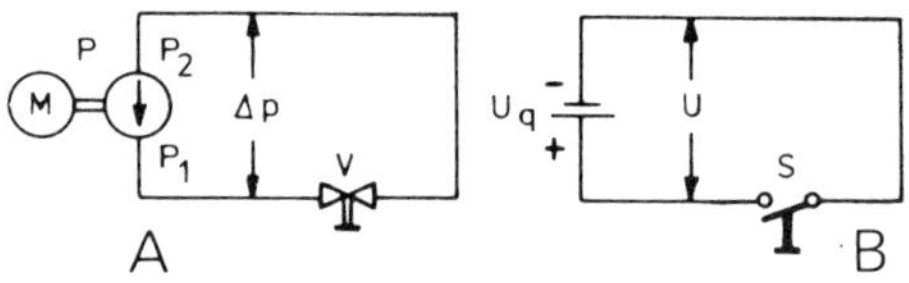


*2 A Wasserkreislauf*
*B elektrischer Stromkreislauf*

Öffnet man das Ventil V im Wasserkreislauf, dann bewirkt das von der Pumpe erzeugte Druckgefälle eine Wasserströmung, das heißt, der Wasserkreislauf ist geschlossen.
Dementsprechend wird durch Einschalten des Schalters S der elektrische Stromkreis geschlossen und die Elektronenbewegung setzt ein. Die Spannung ist dabei die Ursache der Elektronenbewegung. Der Elektronenstrom ist wie beim Wasserstrom an jeder Stelle des Kreislaufes gleich groß. Die Stromstärke ist jedoch von der Größe der Spannung abhängig.
Für die bisherigen Betrachtungen diente als Stromquelle das galvanische Element. Anstelle dessen kann natürlich jeder Stromerzeuger (Dynamo, Generator) treten. Die sogenannten rotierenden Stromerzeuger liefern entsprechend ihres Aufbaus einen Gleich-, Wechsel- oder Drehstrom.

In jedem Spannungserzeuger entsteht durch Ladungstrennung eine elektrische Spannung. Einen Strom von konstanter Stärke und Richtung bezeichnet man als Gleichstrom. Ändert ein Strom seine Stärke und Richtung sinusförmig, so spricht man von Wechselstrom. Die Frequenz des Wechselstromnetzes beträgt 50 Schwingungen pro Sekunde oder 50 Hertz. Bei Spannungs- und Stromangaben ist immer der Effektivwert (Mittelwert) zu verstehen; das ist der Wert, der von Spannungs- und Strommessern angezeigt wird. Der Drehstrom, auch Dreiphasenstrom genannt, besteht aus drei verketteten Wechselströmen, die um 120 ° phasenverschoben sind. Die Maßeinheit der Stromstärke ist das Ampere, das Kurzzeichen = A und das Formelzeichen = I.
1 A ist die Stärke des Stromes, der aus einer Silbernitratlösung in einer Sekunde 1,118 Milligramm Silber ausscheidet. Die Maßeinheit der elektrischen Spannung ist das Volt, das Kurzzeichen = V und das Formelzeichen = U.
1 V ist die Spannung, die durch einen Widerstand von 1 Ohm einen Strom von 1 A treibt.

## Widerstand

Ist das Ventil V im Wasserkreislauf gemäß Abb. 2 A ganz geöffnet, und der Motor treibt die Pumpe P mit konstanter Drehzahl an, dann fließt entsprechend dem Druckunterschied $\Delta p$ ein konstanter Wasserstrom. Wird das Ventil allmählich geschlossen, der Rohrquerschnitt also verkleinert, dann reduziert sich der Wasserstrom solange, bis er schließlich bei geschlossenem Ventil (größter Widerstand) vollkommen unterbrochen ist. Ferner entsteht insbesondere an der Einschnürung infolge der Reibung eine erhöhte Erwärmung. Daraus ergeben sich zwei grundlegende Effekte:

- der Widerstand verkleinert den Wasserstrom,
- der Widerstand erwärmt sich dabei.

Analoge Verhältnisse ergeben sich bei einem elektrischen Stromkreis gemäß Abb. 3 mit dem elektrischen Widerstand R.
Die Maßeinheit des elektrischen Widerstandes ist das Ohm, das Kurzzeichen = Ω (griechisch Omega), das Formelzeichen = R.

1 Ω ist der Gleichstrom-Widerstand einer Quecksilbersäule von 1 mm$^2$ Querschnitt und 106,3 cm Länge bei einer Temperatur von 0 °C. Über die Beziehung zwischen Strom und Widerstand gibt folgende Gleichung Aufschluß:

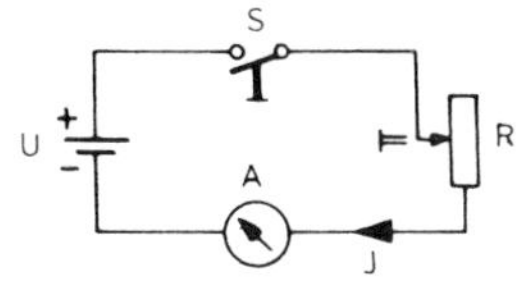


*3 Einfacher Stromkreis mit Stromquelle U. Schalter S, Widerstand R und Strommesser A*

Spannung [V] = Strom [A] × Widerstand [Ω]

$$U = I \times R$$

Das ist das »Ohmsche Gesetz«, das grundlegende und wichtigste in der Elektrotechnik. Durch Umwandlungen obiger Formel ergeben sich die Gleichungen:

$$I = \frac{U}{R} \quad \text{bzw.} \quad R = \frac{U}{I}$$

Bei der Reihen- oder Hintereinanderschaltung von Widerständen durchfließt der Strom nacheinander die Einzelwiderstände. Die Stromstärke ist wie im gesamten Stromkreis in allen Widerständen gleich groß, die Gesamtspannung ist gleich der Summe der Teilspannungen

$$U = U_1 + U_2 + \ldots$$

und der Gesamtwiderstand R gleich der Summe der Einzelwiderstände $R_1$, $R_2$ und so weiter.

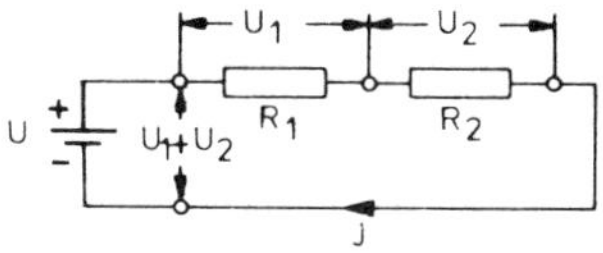


*4 Reihenschaltung von zwei Widerständen*

$$R = R_1 + R_2 + \ldots$$

Durch Umformung ergeben sich die Gleichungen:

$$R_1 = R - R_2$$
$$R_2 = R - R_1$$

Schaltet man mehrere Widerstände parallel oder nebeneinander, dann wird jeder Einzelwiderstand von einem ihrem Widerstandswert entsprechenden Strom durchflossen. Der Gesamtstrom $J_G$ ist gleich der Summe der Teilströme.

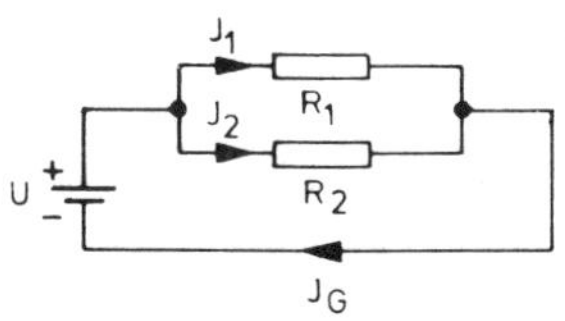


*5 Parallel- oder Nebeneinanderschaltung von zwei Widerständen*

Der Gesamtwiderstand R einer Parallelschaltung von Widerständen ist immer kleiner als der kleinste Einzelwiderstand.

Für zwei parallel geschaltete Widerstände ergibt sich der Gesamtwiderstand R zu:

$$R = \frac{R_1 \cdot R_2}{R_1 + R_2}$$

Schaltet man vor einem Verbraucher einen Festwiderstand, zum Beispiel um eine 6 V-Lampe an ein 12 V-Netz anschließen zu können, so teilt sich die angelegte Spannung den Widerstandswerten entsprechend auf.
Die Größe des Vorwiderstandes $R_v$ kann nach dem Ohmschen Gesetz berechnet werden.

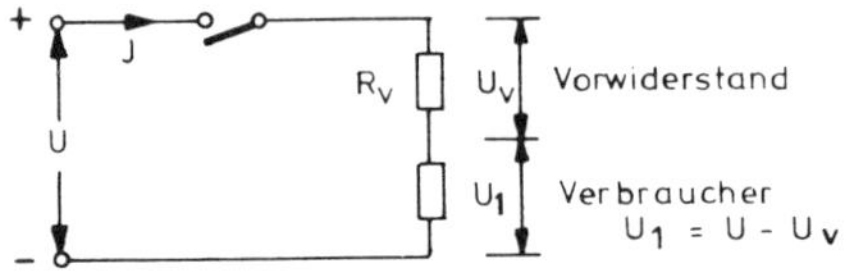


*6 Schaltung eines Vorwiderstandes*

In der Meß-, Regel- und Steuerungstechnik findet man häufig den sogenannten Spannungsteiler. Eine Spannungsteilung kann durch Reihenschaltung von Festwiderständen, einstellbaren Widerständen bzw. durch einen stufenlos einstellbaren Widerstand (Potentiometer) gemäß Abb. 7 erreicht werden.

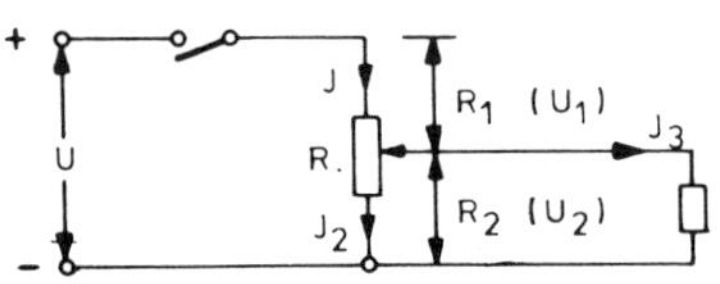


*7 Schaltung eines Spannungsteilers*

Bei Verwendung eines Potentiometers kann jeder Spannungswert zwischen null und der vollen Spannung U eingestellt werden. Der Gesamtstrom I fließt durch den Widerstand $R_1$ und teilt sich dann – entsprechend den Widerstandsgrößen $R_2$ und $R_3$ – in die Teilströme $I_2$ und $I_3$.
Wird an die Enden eines Drahtes von bestimmter Länge eine konstante Spannung angelegt, fließt ein Strom I = U : R (R = Widerstand des Drahtes). Eine Halbierung des Drahtquerschnitts bewirkt, daß der Strom auf die Hälfte seines Wertes zurückgeht, da der Widerstand verdoppelt wurde. Daraus folgt, daß der Widerstand eines Drahtes proportional seiner Länge und umgekehrt proportional seinem Querschnitt ist.
Jedes Leitermaterial hat einen bestimmten, den sogenannten spezifischen Widerstand (für Kupfer 0,0178). Er ist eine Materialkonstante für einen Draht von 1 m Länge und 1 $mm^2$ Querschnitt und hat das Formelzeichen ϱ (griechisch Rho). Demnach ist der Widerstand eines Drahtes oder einer elektrischen Leitung:

$$R = \frac{\varrho \cdot l\,[m]}{A\,[mm^2]}\,[\Omega]$$

## Energie und Leistung

Wird ein Stromverbraucher an eine Stromquelle angeschlossen, wird dem Gerät elektrische Energie zugeführt. Sie ist abhängig von der Höhe der Spannung U, der Stromstärke I und der Zeitdauer t.
Die Einheit der elektrischen Energie ist das Watt W (1000 W = 1 Kilowatt = 1 KW)
Elektrische Energie = Spannung × Strom × Zeit

$W = U \times I \times t$

Da die elektrische Energie von der Zeitdauer abhängig ist während der sie verbraucht wird und sich zeitlich stark ändern kann, wurde die elektrische Leistung P eingeführt, die zeitunabhängig ist.

$P\,[W] = U\,[V] \times I\,[A]$

Die Maßeinheit für die aufgenommene bzw. verbrauchte elektrische Leistung und für die abgegebene mechanische Leistung (z. B. Motorleistung) ist das Kilowatt (1 KW = 1,36 PS).

## Magnetismus

Unter Magnetismus versteht man die Eigenschaft bestimmter Stoffe, Eisen anzuziehen. Nach den Erkenntnissen der Atomphysik wird jeder Magnetismus, auch der eines Dauermagneten, der sogenannte permanente Magnet,

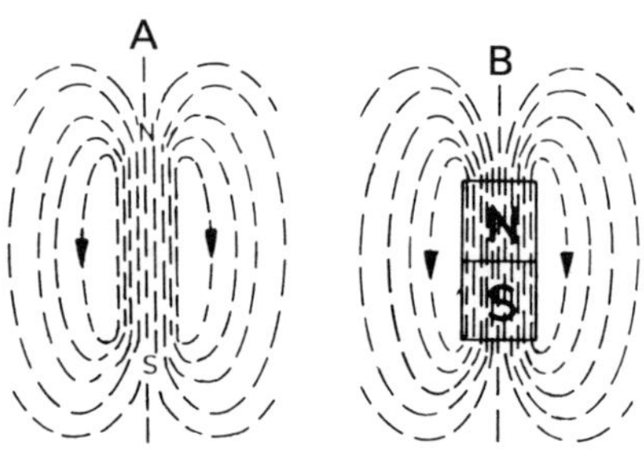


*8 Magnetisches Kraftfeld:*
*A einer stromdurchflossenen Spule,*
*B eines Dauermagnets*

durch elektrische Ströme erzeugt. Um einen stromdurchflossenen Leiter bildet sich ein Magnetfeld aus, dessen Feldlinien den Leiter auf seiner ganzen Länge ringförmig umgeben. Die Richtung der Feldlinien ist von der Stromrichtung abhängig. Wie aus Abb. 8 ersichtlich, besteht zwischen dem magnetischen Kraftfeld einer stromdurchflossenen Spule und dem eines Dauermagneten kein wesentlicher Unterschied.

In beiden Fällen ist das Ende, an dem die Kraftlinien den Stabmagnet beziehungsweise die Spule verlassen, der Nordpol N; dort, wo sie wieder zurückkehren, der Südpol S. Im Innern der Magnete laufen die Kraftlinien von S nach N und bilden ein homogenes Feld. Ferner ziehen sich ungleichnamige Pole eines Magneten an und gleichnamige stoßen sich ab.

Lediglich die magnetische Wirkung eines Elektromagneten hält im Gegensatz zum Dauermagneten nur so lange an, solange die Spule vom Strom durchflossen wird.

Die Kraftliniendichte ist bei einer Spule mit Eisenkern größer als bei einer Spule ohne Eisenkern. Die Kraft eines Magneten wird bestimmt durch die Gesamtzahl der aus einer Polfläche austretenden Kraftlinien, das heißt durch den magnetischen Kraftfluß.

Bei der Luftspule ist der magnetische Kraftfluß $\Phi$ 1 proportional der Stromstärke I des durch die Spule fließenden Stromes. Bei der Kernspule ist infolge der Magnetisierung des Eisenkerns der Kraftfluß $\Phi$ 2 in der Spule bei gleicher Stromstärke I wesentlich größer als der Kraftfluß $\Phi$ 1 der Luftspule (Abb. 9).

Bewegt man einen Leiter in einem Magnetfeld so, daß er magnetische Kraft- oder Feldlinien schneidet, dann wird in diesem Leiter eine Spannung induziert. Der gleiche Effekt tritt ein, wenn sich, ohne Bewegung des Leiters, das Magnetfeld ändert, verstärkt oder geschwächt wird.

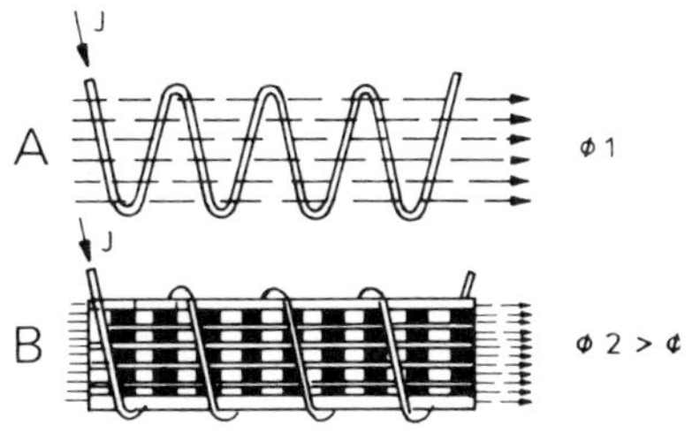


*9 A Spule ohne Eisenkern (Luftspule),
B Spule mit Eisenkern (Kernspule)*

Wird nun eine Spule von einem Wechselstrom durchflossen, dann entsteht in der Spule ein magnetisches Wechselfeld, das heißt, der die Spule durchdringende magnetische Kraftfluß ist nicht konstant, sondern wechselt gemäß dem Spulenstrom fortlaufend seine Stärke und Richtung. Dadurch wird in der Spule eine Spannung, die sogenannte Selbstinduktionsspannung, induziert.

Die Größe der induzierten Spannung ist davon abhängig, je mehr Feldlinien von einem Leiter in der Zeiteinheit geschnitten werden beziehungsweise je schneller sich die Stärke des Magnetfeldes, das heißt der magnetische Kraftfluß, ändert. Der Magnetfluß erfährt seine größte Änderung beim Nulldurchgang des Wechselstromes. Infolgedessen entsteht zu diesem Zeitpunkt die höchste Selbstinduktionsspannung.

### 1.1.1 Gerätetechnik

#### Schaltgeräte

Schaltgeräte sind Geräte, die Strompfade, das heißt Stromkreise, schließen bzw. unterbrechen. Es gibt verschiedene Arten von Schaltgeräten, die sich aufgrund ihres Aufbaus und ihrer Wirkungsweise erheblich voneinander unterscheiden.

#### Schalter

Bei den Schaltern unterscheidet man zwischen

- Stellschalter = Schalter ohne Rückzugskraft (Ein, Aus),
- Tastschalter = Schalter mit Rückzugskraft,
- Schloßschalter = Schalter mit mechanischer Sperre (Schlüsselschalter),
- Wahlschalter = Schalter, mit denen zwischen zwei oder mehreren Strompfaden ausgewählt wird,
- Grenzschalter = Schalter, die eine physikalische Größe bzw. einen Betriebszustand überwachen und beim Über- oder Unterschreiten einer eingestellten Grenze schalten.

Die Schalter können je nach Ausführung und Verwendungszweck mit folgenden Kontakten bestückt sein:

- Schließer = Schaltkontakt, der im Ruhezustand eines Schaltgerätes offen ist und bei Betätigung schließt,
- Öffner = Schaltkontakt, der im Ruhezustand eines Schaltgerätes geschlossen ist und bei Betätigung öffnet,
- Wechsler = Schaltkontakte, von denen einer im Ruhezustand eines Schaltgerätes geschlossen und der andere offen ist und

bei Betätigung ihre Schaltstellung wechseln, d. h. der Öffner schließt und der Schließer öffnet. Öffner- und Schließkontakt des Wechslers haben eine gemeinsame Zuleitung.

Wischer = Schaltkontakt, der bei Betätigung des Schaltgerätes kurzzeitig geschlossen wird.

Zur Abschwächung der beim Schalten auftretenden Funkenbildung finden, sofern erforderlich, Gegenmaßnahmen gemäß Abb. 10 Anwendung.

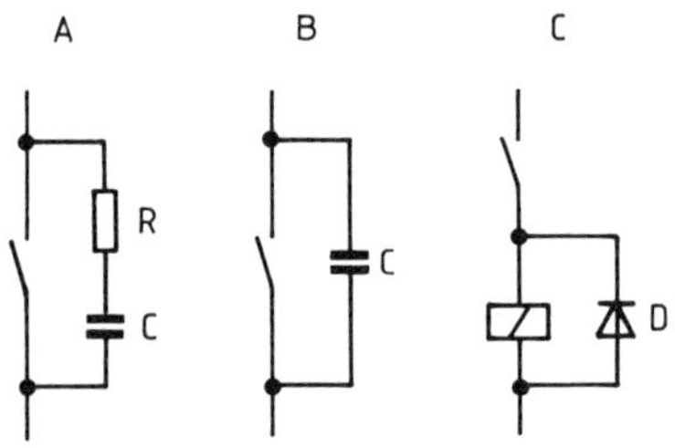


*10 Funkenlöschung:*
*A durch ein RC-Glied*
*B durch einen Kondensator*
*C durch eine Diode*

## Relais

Ein Relais ist ein elektromagnetisch betätigter Fernschalter mit Rückzugskraft. Es besteht im wesentlichen aus einem Elektromagnet, einem Kontakt oder einem Kontaktsatz mit Schaltbalken, einem Anker, den Kontaktfedern und dem Gehäuse.

Wird der Stromkreis des Elektromagneten geschlossen, d. h. das Relais erregt, baut sich ein elektromagnetisches Feld auf, durch dessen Wirkung der Anker gegen die Federkraft an den Magnetkern gezogen wird. Dadurch werden die Kontakte gleichzeitig über den auf dem

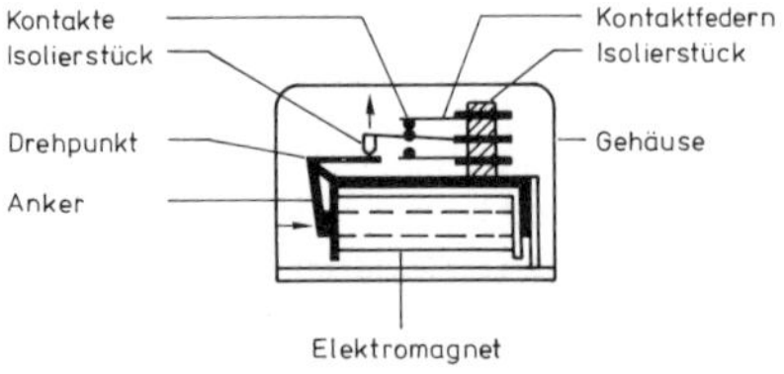


*11 Schematische Darstellung eines Relais*

Anker ruhenden, aus Isoliermaterial bestehenden Kontaktbalken betätigt. Sinkt die magnetische Kraft unter einen bestimmten Wert – wenn also die Spannung auf ein bestimmtes Maß abfällt oder gleich Null wird, was beim Unterbrechen des Stromkreises der Fall ist –, dann wird der Anker durch die Federkraft in seine Ruhelage bewegt. Man bezeichnet diesen Vorgang als Abfallen des Relais.

## Sicherungen

Sicherungen dienen zum Schutz elektrischer Geräte und Anlagen. Sie zählen zu den Schaltgeräten, da sie die Stromkreise bei zu hohem Strom durch Schmelzen des stromführenden Teils selbsttätig öffnen. Die Auslösezeit ist abhängig von der Größe der Überstromstärke. Wird der Nennstrom um ein Mehrfaches überschritten (z. B. bei einem Kurzschluß), unterbricht die Schmelzsicherung den Stromkreis unverzögert. Eine angesprochene Sicherung ist durch eine neue gleicher Stärke zu ersetzen. Brennt eine Sicherung wiederholt durch, ist die Leitung oder der Stromverbraucher defekt.

## Stecker

Aus fertigungstechnischen bzw. Rationalisierungsgründen hat sich der Stecker als verbindendes Element auch im Kraftfahrzeugbau durchgesetzt. Ferner erleichtern Steckverbindungen die Fehlersuche und Fehlerbehebung. Entsprechend ihrer Form unterscheidet man zwichen Rund- und Flachsteckern. Die Verbindung mit der elektrischen Leitung erfolgt durch Quetschen mit einer Spezialzange. Soll an einer mit einem Stecker versehenen Leitung eine weitere Leitung angeschlossen werden, sind Steckverteiler erforderlich.

Außer den meist blanken Einzelsteckern werden auch Mehrfachstecker eingesetzt. Diese Stecker bestehen aus zwei Gehäuseteilen, von denen das eine die Buchsen, das andere die Stifte beinhaltet. Über einen derartigen Stecker können mehrere Leitungen bzw. ein mehradriges Kabel geführt werden.

## Widerstände

Widerstände haben in elektrischen Schaltungen verschiedene Aufgaben zu erfüllen. Ihrem Aufbau bzw. ihrer Wirkungsweise entsprechend lassen sie sich in Festwiderstände und Stellwiderstände einteilen.

Der Widerstandswert eines Festwiderstandes ist nicht verstellbar. Festwiderstände werden als Draht- und Schichtwiderstände gefertigt. Der Drahtwiderstand besteht aus einem zylinderförmigen Keramikkörper, auf den der Widerstandsdraht aufgewickelt ist. Die Drahtwindungen werden durch einen Lacküberzug oder durch eine Oxidschicht isoliert. Je nach

Ausführung werden Drahtwiderstände mit Widerstandswerten bis zu mehreren Kiloohm verwendet.
Widerstände mit höheren Widerstandswerten werden vorwiegend als Schichtwiderstand hergestellt. Er besteht aus einem Keramikkörper, auf den eine elektrisch schlecht leitende Schicht (meist kohlenstoffhaltig) aufgetragen ist.
Stellwiderstände sind dadurch gekennzeichnet, daß der Widerstandswert stetig oder in Stufen verstellbar ist. Verstellbare Widerstände werden als Schiebewiderstand oder als Drehwiderstand ausgeführt. Die Widerstandsänderung wird durch Verschieben eines Schleifers erreicht. Bei Stufenwiderständen kann der Widerstandswert stufenweise verstellt werden.
Widerstände dürfen maximal nur mit einer Stromstärke belastet werden, die der Leistungsangabe entspricht. Überschreitet man die Grenztemperaturen – sie betragen bei Schichtwiderständen etwa 110 °C und bei Drahtwiderständen etwa 170 °C –, werden die Widerstände zerstört.
Die Belastbarkeit eines Widerstandes ist definiert als die elektrische Leistung, die er, ohne Schaden zu nehmen, in Wärme überführen kann.

## Kondensator

Ein Kondensator besteht aus zwei Platten oder Elektroden, die durch Luft, einem festen oder flüssigen Isolator voneinander getrennt sind. Legt man an den Kondensator eine Gleichspannung nach Abb. 12 an, so ist im ersten Augenblick die Spannung noch null, während ein starker Strom durch den Widerstand fließt. Allmählich lädt sich der Kondensator auf, wobei der Strom abnimmt, da die Spannungsdifferenz zwischen Kondensator und Stromquelle immer kleiner wird. Schaltet man die Gleichspannung ab, bleiben die Elektronen solange in der gespannten Lage, bis eine Entladung durch Kurzschließen der Elektroden erfolgt, wodurch die Elektronen in ihre Ruhelage zurückkehren können.
Wechselstrom kann ungehindert durch einen Kondensator fließen.

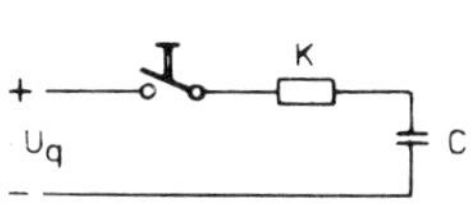


*12 Kondensator an Gleichspannung*

## Thermistoren

Thermistoren sind Halbleiterwiderstände, deren Ohmwert sich stark mit der Temperatur ändert. Es ist zwischen einem Kaltleiter und Heißleiter zu unterscheiden. Der Widerstand eines Kaltleiters erhöht sich, der eines Heißleiters verringert sich mit steigender Temperatur.

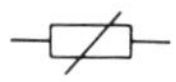

*13 Schaltzeichen eines Thermistors*

## Varistor

Ein Varistor ändert seinen Widerstand sehr stark in Abhängigkeit der Spannung, d. h. bei niedriger Spannung ist der Varistor hochohmig und umgekehrt.

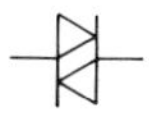

*14 Schaltzeichen eines Varistors*

## Fotoelement

Die Wirkungsweise eines Photoelements beruht auf dem lichtelektrischen Effekt. Schaltet man ein Photoelement in einen geschlossenen Stromkreis (Abb. 15), dann fließt ein Strom in der eingezeichneten Richtung. Die Spannung U des Photoelements ist um so größer, je stärker das Photoelement belichtet wird. Die Stromstärke I hängt von der Höhe der Spannung U des Photoelements und vom Widerstandswert $R_a$ ab.

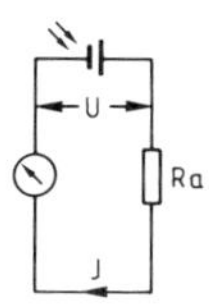


*15 Fotoelement in einem geschlossenen Stromkreis*

## 1.1.2 Elektronik

Die Elektronik ist ein Zweig der Elektrotechnik. Ihre wesentlichen Bauteile bestehen aus Halbleitern (Dioden, Transistoren, Thyristoren), die in elektronischen Schaltungen verwendet werden.

## Dioden

Die Arbeitsweise einer Diode beruht auf einer ausgeprägten Ventilwirkung, d. h., sie haben unterschiedliche Widerstände in Sperrrichtung (Diode hochohmig) und Durchlaßrichtung (Diode leitfähig).

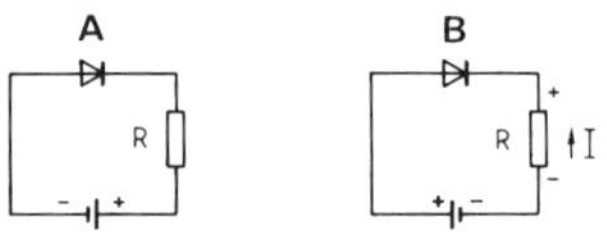


*16 Schaltung einer Diode in*
*A Sperrichtung,*
*B Durchlaßrichtung*

Gemäß Abb. 16 B fließt ein Elektronenstrom – entgegen der festgelegten technischen Stromrichtung – durch den Stromverbraucher R von Minus (—) nach Plus (+). Halbleiterdioden finden u. a. zur Umformung (Gleichrichtung) von Wechsel- oder Drehstrom in Gleichstrom Anwendung.
Zum Schutz empfindlicher Meßgeräte und elektronischer Bauteile bzw. zur Stabilisierung von Spannungen kommen sogenannte Zenerdioden zum Einsatz. Bei einer bestimmten Spannung geht eine in Sperrichtung geschaltete Zenerdiode vom nichtleitenden in einen gut leitenden Zustand über. Dabei steigt der Strom stark an; die Spannung an der Zenerdiode ändert sich jedoch nur geringfügig. Zur Stabilisierung höherer Spannungen sind mehrere Zenerdioden in Sperrichtung hintereinander geschaltet.

## Transistoren

Der Transistor ist durch drei Halbleiterzonen gekennzeichnet. Die mittlere Zone heißt Basis (B), die beiden äußeren Emitter (E) und Kollektor (C).

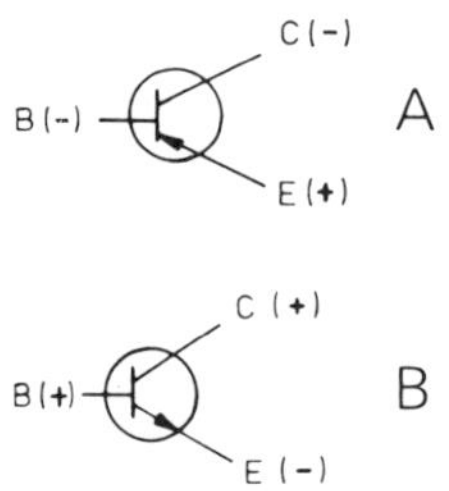


*17 Schaltzeichen:*
*A pnp-Transistor*
*B npn-Transistor*

In der Wirkungsweise besteht kein grundsätzlicher Unterschied, jedoch ist beim pnp-Transistor der positive Pol einer Spannung an den Emitter und der negative Pol an die Basis anzuschließen. Beim npn-Transistor ist es gerade umgekehrt.
Liegt nur am Emitter und Kollektor eine Spannung, so sperrt er in beiden Richtungen. Erst wenn ein Basisstrom fließt, wird der Transistor durchlässig, d. h., es fließt ein vielfach stärkerer Strom in Richtung Emitter/Kollektor) (Abb. 17 A) bzw. Kollektor/Emitter (Abb. 17 B) als der jeweilige Basisstrom.

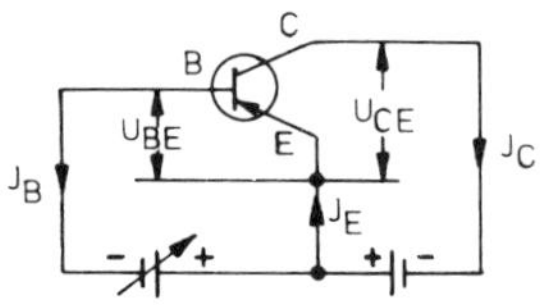


*18 Grundschaltung eines Transistors*

Kennzeichnend für den Transistor ist, daß bei konstanter Kollektorspannung im Kollektorkreis ein um so stärkerer Strom fließt, je stärker der Strom im Basiskreis ist (Abb. 18), das bedeutet, daß durch den Basisstrom der Kollektorstrom gesteuert werden kann.
Transistoren werden als Spannungs- bzw. Stromverstärker und als Leistungsverstärker verwendet. Abb. 19 zeigt die Grundschaltung. Das zu verstärkende Signal – eine Wechselspannung oder ein Wechselstrom – wird über den Kondensator $C_1$ in den Basiskreis geschleust. Im Rhythmus des Eingangssignals schwankt der Basisstrom, was entsprechende Schwankungen des Kollektorstromes zur Folge hat. Dieser ist infolge der Verstärkerwirkung des Transistors um ein Vielfaches stärker als der Basiswechselstrom. Am Arbeitswiderstand $R_a$, der vom Kollektorstrom durchflossen wird, entsteht daher eine verhältnismäßig große Spannung, die über den Kondensator $C_2$ an den Ausgang der Schaltung gelangt.

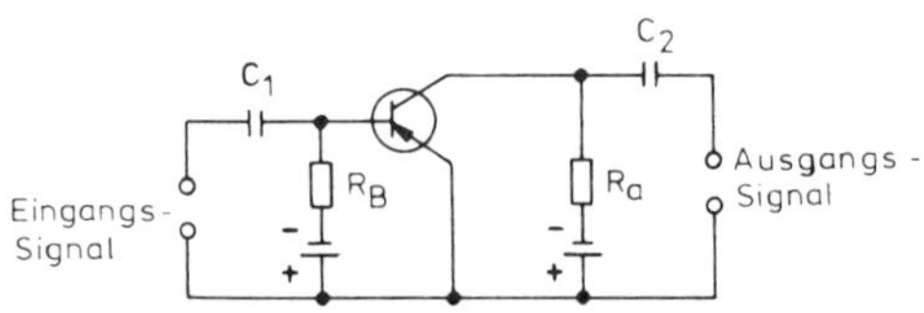


*19 Grundschaltung eines Spannungs- bzw. Stromverstärkers*

Der Leistungsverstärker arbeitet im Prinzip genauso wie ein Spannungs- oder Stromverstärker. Der einzige Unterschied in der Wirkungsweise besteht darin, daß am Ausgang des Verstärkers an einem Arbeitswiderstand über einen Transformator eine Wechselstromleistung abgenommen wird.

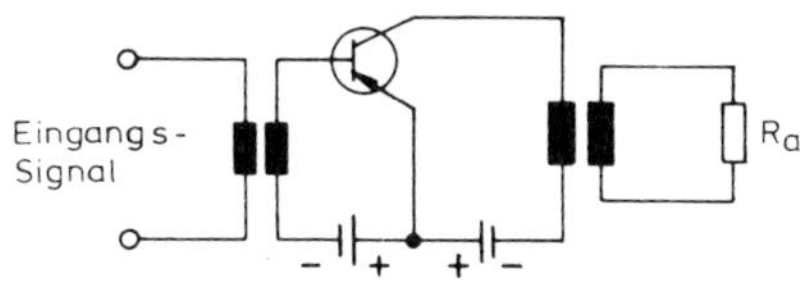


*20 Grundschaltung eines Leistungsverstärkers*

Ein weiteres Anwendungsgebiet des Transistors ist der Schalterbetrieb. Hiervon spricht man immer dann, wenn der Transistor schnell vom gesperrten Zustand in den leitenden umgesteuert wird. Die Spannungsquelle $U_S$ steuert mit den negativen Spannungsimpulsen, die sie an die Basis abgibt, über den Widerstand $R_B$ den Transistor. Die Steuerspannung muß so groß sein, daß der Transistor voll durchgesteuert wird, d. h., daß der volle Kollektorstrom fließt.

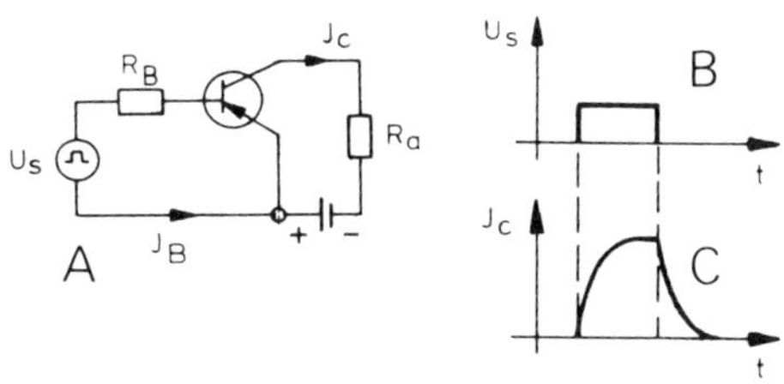


*21 A Grundschaltung für den Schalterbetrieb eines Transistors,*
*B Steuerspannungsimpuls,*
*C Übergangsfunktion (Kollektorstrom)*

## Thyristoren

Thyristoren sind steuerbare Siliziumzellen. Solange der Steuerkreis offen ist, die Basis-Emitter-Strecke des Transistorteils also keine Spannung von außen zugeführt erhält, fließt nur ein ganz schwacher Strom. Schließt man nun den Schalter im Steuerkreis, so daß an die Basis B des Transistorteils eine positive Spannung gelangt, dann wird der Transistorteil des Thyristors stromleitend.
Da die Sperrwirkung des Transistorteils jetzt aufgehoben ist, fließt im Arbeitskreis ein Strom, dessen Größe von der Speisespannung $U_B$ und dem Arbeitswiderstand $R_a$ abhängt. Schaltet man nun die Steuerspannung wieder ab, dann fließt weiterhin der volle Arbeitsstrom, da eine einmal gezündete Zelle stromdurchlässig bleibt. Ein Abschalten des Arbeitsstromes ist nur dadurch möglich, daß man die an der Zelle liegende Spannung abschaltet oder auf einen bestimmten Wert absenkt.

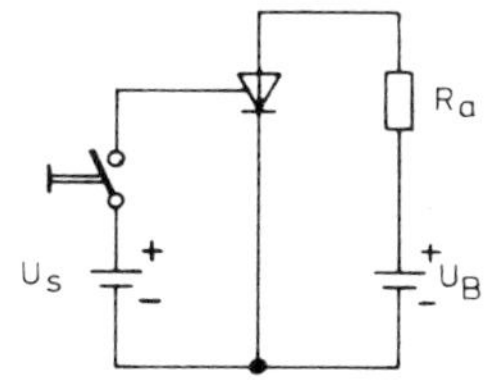


*22 Schaltung einer steuerbaren Siliziumzelle*

## Integrierte Schaltung

Unter einer integrierten Schaltung ist die Zusammenfassung mehrerer Miniatur-Bauelemente wie z. B. Dioden, Transistoren, Widerstände, Kondensatoren zu einer elektronischen Schalteinheit zu verstehen. Alle Bauelemente sind durch feine Aluminiumschichten verbunden.

## 1.1.3 Schaltplantechnik

### Schaltpläne

Die im Kraftfahrzeug eingebauten elektrischen Bauteile, Geräte und Komponenten sind entsprechend ihrer Schaltfunktion durch isolierte Kupferdrähte (Leitungen) verbunden. Aufschluß hierüber gibt der elektrische Schaltplan. Dem Verwendungszweck entsprechend unterscheidet man zwischen folgenden Schaltplänen:

- Wirkschaltplan
- Stromlaufplan
- Übersichtsschaltplan
- Blockschaltplan

### Wirkschaltplan

Beim Wirkschaltplan werden sämtliche Geräte und Leitungen möglichst anordnungsgetreu dargestellt. Dadurch ist bei Anlagen mit mehreren verknüpften oder unverknüpften Anlagenteilen das Verfolgen der Stromwege und somit das Erkennen der Wirkungsweise nicht immer leicht. Ferner weicht man hier, sofern es dem besseren Verständnis der Funktion dient, von der normgerechten Darstellung ab und zeichnet die Geräte und Komponenten mit ganzer bzw. teilweiser Innenschaltung. Er beinhaltet alle Anschlußpunkte, deren Bezeichnungen bzw. Kabelfarben und Kabelquerschnitte.

### Stromlaufplan

Der Stromlaufplan ist die ausführliche Darstellung einer Schaltung, d. h., er zeigt den Stromverlauf, die Schaltfolge und alle Einzelheiten.

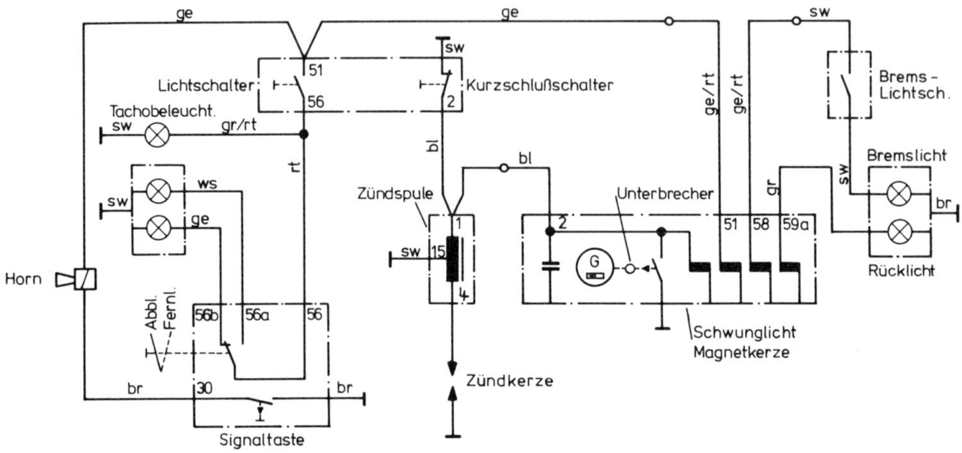


*23 Wirkschaltplan der elektrischen Anlage eines Kleinkraftrades mit Schwunglichtmagnetzünder*

Gerätetechnik und Wirkungsweise sind eindeutig zu entnehmen. Die räumliche Lage und der mechanische Zusammenhang der einzelnen Teile können unberücksichtigt bleiben. So können sich zum Beispiel die Kontakte eines Schaltelementes an verschiedenen Stellen eines Stromlaufplanes befinden, da ihre Zusammengehörigkeit aus der Bezeichnung hervorgeht. Gelesen wird der Stromlaufplan – der festgelegten Stromrichtung entsprechend – von Plus (+ = Pluspol der Batterie) nach Minus (— = Minuspol der Batterie). Die Verfolgung des Stromverlaufs eines Gleichstromkreises beginnt immer beim Pluspol.

Schaltkontakte werden generell in der Ruhe- oder Nullstellung gezeichnet, d. h. im ausgeschalteten Zustand eines Schalters bzw. stromlosen Zustand eines Relais. Das bedeutet, daß die Kontakte eines Relais im Schaltplan in der Lage offen oder geschlossen gezeichnet werden, als wäre das Relais unerregt (Relaiswicklung stromlos beziehungsweise Relaisanker abgefallen). Wird z. B. gemäß Abb. 24 der Schalter geschlossen, fließt Strom von Plus (+) über den Kontakt des Schalters und durch die Magnetwicklung des Relais nach Minus (—). Dadurch schließt der Relaiskontakt und der Verbraucher ist eingeschaltet.

In der Kraftfahrzeugelektronik dient meist die Masse (Motorblock, Fahrgestell) als Rückleitung zum Minuspol der Batterie.

Nur wenn keine Gewähr für eine einwandfreie leitende Verbindung gegeben ist, ist auch die Rückleitung isoliert verlegt.

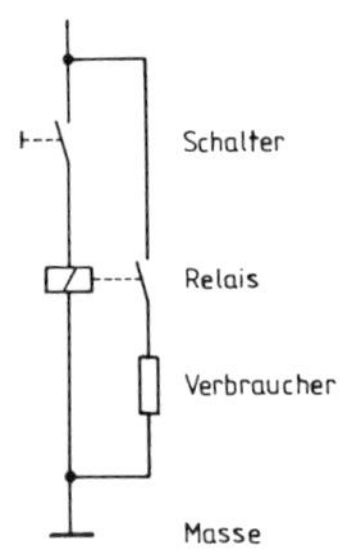


*24 Relaissteuerung eines Verbrauchers*

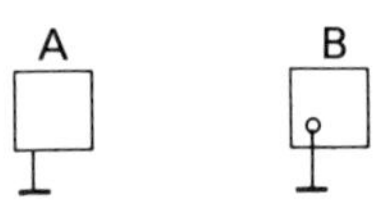


*25 Massedarstellung:*
*A Gerät an Masse,*
*B Gerät über eine Masseklemme mit Masse verbunden*

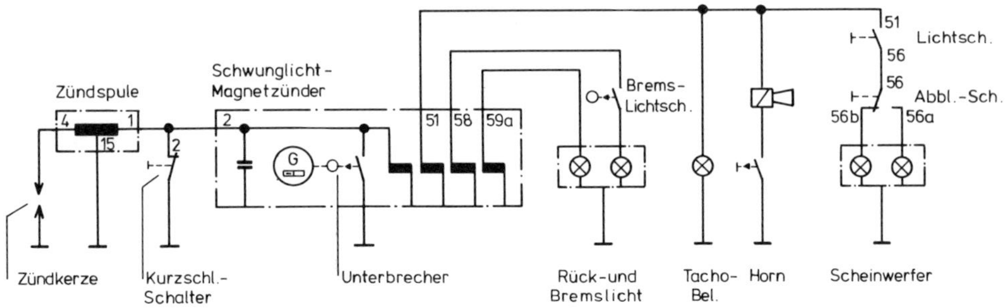


*26 Stromlaufplan der elektrischen Anlage eines Kleinkraftrades mit Schwunglichtmagnetzünder*

Das Lesen eines Stromlaufplans sei anhand der elektrischen Anlage eines Kleinkraftrades (Abb. 26) erläutert.
Die Stromerzeugung erfolgt während des Motorlaufs durch den Schwunglichtmagnetzünder. Von dessen Zündanker (Anschluß 2) fließt bei offenem Unterbrecher und offenem Kurzschlußschalter Strom durch die Primärwicklung der Zündspule (Klemme 1 und 15) nach Minus. Im Zündzeitpunkt schließt der Kontakt des Unterbrechers, d. h., die Primärwicklung und der Zündanker werden über Masse im Augenblick der höchsten Induktivität der Zündspule (Unterbrechung wenn der Primärstrom am größten, also kurz nachdem die Magnetpole die Polschuhe des Zündankers verlassen haben) kurzgeschlossen. Durch das nun zusammenbrechende Magnetfeld der Primärwicklung wird in der Sekundärwicklung der Zündspule (Klemme 15 und 4) durch Selbstinduktion die Zündspannung erzeugt. Diese gelangt über die Klemme 4 und das Zündkabel zur Zündkerze.
Die Stromversorgung des Rück- und Bremslichts erfolgt durch je eine Ankerwicklung. Da sich zwischen dem Rücklichtanker (Klemme 59a) und der Rücklichtlampe kein Schaltglied befindet, leuchtet das Rücklicht ständig, während der Motor läuft.
Dagegen leuchtet das Bremslicht nur bei einem Bremsvorgang, da während dieser Zeit der Bremslichtschalter geschlossen ist. Es fließt Strom vom Schwunglichtmagnetzünder (Klemme 58) über den Bremslichtschalter und die Bremslichtlampe nach Masse.
Alle übrigen Stromverbraucher sind an den Lichtanker (Klemme 51) angeschlossen. Demgemäß kann durch Betätigen der Hupentaste das Horn in Funktion gesetzt werden bzw. durch Einschalten des Lichtschalters, je nach Stellung des Abblendschalters, das Abblendlicht (Klemme 56 und 56 b) oder Fernlicht (Klemme 56 und 56 a).
Bei komplizierten Schaltungen, also bei Schaltungen mit mehreren verknüpften Stromkreisen, ist jeweils nur ein Strompfad zu betrachten, z. B. der Steuerstromkreis eines Relais oder Anlassers bzw. der Stromkreis einer Lampe oder einer Messung.

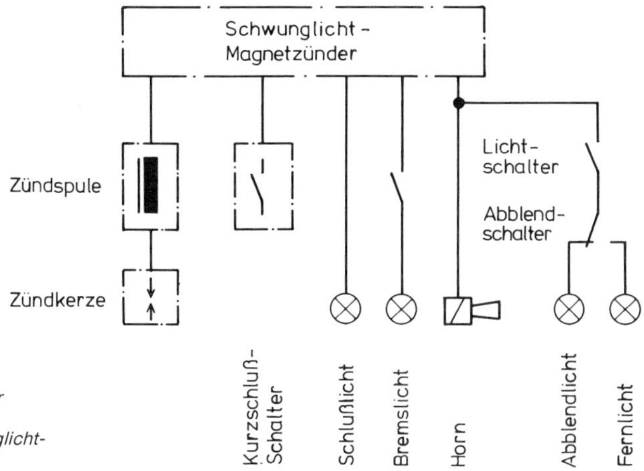


*27 Übersichtsschaltplan der elektrischen Anlage eines Kleinkraftrades mit Schwunglichtmagnetzünder*

### Übersichtsschaltplan

Der Übersichtsschaltplan zeigt die elektrische Anlage in vereinfachter Form. Er gibt Aufschluß über den Umfang der Anlage, d. h. über die wesentlichen gerätetechnischen Bestandteile und deren elektrische Verbindungen in einpoliger Darstellung.

### Blockschaltplan

Im Blockschaltplan ist jedes Gerät bzw. jede Komponente einer elektrischen Anlage als Block dargestellt. Dieser Plan gibt Aufschluß über den Anlagenumfang und das Zusammenwirken der Anlagenteile. In die einzelnen Blöcke werden meist genormte Schaltzeichen bzw. beliebige Darstellungen eingetragen, aus denen die Aufgabe jedes Blocks in der Gesamtanlage zu erkennen ist, oder sie werden gemäß Abb. 28 mit entsprechenden Texten versehen.
Die Größe der Einzelblöcke kann unterschiedlich sein. Ferner können die Umrandungen entsprechend ihrer Bedeutung mit verschiedener Stärke ausgeführt werden.

### Bezeichnungssystem

Jedes Gerät der elektrischen Anlage ist im Schaltplan mit einem Buchstaben gekennzeichnet. Leider sind bei Kraftfahrzeugen die

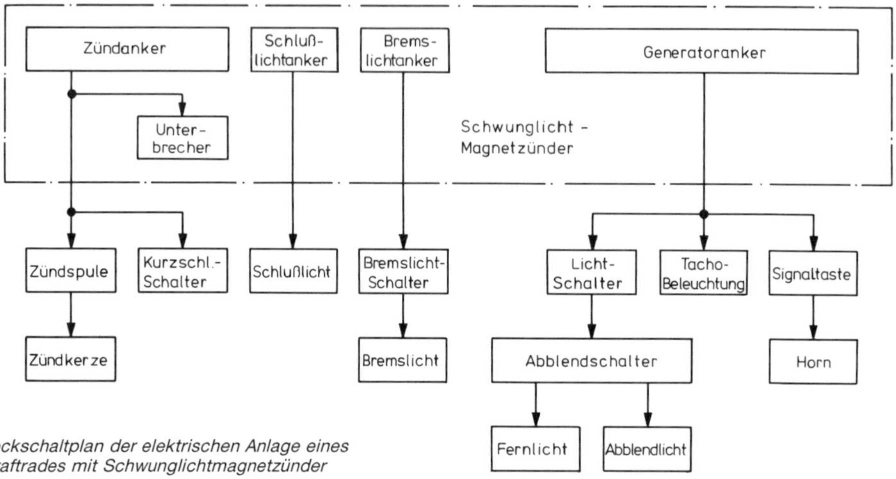


*28 Blockschaltplan der elektrischen Anlage eines Kleinkraftrades mit Schwunglichtmagnetzünder*

Gerätebezeichnungen am Gerät selbst nicht angebracht.
Die Bezeichnung der Geräteanschlußklemmen ist genormt. Dadurch ist die Zuordnung der Leitungsanschlüsse im Schaltbild und am Gerät eindeutig und bei Kraftfahrzeugen deutscher Hersteller einheitlich. Zur Arbeitserleichterung und Vermeidung von Fehlanschlüssen an der elektrischen Anlage sind die unten aufgeführten Grundfarben vorgesehen.

spiel 1,5 ro, das heißt der Leitungsquerschnitt beträgt 1,5 $mm^2$, die Leitungsfarbe ist Rot. Ist eine Leitung außer der Grundfarbe noch mit einer Kennfarbe versehen, so lautet die gesamte Bezeichnung zum Beispiel 1,0 sw-ge, das heißt, der Leiterquerschnitt beträgt 1,0 $mm^2$, die Grundfarbe ist Schwarz und die Kennfarbe Gelb.
Geräte, deren Funktion trotz Vertauschung der Anschlüsse aufrecht erhalten bleibt, werden mit

**Grundfarben der Verkabelung**

| Farbe | Abkürzung |
|---|---|
| Rot<br>Schwarz<br>Braun | ro (RO)<br>sw (SW)<br>br (BR) |

| Farbe | Abkürzung |
|---|---|
| Weiß<br>Gelb<br>Grün | ws (WS)<br>ge (GE)<br>gn (GN) |

| Farbe | Abkürzung |
|---|---|
| Grau<br>Hellblau | gr (GR)<br>hb (HB) |

Eine weitere Unterscheidung der Kabel wird durch farbige Wendel oder Ringe auf der Isolierung erreicht. Hier findet zusätzlich die Farbe Lila = li Anwendung. Leider werden von den Kfz-Herstellern für gleiche Geräteverbindungen z. T. Kabel mit unterschiedlichen Farbkombinationen verwendet.
In Anschlußplänen ist außer der Farbkennzeichnung auch der Leitungsquerschnitt eingetragen. Die vollständige Bezeichnung einer elektrischen Leitung lautet demnach zum Beispiel

keiner Klemmenbezeichnung versehen. Dies trifft im übrigen auch für Geräte zu, deren Anschlüsse zwar nicht vertauscht werden dürfen, eine Verwechslung jedoch aufgrund verschieden großer Klemmen unmöglich ist.
Mehrfach-Steckverbindungen sind mit fortlaufenden Buchstaben oder Zahlen gekennzeichnet. Die Anschlüsse an elektrischen Geräten sind bei deutschen Motorrädern mit Zahlen versehen. Tabelle 1 gibt Überblick über die wesentlichen Anschlußbezeichnungen.

**Tabelle 1: Geräteanschluß-Bezeichnungen**

| von Gerät | Klemme | Farbe | nach Gerät | Klemme | Bemerkung |
|---|---|---|---|---|---|
| Zündspule | 1 | gn | Unterbrecher | | Primärwicklung |
| Magnetzünder | 2 | – | Kurzschlußtaste bzw. Zündschalter | | Zündanker eines Magnetzünders |

| von Gerät | Klemme | Farbe | nach Gerät | Klemme | Bemerkung |
|---|---|---|---|---|---|
| Zündspule | 4 | – | Zündkerze oder Zündverteiler | | Sekundärwicklung |
| Zündschalter | 15 | sw | Zündspule | 15 | Stromversorgung (Plus-Potential) |
| | | | Horn, Bremslicht | | |
| | 15/54 | | Zündspule | 15 | |
| | | | Horn, Bremslicht, Ladekontrolle | | |
| Batterie | + (30) | | Zündschalter | 30 | Plus-Potential |
| | | | Anlasser | | |
| Lichtmaschine-Regler | 30/51 | | Batterie | + | |
| Batterie | – (31) | br | Masse | | Minus-Potential |
| Anlassertaster- bzw. Schalter | 50 | sw | Anlasser-Magnetschalter | 50 | |
| Lichtmaschine-Regler | 51 | rt | Batterie | + | Plus-Potential |
| Zündschalter | 54 | | Stromverbraucher | | |
| Lichtschalter | 56 | sw/ws | Abblendschalter | 56 | Stromzuführung |
| Abblendschalter | 56 a | ws | Fernlicht | | |
| | 56 b | ge | Abblendlicht | | |
| Lichtschalter | 57 | gr | Standlicht | | |
| | 58 | | Rücklicht | | Seitenwagenbeleuchtung |
| Lichtanker einer Wechselstromlichtmaschine | 59 (51) | | Lichtschalter | | |
| Ladeanker einer Wechselstromlichtmaschine | 59 a | gr | Batterie | + | Zur Gleichrichtung des Wechselstromes befindet sich in der Lichtmaschine oder außerhalb ein Gleichrichter |
| Regler | 61 | | Ladekontrolle | | |
| Relais | 85 | | Masse | | Wicklung |
| | 86 | | Schalter | | |
| | 87 | | Stromverbraucher | | Arbeitskontakt |
| | 87 a | | | | Ruhekontakt |
| Regler | | | | | Bei Gleichstromlichtmaschinen |
| Drehstromlichtmaschine | B + | rt | Batterie | + | |
| Gleichstrom- bzw. Drehstromlichtmaschine | D + | bl | Regler | D + | Erregerwicklung der Lichtmaschinen |
| | DF | bl/sw | | DF | |
| | D – | br | | D – | Masse |
| Blinkschalter | L | bl/rt | Blinkleuchte links | | |
| | R | bl/sw | Blinkleuchte rechts | | |

**Schaltzeichen**

Das Schaltzeichen ist die schaltungstechnische Darstellung von Bauteilen, Geräten und Komponenten in vereinfachter Form. Durch sie ist das Erstellen eines Schaltplanes möglich. Eine im Hinblick auf die Kraftfahrzeugtechnik getroffene Auswahl von DIN-Schaltzeichen vermittelt die Tabelle 2.

**Tabelle 2: Schaltplanzeichen**

| Schaltzeichen | Benennung | Bemerkung |
|---|---|---|
|  | Umrahmungslinie | z. B. Umrahmung der zu einem Gerät gehörenden Bauteile |
|  | Leitungen | Isolierter Draht oder Litzendraht |
|  | Kreuzung von Leitungen | Keine leitende Verbindung |
|  | Bewegliche Leitung | Nicht fest verlegt, z. B. ortsveränderlich |
| 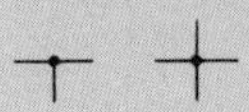 | Abzweigung und Kreuzung | z. B. Lötstellen, Klemmverbindungen |
|  | Stecker, Steckerbuchse | |
|  | Erde allgemein | Geräteanschlüsse mit diesem Zeichen sind mit Masse zu verbinden |
|  | Masse allgemein | Im Kraftfahrzeug Minuspol der Batterie. Bei deutschen Kfz Fahrzeugmasse |
| 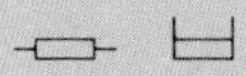 | Widerstand allgemein | |
| 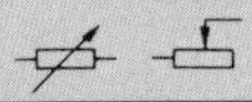 | Potentiometer | Zum Abgreifen einer Spannung in einem Stromkreis |
| 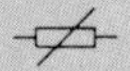 | Halbleiterwiderstand | Heißleiter, Kaltleiter |
|  | Wicklung, Induktivität allgemein | Verwendet bei Motoren, Generatoren, Transformatoren, Zündspulen |
|  | Wicklung mit Kern | |
|  | Kondensator | |
| 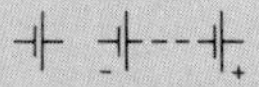 | Batterien | Stromquellen |
|  | Glühlampe, allgemein | |
| 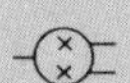 | Glühlampe mit zwei Leuchtkörpern | z. B. Biluxlampe |
| 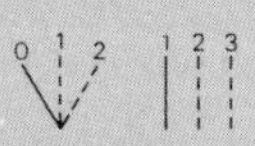 | Kennzeichnung der Stellungen | Schalterstellungen |
| 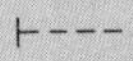 | Handantrieb | |
| 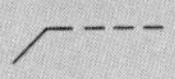 | Fußantrieb | |
|  | Raste | |
| 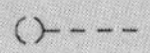 | Handantrieb, abnehmbar | Steckschlüssel |
| 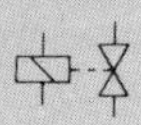 | Absperrorgan, allgemein | Elektromagnetisch betätigtes Ventil |

**Tabelle 2: Schaltplanzeichen (Fortsetzung)**

| Schaltzeichen | Benennung | Bemerkung |
|---|---|---|
| 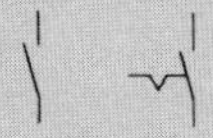 | Schalter | Schließer, Einschaltglied |
| 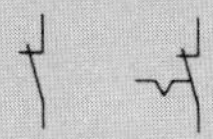 | Schalter | Öffner, Ausschaltglied |
| 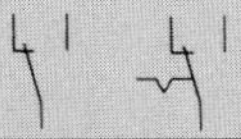 | Schalter | Wechsler, Umschaltglied |
| 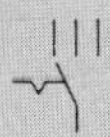 | Mehrstellenschalter | z. B. 3 Schaltstellungen |
|  | Elektromagnet, allgemein | Spule(n) aus isoliertem Kupferdraht auf einem Isolierkörper mit Eisenkern. Es sind Elektromagnete, durch die im stromdurchflossenen Zustand elektrische Kontakte oder Ventile betätigt werden. |
| 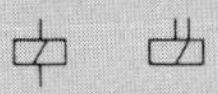 | Elektromagnet mit einer Wicklung | |
|  | Elektromagnet mit mehreren gleichsinnig wirkenden Wicklungen | |
| 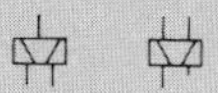 | Elektromagnet mit zwei gegensinnig wirkenden Wicklungen | |
| 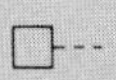 | Kraftantrieb | Einflußgrößen können durch Eintragen der Formelzeichen angegeben werden. |
| 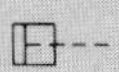 | Kraftantrieb | z. B. Kolbenantrieb |
| 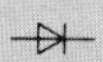 | Gleichrichter | Läßt den elektrischen Strom nur in einer Richtung fließen bzw. nur eine Halbwelle eines Wechselstromes durch. |
| 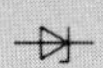 | Zenerdiode | Wird bei Erreichen einer bestimmten Spannung durchlässig. Ein Unterschreiten dieses Spannungswertes bewirkt die Undurchlässigkeit des Stromes. |
|  | Thyristor | Steuerbare Siliziumzelle. Ein Steuerimpuls macht den Thyristor stromdurchlässig. Der Stromfluß wird gesperrt, wenn der Arbeitsstrom auf einen bestimmten Wert abgesunken ist oder abgeschaltet wird und die Steuerspannung fehlt. |
| 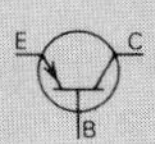  | PNP-Transistor<br>E = Emitter<br>C = Kollektor<br>B = Basis | Liegt an der Emitter/Basisstrecke eine Steuerspannung, fließt ein Steuerstrom und somit über die Kollektor/Emitter-strecke ein Arbeitsstrom. |
| 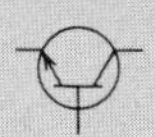 | NPN-Transistor | Je größer bei konstanter Kollektor-spannung der Steuer- oder Basisstrom ist, umso stärker ist der Arbeitsstrom. |
|  | Meßinstrument | Allgemein |
| 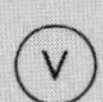  | Meßinstrument mit Angabe der Einheit | z. B. Voltmeter = V<br>Amperemeter = A<br>Ohmmeter = O |

**Tabelle 2: Schaltplanzeichen (Fortsetzung)**

| Schaltzeichen | Benennung | Bemerkung |
|---|---|---|
|  | Sicherung | Trennt den elektrischen Stromkreis bei einer bestimmten Stromstärke automatisch |
|  | Funkenstrecke | z. B. Zündkerze, Zündverteiler |
| 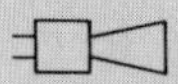 | Signalhorn | |
|  | Verdichter | Mechanisch oder elektromotorisch angetriebenes Gebläse |
|  | Flüssigkeitspumpe | Mechanisch, elektromotorisch oder elektromagnetisch angetrieben |
| — | Gleichstrom | |
| ~ | Wechselstrom | |
| 3~ | 3-Phasen-Wechselstrom | Drehstrom |
|  | Generator | Beim Generator verläßt der Strom den Anker über die Plusbürste, beim Motor tritt er dort ein. |
|  | Motor | |
|  | Motor | Dauermagneterregung |
|  | Motor mit 3 Bürsten für 2 Geschwindigkeiten | |
|  | Drehstrom-Synchrongenerator in Sternschaltung. Schleifringläufer mit Erregerwicklung | Drehstromlichtmaschine |

### 1.1.4 Meßtechnik

Unter Messen ist ein Vergleich der zu messenden Größe mit einer Maßeinheit zu verstehen. Hierzu verwendet man Meßinstrumente beziehungsweise Meßgeräte. Ein Meßinstrument ist um so empfindlicher, je größer der entstehende Verdrehungs- oder Ausschlagwinkel bei gleicher Stromstärke wird und je kleiner die Fehlereinflüsse sind. Man unterscheidet zwischen »subjektiven Fehlern« – das sind Fehler, die von der Bedienungsperson verursacht werden (Ablesefehler oder Parallaxefehler) – und »objektiven Fehlern«, die im Instrument begründet sind (Reibungsfehler, Fehler durch Temperatureinflüsse usw.). Meßgeräte werden der Genauigkeit entsprechend als Feinmeßgeräte oder als Betriebsmeßgeräte klassifiziert. Die zugelassene Fehlergrenze wird in Prozent angegeben und beträgt bei Feinmeßgeräten 0,1, 0,2 oder 0,5 % und bei Betriebsmeßgeräten 1, 1,5, 2,5 oder 5 %. Das Klassenzeichen, d. h. die Prozentangabe, bezieht sich immer auf den Meßbereichsendwert und muß auf der Skala des Meßgerätes angegeben sein.
Jedes elektrische Meßinstrument muß außer der Meßwertteilung noch folgende Angaben auf der Skala enthalten:

Meßgrößeneinheit
Hersteller
Klassenzeichen
Stromartzeichen
Zeichen für die Art des Meßwerkes
Prüfspannungszeichen
Lagezeichen

Eine Übersicht der Sinnbilder zur Kennzeichnung eines Meßgerätes vermittelt nachstehende Zusammenstellung.
Bei den sogenannten Mehrfachinstrumenten kann man auf mehrere Meßbereiche bzw. auf verschiedene physikalische Größen umschalten.

**Sinnbilder auf Meßgeräten**

| Sinnbild | Bedeutung |
|---|---|
| — | Gleichstrominstrument |
| ~ | Wechselstrominstrument |
| ≂ | Gleich- und Wechselstrominstrument |
| a)  b)  | Drehspulmeßwerk<br>a) mit Dauermagnet (für —) b) mit Gleichrichter (für ~) |
|  | Kreuzspulmeßwerk |
|  | Drehspulquotientenmeßwerk |
|  | Dreheisenmeßwerk |
| ☆ | Prüfspannungszeichen<br>ohne Ziffer: 500 Volt mit Ziffer: Angabe in KV mit Null: ohne Spannungsprüfung |
| ⊥ | Senkrechte Gebrauchslage |
| ⌐¬ | Waagrechte Gebrauchslage |
| ∠45° | Schräge Gebrauchslage |
|  | Nullpunkteinstellung |

**Drehspulmeßgerät**
Bedingt durch das Meßprinzip ist das Drehspulinstrument nur zur Messung von Gleichstrom (Gleichspannungs- und Gleichstrommessung) geeignet. Der zu messende Gleichstrom fließt durch die drehbar gelagerte Spule (Drehspule). Sie befindet sich im starken Magnetfeld eines Dauermagneten und erzeugt während des Stromflusses mit diesem ein Drehmoment.
Das mechanische Gegendrehmoment wird von zwei Spiralfeldern bzw. Spannbändern geliefert, die ferner als Stromzuführung zur Spule dienen. Der Verdrehungswinkel des beweglichen Organs ist der Meßstromstärke direkt proportional. Durch Vorschalten eines Gleichrichters vor die Drehspule – es gibt auch Drehspulmeßgeräte mit eingebautem Meßgleichrichter –

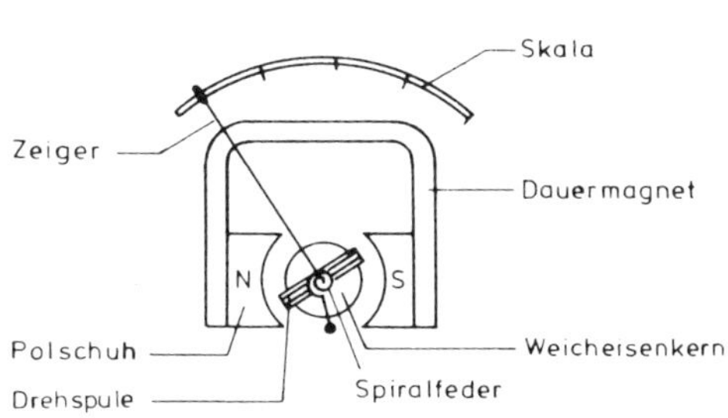

*29 Drehspulmeßwerk*

kann mit diesem Meßgerät auch Wechselstrom gemessen werden.

### Kreuzspulmeßgerät

Kreuzspulmeßinstrumente, auch Drehspulquotientenmesser genannt, haben einen feststehenden Dauermagnet und zwei starr miteinander verbundene, elektromagnetisch abgelenkte Drehspulen ohne mechanische Richtkraft (ohne Gegendrehmoment).

Die festverbundenen, gekreuzten Drehspulen (Abb. 30) befinden sich im starken Magnetfeld eines Dauermagneten. Die Windungen der beiden Spulen sind so gewickelt, daß ihre Drehmomente gegeneinander wirken. Die Einstellung des beweglichen Organs ist nur vom Verhältnis der beiden Spulenströme abhängig. Spiralfedern zur Erzielung eines Gegendrehmomentes sind nicht notwendig.

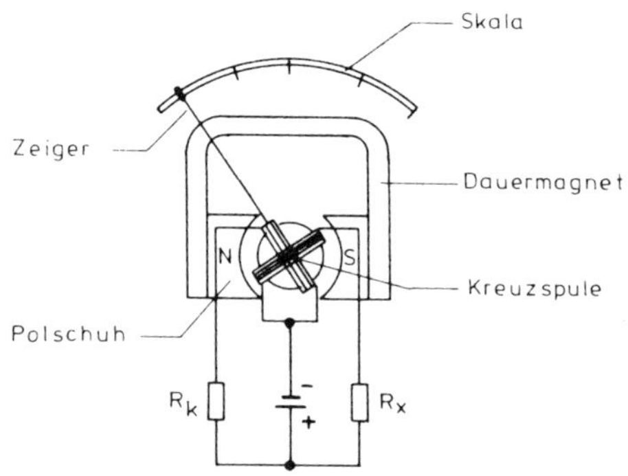


*30 Meßwerk und Schaltung eines Kreuzspulmeßgerätes*

### Spannungsmessung

Jede Spannungsmessung wird auf eine Strommessung zurückgeführt. Hat das Meßwerk des Strommessers entsprechend der Meßschaltung nach Abb. 31 den Innenwiderstand $R_i$ (bei Spannungsmessern sehr groß, um einen geringen Spannungsabfall am Instrument zu erhalten), so entsteht bei einer Stromstärke I an den Klemmen des Meßinstrumentes nach dem Ohmschen Gesetz die Spannung $U = I \times R_i$.

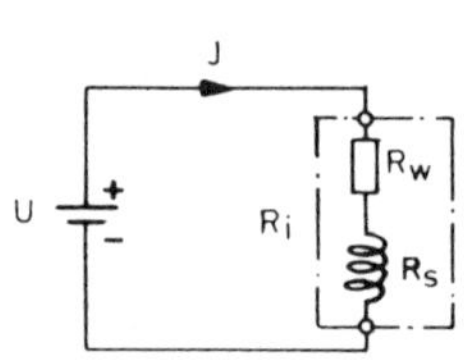


*31 Schaltung einer Spannungsmessung*

U = Spannungsquelle (Gleich- bzw. Wechselstrom),
$R_i$ = $R_w + R_s$ = Innenwiderstand des Meßwerkes,
$R_w$ = Vorwiderstand des Meßwerks,
$R_s$ = Spulenwiderstand des Meßwerks.

### Strommessung

Die Strommesserschaltung ist aus Abb. 32 zu ersehen.

$R_i$ = Innenwiderstand des Instruments,
$R_v$ = Vorwiderstand des Instruments,
$R_s$ = Spulenwiderstand des Instruments,
$R_n$ = Nebenwiderstand im Instrument,
$R_a$ = Widerstand des Stromkreises (ohne Widerstand des Instruments),
U = Stromquelle (Gleich- bzw. Wechselstrom).

Damit der Widerstand eines Stromkreises durch Einfügen eines Strommessers nicht beträchtlich erhöht wird, was besonders bei Stromkreisen mit kleinem Widerstand $R_a$ von Bedeutung ist, wird der Widerstand dieser Meßgeräte sehr klein gehalten.

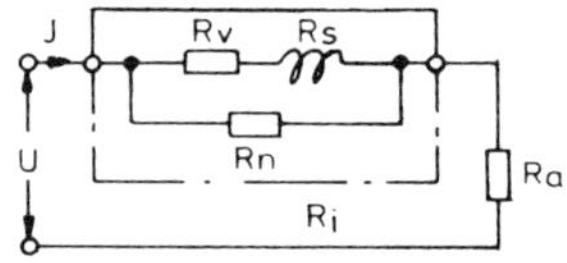


*32 Schaltung eines Strommessers*

### Widerstandsmessung

Zur Messung von Widerständen finden Ohmmeter, Isolationsmeßgeräte und Meßbrücken Anwendung. Ohmmeter (Abb. 33) eignen sich nur für grobe Widerstandsmessungen. Das Meßprinzip beruht auf einer Strommessung, d. h., der im Meßkreis fließende Strom ist ein Maß für den unbekannten Widerstand $R_x$. Demzufolge ist die Skala direkt in Ohm geeicht. Vor Beginn einer Messung beziehungsweise Meßreihe ist die Taste T zu drücken und die Nulleinstellung durch Ändern des Regelwiderstandes (Spannungsteiler Sp) vorzunehmen. Dieser Vorgang ist erforderlich, um die im Laufe der Zeit absinkende Batteriespannung zu kompensieren. Ist die Nulleinstellung nicht mehr möglich, muß eine neue Batterie eingesetzt werden.

Isolationsmeßgeräte (Abb. 34) sind tragbare Betriebsinstrumente, die eine schnelle, ungefährliche Bestimmung von Isolationswiderständen ermöglichen. Da diese Widerstände eine Größenordnung bis $10^6$ Ohm erreichen, sind Meßspannungen von etwa 500 bis 2000 V erforderlich. Die Meßspannung U wird von einem von Hand angetriebenen Kurbelinduktor erzeugt. Der Meßwert kann direkt auf der in Ohm bzw. Megohm geeichten Skala abgelesen werden.

Meßbrücken (Abb. 35) sind die genauesten Meßgeräte zur Ermittlung von Widerständen. Man findet sie aufgrund der einfachen Bedienbarkeit sehr häufig als tragbare Betriebsmeßgeräte.

Während der Messung ist die Taste T zu betätigen. Das Meßergebnis ist von der Größe der Meßspannung unabhängig.

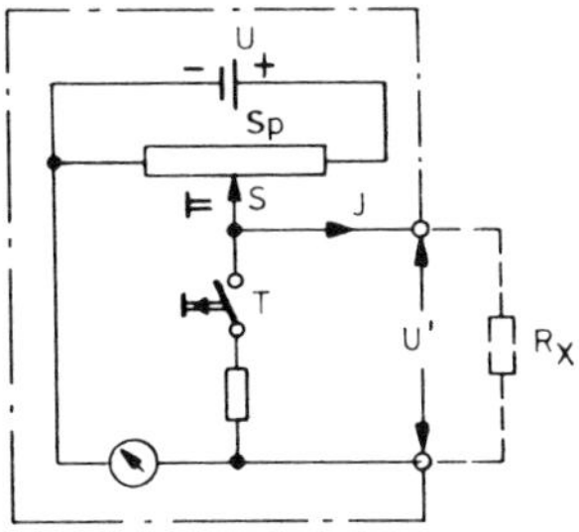

*33 Schaltung eines Ohmmeters*

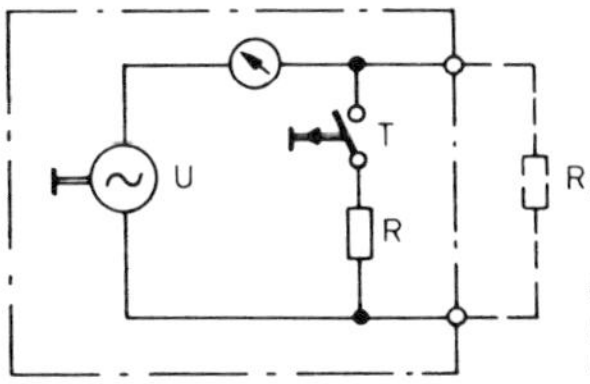

*34 Schaltung eines Kurbelinduktorisolationsmessers*

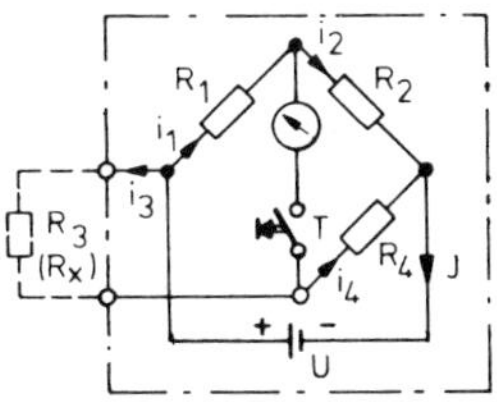

*35 Prinzipschaltung der Wheatstone-Brücke*

## 1.2 Arbeitsverfahren

Grundlagenkenntnisse der manuellen Arbeitsverfahren sind Voraussetzungen zur fachgerechten Ausführung von Änderungen, Erweiterungen und Reparaturen.

### Anreißen

Unter Anreißen ist das Übertragen von maßgerechten Formen auf das zu bearbeitende Werkstück zu verstehen.

Zu den Anreißwerkzeugen zählen:

- Stahlreißnadel; zum Herstellen von Rißlinien.
- Stahlzirkel; zum Ziehen von Kreisen und Übertragen von Teilstrecken.
- Körner; zur Mittelpunktbestimmung von Bohrungen bzw. zur stärkeren Markierung einer Rißlinie.
- Stahllineal; für Meßaufgaben.
- Bleistift; er ist da anzuwenden, wo das Zerstören einer Oberfläche vermieden werden muß (zum Beispiel bei Leichtmetallen).

Die Reißnadel muß beim Anreißen in einem geeigneten Winkel zum Werkstück geführt werden, um Rattern zu verhindern.

Ferner muß die Spitze der Reißnadel in der Ecke, zum Beispiel zwischen Lineal und Werkstück, entlanggezogen werden (Abb. 36).
Auf Leichtmetallen nur mit dem Bleistift anreißen (eine Ausnahme bilden Schnittstellen), da Rißlinien zu Korrosion und Brüchen führen.
Die Körnerspitze darf nicht stumpf sein und muß bei Ausführen des Hammerschlages in einem Winkel von 90 ° zum Werkstück stehen (Abb. 37).

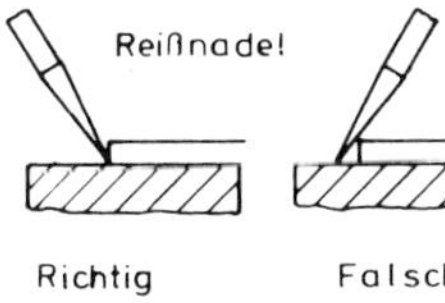

*36 Führung der Reißnadel*

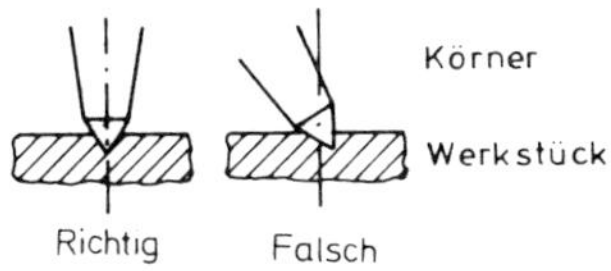

*37 Ankörnen*

### Feilen

Feilen haben gegeneinander versetzte Zähne, die beim Feilvorgang nicht schneiden, sondern schaben. Für grobe Arbeiten (Schruppen) werden Vorfeilen verwendet und zum Erzielen glatter Oberflächen Schlichtfeilen. Für feinere Arbeiten benutzt man Nadelfeilen, deren Querschnittsformen die Anpassung an die jeweilige Werkstückform ermöglichen. Das Bearbeiten von Leichtmetall oder Holz erfolgt mit speziellen Feilen.
Leichtmetallfeilen eignen sich nicht zur Stahlbearbeitung. Zum Kantenbrechen sollten alte Feilen benutzt werden. Feilen sollten nur mit der Feilbürste oder mit weichen Gegenständen gereinigt werden.

### Bohren

Beim Bohren mit Bohrmaschinen führt der Bohrer sowohl die Schnittbewegung als auch den Vorschub aus, d. h., das Werkstück bewegt sich dabei nicht.
Das Einspannen eines Bohrers mit zylindrischem Schaft erfolgt in einem Spannfutter. Der Bohrer soll im Futter aufsitzen, damit keine Verschiebung während des Bohrvorganges eintritt. Zur Vermeidung von Unfällen sollte das Werkstück beim Bohren grundsätzlich nicht mit der bloßen Hand festgehalten werden.
Der Anschliff des Bohrers muß richtig und scharf sein. Beim Bohren tieferer Löcher ist der Bohrer mit Bohrwasser zu kühlen. Größere Löcher sind mit einem kleineren Bohrer vorzubohren. Aussparungen (z. B. für den Einbau eines Zusatzinstruments) sind zu erzielen,

indem um den gesamten Umfang in kleinen Abständen Löcher gebohrt und anschließend die noch bestehenden Verbindungen zwischen den Löchern mittels Feile bzw. Meißel getrennt und abgefeilt werden. Dies erfordert natürlich viel Geduld.

### Senken

Durch Senken werden Bohrungen kegelig oder zylindrisch erweitert. Eine kegelige Senkung wird mittels Spitzsenker erzielt. Zylindrische Erweiterungen von Bohrungen werden mit dem Kopf- und Halssenker hergestellt.

A

B

*38 Gesenkte Bohrungen: A: kegelig, B: zylindrisch*

Die Schneiden des Senkers müssen gleichzeitig angreifen, um Rattern beziehungsweise eine unrunde Senkung zu vermeiden. Lochdurchmesser und Größe des Senkers beziehungsweise dessen Zapfen sollten in jedem Fall genau übereinstimmen.

### Reiben

Das Reiben dient zur Verbesserung der Oberflächengüte und Erhöhung der Maßgenauigkeit gebohrter Löcher und wird mittels Reibahlen vorgenommen. Die Bearbeitungszugabe, d. h. das durch den Reibvorgang abzutragende Material, soll je nach Lochdurchmesser 0,1 bis 0,3 mm betragen. Ein Verkanten der Reibahle ist zu vermeiden, da sich sonst kegelige oder schiefe Löcher ergeben.

### Gewindeschneiden

Konstruktionsbauteile können miteinander mittels Schrauben beziehungsweise Muttern starr verbunden werden. Jedes Gewinde trägt in den Flanken, wobei Gewindedurchmesser (Teilung) eines Gewindelochs und Gewindebolzen übereinstimmen müssen.

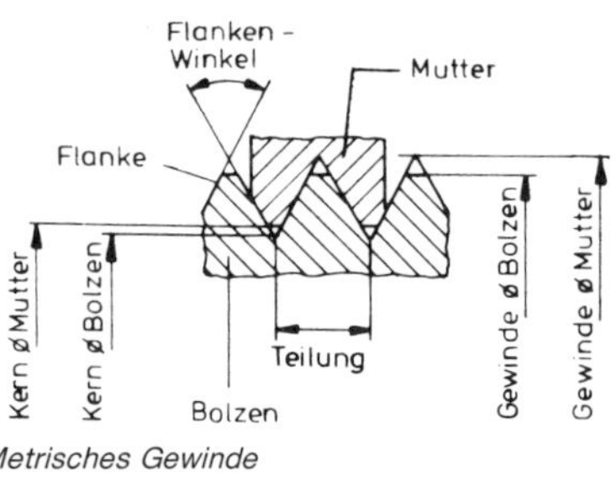


*39 Metrisches Gewinde*

Die Kernlochdurchmesser für die im Maschinenbau vorwiegend verwendeten Gewinde sind der Tabelle 3 zu entnehmen.
Zur Herstellung eines Innengewindes benötigt man einen Gewindebohrersatz, der aus Vor-, Mittel- und Fertigschneider besteht. Bei geringer Materialstärke ist kein Vorschneiden erforderlich. Das Eindrehen der Gewindebohrer erfolgt mit dem Windeisen.
Außengewinde werden mit dem Schneideisen in einem Arbeitsgang geschnitten. Der Außendurchmesser des Bolzens sollte etwas kleiner sein als der Gewindedurchmesser.
Durch Schmieren wird die Gefahr des Anreißens der Gewindegänge verringert. Für Stahl ist Schneidöl, für Aluminium Petrolium zu verwenden.
Um einen guten Schneidvorgang zu erreichen, sind vor dem Gewindeschneiden Bohrungen anzusenken und Bolzen abzuschrägen. Sacklöcher sind tiefer als das vorgesehene Gewinde zu bohren. Ein Verkanten des Schneidwerkzeugs ist zu vermeiden.

### Sägen

Sägen dienen zum Trennen von Werkstoffen. Zur Metallverarbeitung kleineren Ausmaßes wird meist die Handbügelsäge verwendet. Das Sägeblatt besitzt eine kleine Zahnteilung, wodurch sich der Schnittdruck auf möglichst viele Zähne verteilen kann. Um Klemmen zu verhindern, ist es wellig, und die Sägezähne sind breiter als die Dicke des Blattes ausgebildet. Das Sägeblatt muß fest eingespannt werden, d. h., es darf nicht flattern, damit kein Klemmen beziehungsweise Ausbrechen der Zähne zu befürchten ist. Es ist stets – bezogen auf das Werkstück – in einem flachen Winkel anzuschneiden. Bei langen Schnitten ist das Sägeblatt um 90° versetzt einzuspannen und das Werkstück möglichst kurz zu fassen. Das Durchsägen von Rohren erfordert einen geringen Schnittdruck und erhöhte Vorsicht.

### Schleifen

Nach der zu bearbeitenden Arbeitsfläche unterscheidet man folgende Schleifverfahren: Planschleifen (ebene Flächen), Rundschleifen (Zylinder, Ventile), Scharfschleifen (Werkzeuge). Die Schleifscheiben bestehen aus einer Vielzahl von Schleifkörnern mit sehr kleinen Schneiden, die durch die Bindung – meist aus Keramik – zusammengehalten werden. Zur Bearbeitung harter Werkstoffe sind weiche Scheiben einzusetzen, da das Schleifkorn schneller abstumpft, und für weiche Werkstoffe harte Scheiben. Schleifvorgänge sind nur mit Schutzbrille auszuführen und mit reichlich Wasser zu kühlen.

**Tabelle 3: Metrische Gewinde**

| Gewinde-Abmessung | M 3 | M 4 | M 5 | M 6 | M 8 | M 10 | M 12 |
|---|---|---|---|---|---|---|---|
| Kernlochdurchmesser in mm | 2,4 – 2,5 | 3,2 – 3,3 | 4,1 – 4,2 | 4,8 – 5,0 | 6,5 – 6,7 | 8,2 – 8,4 | 9,9 – 10 |

**Tabelle 4: Splintabmessungen in mm**

| Schrauben- oder Bolzendurchmesser | Splintdurchmesser | Splintlänge (ohne Kopf) |
|---|---|---|
| 6 | 1,5 | 15 |
| 8 | 2 | 20 |
| 10 | 2 | 22 |
| 12 | 3 | 25 |
| 14 | 3 | 28 |

**Schaben**

Unebenheiten auf einer Metallfläche werden durch Schaben beseitigt. Die Sichtbarmachung der abzutragenden Erhöhungen erfolgt durch Tuschieren. Flächen werden mit dem Flachschaber, Lager mit dem Dreikant- bzw. Löffelschaber bearbeitet.

Vor dem Schaben werden große Unebenheiten mit der Schlichtfeile beseitigt.

**Verbindungen**

Geräte bzw. Maschinenbauteile werden den Erfordernissen entsprechend fest oder lösbar miteinander verbunden. Zu den nichtlösbaren Verbindungen zählen z. B.: Löten, Schweißen und Nieten. Lösbare Verbindungen können durch Schrauben, Stifte, Keile, Verzahnungen usw. hergestellt werden.

Beim Herstellen einer Schraubverbindung ist darauf zu achten, daß die Auflageflächen von Schraubenkopf und Mutter plan sind und im Winkel von 90° zur Gewindeachse liegen. Zur Verbesserung der Auflage und Erleichterung beim Lösen helfen Unterlegscheiben. Gegen Lockern oder Erschütterungen dienen Schraubensicherungen.

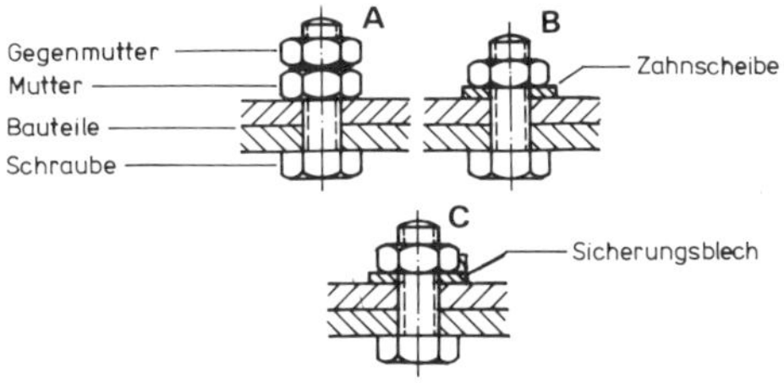


*40 Schraubensicherungen:*
*A Doppel- oder Gegenmutter*
*B Zahnscheibe oder Sprengring*
*C Sicherungsblech (Lappen hochgebogen)*

Außer den in Abb. 40 dargestellten Möglichkeiten finden auch Federscheiben, selbstsichernde Muttern und bei leichten Bauteilen auch Sicherungslack Verwendung.

Durch Paßstifte, die wie bei Scheibenbremsen selbstsichernd sind, werden zwei Bauteile zueinander festgelegt. Keile sitzen mit Pressung in der Keilnut, wodurch Naben und Wellen verbunden werden.

Verzahnungen ermöglichen durch axiale Verschiebung eine Kopplung oder Trennung von Maschinenbauteilen.

Damit sich Schrauben, Muttern oder Bolzen nicht lösen können, sichert man sie durch Splinte. Ihre Längen und Durchmesser sind genormt (siehe Tabelle 4).

**Löten**

Unter Löten ist das Verbinden von Metallen (Bleche, Drähte) durch ein Lot zu verstehen. Beim Lötvorgang dringt das flüssig aufzutragende Lot in die Oberfläche der Werkstücke ein. Voraussetzung für eine einwandfreie Verbindung sind blanke Lötstellen. Die Festigkeit einer Lötverbindung ist vom Lot und dessen Eindringtiefe bestimmt. Man unterscheidet zwischen Weich- und Hartloten. Weichlote werden mit Lötzinn ausgeführt. Hartlote finden zum Löten von Metallen mit höherem Schmelzpunkt (Messing, Stahl) Anwendung.

Zur Auflösung bzw. Verhinderung von Oxydhäuten sind dem Lot Flußmittel beizugeben. Als Flußmittel dienen für Weichlötung Lötwasser, Lötfett, Kolophonium (meist im Lötdraht enthalten). Für Hartlötung: Borax.

Weichlötungen werden mit dem elektrischen oder durch Flammen beheizten Lötkolben ausgeführt. Die für die Hartlötung erforderliche Löthitze wird durch Schweißbrenner, Lötlampen usw. erzeugt. Lötstellen sollten nicht plötzlich abgekühlt werden, damit keine Verminderung der Festigkeit eintritt.

# 2. Motorrad-Technik

## 2.1 Verbrennungsmotoren

Die wesentlichen Bestandteile eines Viertakt-Verbrennungsmotors sind Zylinderblock, Zylinderkopf, Ventile, Ventilsteuerung, Kolben, Pleuelstange und Kurbelwelle.
Im Verbrennungsraum wird die im Kraftstoff gebundene Energie durch einen Verbrennungsprozeß in mechanische Energie umgewandelt. Die dabei entstehenden Gasdruckkräfte werden über Kolben und Pleuelstange auf die Kurbelwelle übertragen.
Im oberen Drittel des Kolbens sind drei Kolbenringe eingesetzt, die federnd gegen die Zylinderwand drücken. Die oberen zwei Kolbenringe (Verdichtungsringe) verhindern, daß Kraftstoff-Luftgemisch vom Verbrennungsraum ins Kurbelgehäuse gelangen kann. Der untere Kolbenring (Ölabstreifring) verhindert, daß Schmieröl aus dem Kurbelgehäuse in den Verbrennungsraum gelangt.
Der Kolben durchläuft den Weg zwischen den Totpunkten mit verschiedenen Geschwindigkeiten. In beiden Totpunkten ändert er seine Bewegungsrichtung und hat hier die Geschwindigkeit Null. Die Kurbelwelle ist mit einem Schwungrad ausgerüstet, um Drehzahlschwankungen – infolge des stoßweisen Antriebes – auszugleichen.

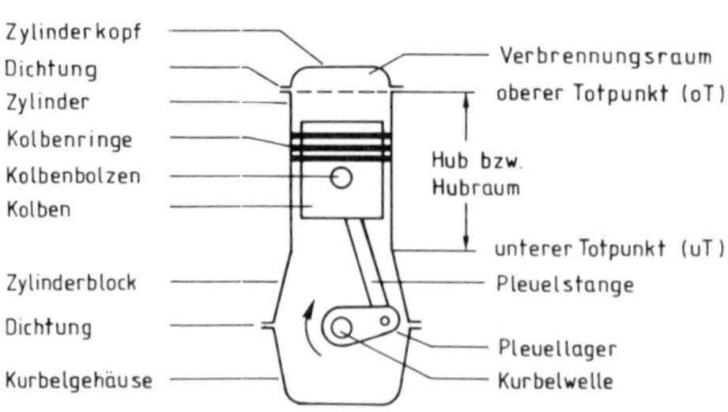


*41 Schematische Darstellung der Komponenten eines Viertakt-Verbrennungsmotors*

Der während der Verdichtung entstehende Kompressionsdruck ist ein Maß für die Ansaugmenge (Zylinderfüllung) sowie für die Beurteilung des Kolbens und der Ventile im Hinblick auf die Abdichtung des Verbrennungsraumes.

Die Höhe des Kompressionsdrucks ist durch das Verdichtungsverhältnis »ε« bestimmt.

$$\varepsilon = \frac{V_H + V_K}{V_K}$$

ε = griechischer Buchstabe »Epsilon«
$V_H$ = Volumen des Kolbenhubs
$V_K$ = Volumen des Kompressionsraumes (Verbrennungsraum)

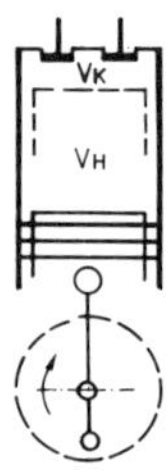


*42 Schematische Darstellung des Hub- und Kompressionsraumes*

Das Kraftstoff-Luftgemisch wird entweder in einem Vergaser oder durch Einspritzen von Benzin in die Ansaugkanäle bzw. Verbrennungsräume gebildet. In jedem Fall erfolgt die Zündung des Kraftstoff-Luftgemisches durch die Zündkerze der Zündanlage.
Der technischen Konzeption entsprechend arbeitet ein Verbrennungsmotor im Vier- oder Zweitaktverfahren.
Die Konstruktionsmerkmale sind aus Tabelle 5 ersichtlich.

### Viertaktmotor

Die Arbeitsweise des Viertaktmotors ist aus Abb. 43 ersichtlich (s. Seite 32 unten und Seite 34).

*43 Prinzip eines Viertaktmotors (Forts. s. Seite 34)*

*1. Takt: Ansaugen*
*Der Kolben (K) geht nach unten und saugt durch das geöffnete Einlaßventil (E) Gas-Luftgemisch, beim Dieselmotor Frischluft, an.*

*2. Takt: Verdichten*
*Ein- und Auslaßventil (E und A) sind geschlossen, der aufwärtsgehende Kolben (K) verdichtet das Gas-Luftgemisch. Beim Dieselmotor Frischluft.*

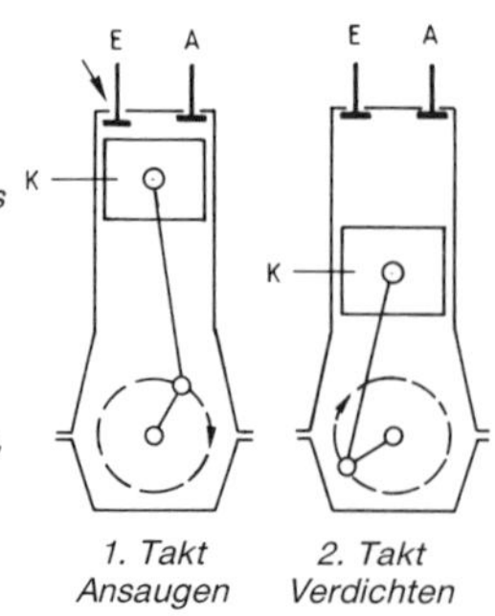

**Tabelle 5: Motoren-Konstruktionsmerkmale**

| Einzelheit | Viertaktmotor | Zweitaktmotor | Bemerkung |
|---|---|---|---|
| Benzin | ● | ● | Kraftstoff vergast |
| Fremdzündung | ● | ● | elektrischer Funke |
| Vergaseranlage | ● | ● | Gemischbildung im Vergaser |
| Einspritzanlage | ● | | Gemischbildung im Ansaugrohr |
| | | ● | Noch nicht in Serie |
| Zwei Arbeitstakte | | ● | Arbeitsablauf |
| Vier Arbeitstakte | ● | | |
| Ansaugdruck | ● | | 0,1 bar bis 0,2 bar Unterdruck |
| Regelung (Kraftstoff-Luftgemisch 1 : 14 max. 1 : 16) | ● | ● | Änderung der Gemischmenge |
| | ● | | Änderung der Einspritzmenge |
| Verdichtungsverhältnis | ● | ● | 7 : 1 bis 10 : 1 |
| Kompressionsdruck | ● | ● | 12 bar bis 18 bar |
| Verbrennungstemperatur | ● | | 2000 °C bis 3000 °C |
| | | ● | 2000 °C bis 2800 °C |
| Höchstdrehzahl | ● | ● | ca. 8 000 1/min<br>Sport- und Renn-maschinen bis ca. 11 000 1/min |
| Leerlaufdrehzahl | ● | | 800 bis 1050 1/min |
| | | ● | ca. 1000 1/min |
| Wasserkühlung | ● | ● | Motorkühlung |
| Luftkühlung | ● | ● | |
| Ölkühlung | ● | | |
| Druckumlaufschmierung | ● | | Motorschmierung |
| Trockensumpfschmierung | ● | | |
| Tauchschmierung | ● | | |
| Mischungsschmierung | | ● | |
| Getrenntschmierung | | ● | |
| Reihenmotor | ● | ● | 2 bis 6 Zylinder<br>Zylinderanordnung in einer Reihe |
| V-Motor | ● | | 2 und 4 Zylinder |
| Boxermotor | ● | ● | |
| Gegenkolbenmotor | | ● | Kolben bewegen sich gleichläufig |
| Kurbelgehäuse | ● | | geteilt |
| | | ● | gasdicht |

*43 Prinzip eines Viertaktmotors (Forts.)*

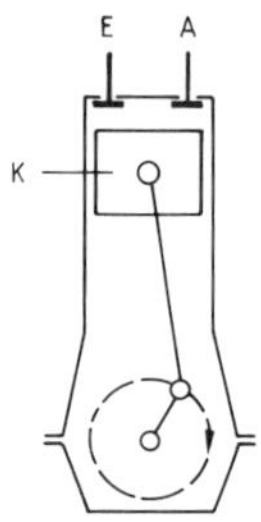


*3. Takt*
*Verbrennen*

*Kurz vor dem oberen Totpunkt wird das Gas-Luftgemisch durch die Zündkerze entzündet und verbrennt. Beim Dieselmotor wird Dieselkraftstoff über ein Einspritzventil direkt in den Verbrennungsraum gespritzt. Dieser entzündet sich an der heißverdichteten Frischluft.*

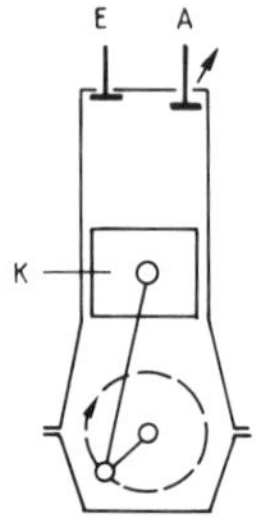


*4. Takt*
*Auslassen*

*Kurz nach dem unteren Totpunkt öffnet das Auslaßventil (A). Die noch unter einem gewissen Druck stehenden Gase entweichen ins Freie. Reste werden beim Aufwärtshub des Kolbens (K) noch aus dem Zylinder gestoßen.*

Abb. 44 zeigt in schematischer Form einen Motor mit Vergaser. Der Start erfolgt mit Hilfe des Anlassers oder Kickstarters. Die über die Kurbelwelle angetriebenen Komponenten nehmen bereits während des Starts ihre Aufgabe war.
Die wesentlichen Komponenten eines Motors mit Benzineinspritzung sind aus Abb. 45 ersichtlich.

Zum Öffnen und Schließen der Ein- und Auslaßventile bei Viertaktmotoren dient die mit Nocken versehene Nockenwelle. Diese kann über den Ventilen (obenliegende Nockenwelle) oder unten in Nähe der Kurbelwelle (untenliegende Nockenwelle) angeordnet sein.
Der Antrieb einer obenliegenden Nockenwelle erfolgt gemäß Abb. 46 A, B und C meist über eine Steuerkette oder gemäß Abb. 46 D über Steuerräder, Stößel, Stößelstange und Kipphebel.

*44 Schema eines Viertakt-Ottomotors mit Vergaser*

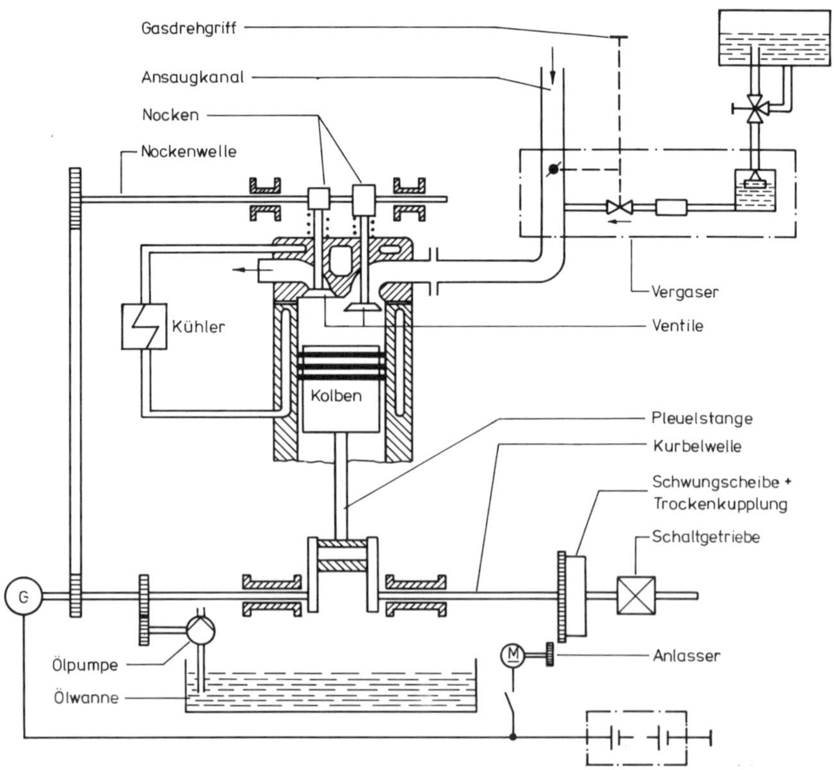

45 *Blockschema einer Benzineinspritzanlage*

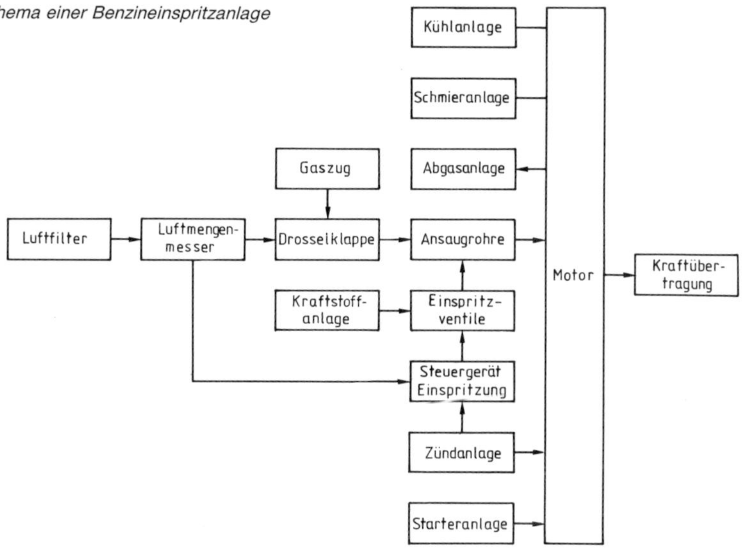


46 *Schematische Darstellung der Ventilsteuerung mit*

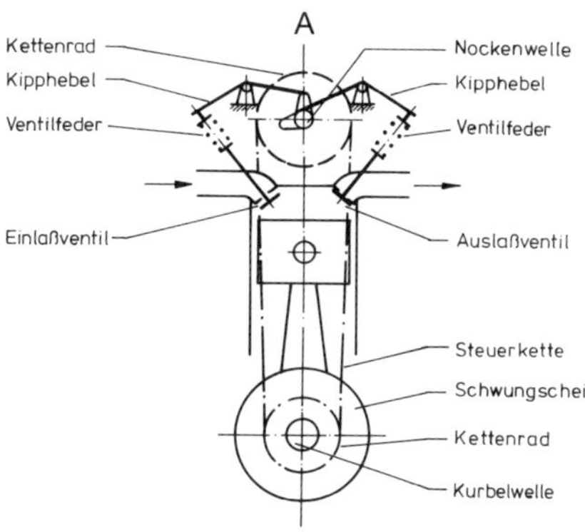


*A einer obenliegenden Nockenwelle und Kipphebel*

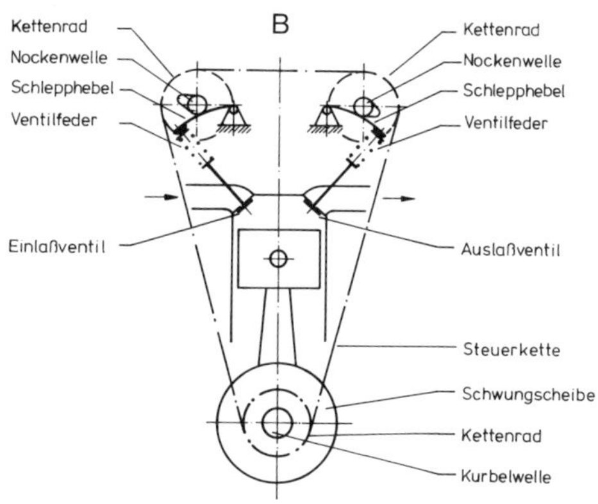


*B Doppelnockenwelle und Schlepphebel*

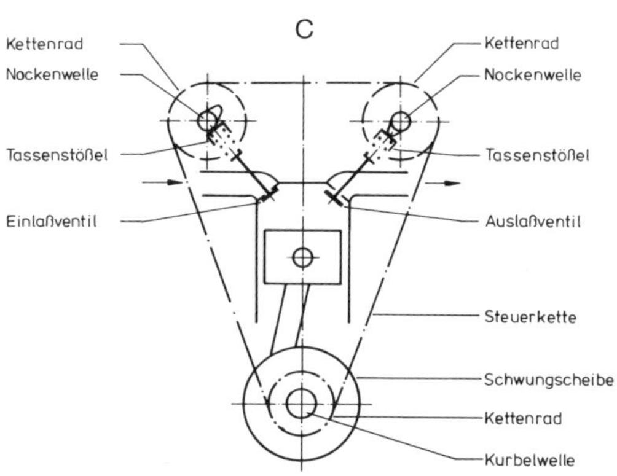


*C Doppelnockenwelle und Tassenstößel*

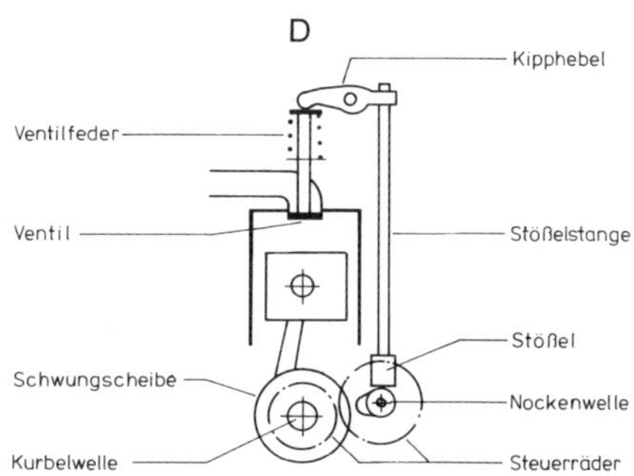


*D untenliegender Nockenwelle*

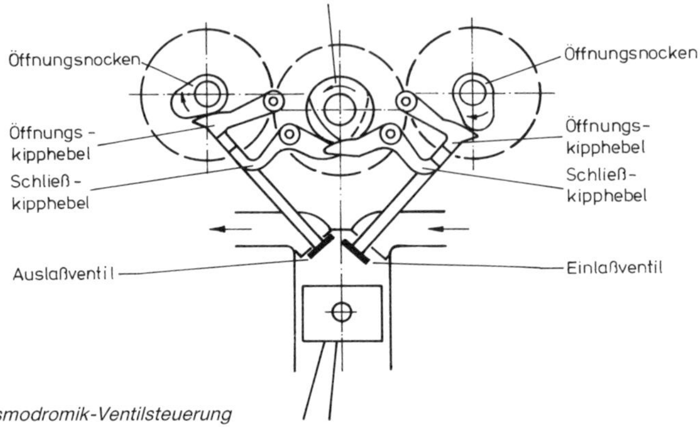


*47 Schema der Desmodromik-Ventilsteuerung*

Bei sämtlichen Konstruktionen gemäß Abb. 46 werden die Ventile durch die Nocken geöffnet und durch die Ventilfedern geschlossen. Davon weicht lediglich die »Desmodromische Ventilsteuerung« ab (Abb. 47). Hier werden die Ein- und Auslaßventile über Öffnungs-Kipphebel und Öffnungsnocken geöffnet und durch einen Schließnocken und Schließ-Kipphebel wieder geschlossen. Der Schließnocken wird über eine Welle betätigt, die von der Kurbelwelle angetrieben wird.

Die Steuerkette wird exakt geführt und von einem Kettenspanner gespannt.

Damit ein Motor einwandfrei arbeitet, muß das Ventilspiel zwischen Ventilbetätigung und Ventil regelmäßig auf den Sollwert eingestellt werden. Eine Ventileinstellung ist bei Motoren mit hydraulischen Ventilstößeln jedoch nicht erforderlich.

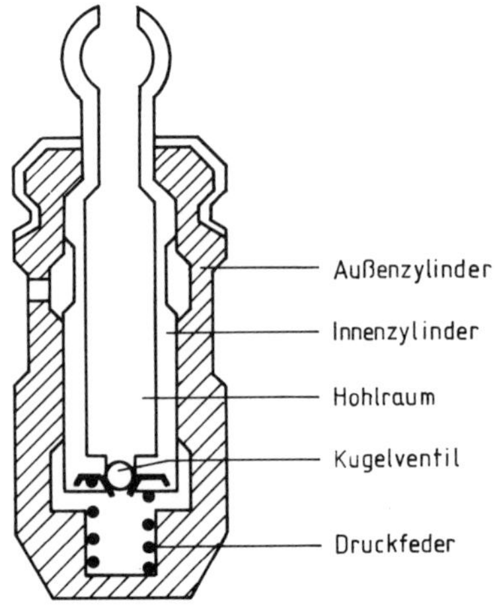


*48 Prinzip eines hydraulischen Ventilstößels*

Der Schlepp- bzw. Kipphebel stützt sich über den hydraulischen Ventilstößel ab (Abb. 49). Das Hydraulikelement besteht aus einem Außen- und Innenzylinder, die mit Motoröl gefüllt sind. Der Innenzylinder wird im Ruhezustand durch die Druckfeder gegen den Hebel der Ventilbetätigung gedrückt. Wird das Motorventil durch den Nocken der Nockenwelle nach unten bewegt (geöffnet), wird der Hohlraum des Innenzylinders belastet und das Kugelventil schließt (Abb. 48).

Beim Schließen des Motorventils wird der Hohlraum des Innenzylinders druckfrei, das Kugelventil öffnet und der Innenzylinder wird durch die Druckfeder nach oben bewegt. Dadurch liegt der Schlepp- bzw. Kipphebel ständig spielfrei an der Nockenwelle bzw. an deren Nocken und am Ventilschaft auf.

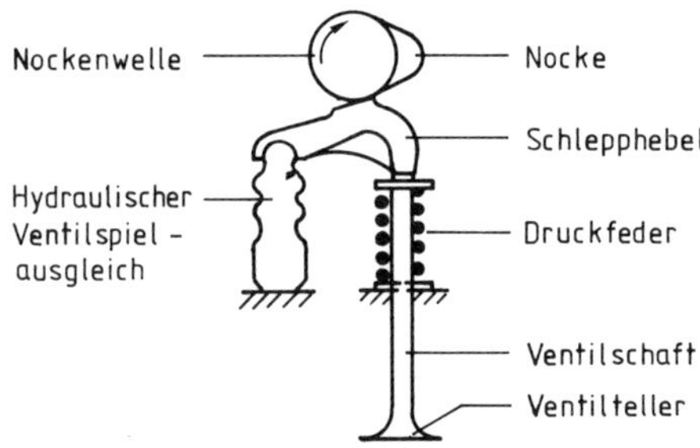


*49 Prinzip eines hydraulischen Ventilspielausgleichs*

## Zweitaktmotor

Der Arbeitsablauf erfolgt gemäß Abb. 50 in zwei Takten, das heißt, daß nach zwei Kolbenhüben, von denen einer Arbeit verrichtet, die Kurbel-

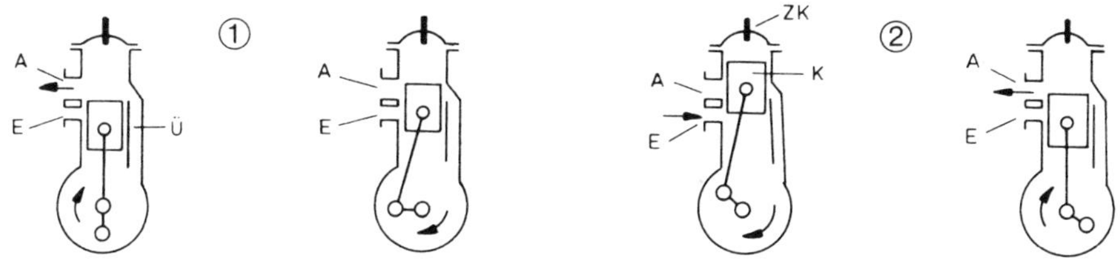


*50 Prinzip eines Zweitaktmotors:*
*1. Takt. Überströmen und Verdichten:*
*Das Gemisch strömt durch den Überströmkanal (Ü) in den Zylinder und schiebt dabei die Reste verbrannten Gases durch den Auslaßschlitz (A) ins Freie. Der aufwärtsgehende Kolben deckt Überström- und Auslaßschlitz zu und verdichtet das Gas. Er gibt mit der Unterkante den Gaseinlaßschlitz (E) frei und saugt Frischgas in das Kurbelgehäuse.*
*2.Takt. Verbrennen und Auslassen:*
*Das Gemisch wird durch die Zündkerze entzündet, dehnt sich aus und drückt den Kolben (K) nach unten. Der Einlaßschlitz (E) wird vom Kolben wieder verdeckt. Der Auslaßschlitz (A) wird frei, die verbrannten Gase strömen aus. Das Frischgas ist durch den abwärtsgehenden Kolben vorverdichtet worden.*

welle eine Umdrehung ausführt. Die Steuerung des Ein- und Auslaßschlitzes erfolgt durch den Kolben.
Während der Abwärtsbewegung des Kolbens entweicht mit den verbrannten Gasen auch ein Teil des Frischgases.
Die Füllung im Kurbelgehäuse ist drehzahlabhängig. Bei kleiner Drehzahl entsteht eine Rückströmung bevor die Kolbenunterkante den Einlaßschlitz verschlossen hat; bei höherer Drehzahl wird der Einlaßschlitz bereits verschlossen, bevor der maximale Druck im Kurbelgehäuse erreicht ist. In beiden Fällen ergibt sich eine verminderte Füllung. Damit auch im unteren und mittleren Drehzahlbereich eine möglicht große Füllung erzielt wird, setzt man in den Ansaugkanal Lamellen ein. Bei Unterdruck im Kurbelgehäuse (Kolben bewegt sich nach oben) heben die Lamellen schlagartig ab, wodurch der Einlaßquerschnitt geöffnet wird. Steigt der Druck im Kurbelgehäuse an (Kolben bewegt sich nach unten), verschließen sie den Einlaßquerschnitt wieder. Somit ist eine Rückströmung des Kraftstoff-Luftgemisches vom Kurbelgehäuse in den Ansaugkanal verhindert. Das vorverdichtete Kraftstoff-Luftgemisch strömt beim Öffnen des Überströmkanals in den Verbrennungsraum.

*51 Prinzip der Lamellen-Steuerung*

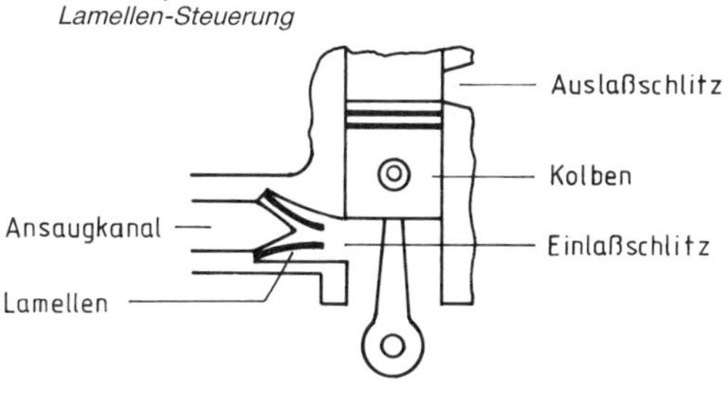


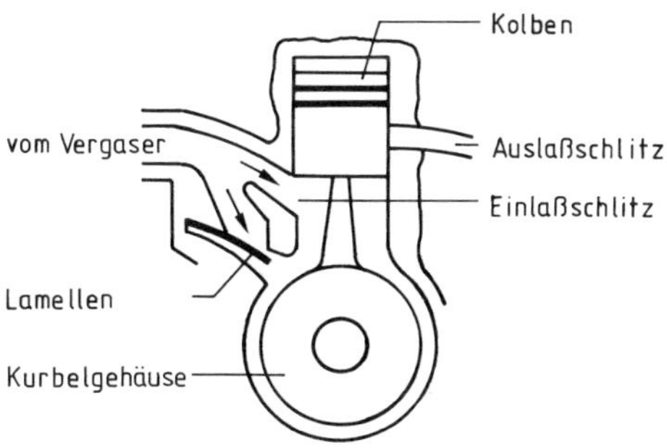


*52 Prinzip einer Kolbenschlitzsteuerung mit einem durch Lamellen gesteuerten Nebenschlußkanal*

Ferner baut man die Lamellen auch in einen parallel zum Einlaßschlitz befindlichen Einlaßkanal.
Zur Erzielung einer gleichmäßigen Gemischzusammensetzung in allen Drehzahlbereichen baut man in die Saugleitung zwischen Vergaser und Motor eine Schwingkammer ein. Dadurch fließt ein Teil des zurückströmenden Frischgases beim Schließen des Einlaßschlitzes bzw. der Lamellen in die Schwingkammer und nicht mit Kraftstoff angereichert ins Kurbelgehäuse zurück. Bei offenem Einlaßkanal strömt Frischgas aus dem Vergaser und aus der Schwingkammer ins Kurbelgehäuse.

*53 Prinzipielle Darstellung einer Saugleitung mit Schwingkammer*

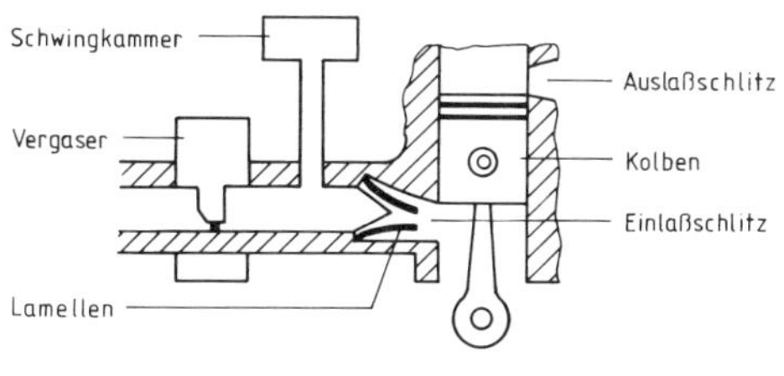

Der Druckverlauf im Kurbelgehäuse und somit der Füllungsgrad wird bedeutend von der Dämpfung der Abgasanlage bestimmt (Abb. 54).

Während der Spülung (Kraftstoff-Luftgemisch strömt vom Kurbelgehäuse in den Verbrennungsraum) entsteht im Kurbelgehäuse ein Überdruck, der bei etwa 150° KW sein Maximum erreicht und unabhängig vom Dämpfungsgrad der Abgasanlage etwa gleich groß ist. Beim Öffnen des Einlaßschlitzes herrscht jedoch bei einer ungedämpften Abgasanlage ein bedeutend höherer Unterdruck im Kurbelgehäuse (größere Füllung) als bei einer stark gedämpften.

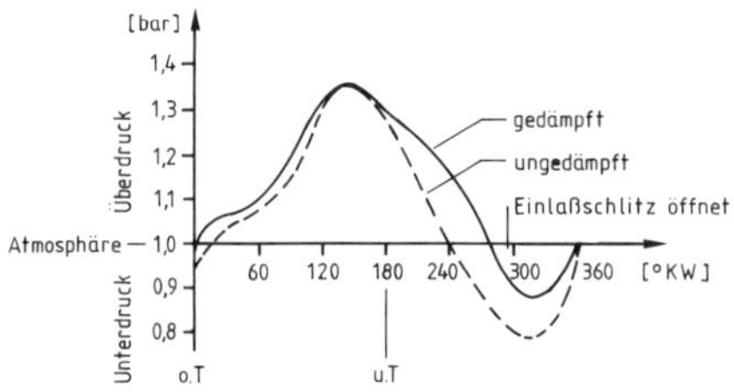


*54 Druckverlauf im Kurbelgehäuse eines Zweitaktmotors bei höherer Motordrehzahl einer gedämpften und ungedämpften Abgasanlage*

Da die Füllmenge auch von der Temperatur im Kurbelgehäuse stark abhängig ist, muß eine ausreichende Kühlung gewährleistet sein.

Zur Zündung findet eine kontakt- oder impulsgesteuerte Batterie- oder Magnetzündung Anwendung.

Die Schmierung erfolgt nach dem Prinzip der Frischölautomatik oder Mischungsschmierung.

Flüssigkeitskühlsysteme werden mit oder ohne Pumpe bzw. Thermostat ausgeführt.

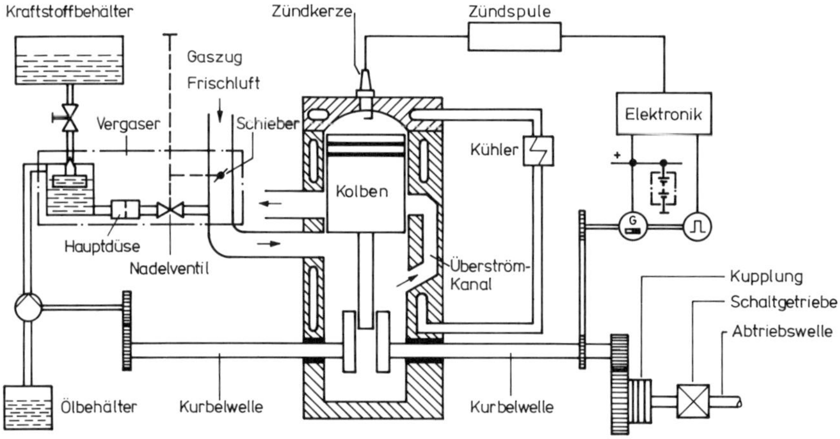


*55 Schema eines Zweitakt-Ottomotors mit Frischölautomatik, Batteriezündung und Wasserkühlung*

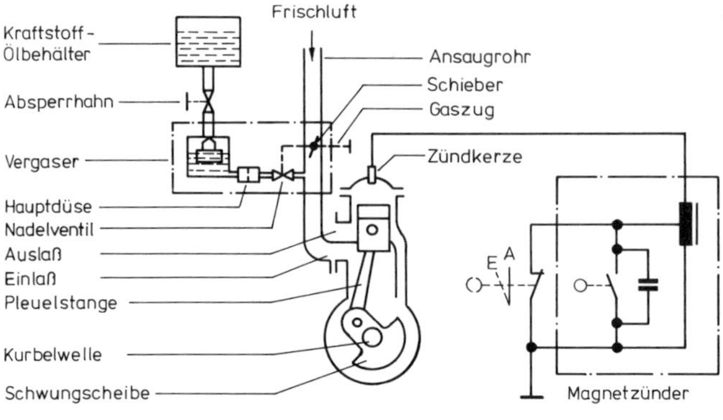


*56 Schema eines Zweitakt-Ottomotors mit Mischungsschmierung, Magnetzündung und Luftkühlung*

## Bauformen

### Einzylindermotor

Zylinderanordnung senkrecht oder nach vorn geneigt. Die Kurbelwelle, bestehend aus Hubscheiben, Hubzapfen und Wellenzapfen wird meist aus Einzelteilen zusammengebaut.
Viele moderne Einzylinder-Viertaktmotoren besitzen vier Ventile pro Zylinder.

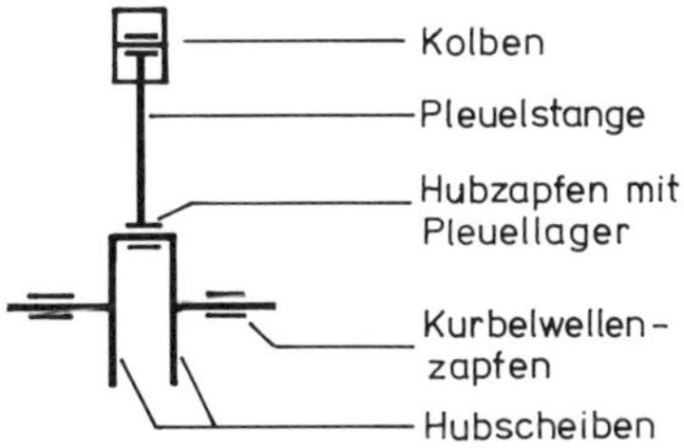


*57 Zylinderanordnung eines Einzylindermotors*

### Reihenmotor

Die Zylinder sind in einer Reihe quer zur Fahrtrichtung angeordnet. Der Abtrieb bei Zweizylindermotoren erfolgt meist direkt von der Kurbelwelle (Abb. 58 A). Bei einigen Zweizylindermotoren (Abb. 58 B) und den meisten Mehrzylindermotoren findet man jedoch den sogenannten Mittelabtrieb. Hier ist die Kurbelwelle zwischen den Zylindern über Zahnräder bzw. über eine Kette kraftschlüssig mit einer Abtriebswelle verbunden.

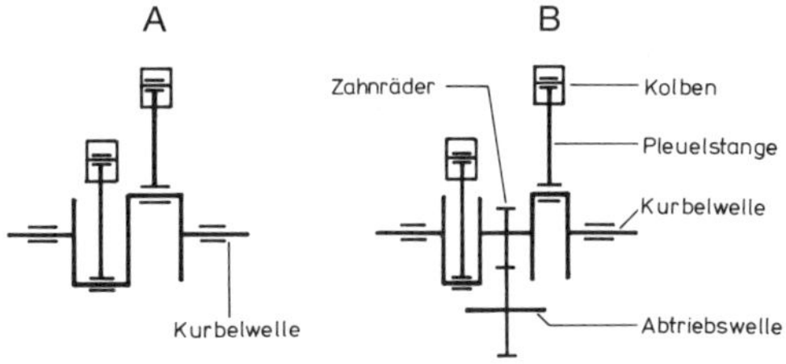


*58 Zylinderanordnung bei Zweizylinder-Reihenmotoren*

Gebaut werden Reihenmotoren mit 2 bis 6 Zylindern. Beispiele:
2 Zylinder
(1 Einlaß- und 1 Auslaßventil je Zylinder)
4 Zylinder
(1 Einlaß- und 1 Auslaßventil je Zylinder)
4 Zylinder mit 16 Ventilen
(2 Einlaß- und 2 Auslaßventile je Zylinder)
4 Zylinder mit 20 Ventilen
(3 Einlaß- und 2 Auslaßventile je Zylinder)
6 Zylinder mit 24 Ventilen
(2 Einlaß- und 2 Auslaßventile je Zylinder)
Motoren mit 3 Ventilen je Zylinder
(2 Einlaß- und 1 Auslaßventil)

### V-Motor

Die Zylinder sind in V-Form quer oder längs zur Fahrtrichtung angeordnet.

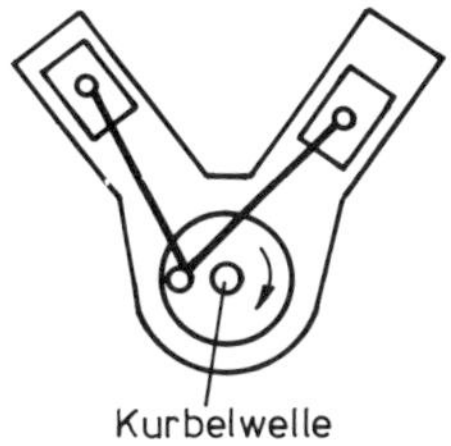


*59 Zylinderanordnung beim V-Motor*

### Boxermotor

Die Zylinder liegen sich in einer Ebene gegenüber. Die Kolben wirken über die Pleuelstange direkt auf die Kurbelwelle. Nach diesem Konstruktionsprinzip werden Zwei- und Vierzylindermotoren gebaut.

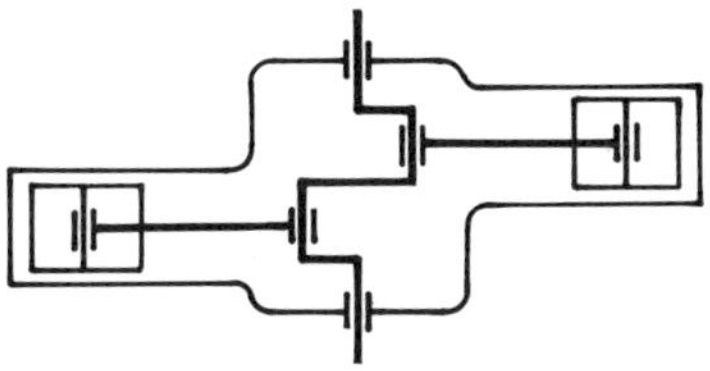

*60 Zylinderanordnung beim Boxermotor*

### U-Motor

Hier handelt es sich um einen Zweitakt-Doppelkolbenmotor, dessen Kolben sich gleichläufig bewegen und auf einen gemeinsamen Hubzapfen arbeiten. Es ist nur ein Brennraum vorhanden, wobei ein Kolben den Einlaß, der andere den Auslaß steuert.

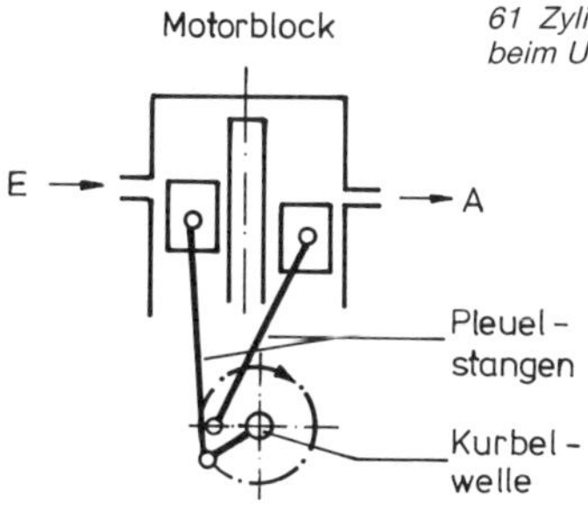


*61 Zylinderanordnung beim U-Motor*

## Gegenkolbenmotor

Die Kolben dieses Zweitaktmotors bewegen sich gegenläufig und arbeiten auf je eine Kurbelwelle, die kraftschlüssig verbunden sind. Ein Kolben steuert den Einlaß, der andere den Auslaß.

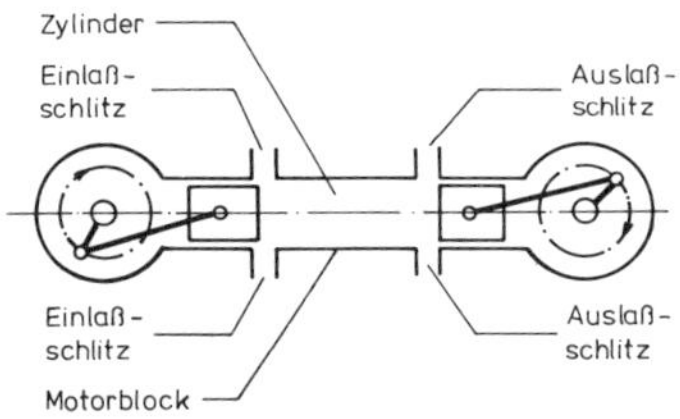


*62 Zylinderanordnung beim Gegenkolbenmotor*

Motorradmotoren werden als Längsläufer oder Querläufer gebaut. Beim Längsläufer liegt die Schwungmasse in Fahrtrichtung. Kurbel- und Getriebewelle sind quer zur Fahrtrichtung angeordnet. Beim Querläufer liegt die Schwungmasse quer zur Fahrtrichtung. Kurbel- und Getriebewelle sind in Fahrtrichtung angeordnet.

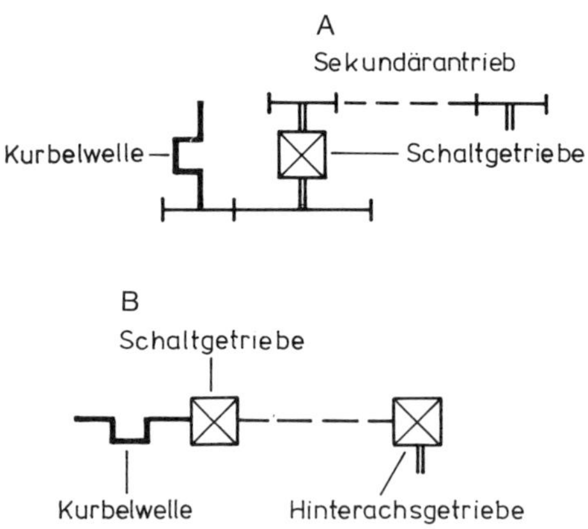


*63 Motoranordnungen*
*A Längsläufer, B Querläufer*

## Kraftstoffanlage

Die Kraftstoffanlage führt einem Motor den für den Betrieb erforderlichen Kraftstoff zu (Abb. 64).

Der Kraftstoffbehälter ist mit einem Verschluß versehen und besitzt zur Aufrechterhaltung der Druckgleichheit zwischen Behälterinnerem und der Außenluft eine Verbindung. Verstopft dieser Kanal, entsteht im Behälter bei steigender Temperatur ein Überdruck und bei Kraftstoffentnahme ein Unterdruck, der eine Reduzierung der Kraftstoffördermenge zur Folge hat und den Motorstillstand herbeiführen kann.

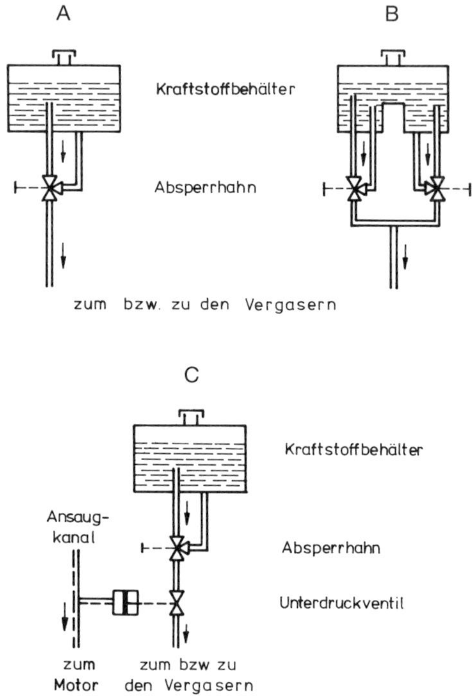


*64 Kraftstoffanlagen:*
*A Mit einem Absperrhahn und Reserveleitung*
*B Mit zwei Absperrhähnen und drei Reserveleitungen*
*C Mit einem Absperrhahn, einer Reserveleitung und einem Unterdruckventil (geöffnet bei laufendem Motor)*

Bei Kraftfahrzeugen, bei denen der Kraftstoffbehälter höher als der Motor angeordnet ist, fließt der Kraftstoff durch das vorhandene Gefälle (Fallbenzin) zum Motor. Liegt dagegen der Kraftstoffbehälter tiefer oder es wird ein bestimmer Druck benötigt, so ist zur Kraftstoffförderung eine Pumpe erforderlich.

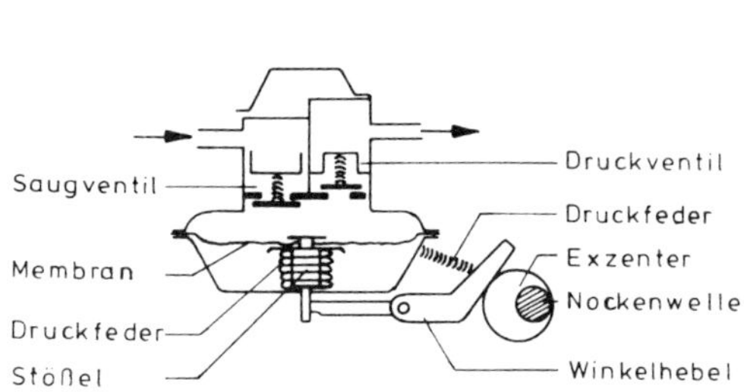


*65 Prinzipieller Aufbau einer Kraftstoff-Membranpumpe*

Die Kraftstoffpumpe wird meist mechanisch über einen speziellen Nocken der Nockenwelle oder elektromotorisch bzw. elektromagnetisch (bei Zweitaktmotoren auch pneumatisch) angetrieben. Jede Pumpe besitzt ein Saug- und Druckventil. Nach dem Saughub erfolgt die Kraftstofförderung durch Entspannen der Membranfeder.
Die Stromlaufpläne elektrisch angetriebener Kraftstoffpumpen sind aus Bild 66 ersichtlich.

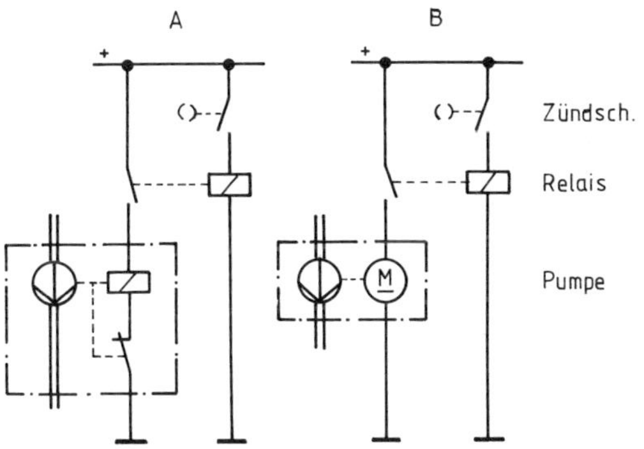


*66 Steuerung einer Elektro-Kraftstoffpumpe mit:*
*A elektromagnetischem Antrieb*
*B elektromotorischem Antrieb*

Die Einschaltung der Kraftstoffpumpe erfolgt durch den Zündschalter, der den Stromkreis der Relaisspule schließt. Der Relaiskontakt schließt den Stromkreis der Pumpe. Bei einer elektromagnetisch angetriebenen Pumpe zieht der Anker des Elektromagneten an, wodurch die Membran der Pumpe bewegt und das Einlaßventil geöffnet wird. Anschließend öffnet der Pumpenkontakt und unterbricht den Stromkreis des Elektromagneten. Nun wird die Membran durch die Rückholfelder in ihre Ausgangsstellung gedrückt und gleichzeitig das Auslaßventil geöffnet. Dieser Arbeitsablauf wiederholt sich während der Einschaltdauer des Zündschalters ständig.
Das Schema einer bei Zweitaktmotoren verwendeten pneumatisch angetriebenen Membranpumpe zeigt Abb. 67.

Durch die Aufwärtsbewegung des Kolbens entsteht im Kurbelgehäuse ein Unterdruck; die Membrane beult sich gegen die Kraft der Druckfeder aus und das Saugventil öffnet. Bewegt sich der Kolben nach unten, entsteht im Kurbelgehäuse ein Überdruck, der – unterstützt durch die Druckfeder – die Membran in die andere Richtung ausbeult, wodurch das Druckventil öffnet und das Saugventil schließt. Zur Druckregulierung dient ein Überdruckventil, das den überschüssigen Kraftstoff von der Druckseite zur Saugseite fließen läßt.

## Ansauganlage

Die Ansauganlage dient zur Reinigung der Ansaugluft und zur Dämpfung der Ansauggeräusche. Hierzu befindet sich in der Ansaugleitung ein Trockenluftfilter mit auswechselbarer Papierpatrone.
Bei Viertaktmotoren ist das Kurbelgehäuse über Kanäle mit der Ansauganlage verbunden, damit keine Druckerhöhung im Kurbelgehäuse stattfindet. Die ins Kurbelgehäuse gelangten Verbrennungsgase werden mit der Frischluft in die Zylinder gesaugt. Öldunst und Kondenswasser werden meist über einen Entlüftungsschlauch ins Freie geführt. Ein Ölabscheider in der Entlüftungsleitung verhindert, daß Ölpartikel ins Freie gelangen können. Ein in die Entlüftungsleitung eingebautes Entlüftungsventil (Rückschlag-

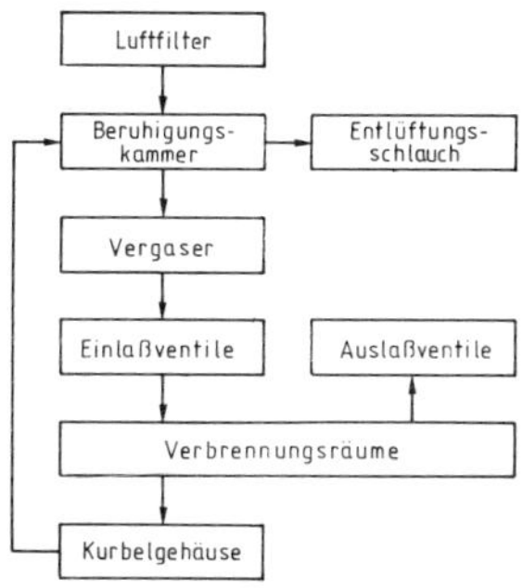


*68 Blockschema einer Kurbelgehäuse-Entlüftung*

*67 Prinzip einer Kraftstoffanlage mit pneumatisch betätigter Membranpumpe*

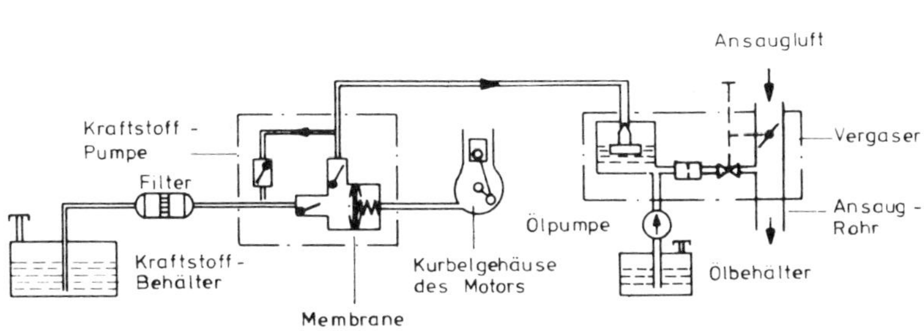

klappe) öffnet bei einem bestimmten Druck im Kurbelgehäuse. Das durch den Ölabscheider zurückgewonnene Öl wird dem Ölkreislauf wieder zugeführt.

**Vergaseranlage**

Die Vergaseranlage hat die Aufgabe, das für jeden Betriebszustand des Motors erforderliche brennfähige Kraftstoff-Luftgemisch in ausreichender Menge zu erzeugen. Beim Ansaugtakt des Motors werden gleichzeitig Kraftstoff und Luft im Mengenverhältnis 1 : 15 angesaugt.

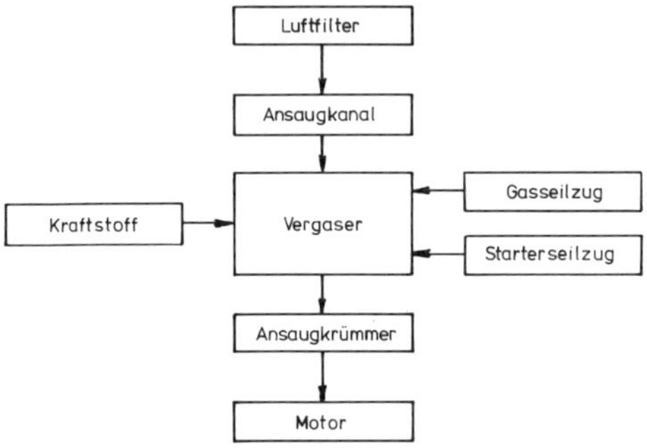


*69 Blockschaltbild einer Vergaseranlage*

Dem Vergaser ist zur Reinigung der Ansaugluft ein Luftfilter vorgeschaltet. Die Dosierung der Ansaugmenge wird manuell über den Gasseilzug vorgenommen. Mit Hilfe des Starterseilzuges kann der im Vergaser integrierte Startvergaser eingeschaltet werden. Er bewirkt eine Anreicherung des Kraftstoff-Luftgemisches beim Kaltstart und während der Warmlaufphase.

Entsprechend der Führung des Gasstromes ist zwischen einem Fall-, Steig- und Flachstromvergaser zu unterscheiden.

Der meist verwendete Fallstromvergaser ist über dem Verbrennungsraum des Motors angeordnet. Dadurch fallen die Kraftstoffteilchen in den Ansaugkanal und unterstützen somit die Wirkung des Luftstroms.

Ein Steigstromvergaser liegt tiefer als der Verbrennungsraum. Demgemäß werden die Kraftstoffteilchen erst ab einer bestimmten Motordrehzahl bzw. erst ab einem bestimmten Unterdruck im Ansaugsystem vom Luftstrom mitgerissen.

Beim Flachstromvergaser ist die Strömungsrichtung horizontal, was sich günstig auf die Bauhöhe auswirkt.

In jedem Vergaser erfährt der angesaugte Luftstrom im Lufttrichter eine Beschleunigung, da der Luftdurchsatz an jeder Stelle gleich groß ist. Dadurch entsteht im Lufttrichter ein der Motordrehzahl entsprechender Unterdruck, wodurch Kraftstoff angesaugt wird.

Um bei allen Motordrehzahlen das richtige Mischungsverhältnis zu erzielen, besitzt jeder Vergaser einen Kraftstoffvorratsbehälter, in dem der Kraftstoffhöhenstand durch Regelung der Kraftstoffzuflußmenge konstant gehalten

*71 Kraftstoff-Höhenstandsregelung eines Vergasers:*
*A ohne Gelenk*
*B mit Gelenk*

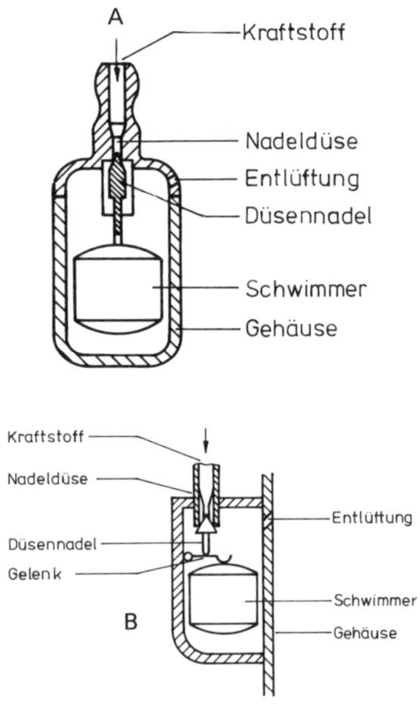


*70 Vergaserbauarten: A Fallstromvergaser B Steigstromvergaser C Flachstromvergaser*

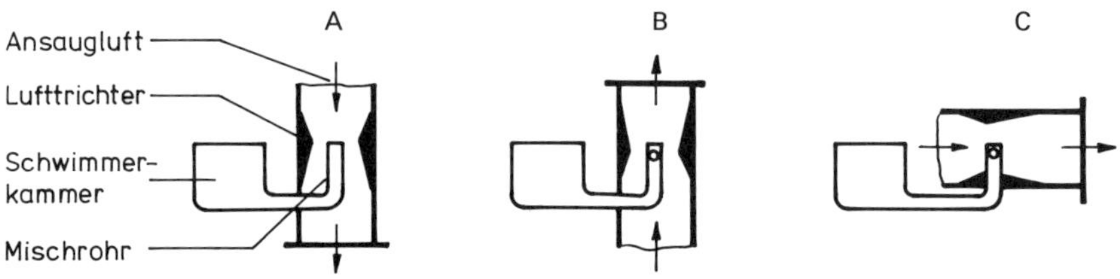

wird. Als Regelorgan dient ein Nadelventil, das von einem Schwimmer (ein aus Messing oder Kunststoff bestehender Hohlkörper) betätigt wird.
Der Öffnungsquerschnitt des Nadelventils ist von der Kraftstoffhöhe im Schwimmergehäuse abhängig. Bei erreichtem oder überschrittenem Sollwert ist das Nadelventil geschlossen und somit die Kraftstoffzufuhr unterbrochen. Zum Druckausgleich zwischen Schwimmergehäuse und der Atmosphäre (Druckanstieg im Schwimmergehäuse bei steigendem Schwimmer und umgekehrt) ist eine Entlüftung des Schwimmergehäuses vorgesehen.

**Schiebervergaser**
Die gewünschte Fahrgeschwindigkeit, d. h. die jeweils erforderliche Zylinderfüllung wird durch Ändern des Vergaserdurchlaß-Querschnitts und der Düsennadelstellung erzielt. Dazu wird ein mit der Düsennadel starr verbundener Gasschieber über einen Gasseilzug gehoben bzw. gesenkt.

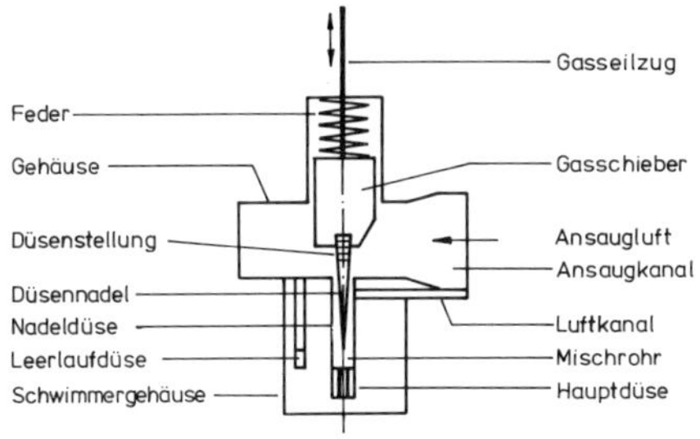

*72 Prinzip eines Schiebervergasers*

Zur Feineinstellung kann die Düsennadel in verschiedene Höhenpositionen (Düsenstellung) befestigt werden.
Gemäß Abb. 73 gelangt der Kraftstoff aus dem Schwimmergehäuse zur Hauptdüse über die Nadeldüse (Abb. 74) in den Ansaugkanal. Ferner strömt ein kleiner Teil der Ansaugluft zur Nadeldüse, wodurch eine Zerstäubung des aus dem Ringquerschnitt der Nadeldüse austretenden Kraftstoffs stattfindet. Weitere Zerstäubung erfolgt beim Eintritt in den Ansaugkrümmer.
Bei geschlossenem Gasschieber, d. h. im Leerlauf, wird die erforderliche Kraftstoffmenge über die Leerlaufdüse aus dem Schwimmergehäuse angesaugt. Zur Einstellung der Leerlaufgemischmenge bzw. der Leerlaufdrehzahl dienen – entsprechend der Vergaserkonzeption – die Gasschieber-Anschlagschraube (Abb. 74) und die Leerlaufgemisch-Regulierschraube bzw. eine im Leerlaufluftkanal befindliche Luftregulierschraube (Abb. 73).

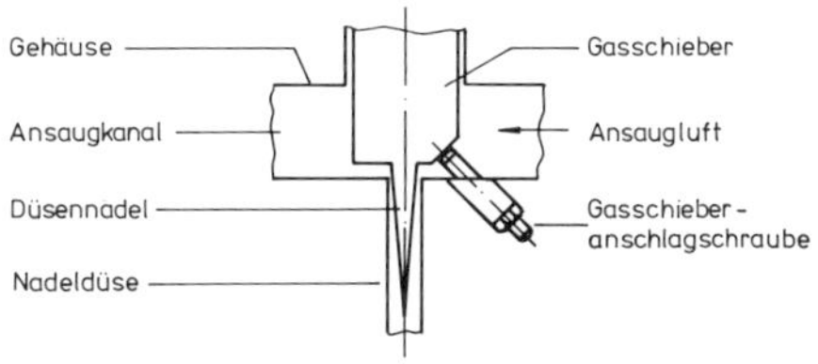

*74 Gasschieberanschlag*

Eine Beschleunigerpumpe sorgt für zusätzlichen Kraftstoff beim Gasgeben. Hierzu finden sowohl Membran- als auch Kolbenpumpen Anwendung.

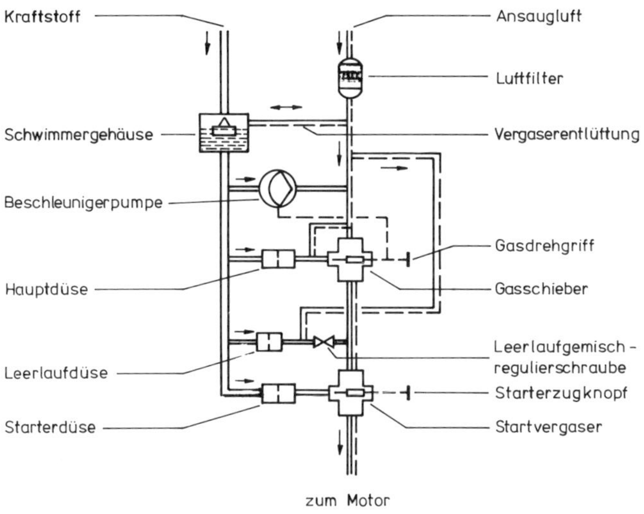

*73 Kreislaufschema eines Schiebervergasers*

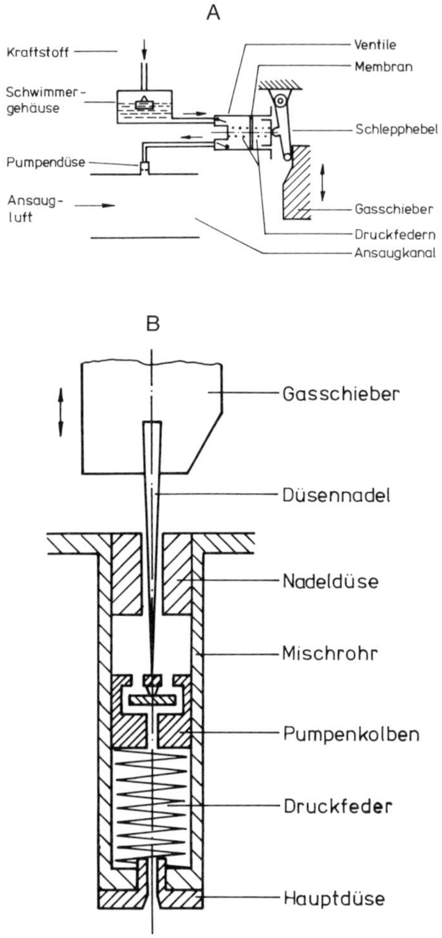


*75 Beschleunigerpumpen:*
*A Membranpumpe*
*B Kolbenpumpe*

Die Membran der Membranpumpe wird bei abwärtsgehendem Gasschieber durch die linke Druckfeder in Richtung Schlepphebel gedrückt. Dadurch entsteht im linken Pumpenraum ein Unterdruck, wodurch über das Einlaßventil Kraftstoff aus dem Schwimmergehäuse angesaugt wird. Nun bewirkt der sich beim Gasgeben nach oben bewegende Gasschieber über den Schlepphebel ein Ausbauchen der Membran nach links und somit eine Druckerhöhung im linken Pumpenraum. Dadurch schließt das Einlaßventil, das Auslaßventil öffnet, und über die Pumpendüse wird Kraftstoff in den Ansaugkanal gespritzt.
Die Einspritzung von zusätzlichem Kraftstoff beim Gasgeben erfolgt bei der Kolbenpumpe durch die Freigabe des Pumpenkolbens während der Aufwärtsbewegung der mit dem Gasschieber starr verbundenen Düsennadel. Bei diesem Vorgang wird der Pumpenkolben durch die Druckfeder nach oben gedrückt, der Kraftstoffzulauf durch ein Ventilplättchen geschlossen, und der über dem Kolben befindliche Kraftstoff über die Nadeldüse in den Ansaugkanal gespritzt. Durch Gasrücknahme wird der Pumpenkolben wieder nach unten gedrückt. Gleichzeitig öffnet das Ventilplättchen und gibt den Kraftstoffzulauf zum Raum über den Pumpenkolben wieder frei.
Zur Gemischanreicherung beim Kaltstart und während der Warmlaufphase des Motors dient der Startvergaser (Abb. 73). Das ist ein im Vergaser eingebauter Schiebervergaser kleiner Dimension. Sein Schieber wird gegen den Druck einer Feder mittels Seilzug angehoben. Dadurch saugt der Motor bei geschlossenem Gasschieber über die Starterdüse und das Startersteigrohr zusätzlich Kraftstoff aus dem Schwimmergehäuse an.
Schiebervergaser ohne Startvergaser sind mit einem sogenannten Tupfer ausgestattet, der bei tiefen Temperaturen zu betätigen ist. Dabei wird der Schwimmer unter den Kraftstoffspiegel gedrückt, wodurch mehr Kraftstoff zufließt, als für den Normalbetrieb benötigt wird. Tritt Kraftstoff aus der Schwimmergehäusebelüftung aus, darf nicht mehr weiter getupft werden.

**Gleichdruckvergaser**
Kennzeichnend für den Gleichdruckvergaser ist die mit dem Gasseilzug verbundene Drosselklappe und eine mit dem Schieberkolben starr verbundene Membran.

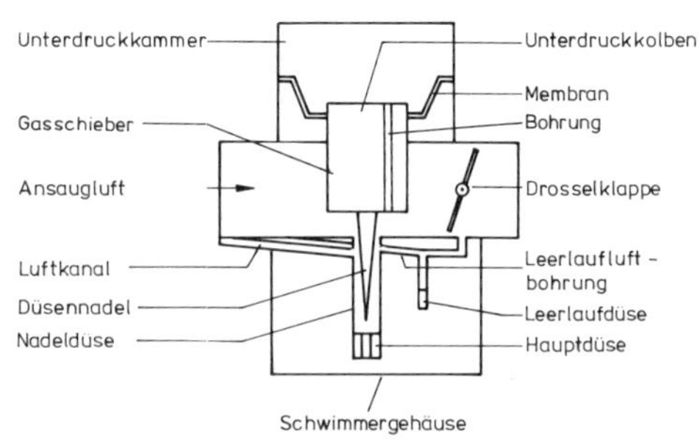


*76 Prinzip eines Gleichdruckvergasers*

Der Kraftstoff gelangt aus dem Schwimmergehäuse über Haupt- und Nadeldüse, wo eine Vorzerstäubung durch die über den Luftkanal zugeführte Luft erfolgt, in den Ansaugkanal.

Hier vermischt sich das Kraftstoff-Luftgemisch mit der Ansaugluft, wodurch eine weitere Zerstäubung des Kraftstoffes stattfindet.
Zur Einstellung der Zylinderfüllung dient die Drosselklappe. Bei laufenden Motor bewirkt jede Bewegung in Öffnungsrichtung infolge der verstärkten Luftströmung im Vergaserdurchlaß eine Erhöhung des Unterdrucks am Austritt der Nadeldüse, wodurch Kraftstoff aus dem Schwimmergehäuse über das Düsensystem angesaugt wird. Bei niedrigen Drehzahlen verengt sich der Querschnitt im Bereich des Nadeldüsenaustritts, wodurch sich die Luftgeschwindigkeit und der Unterdruck erhöht. Da der Ansaugkanal mit der Unterdruckkammer über eine Bohrung im Gasschieber verbunden ist, herrscht zwischen diesen Räumen Druckgleichheit. Demgemäß ergibt eine Erhöhung des Unterdrucks im Ansaugkanal ein Anheben des Gasschiebers. Eine Drosselklappenbewegung in Schließrichtung hat die entgegengesetzte Wirkung. Die Dosierung der Kraftstoffmenge bei Vollast erfolgt durch die Hauptdüse und im Teillastbereich durch die Düsennadel.
Im Leerlauf wird Kraftstoff über die Leerlaufdüse angesaugt und mit der Luft aus der Leerlaufluftbohrung vermischt. Das Leerlauf-Kraftstoff-Luftgemisch gelangt nach der Drosselklappe in den Ansaugkanal.
Zur Einstellung der Leerlaufansaugmenge dient die Leerlaufgemisch-Regulierschraube und zur Einstellung der Leerlauf-Kraftstoffmenge die Drosselklappe-Anschlagschraube. Ein zusätzlich über Bohrungen gebildetes Kraftstoff-Luftgemisch dient der Verbesserung des Überganges zwischen Leerlauf- und Hauptdüsensystem.
Beim Kaltstart und während der Warmlaufphase benötigt der Motor mehr Kraftstoff als bei Betriebstemperatur. Zu dessen Realisierung besitzt dieser Vergaser eine aus einem Drehschieber bestehende Startvorrichtung.
Der vom Fahrer mittels Starterzugknopf einstellbare Drehschieber erhält den Kraftstoff über das Startertauchrohr aus dem Schwimmergehäuse. Die Kraftstoffansaugung während des Starts erfolgt durch den Unterdruck hinter der fast geschlossenen Drosselklappe. Im Drehschiebergehäuse findet die Vermischung des Kraftstoffs mit der durch eine Bohrung strömenden Starterluft statt. Dieses sehr fette Gemisch trifft nun im Lufttrichter mit der Ansaugluft zusammen, wo sich das Startgemisch bildet. Nach dem Start gelangt ein Teil der Ansaugluft durch eine kalibrierte Bohrung in das Startertauchrohr, wodurch das Startgemisch zur Erzielung eines ruhigen Motorlaufs auf einen bestimmten Wert abgemagert wird.
Das Startsystem ist rechtzeitig, d. h. nach der Warmlaufphase, außer Funktion zu setzen, um ein Abwaschen des Ölfilms von den Zylinderwänden und somit unnötigen Motorverschleiß zu verhindern.

### Doppelvergaser
Der Doppelvergaser ist z. B. bei den Vierventil-Motoren von Yamaha eingesetzt. Er besteht aus einem Schieber- und Gleichdruckvergaser. Der Schiebervergaser versorgt das linke Einlaßventil. Bei Halbgas wird über ein Gestänge die Drosselklappe des mit dem rechten Einlaßventil verbundenen Gleichdruckvergasers geöffnet. Beide Vergaser sind in einem Gehäuse untergebracht und saugen den Kraftstoff aus dem gemeinsamen Schwimmergehäuse an.

### Elektronikvergaser
Der Elektronikvergaser ist ein neues Gemischbildungssystem der Bosch und Pierburg System OHG. Das System besteht im wesentlichen aus einem Fallstrom-Registervergaser mit Vordrosselsteller, Drosselklappenansteller, Sensoren und einem elektronischen Steuergerät.
Der Vordrosselsteller wird elektromotorisch betätigt und dient zur Steuerung des Mischungsverhältnisses bei Kaltstart, Warmlauf, Beschleunigung und im Teillastbereich.

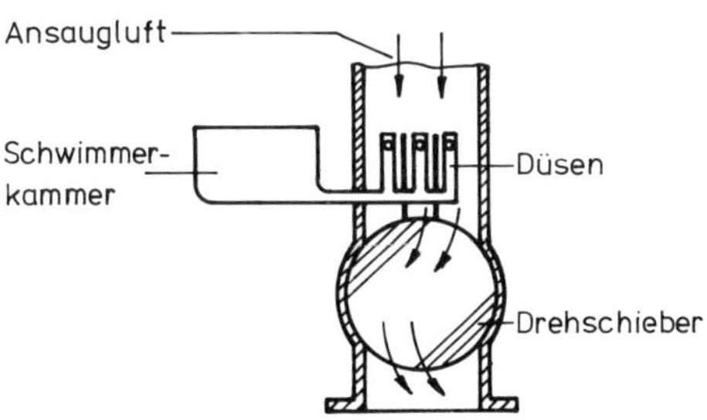

*77 Prinzip eines Drehschiebers*

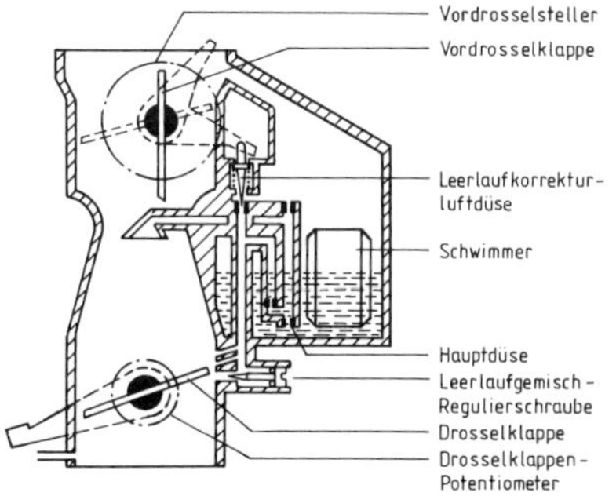

*78 Vergasergehäuse im Schnitt*

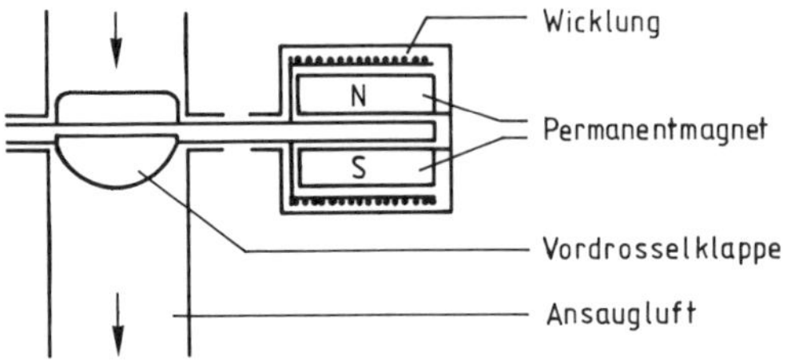


*79 Prinzip des Vordrosselstellers*

Der Drosselklappenansteller ist ein elektropneumatisch betätigtes Gerät zur Füllungssteuerung. Die Steuerung erfolgt über zwei Elektromagnetventile, von denen das eine mit der Atmosphäre, das andere mit dem Saugrohrunterdruck verbunden ist. Ein im Steller integriertes Potentiometer dient zur Meldung der Drosselklappenstellung. Im Stößel des Stellers befindet sich der Leerlaufschalter. Er meldet, ob eine Betätigung des auf die Drosselklappe wirkenden Gaszuges vorliegt.

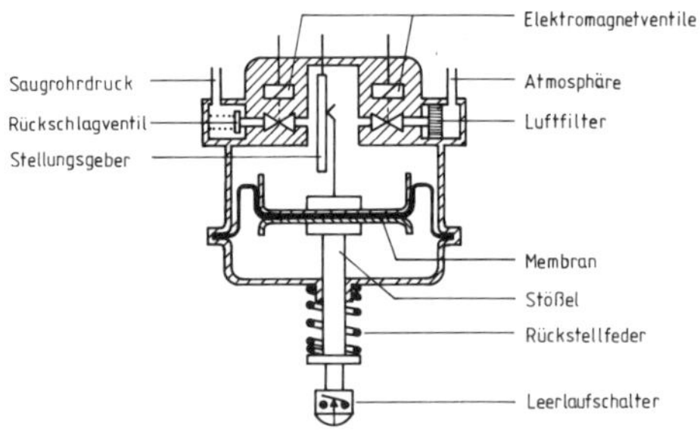


*80 Prinzip des Drosselklappenanstellers*

Das elektronische Steuergerät verarbeitet folgende Meßwerte: Drosselklappenstellung, Leerlaufstellung des Drosselklappenanstellers, Kühlmitteltemperatur, Motordrehzahl. Es liefert die erforderlichen Ausgangsgrößen für die Betätigung der Vordrosselklappe und Drosselklappe.
Beim Abstellen des Motors wird die Drosselklappe bis zur Schubabschaltung geschlossen. Dadurch wird die Kraftstofförderung unterbrochen und ein Nachdieseln verhindert. Nach erreichtem Motorstillstand wird die Drosselklappe wieder in die Startposition gebracht.

**Benzineinspritzung**

Bei Ottomotoren mit Benzineinspritzung wird der Kraftstoff über mechanisch oder elektromagnetisch betätigte Einspritzventile als feiner Nebel – je nach Bauart des Motors – in die Ansaugrohre oder unmittelbar in die Zylinder eingespritzt. Gegen Ende der Verdichtung erfolgt die Zündung des Kraftstoff-Luftgemisches durch den Zündfunken der Zündkerze.
Die wesentlichen Komponenten und deren Zusammenwirken sind aus Abb. 82 zu ersehen.
Zur Kraftstofförderung und Erzeugung des Einspritzdrucks dient eine elektromotorisch angetriebene Rollenzellenpumpe.
Die Rollenzellenpumpe und der Elektromotor befinden sich in einem gemeinsamen Gehäuse und werden vom Kraftstoff umspült. Die Rollen der Rollenzellenpumpe werden während der Rotation durch die Zentrifugalkraft an das exzentrisch ausgebildete Pumpengehäuse gepreßt. Die Pumpenwirkung kommt dadurch zustande, daß am Kraftstoffeintritt ein sich vergrößerndes und am Kraftstoffaustritt ein sich verkleinerndes Volumen entsteht.
Bei einem Druckmaximum wird die Druck- und Saugseite durch Öffnen eines in der Pumpe integriertes Überdruckventil verbunden. Ein Rückschlagventil verhindert bei Motorstillstand einen Kraftstoffrücklauf in den Kraftstoffbehälter.

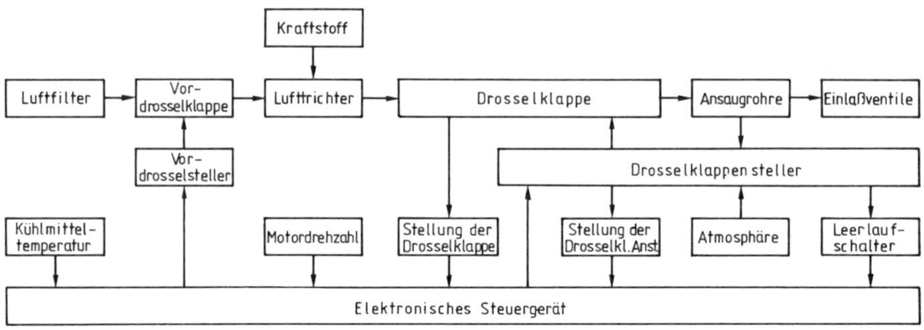


*81 Blockschaltbild des elektronischen Vergasers*

82 *Blockschema einer Benzineinspritzanlage mit der digitalen Batterie-Transistorzündanlage D-BTZ*

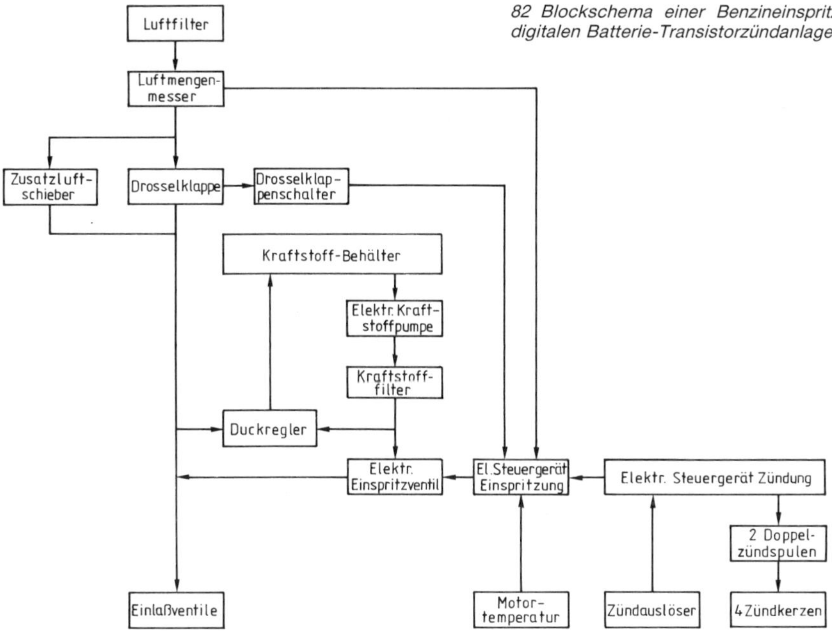


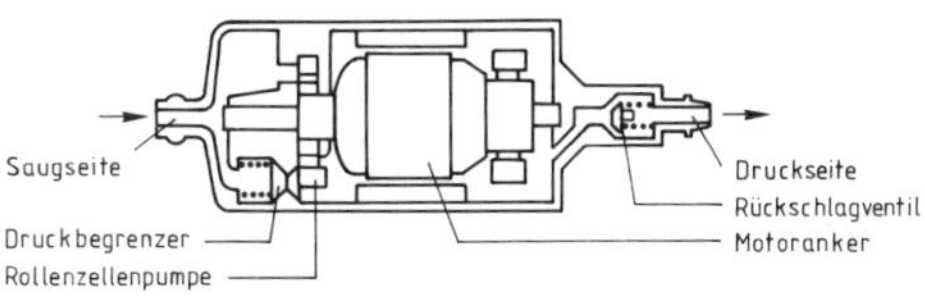


83 *Prinzipieller Aufbau einer elektromotorisch angetriebenen Kraftstoffpumpe*

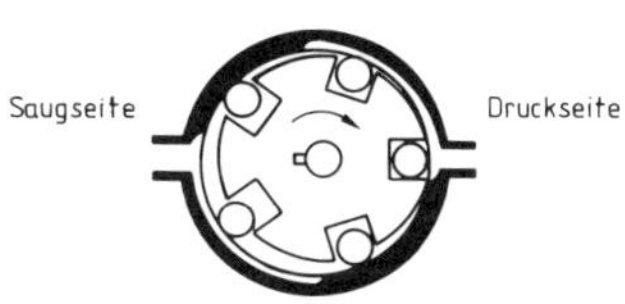


84 *Wirkungsweise der Rollenzellenpumpe*

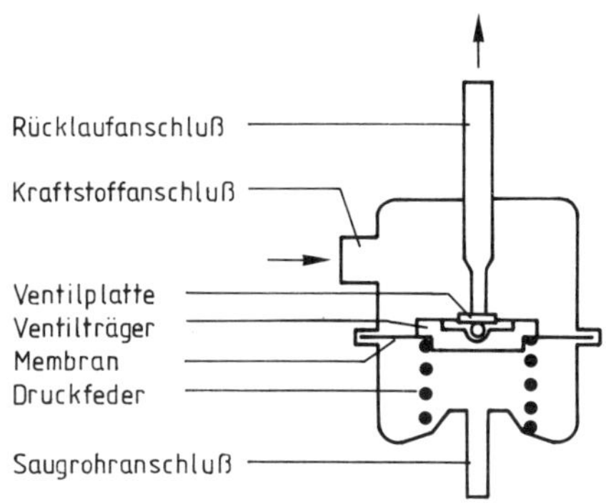


85 *Prinzip eines Druckreglers*

Der Kraftstoffdruck wird durch den Druckregler auf etwa 2,5 bzw. 3,0 bar konstant gehalten, indem er bei Überschreiten des Sollwertes den Kraftstoffrücklauf zum Kraftstoffbehalter öffnet. Gemäß Abb. 85 besteht zwischen der Federkammer (Unterdruck im Sammelsaugrohr) und der Kraftstoffkammer (Druckseite der Kraftstoffpumpe) eine Druckdifferenz. Überschreitet der Druck im Kraftstoffsystem den eingestellten Wert, dann öffnet das membranbetätigte Ventil die Rücklaufleitung zum Kraftstoffbehälter. Das Schließen des Ventils bewirkt die Druckfeder.

Der Druck im Kraftstoffsystem ist bei jedem Saugrohrdruck, also bei jeder Drosselklappenstellung, konstant.
Die Ansaugluftmenge wird durch die Drosselklappenstellung gesteuert. Zur Erzielung des richtigen Kraftstoff-Luftgemisches (1 : 14) wird die Stellung des Luftmengenmessers mit einem Potentiometer erfaßt und dem Steuergerät zugeführt.
Bei einem Luftmengenmesser für elektronisch gesteuerte Benzineinspritzanlagen wird die Drehbewegung einer Stauklappe auf den Schleifer eines Potentiometers übertragen.

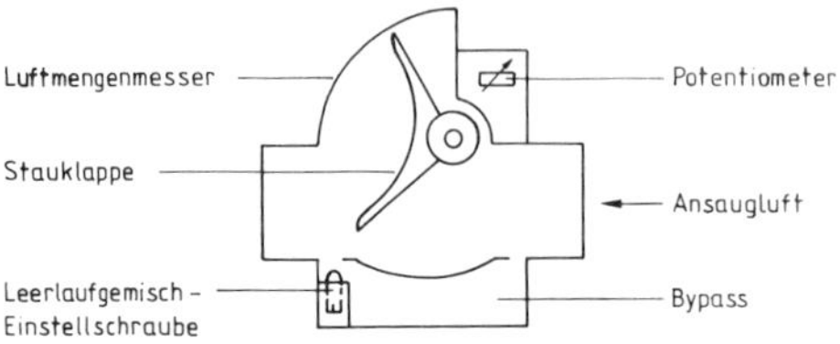


*86 Prinzipielle Darstellung eines Luftmengenmessers für elektronisch gesteuerte Benzineinspritzanlagen*

Zur Einstellung des Leerlaufgemisches dient eine Einstellschraube im Bypass des Luftmengenmessers. Um bei allen Betriebszuständen das optimale Kraftstoff-Luftgemisch zu erhalten, werden dem Steuergerät noch die Motortemperatur sowie die Leerlauf- und Volllaststellung der Drosselklappe mittels Drosselklappenschalter eingegeben.
Der Drosselklappenschalter wird durch die Drosselklappenwelle betätigt. Erreicht die Drosselklappe eine der Endstellungen (Leerlauf oder Vollast), wird je ein Kontakt geschlossen.

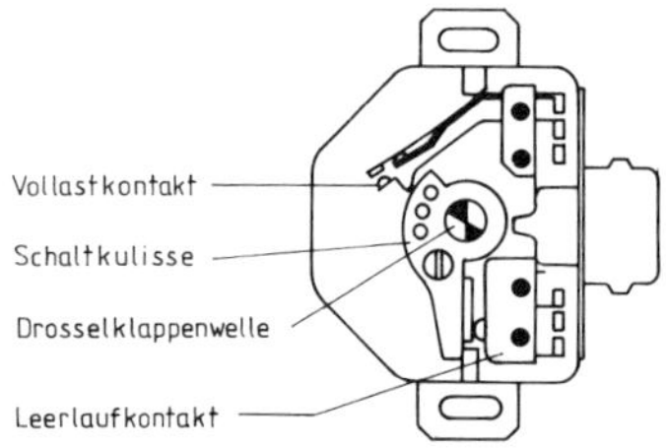


*87 Aufbau des Drosselklappenschalters*

Der Zusatzluftschieber (im kalten Zustand offen) dient zur Erhöhung der Ansaugluftmenge während des Kaltstarts und der Warmlaufphase. Er besteht aus einer Bimetallfeder, einer elektrischen Heizung und einer Lochblende. Die Lochblende wird durch die Bimetallfeder betätigt und ist im kalten Zustand offen.

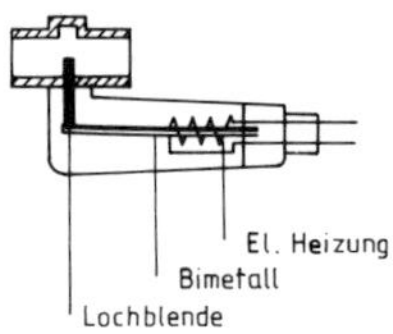


*88 Aufbau eines Zusatzluftschiebers*

Die Einspritzventile werden elektromagnetisch betätigt.
Im Ruhezustand wird die Düsennadel durch die Schraubenfeder auf ihren Dichtsitz am Ventilauslaß gedrückt. Bei stromdurchflossener Magnetwicklung wird die Düsennadel um etwa 0,1 mm angehoben. Dadurch wird ein Ringspalt frei, aus dem der unter Druck stehende Kraftstoff austritt. Zur Zerstäubung befindet sich am Ende der Düsennadel ein Spritzzapfen.

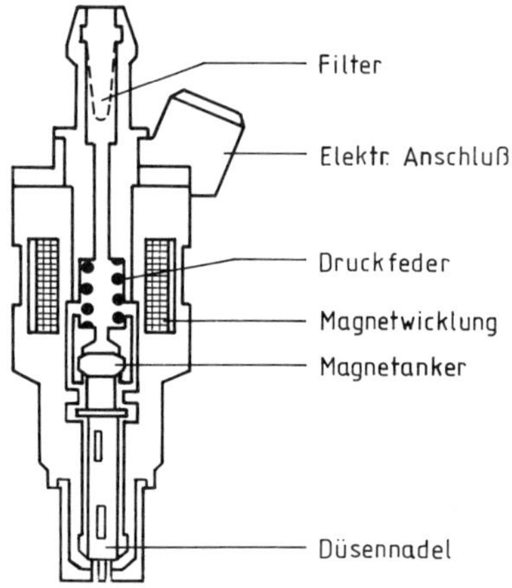


*89 Prinzip eines elektromagnetisch betätigten Einspritzventils*

Jedes Einspritzventil ist in Gummiformteilen gelagert und wird in eine spezielle Halterung eingebaut.

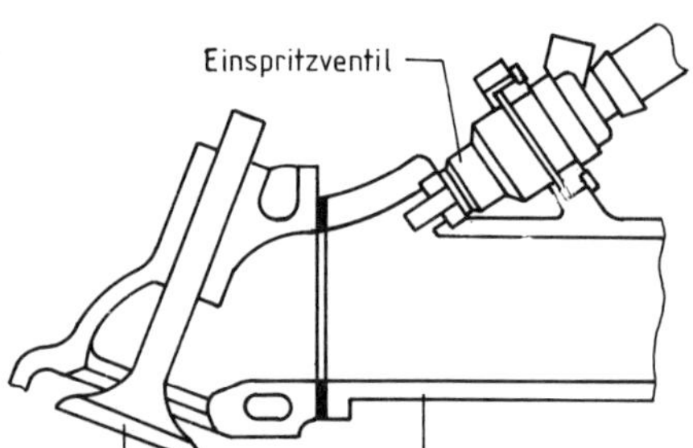


*90 Einbauanordnung eines Einspritzventils*

Beim Benzineinspritzsystem für Motorräder (Abb. 91) wird der Kraftstoff von einer im Tank befindlichen Kraftstoffpumpe angesaugt und über ein Kraftstoffilter den Einspritzventilen zugeführt. Bei eingeschalteter Zündung ist der

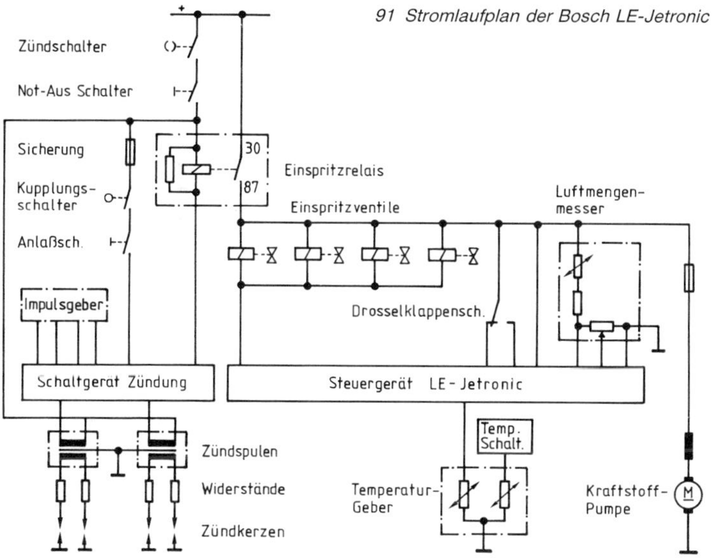


*91 Stromlaufplan der Bosch LE-Jetronic*

Kontakt 30 und 87 des Einspritzrelais geschlossen und somit die LE-Jetronic einschließlich Kraftstoffpumpe in Betrieb.

Die Einspritzventile sind parallel geschaltet und spritzen je Kurbelwellenumdrehung gleichzeitig Kraftstoff in die Einlaßkanäle des Motors.

Die Kraftstoffmenge wird über die Öffnungszeit (1,5 bis 9 ms) der Einspritzventile gesteuert, die vom elektronischen Steuergerät für Einspritzung ermittelt wird.

Hauptsteuergrößen zur Bildung der Grundeinspritzzeit sind die vom Motor angesaugte Luftmenge und die Motordrehzahl. Das Einspritzsystem ist mit einer Kaltstartsteuerung und Warmlaufanreicherung ausgerüstet. Sie bewirken, abhängig von der Motortemperatur, eine Verlängerung der Öffnungszeit der Einspritzventile. Im Schiebebetrieb erfolgt keine Kraftstoff-Einspritzung.

Eine Startverriegelung schaltet nach dem Start den Anlasser ab und verhindert ein Starten bei laufendem Motor. Ferner erfolgt bei Erreichen eines Drehzahlmaximums die Unterbrechung der Benzineinspritzung.

Die digitale Batterie-Transistorzündanlage D-BTZ wird durch einen Hall-Zündauslöser gesteuert. An das elektronische Steuergerät für Zündung sind zwei Doppelzündspulen angeschlossen, in denen die Zündspannung für die vier Zündkerzen des Vierzylindermotors erzeugt wird. Die Hochspannungsverteilung ist antriebslos, d. h. sie erfolgt ohne Zündverteiler.

**Turbolader**

Ein Turbolader besteht im wesentlichen aus einer Turbine und einem Lader (Gebläse, Verdichter), die starr miteinander verbunden sind. Er dient zur Erzielung einer maximalen Zylinderfüllung bzw. Erhöhung der Motorleistung bei gleicher Drehzahl und gleichem Hubraum. Mit steigendem Luftdurchsatz nehmen die Kraftstoffmenge, der Verbrennungsdruck, das Drehmoment und die Motorleistung zu.

Zur Erhöhung der Zylinderfüllung bzw. zur Verminderung der thermischen Belastung und Klopfneigung (Selbstzündung) wird bei Hochleistungsmotoren die Ladeluft gekühlt. Hierzu dient ein Ladeluftkühler, meist ein Gebläse, das dem Lader nachgeschaltet ist. Dadurch wird eine Temperaturreduzierung von etwa 40 bis 70 °C bzw. eine Leistungssteigerung von etwa 12 bis 21 Prozent (10 °C ≈ 3 %) erreicht.

Zur Schmierung der Lager und Kühlung des Turboladers ist dieser über einen Ölzulauf- und Ölrücklaufstutzen mit dem Motorschmierkreislauf verbunden. Der Öldurchsatz beträgt 1 bis 3 Liter/Minute, der Temperaturanstieg 10 bis 20 °C.

Höher belastete Turbolader werden zusätzlich mit Wasser gekühlt.

Turbolader werden unter anderem vom Motor über Getriebe, Keilriemen oder Zahnriemen, meist jedoch durch die Abgase des Verbrennungsmotors angetrieben.

**Abgasturbolader**

Antriebskraft des Abgasturboladers ist die Druckenergie der Abgase. Die Drehzahl bewegt sich zwischen 50 000 1/min und 100 000 1/min.

Zur Konstanthaltung des Ladedrucks (0,4 bis 0,8 bar) dient das Ladedruckventil, auch Abblase- oder Bypassventil genannt. Der Ladedruck (Druck vor den Einlaßventilen) wird über

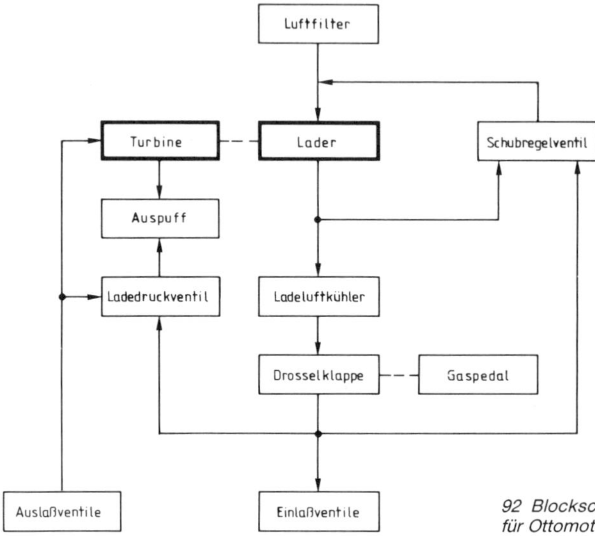


*92 Blockschema eines Abgas-Turboladers für Ottomotoren*

eine Steuerleitung dem Ladedruckventil zugeführt und wirkt auf die Membrane gegen die Kraft der Druckfeder. Bei einem bestimmten Druck öffnet das Ladedruckventil, wodurch ein Teil des Abgases über die Bypassleitung direkt, d. h. nicht über die Turbine, abfließt.
Zur Regelung der Laderdrehzahl dient das Schubregelventil. Es öffnet bei einem bestimmten Steuerdruck, z. B. im Schiebebetrieb, wodurch ein Teil der angesaugten Frischluft von der Druck- zur Saugseite des Laders fließt. Dadurch wird die Laderdrehzahl auf hohem

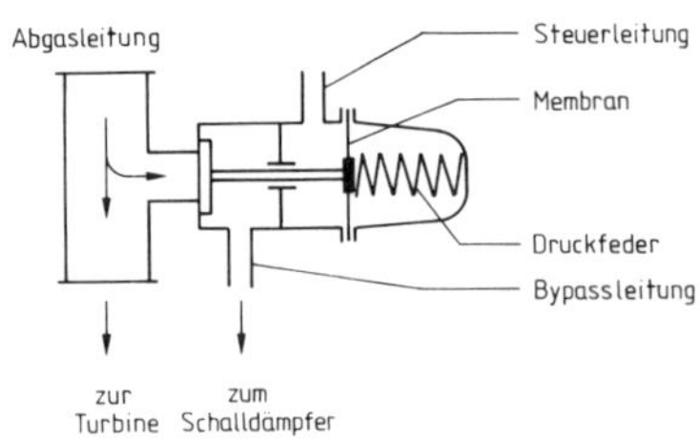


*93 Prinzip eines Ladedruckventils*

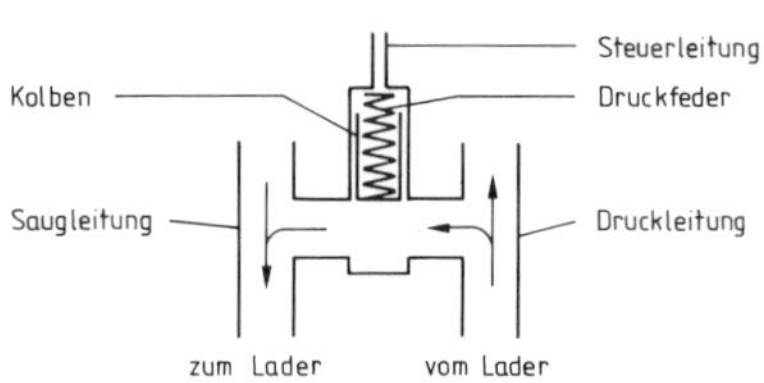


*94 Prinzip eines Schubregelventils*

Niveau gehalten und die Motordrehzahl bei Bedarf schneller erhöht.
Zur Reduzierung der thermischen Belastung, Leistungssteigerung und Absenkung der Klopfgrenze spritzt man bei Hochleistungsmotoren zur Kühlung der Brennräume Wasser in den Ansaugkanal oder in die Kraftstoffleitung.
Das Wasser wird einem separaten Wasserbehälter entnommen und die Wassermenge durch Bohrungen dosiert. Erfolgt die Wasser-Einspritzung in die Druckseite eines Turboladers, ist zur Überwindung des Ladedrucks eine Wasserpumpe erforderlich.
Abb. 95 zeigt das Kreislaufschema eines Abgas-Turboladers in Verbindung mit einem Druckvergaser. Der Turbolader saugt im unteren Drehzahlbereich (bis etwa 4000 1/min) über ein Membranventil aus einer Vorkammer Luft an. Der Ladedruck schließt das Membranventil und der Lader drückt die Ladeluft über einen Luftsammler direkt in die Ansaugrohre. Der Ladedruck wird durch ein Bypass-Ventil, das bei Überdruck einen Teil des Abgases in die Abgasanlage leitet (Drehzahlreduzierung des Turboladers), konstant gehalten.
Der Druck im Luftsammler wird durch ein Überdruckventil, das bei Überdruck Luft in die Vorkammer entweichen läßt, konstant gehalten. Sensoren erfassen den Ladedruck, die Motordrehzahl und das Motorklopfen. Die Meßsignale werden im Zündungssteuergerät zur Erzielung eines optimalen Zündzeitpunktes verarbeitet.
Abb. 96 zeigt das Schema einer Einspritzanlage mit Aufladung und elektronischer Zündung. Eine elektromotorisch angetriebene Kraftstoffpumpe saugt über ein Kraftstoffilter Kraftstoff

aus dem Kraftstoffbehälter an und fördert ihn mit einem Druck von 2,8 bar zu den elektromagnetisch betätigten Einspritzventilen. Der Druckregler hält den Kraftstoffdruck, abhängig vom Saugrohrunterdruck, konstant.

Die Ansaugluftmenge wird von einem Luftmengenmesser in ein elektrisches Meßsignal umgeformt, das wie die Stellung der Drosselklappe, der Ladedruck, die Motortemperatur und der Höhenausgleich dem elektronischen Steuergerät zur Auswertung zugeführt wird.

In Abhängigkeit der Drehzahl und des Ladedrucks wird der Zündzeitpunkt so verlegt, daß Motorklopfen nicht eintreten kann. Der Ladedruck beträgt 0,8 bar und wird durch ein Bypass-Ventil, das bei Überdruck einen Teil des Abgases in die Abgasanlage leitet (Drehzahlreduzierung des Turboladers), konstant gehalten. Sollte der Überdruck 0,9 bar erreichen, wird die Zündung automatisch abgeschaltet.

## Comprex-Druckwellenlader

Beim Comprex-Druckwellenlader wirken die unter Druck stehenden Abgase direkt auf die Ansaugluft, wobei keine Vermischung stattfin-

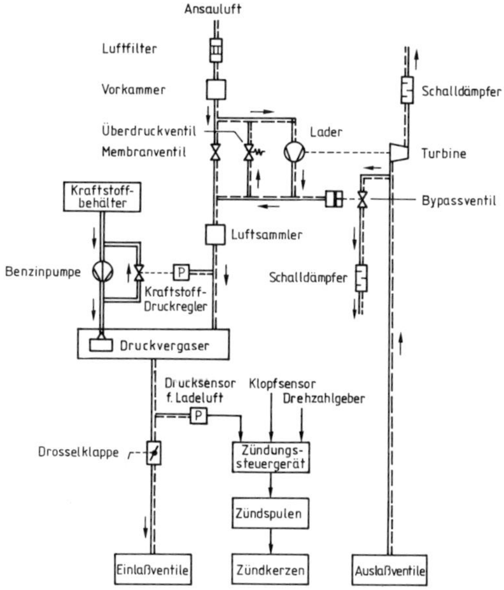


*95 Kreislaufschema eines Abgas-Turboladers mit Druckvergaser und elektronischer Zündanlage*

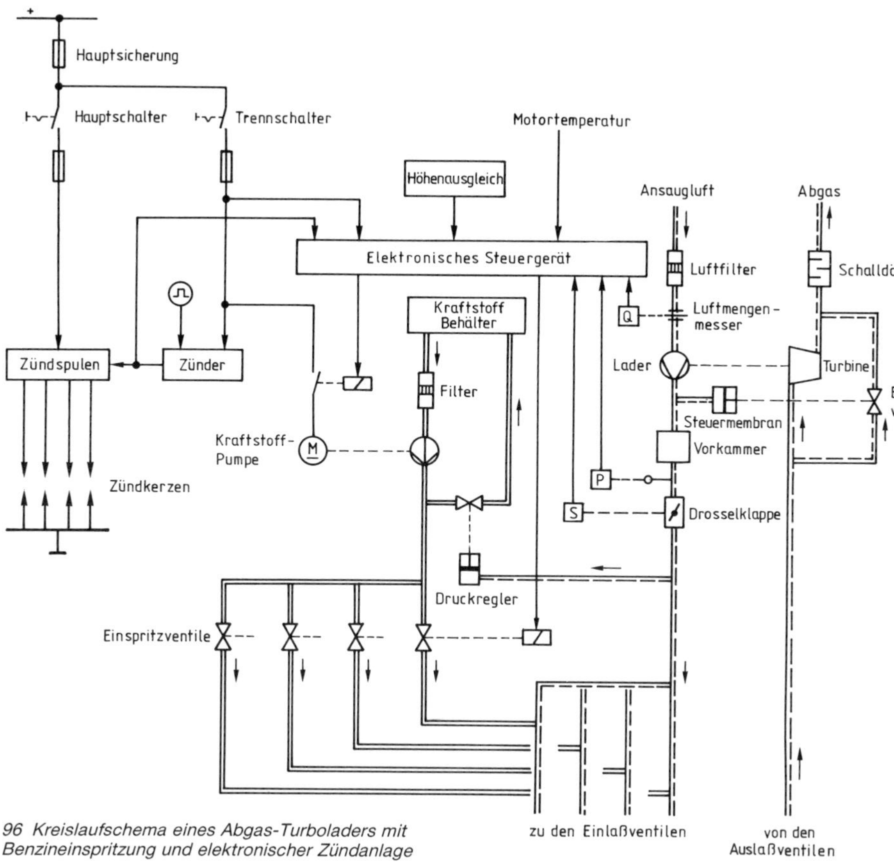


*96 Kreislaufschema eines Abgas-Turboladers mit Benzineinspritzung und elektronischer Zündanlage*

det. Er besteht im wesentlichen aus einem Zellenrad, das von der Kurbelwelle des Motors mit hoher Drehzahl angetrieben wird. Das Zellenrad ist im Prinzip eine Trommel, durch die axial mehrere trapezförmige Kammern führen. Es ist nach allen Seiten berührungslos in ein Gehäuse eingepaßt und drehbar gelagert. Eine Seite ist über getrennte Rohre mit den Außlaßventilen und der Abgasanlage, die gegenüberliegende Seite über getrennte Rohre mit der Ansauganlage und den Einlaßventilen verbunden. Frischgasein- und -austritt bzw. Abgasein- und -austritt befinden sich an einer Seite, jedoch am Umfang versetzt. Während des Motorlaufs wird die in den Kammern befindliche Frischluft durch das unter Druck stehende heiße Abgas komprimiert und gelangt so über die Einlaßventile mit 0,8 bar Überdruck in die Motorzylinder. Dabei gelangt kein Abgas über die Einlaßventile in den Verbrennungsraum, da diese Verbindung durch Weiterdrehen des Zellenrades zuvor unterbrochen und die Verbindung zur Abgasanlage geöffnet wird. Der Comprex-Lader erreicht bereits im unteren Drehzahlbereich hohe Ladedrücke.

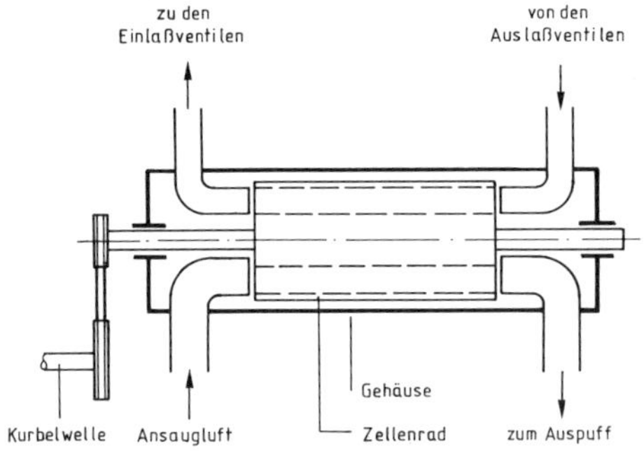


*97 Prinzip des Comprex-Druckwellenladers*

## Schmieranlage

Die Schmieranlage versorgt die Motorgleitstellen mit Schmieröl, wodurch eine Verringerung der Reibung um etwa 99 % erzielt wird. Ferner bewirkt das Schmieröl die Abdichtung des Spaltes zwischen den Kolbenringen und Zylinderwänden, trägt zur Motorkühlung bei und nimmt Metallabrieb, Staub der Ansaugluft und Verbrennungsrückstände auf. Es gibt folgende Schmiersysteme:

- Druckumlaufschmierung (bei Viertaktmotoren)
- Trockensumpfschmierung (bei Viertakthochleistungsmotoren)
- Mischungsschmierung (bei Zweitaktmotoren)
- Tauchschmierung (bei Viertaktmotoren kleiner Leistung)
- Getrenntschmierung (bei Zweitaktmotoren)

Bei Viertaktmotoren findet meist die Zahnradölpumpe Anwendung.
Sie besteht aus zwei ineinandergreifenden Zahnrädern, von denen eines von der Nocken- oder Kurbelwelle angetrieben wird. Das Schmieröl wird von den freien Zahnlücken erfaßt und über die nahezu dicht anliegende Gehäusewand in die Leitungen des Schmiersystems gedrückt. Der Förderdruck nimmt mit steigender Drehzahl zu und mit steigender Temperatur ab. Er kann im Leerlauf bei Betriebstemperatur (80 bis 120 °C) bis auf etwa 0,5 bar absinken und ab 2000 bis 2500 1/min auf 1,5 bis 2,0 bar ansteigen.
Neben der Zahnradölpumpe findet auch die Drehkolbenölpumpe und Kolbenölpumpe Anwendung.

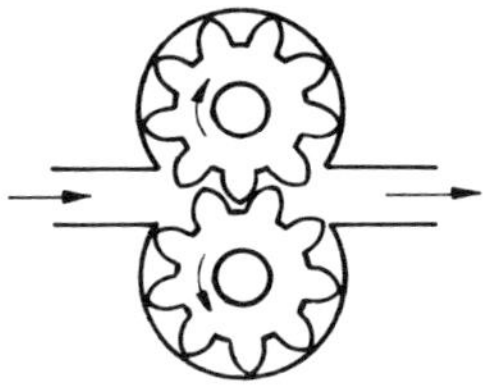

*98 Prinzip einer Zahnradölpumpe*

Eine Drehkolbenölpumpe besteht im wesentlichen aus einem exzentrisch gelagerten Außenläufer mit fünf Zähnen und einem meist von der Nockenwelle angetriebenen Innenläufer mit vier Zähnen. Die Zähne des Außen- und Innenläufers kämmen miteinander. Der Förderdruck entsteht während des Antriebs durch die Bildung eines laufend wechselnden Freiraums zwischen beiden Läufern.
Der Kolben einer Kolbenölpumpe steuert den Ölzu- und -abfluß über federbelastete Kugelventile oder Ventilscheiben und wird meist über einen Exzenter angetrieben.

### Druckumlaufschmierung

Der Förderdruck wird durch die vom Verbrennungsmotor angetriebene Ölpumpe erzeugt. Sie saugt das Schmieröl von der tiefsten Stelle der Kurbelgehäusewanne (Ölwanne) über ein Sieb (Ansaugfilter) an und drückt es durch Bohrungen bzw. Leitungen zu den einzelnen Schmierstellen. Von hier tropft das Öl in die Ölwanne, kühlt dort ab und nimmt erneut am Kreislauf teil. Das Überdruckventil hält den Öldruck in bestimmten Grenzen, indem es bei Überschreiten des Maximums den direkten Rücklauf zur Ölwanne solange freigibt, bis der Sollwert wieder erreicht ist.
Der Ölfilter dient zur Reinigung des Schmieröls. Ist der Ölstrom durch starke Verschmutzung des Ölfilters gedrosselt, öffnet das Überstromventil, wodurch die Ölversorgung der Schmierstellen mit ungefiltertem Öl aufrecht erhalten wird.

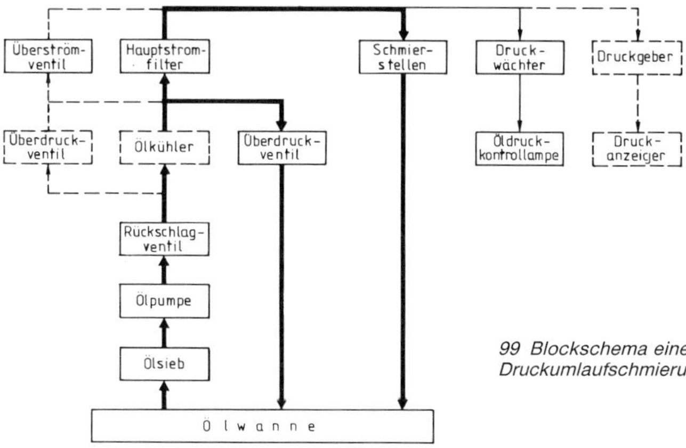


*99 Blockschema einer Druckumlaufschmierung*

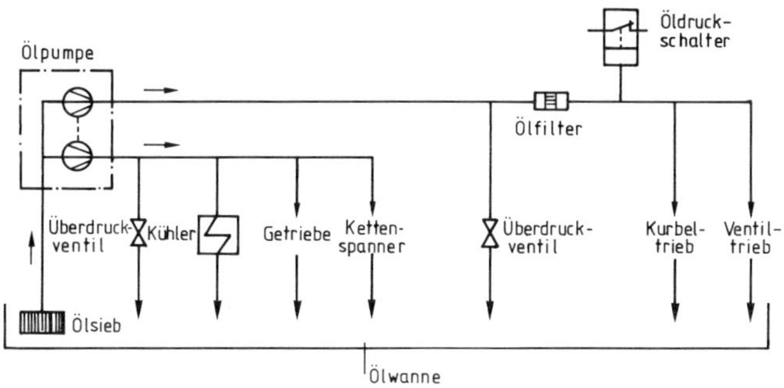


*100 Schema eines Ölkreislaufes mit Ölkühler*

Ist ein bestimmter Verschmutzungsgrad des Ölkühlers erreicht, öffnet das ihm parallel geschaltete Überdruckventil. Die Ölkühlung wird entweder durch Luft oder Flüssigkeit erreicht. Luftgekühlte Ölkühler werden von Luft umströmt, flüssigkeitsgekühlte Ölkühler sind an den Motorkühlkreislauf angeschlossen.
Ein Öldruckschalter schaltet bei Erreichen eines Druckminimums die Öldruckkontrollampe ein.
Die Schmieranlage gemäß Abb. 100 besteht im wesentlichen aus Doppelläufer-Ölpumpe, Überdruckventil, Ölfilter und Ölkühler. Die Doppelläufer-Ölpumpe saugt das Öl über ein Ölsieb aus der Ölwanne an und versorgt die Schmierstellen über zwei Ölkreisläufe. Erreicht der Öldruck in einem der Ölkreisläufe das Maximum, öffnet das entsprechende Überdruckventil, wodurch ein Teilstrom direkt in die Ölwanne solange zurückfließt, bis der Öldruck wieder im Sollbereich liegt. Der Ölkühler wird während des Motorlaufs ständig von einem Ölteilstrom durchflossen.
Bei der Schmieranlage gemäß Abb. 101 (s. folgende Seite) saugt eine Speisepumpe Schmieröl aus der Ölwanne an und versorgt die Kurbelwelle, den Ventiltrieb sowie das Lichtmaschinengehäuse mit Schmieröl. Ein Umgehungsventil öffnet, wenn der Wegwerf-Ölfilter verstopft ist. Die Rückführpumpe sitzt auf der Welle der Speisepumpe, saugt Schmieröl aus dem Kurbelgehäuse an und versorgt das Getriebe mit Schmieröl. Von den Schmierstellen fließt das Schmieröl in die Ölwanne zurück.

### Trockensumpfschmierung

Das Schmieröl wird hier von der Saugpumpe aus der Ölwanne des Kurbelgehäuses angesaugt und über Ölfilter und Thermostatventil in den Ölbehälter gefördert. Eine Druckpumpe saugt das Schmieröl aus dem Ölbehälter an und drückt es zu den Schmierstellen des Verbrennungsmotors. Überschreitet der Öldruck einen bestimmten Wert, öffnet das Überdruckventil den direkten Ölrücklauf zum Ölbehälter, und es erfolgt die gewünschte Druckreduzierung.
Bei einem Druckminimum schaltet der Druckwächter die Öldruckkontrollampe ein. Bis die Betriebstemperatur erreicht ist, leitet das Thermostatventil den Ölstrom direkt in den Ölbehälter.

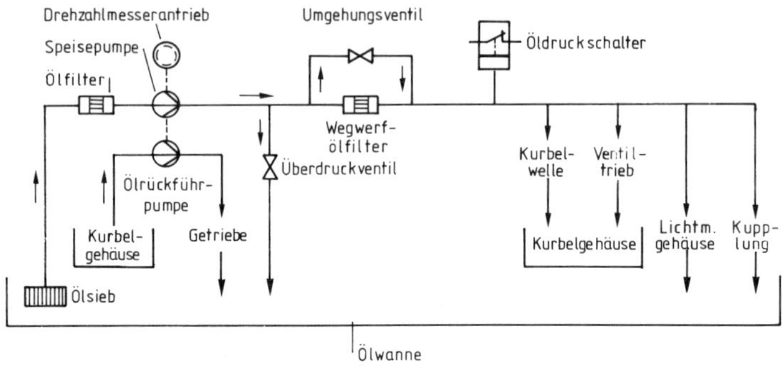


*101 Schema eines Ölkreislaufes ohne Ölkühler*

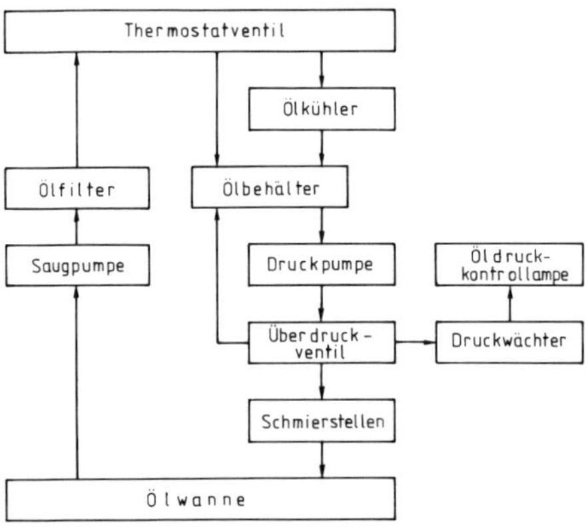


*102 Blockschema einer Trockensumpfschmierung*

## Mischungsschmierung

Bei der Mischungsschmierung wird dem Kraftstoff Schmieröl in einem bestimmten Verhältnis beigegeben, das im Motor verbrennt. Die Vermischung des Kraftstoffs mit Schmieröl geschieht entweder durch eine Frischölautomatik (Abb. 104), vor dem Einfüllen in den Kraftstoffbehälter, im Kraftstoffbehälter (Öl bestimmter Sorte ist lediglich in den Kraftstoffbehälter zu geben) oder in einem Mischbehälter (Abb. 103). Der Mischbehälter ist zum Teil mit Schmieröl gefüllt und befindet sich am Kraftstoffeinfüllstutzen. Das Kraftstoff-Ölgemisch entsteht beim Tanken, indem der Kraftstoff Schmieröl aus dem Mitbehälter mitnimmt.

Bei der Mischungsschmierung nach dem Prinzip der Frischölautomatik werden Kraftstoff und Schmieröl durch je eine vom Motor angetriebene Pumpe aus getrennten Vorratsbehältern gefördert und noch vor der Hauptdüse des Vergasers zusammengeführt (Öl-Kraftstoff-Verhältnis etwa 1 : 25 bis 1 : 40). Damit in jedem

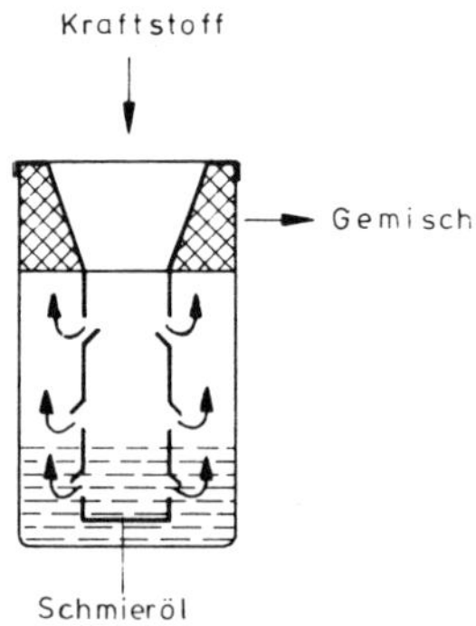


*103 Prinzipieller Aufbau eines Mischbehälters*

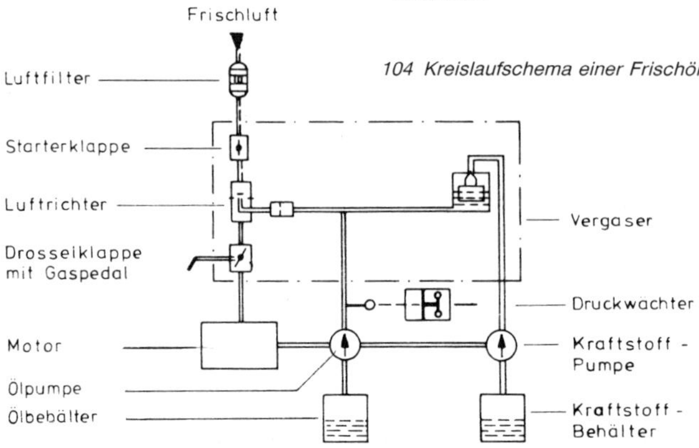


*104 Kreislaufschema einer Frischölautomatik*

Betriebszustand das richtige Mischungsverhältnis sichergestellt ist, wird die Förderleistung der Ölpumpe drehzahlabhängig gesteuert. Das Kraftstoff-Ölgemisch wird im Lufttrichter mit der vom Motor angesaugten Frischluft vermischt.

**Tauchschmierung**
Bei der Tauchschmierung taucht eine Verlängerung des Pleuels in ein darunter befindliches Ölbad. Während der Drehbewegung wird Öl durch Hochschleudern zu den Schmierstellen gespritzt.

**Getrenntschmierung**
Bei Zweitaktmotoren mit Getrenntschmierung werden die Schmierstellen mit Schmieröl aus einem Ölbehälter über Leitungen bzw. Kanäle versorgt. Zur Ölförderung dient eine Kolbenpumpe mit rotierendem Zylinder, die über eine Zahnradübersetzung von der Kurbelwelle angetrieben wird. Die Fördermenge je Kolbenhub kann durch Einstellen der Hubhöhe des Pumpenkolbens bestimmt werden. Ferner gibt es Zweitakter, bei denen das Schmieröl kontinuierlich über Spritzdüsen in die Ansaugwege gespritzt wird, wo es mit dem Kraftstoff-Luftgemisch vernebelt und so zu den Schmierstellen gelangt.

## Kühlanlage

Die hohen Verbrennungstemperaturen (bis 2500 °C) erfordern eine Kühlung derjenigen Teile, die diesen Temperaturen ausgesetzt sind, etwa Zylinder, Zylinderkopf, Ventile und Kolben. Thermisch wird der Motor am höchsten belastet, wenn auf Steigungen im falschen Gang gefahren wird. Zur Kühlung der Innenflächen der Verbrennungsräume tragen das einströmende Frischgas und in noch stärkerem Maße das Schmieröl bei. Zum Abführen der von innen nach außen abgeleiteten Wärme dient die Luft- bzw. Flüssigkeitskühlung.

## Luftkühlung

**Fahrtwind-Luftkühlung**
Bei der Fahrtwind-Luftkühlung bestreicht der Fahrtwind Zylinder und Zylinderkopf, die zur besseren Wärmeabgabe mit Kühlrippen versehen sind. Zur Erzielung eines optimalen Kühleffekts wird die Kühlluft bei einigen Konstruktionen durch Luftleitbleche an besonders heiß werdende Motorteile herangeführt.

**Gebläse-Luftkühlung**
Bei Motoren mit Gebläse-Luftkühlung sind die Kühlrippen zwecks Kühlluftführung ummantelt. Das Kühlluftgebläse ist meist mit der Schwungscheibe des Motors starr verbunden. Der Motor wird hier weder im Stadtverkehr noch bei Staus oder längeren Steigungen thermisch überlastet.

## Flüssigkeitskühlung

Bei flüssigkeitsgekühlten Motoren befinden sich im Zylinderblock und Zylinderkopf Kühlkanäle, die über Schlauchleitungen mit den Komponenten der Kühlanlage verbunden sind. Die im Motor aufgenommene Wärme wird über den Kühler an die Außenluft abgegeben. Als Kühlmedium dient Flüssigkeit, eine Mischung aus etwa 2/3 Wasser und 1/3 Glykol. Die Kühlflüssigkeit kann 120 °C erreichen.

*105 Kühler*

Der Kühler besteht aus einem Gehäuse, das im Inneren mit Röhren und Rippen bestückt ist. Er wird vom Fahrtwind durchströmt und bei einigen Motortypen zusätzlich durch ein elektromotorisch angetriebenes Kühlergebläse gekühlt.
Bei Kühlanlagen mit Temperaturregelung befindet sich im Kühlkreislauf ein Thermostat. Der Thermostat ist ein Ventil, das sich bei einer Kühlmitteltemperatur von etwa 70 °C bzw. 80 °C beginnt zu öffnen und bei etwa 85 °C ganz geöffnet ist. Er trennt den Kühler so lange vom übrigen Kühlsystem, bis die Betriebstemperatur erreicht ist. In diesem Zustand wälzt die Kühl-

*106 Thermostat*

mittelpumpe lediglich den geringen Flüssigkeitsinhalt des Motors um. Dies hat einen raschen Temperaturanstieg zur Folge.

**Thermosyphon-Flüssigkeitskühlung**
Der Kühlmittelumlauf setzt bei der Thermosyphon-Flüssigkeitskühlung selbsttätig ein, wenn zwischen Zylinder und Kühler eine Temperaturdifferenz entsteht, da das Wasser im Motor durch Erhitzung steigt (Wasser wird leichter) und im Kühler durch Abkühlung sinkt (Wasser wird schwerer).

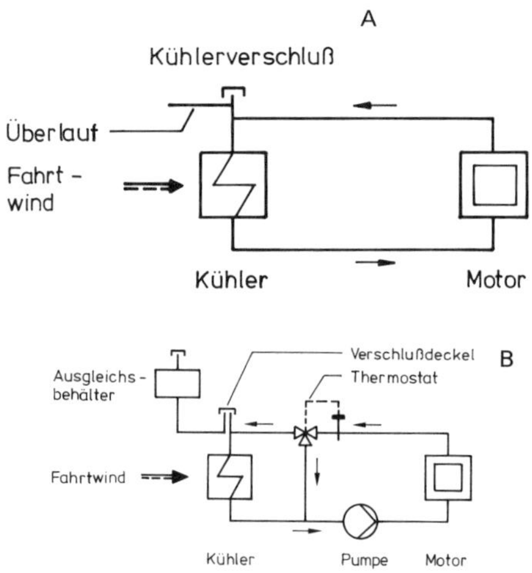


*107 Kühlkreislauf einer Flüssigkeitskühlung:*
*A ohne Thermostat*
*B mit Thermostat*

**Flüssigkeitskühlung mit Kühlmittelpumpe**
Aufbau und Wirkungsweise einer Flüssigkeitskühlung mit Kühlmittelpumpe sind aus Abb. 108 ersichtlich.
Die Kühlmittelpumpe (Wasserpumpe) wird vom Verbrennungsmotor angetrieben. Der Ausgleichsbehälter dient zum Ausgleich des Flüssigkeitsvolumens, das bei Erwärmung zu und während der Abkühlung abnimmt. Deshalb ist im Ausgleichsbehälter bei kaltem Motor der Flüssigkeitsspiegel niedriger als bei Betriebstemperatur.
Im Verschlußdeckel des Kühlers oder Ausgleichsbehälters ist zum Schutze der Kühlanlage ein Über- und Unterdruckventil integriert. Die Temperatur im Kühlkreislauf wird an der heißesten Stelle gemessen.
Eine Flüssigkeitskühlung ist der Motorkonzeption entsprechend ausgeführt. So wird z. B. bei einem Kühlsystem gemäß Abb. 109 von der Kühlmittelpumpe über den Bypass und Kühler eine Kühlflüssigkeitsmenge solange angesaugt und zum Motor zurückgefördert, wie die Betriebstemperatur noch nicht erreicht ist.

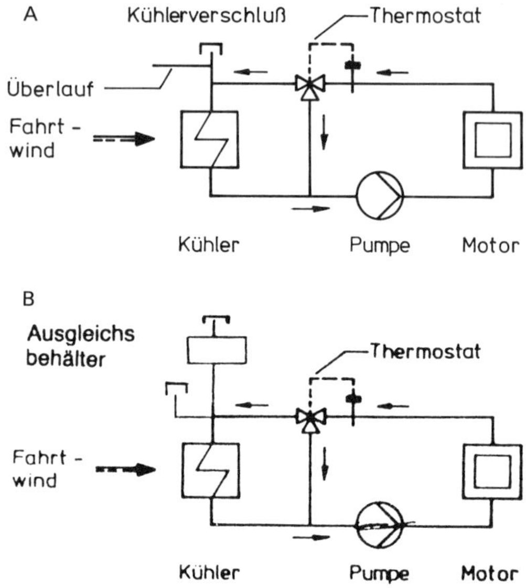


*108 Kühlkreislauf einer Flüssigkeitskühlung mit Kühlmittelpumpe:*
*A ohne Ausgleichsbehälter*
*B mit Ausgleichsbehälter*

Bei Erreichen der Betriebstemperatur öffnet der Thermostat den direkten Weg zum Kühler, wodurch die volle Kühlmittelmenge umläuft.
Ferner gibt es Kühlanlagen, bei denen zwei Kühler hintereinander geschaltet sind. Am oberen Kühler befinden sich zwei Kühlergebläse, die durch Thermoschalter gesteuert werden.
Im Kühlsystem der BMW K 100 befinden sich zwischen Motorkühlsystem und Ausgleichsbehälter zwei Ventile in einem Gehäuse. Ein Ventil öffnet bei 1,1 bar Überdruck (hohe Temperatur, Kühlflüssigkeit fließt vom Motorkühlsystem zum Ausgleichsbehälter), das andere öffnet bei 0,1 bar Unterdruck (Abkühlphase, Kühlflüssigkeit fließt vom Ausgleichsbehälter zum Motorkühlsystem). Ein Temperaturfühler steuert einen Thermoschalter, der bei 103 °C den Gebläsemotor und bei 111 °C eine Warnlampe einschaltet.

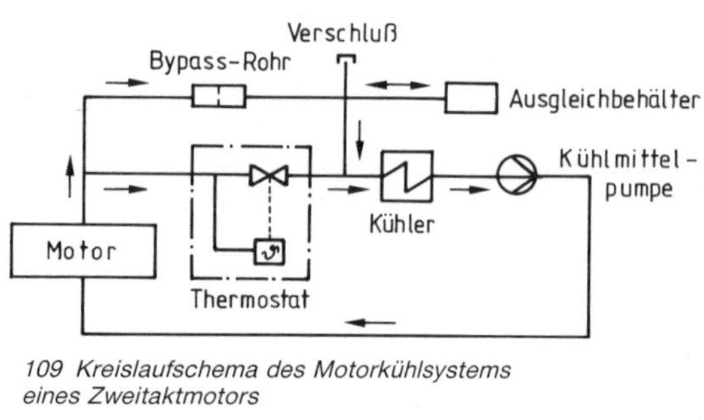


*109 Kreislaufschema des Motorkühlsystems eines Zweitaktmotors*

**Kühlergebläse**

Bei Motoren, bei denen die Motorkühlung nicht für alle Betriebszustände ausreicht, ist ein Zusatzlüfter vorgesehen, der bei Erreichen bestimmter Temperaturgrenzwerte durch einen Temperaturschalter automatisch ein- bzw. aus-

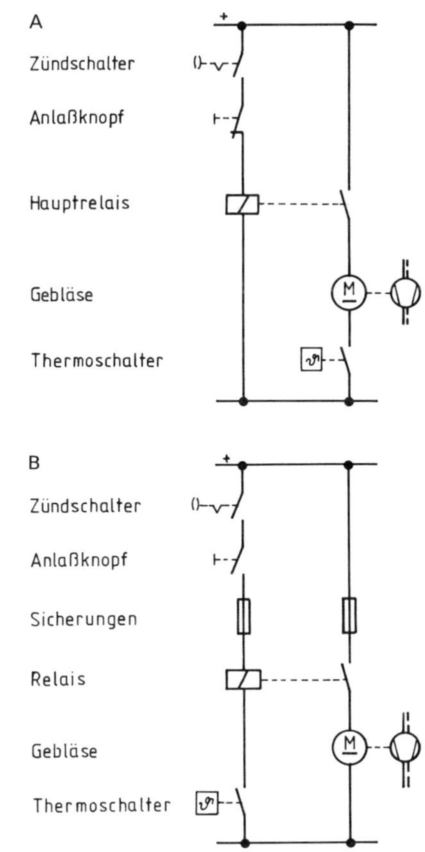


*110 Stromlaufplan eines Kühlergebläses:*
*A Thermoschalter im Hauptstromkreis*
*B Thermoschalter im Steuerstromkreis*

geschaltet wird. Die üblichen Schaltungen sind aus Abb. 110 ersichtlich. Der Gebläsemotor wird bei eingeschaltetem Zündschalter durch den Thermoschalter ein- bzw. ausgeschaltet, wenn, z. B. bei Motorrädern mit elektrischem Anlasser, der Anlaßknopf nicht betätigt wird.

**Abgasanlage**

Zur Führung der mit hohem Druck ausströmenden Auspuffgase und zur Dämpfung der dabei entstehenden Schallwellen besitzt ein Zweiradfahrzeug der Zylinderzahl bzw. technischen Konzeption entsprechend bis zu vier Abgasanlagen.

Eine Abgasanlage besteht im Wesentlichen aus Auspuffkrümmer, Auspuffrohr, Auspufftopf mit Schalldämpfer und einem Endrohr mit konischem Ansatz.

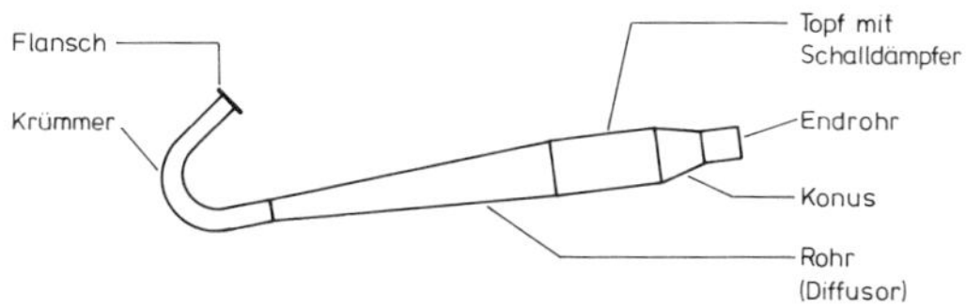


*111 Aufbau einer Abgasanlage*

Zur Schalldämpfung dienen Reflexions- bzw. Absorbtionsdämpfer. Der Reflexionsdämpfer besteht aus Röhren und Kammern, der Absorbtionsdämpfer ist mit Metall-, Asbest- oder Glaswolle gefüllt.

Ferner wird durch die Rohrerweiterung eine Saugwirkung und somit eine beschleunigte Zylinderentleerung erzielt. Durch die anschließende Rohrverengung wird ein Druckrückstoß erzeugt, der – besonders bei Zweitaktmotoren – in das Auspuffrohr eingeströmte Frischgas in den Zylinder zurückdrückt. Da diese Vorgänge den Gaswechsel im Zylinder und somit Motorleistung und Kraftstoffverbrauch beeinflussen, sollte keine Änderung der Abgasanlage vorgenommen werden.

## 2.2 Starteranlage

Beim Starten (Durchdrehen des Motors) müssen die Reibungswiderstände der Kolben, Pleuel- und Kurbelwellenlager und die Widerstände der Verdichtung (Kompressionsdrücke) überwunden werden. Ein Motorrad-Anlasser hat meist einen Schub-Schraubtrieb-Anlasser, der aus folgenden Hauptteilen besteht:

- Gleichstrom-Elektromotor (Reihenflußmotor)
- Ritzel mit Einspurvorrichtung
- Überholkupplung (Rollenfreilauf)

Beim Anlaßvorgang wird das Ritzel des Anlassers mit dem Zahnkranz der Schwungscheibe gekoppelt, die starr mit der Kurbelwelle des Motors verbunden ist.

Während des Startbefehls zieht der Magnetschalter (Halte- und Einzugswicklung sind stromdurchflossen) den Einrückhebel gegen die Kraft der Rückstellfeder an und das Ritzel wird in Richtung Zahnkranz geschoben. Während der Axialverschiebung dreht sich das Ritzel durch das Steilgewinde, nicht durch den Anker des Anlassers, da dieser noch stillsteht. Am Ende der Axialverschiebung wird der Anlasser durch den Magnetschalter eingeschaltet und die Einzugswicklung kurzgeschlossen. Sobald die Motordrehzahl einen bestimmten Wert übersteigt, wird die Verbindung zwischen Ritzel und Ankerwelle selbsttätig durch den Rollenfreilauf aufgehoben, um eine Zerstörung des Ritzels und Starterankers (Zahnradübersetzung von 9 : 1 bis 15 : 1) zu verhindern. Das Ritzel bleibt solange im Eingriff, bis der Magnetschalter und damit der Motor des Anlassers durch Öffnen des Anlaßschalters stromlos wird. Der Trieb des Anlassers wird durch die Rückstellfeder in seine Ruhelage gebracht.

A

*112 Anlasser:*
*A ohne Magnetschalter*
*B mit Magnetschalter*

B

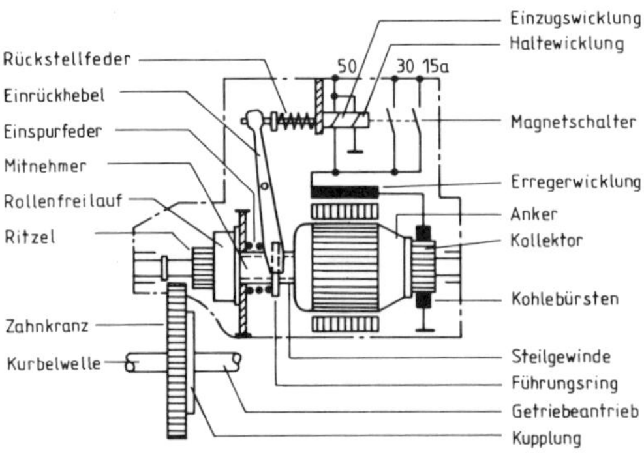


*113 Schematische Darstellung eines Anlassers*

**Anlassersteuerung**

Gemäß Abb. 114 leuchtet die Leerlaufkontrolllampe bei eingeschaltetem Zündschalter, Notausschalter und getrennter Kupplung (Kupplungsschalter geschlossen). In diesem Betriebszustand wird durch Betätigen des Anlaßschalters das Anlaßrelais erregt, über dessen Kontakt der Stromkreis der Einzugs- und Hauptwicklung des Anlassers geschlossen und folglich das Anlasserritzel gegen den Zahnkranz der Schwungscheibe des Motors geschoben. Nach Einspuren des Ritzels in den Zahnkranz bzw. nach Zusammendrücken der Schraubenfeder im Trieb des Anlassers bei nicht sofortigem Einspuren wird der Magnetschalter geschlossen. Dadurch wird die Einzugswicklung überbrückt, und der volle Anlaßstrom fließt über die Haupt- und Ankerwicklung. Nun dreht sich der Anker des Anlassers, während die Haltewicklung das Ritzel noch eingespurt hält. Ist der Motor angesprungen, bleibt das Ritzel noch solange im Eingriff, bis eine Abschaltung des Anlassers durch Öffnen des Anlaßschalters erfolgt. Gleichzeitig wird der Trieb des Anlassers durch die Rückzugsfeder in seine Ruhelage gebracht.

Ausgeführte Schaltungen: Gemäß Abb. 115 A kann der Anlasser bei eingeschaltetem Zündschalter nur eingeschaltet werden, wenn der Notausschalter nicht betätigt und nicht eingekuppelt ist. Während des Motorstarts ist bei der K100 das Entlastungsrelais nicht stromdurchflossen, da an beiden Seiten Pluspotential anliegt. Demnach ist der Kontakt offen und die daran angeschlossenen Verbraucher abgeschaltet (Abb. 115 B).

Bei der Kawasaki (Abb. 116) gelingt ein Start nur, wenn der Zündschalter eingeschaltet, der Zündnotschalter nicht betätigt und der Seitenständer eingeklappt ist. Sind diese Verriegelungskriterien erfüllt, fließt beim Betätigen des Starterknopfes Strom durch das Startrelais, dessen Kontakt den Startermotor einschaltet.

Gemäß Abb. 117 kann bei eingeschalteter Zündung der Motor nur gestartet werden, wenn ausgekuppelt ist (Kupplungsschalter geschlossen), kein Gang eingelegt ist (Schalter für Gangposition geschlossen) oder beide Verriegelungskriterien erfüllt sind.

## 2.3 Zündanlage

Die Zündanlage hat die Aufgabe, das Kraftstoff-Luftgemisch eines Ottomotors am Ende eines Verdichtungshubs zu zünden. Hierzu ist eine ununterbrochene Folge von Zündfunken ausreichender Energie erforderlich, die genau bei einer bestimmten Kolbenstellung auftreten müssen.

Es ist zwischen einer Batteriezündanlage (siehe Seite 61) und einer Magnetzünderanlage (siehe Seite 64) zu unterscheiden.

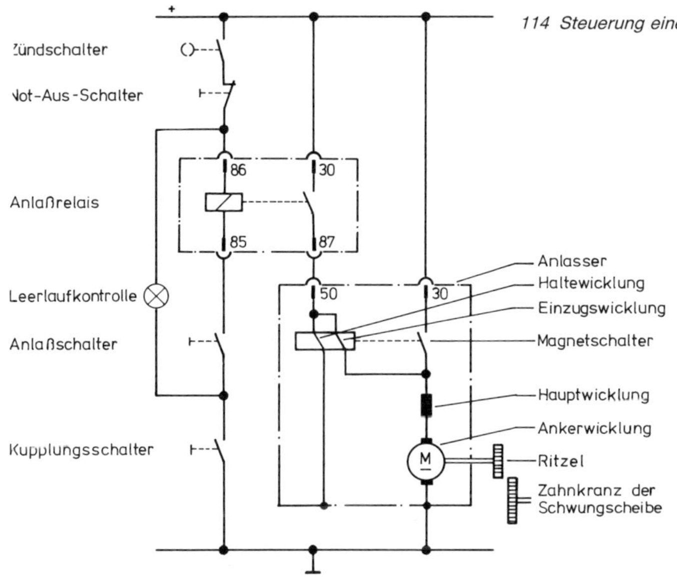


114 Steuerung eines Anlassers

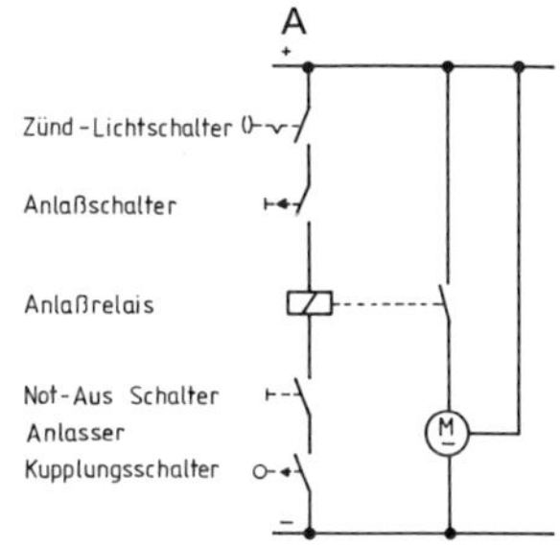


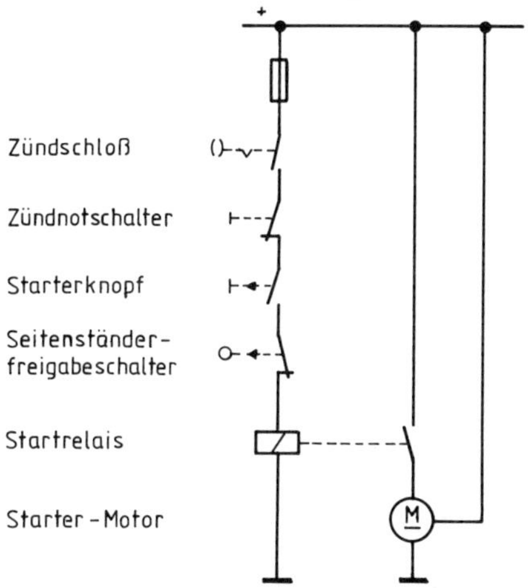


116 Stromlaufplan der Starteranlage einer Kawasaki

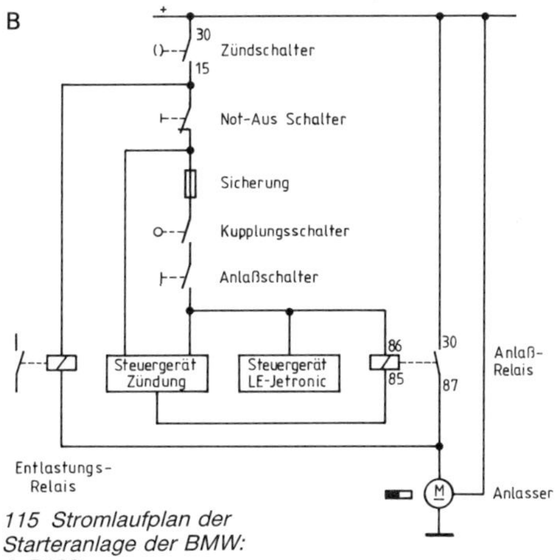


115 Stromlaufplan der Starteranlage der BMW:
A R100
B K100

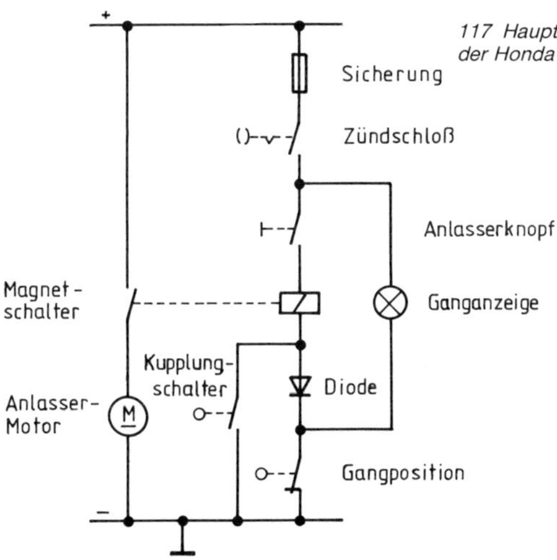


117 Hauptstrom und Steuerung des Anlassers der Honda VF 750

Bei sämtlichen Zündanlagen wird das Kraftstoff-Luftgemisch durch die Zündkerze entflammt. Eine Zündkerze besteht im wesentlichen aus zwei Elektroden, die als Funkenstrecke im Verbrennungsraum des Motors dienen, dem Kerzenisolator und dem Kerzengehäuse. Der Zündstrom fließt zur Mittelelektrode und über die Funkenstrecke zu der am Kerzengehäuse angeschweißten Masseelektrode.
Die Zündkerze ist dem Verbrennungsdruck (15 bis 30 bar beim Zweitaktmotor, 30 bis 50 bar beim Viertaktmotor) ausgesetzt. Der in den Verbrennungsraum ragende Teil der Zündkerze

kann rotglühend werden (Verbrennungstemperatur beim Zweitaktmotor 2000 bis 2800 °C, beim Viertaktmotor 2000 bis 3000 °C). Ursache für den Verschleiß der Elektroden sind Erosion

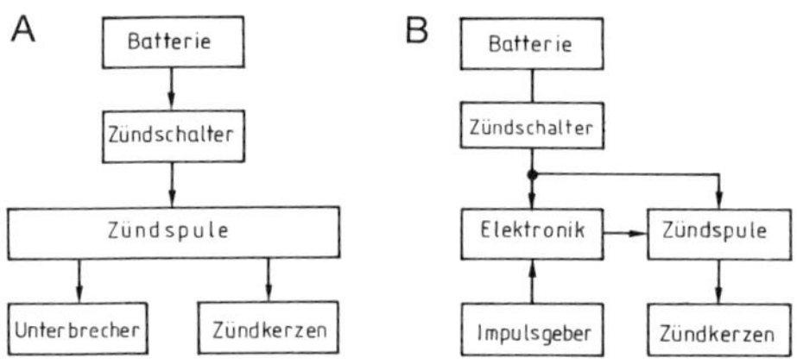


*118 Blockschema einer Batteriezündanlage mit:*
*A Unterbrecher*
*B Impulsgeber*

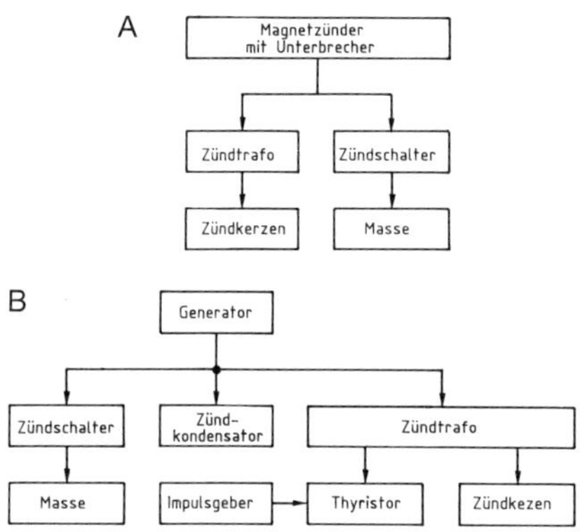


*119 Blockschema einer Magnetzünderanlage mit:*
*A Unterbrecher*
*B Impulsgeber*

(Abbrand durch den Zündfunken) bzw. Korrosion (chemisch-thermische Angriffe). Der Elektrodenabstand (0,7 bis 1,1 mm) ist motorspezifisch und ein Maß für die Länge der Funkenstrecke. Der Zündspannungsbedarf nimmt mit steigendem Elektrodenabstand zu (gemäß Abb. 120 B bei 0,7 mm ca. 9000 V und bei 1,1 mm ca. 15 000 V).

Da die Wärmebelastung der Zündkerze, d. h. die der Zündkerze vom Motor zugeführten Wärme von Motor zu Motor verschieden ist, muß die Kerze den Betriebsbedingungen angepaßt sein. Aufgrund dessen werden Kerzen mit verschiedener Wärmebelastbarkeit gefertigt und dem sogenannten Wärmewert entsprechend gekennzeichnet. Der Wärmewert gibt die Zeit in Sekunden an, die bei einer bestimmten Temperatur bis zur ersten Glühzündung vergeht.

Die Wärmeaufnahme ist von der Größe der Isolatorfußoberfläche bestimmt. Eine hohe Wärmewert-Kennzahl (z. B. 7 . . . 10) bedeutet »heiße Kerze« mit hoher Wärmeaufnahme, lan-

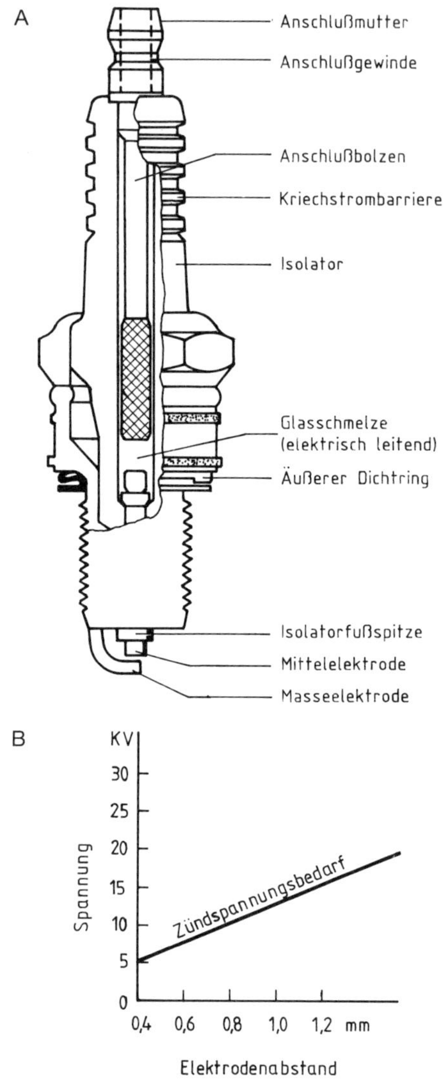


*120 A Aufbau einer Zündkerze*
*B Elektrodenstand und Zündspannungsbedarf*

gem Isolatorfuß und geringer Wärmeableitung. Sie erreichen die Selbstreinigungstemperatur (ca. 530 °C) bereits nach kurzer Zeit und eignen sich daher besonders für den Kurzstreckenbetrieb.

Eine niedrige Wärmewert-Kennzahl (z. B. 2 . . . 4) bedeutet »kalte Kerze« mit geringer Wärmeaufnahme, kurzem Isolatorfuß und sehr guter Wärmeableitung. Zündkerzen mit einem zu geringen Wärmewert verrußen und neigen zu Glühzündungen durch Verbrennungsrückstände.

Zündkerzen mit Platinelektroden sind sehr korrosionsbeständig, haben einen hohen

Schmelzpunkt und einen größeren Arbeitsbereich. Durch den konstruktiven Aufbau wird das Eindringen von Verbrennungsrückständen verhindert und die Freibrenntemperatur schneller erreicht. Der Anstieg des Zündspannungsbedarfs während der Lebensdauer ist geringer und der Kaltstart sicherer.

## 2.3.1 Batteriezündanlage

Die Wirkungsweise einer Batteriezündanlage ist aus Abb. 121 ersichtlich. Nach Einschalten der Zündung und bei geschlossenem Unterbrecherkontakt fließt Strom von der Batterie durch die Primärwicklung (Klemmen 15 und 1) der

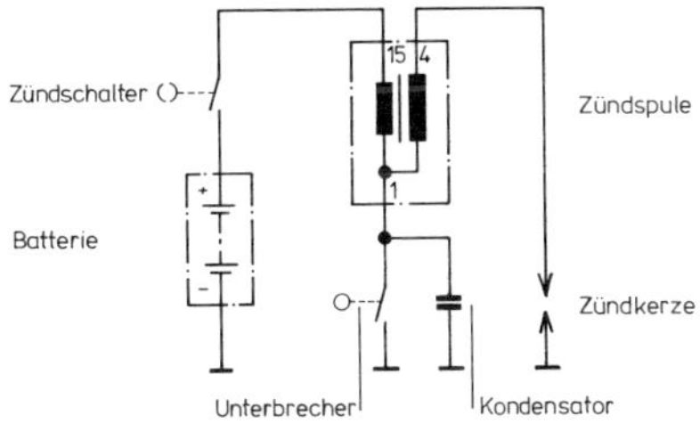


*121 Stromlaufplan einer kontaktgesteuerten Batteriezündung*

Zündspule. Beim Öffnen des Unterbrechers wird der Primärstromkreis unterbrochen, wodurch in der Primärwicklung durch Selbstinduktion eine Spannung von einigen 100 V und in der Sekundärwicklung (Klemmen 1 und 4) eine Spannung bis zu 20 000 V und darüber erzeugt wird. Ist die Überschlagsspannung an der Zündkerze erreicht, springt der Zündfunke über.

Gemäß Abb. 122 A fließt bei eingeschaltetem Zündschalter und geschlossenem Unterbrecher Strom von Plus nach Minus. Dadurch ergibt sich an $R_1$ eine Spannung, durch die der Transistor durchgeschaltet wird. Nun fließt über die Emitter-Kollektorstrecke des Transistors und durch die Primärwicklung der Zündspule Strom. Im Zündzeitpunkt öffnet der Unterbrecher und unterbricht den Steuer- und Primärstromkreis. Als Folge entsteht in der Sekundärwicklung der Zündspule die Zündspannung, die an der Zündkerze den Zündfunken verursacht. – Gemäß Abb. 122 B wird die Transistorzündanlage kontaktlos durch einen Impulsgeber gesteuert. Die Impulse werden in einer Zündbox so verarbeitet, daß in der Sekundärwicklung der Doppelzündspule im Zündzeitpunkt die Zündspannung entsteht.

Eine durch einen permanentmagnetischen Impulsgeber gesteuerte elektronische Zündanlage ist in Abb. 123 dargestellt.

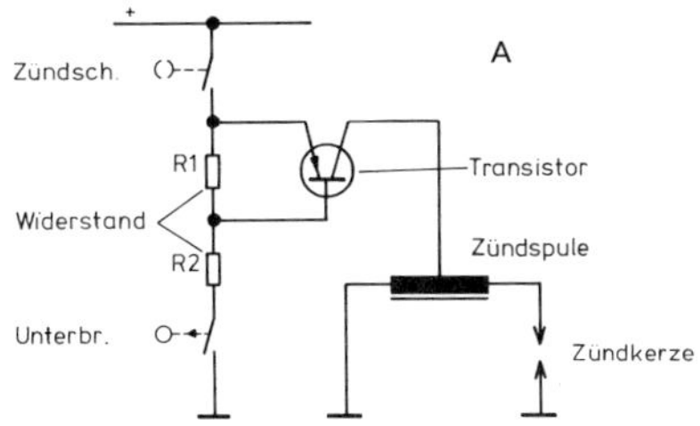


*122 Stromlaufplan einer elektronischen Batteriezündanlage:*
*A kontaktgesteuert*
*B impulsgesteuert*

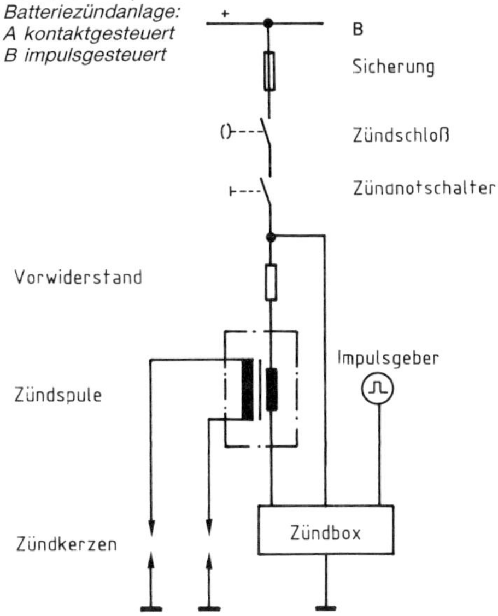


Hier ist bei eingeschalteter Zündung der Transistor T1 leitend, d.h. es fließt Strom von Plus über die Basis-Emitterstrecke nach Minus, und somit auch durch den zur Strombegrenzung dienenden Vorwiderstand, und durch die Primärwicklung der Zündspule (Klemme 15 und 1). Der Transistor T2 wird bei jedem Impuls des Impulsgebers durchlässig. Der Steuerimpuls entsteht beim Vorbeistreichen eines auf einer

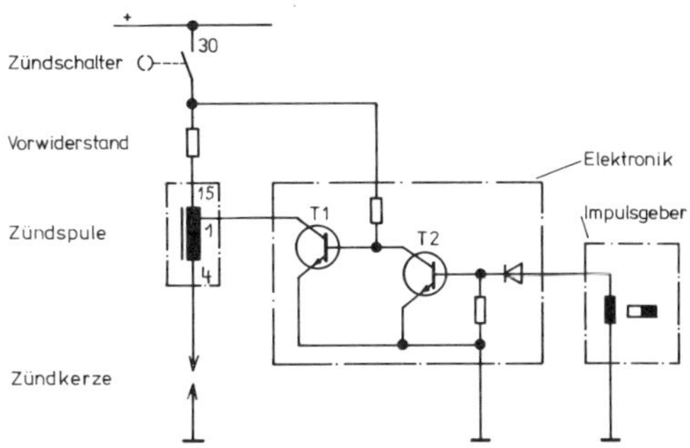


*123 Stromlaufplan einer elektronischen Batteriezündanlage mit permanentmagnetischen Impulsgeber*

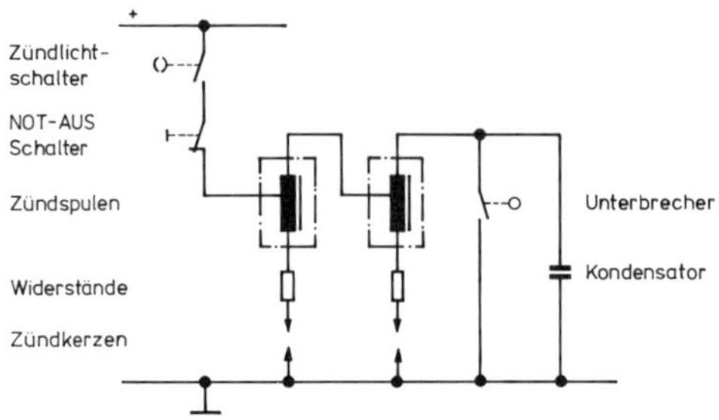


*124 Stromlaufplan einer kontaktgesteuerten Batteriezündung mit zwei Zündspulen*

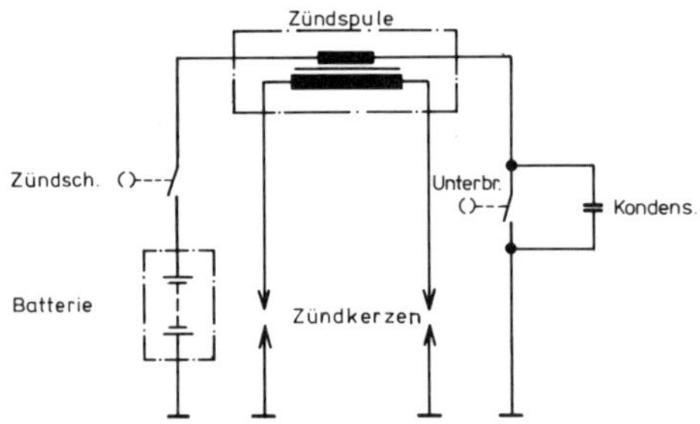


*125 Stromlaufplan einer kontaktgesteuerten Batteriezündung mit Doppelzündspule*

Steuerhülse (vom Verbrennungsmotor angetrieben) befestigten Permanentmagnet, wodurch T1 gesperrt wird und folglich der Stromfluß durch die Primärwicklung unterbrochen. Durch das nun zusammenbrechende Magnetfeld entsteht in der Sekundärwicklung durch Selbstinduktion die zur Zündung des Kraftstoff-Luftgemisches erforderliche Hochspannung, die über das Zündkabel zur Zündkerze gelangt. Zweizylinder-Viertaktmotoren sind mit zwei hintereinander geschalteten Zündspulen oder einer Doppelzündspule ausgerüstet (Abb. 124 und 125).

Die Hochspannung gelangt gleichzeitig an beide Zündkerzen. Da sich jedoch zu jedem Zündzeitpunkt nur in einem Zylinder ein brennfähiges Kraftstoff-Luftgemisch befindet und der Zündfunke des anderen Zylinders während des Auspufftakts erfolgt, stört die gleichzeitige Zündfunkengabe nicht. Der den Unterbrecher betätigende Nocken läuft mit der Kurbelwellendrehzahl um. Dreizylindermotoren besitzen je Zylinder eine Zündspule und einen Unterbrecher.

Vierzylindermotoren besitzen entweder je Zylinder eine Zündspule und einen Unterbrecher oder für je zwei Zylinder eine Zündspule und einen Unterbrecher (Abb. 126).

Abb. 127 zeigt die Komponenten einer elektronischen Zündanlage für einen Zwei- bzw.

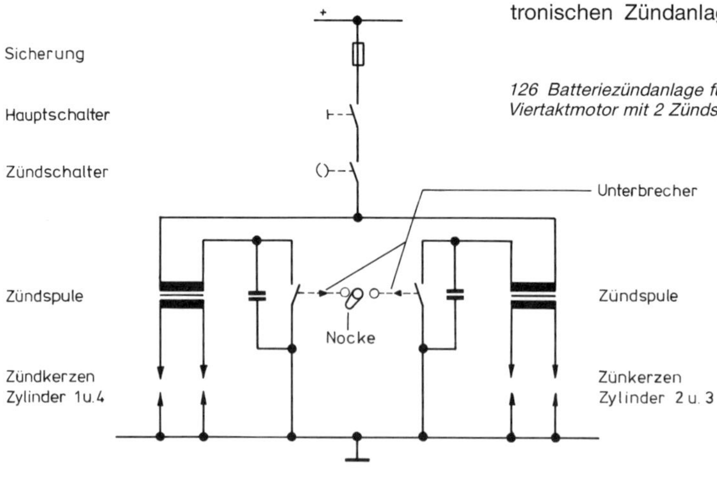


*126 Batteriezündanlage für einen Vierzylinder-Viertaktmotor mit 2 Zündspulen und 2 Unterbrecher*

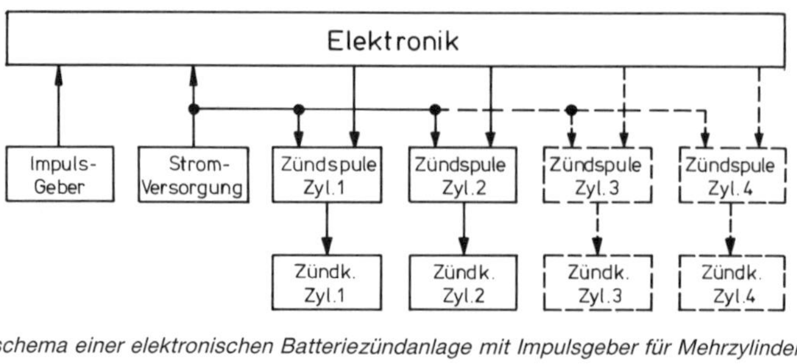


*127 Blockschema einer elektronischen Batteriezündanlage mit Impulsgeber für Mehrzylindermotoren*

Mehrzylindermotor. Die Zündauslösung erfolgt durch einen Impulsgeber kontaktlos.

## Batteriezündanlage der BMW K100

Die BMW K100 ist mit einer Transistor-Spulenzündung (TSZH) und einer elektronischen Benzineinspritzung (LE-Jetronic) ausgerüstet. Das Schaltgerät für Zündung ist für die Zündauslösung und Steuerung der elektromagnetisch betätigten Einspritzventile zuständig und unterbricht den Primärstrom der Zündspulen bei eingeschalteter Zündung und stehendem Motor.

Die Zündanlage wird durch den Zündschalter eingeschaltet und weist zwei Doppelfunken-Zündspulen auf. Die Hallgeber, dessen Rotoren sich auf dem vorderen Ende der Kurbelwelle befinden, liefern drehzahlproportionale Impulse. Der Unterdruckschalter gibt über den Lastzustand des Motors Aufschluß. Diese Information ist für die Zündverstellkennlinie ausschlaggebend (Grundeinstellung 6° KW vor OT, Vollastkennlinie bis 12° KW vor OT).

Luftmengenmesser, Drosselklappenschalter und Temperaturgeber dienen zur Erzielung des richtigen Kraftstoff-Luftgemisches.

Bei einer Drehzahl von 8770 1/min wird die Benzineinspritzung unterbrochen. Eine Startverriegelung schaltet den Anlasser nach erfolgreichem Start ab. Ferner wird die Kraftstoffpumpe bei eingeschalteter Zündung und stehendem Motor abgeschaltet.

Das Entlastungsrelais schaltet während des Anlassens alle eingeschalteten Stromverbraucher ab, die zu diesem Zeitpunkt nicht benötigt werden. Dadurch ist eine ausreichende Stromversorgung der Zündanlage gewährleistet.

## Batteriezündanlage der BMW R100

Die Zündanlage des BMW Zweizylindermotors R100 arbeitet vollelektronisch. Jedem Zylinder ist eine Zündspule zugeordnet. Zur Steuerung dient ein elektronisches Steuergerät, das von einem Hallgeber die zündauslösenden Impulse erhält.

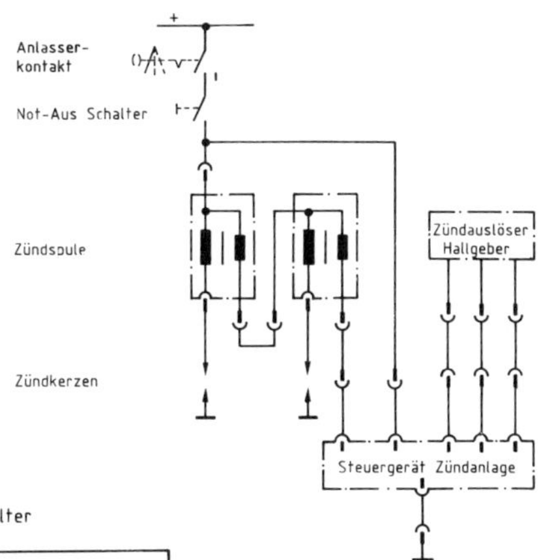


*129 Stromlaufplan der Zündanlage der BMW R100*

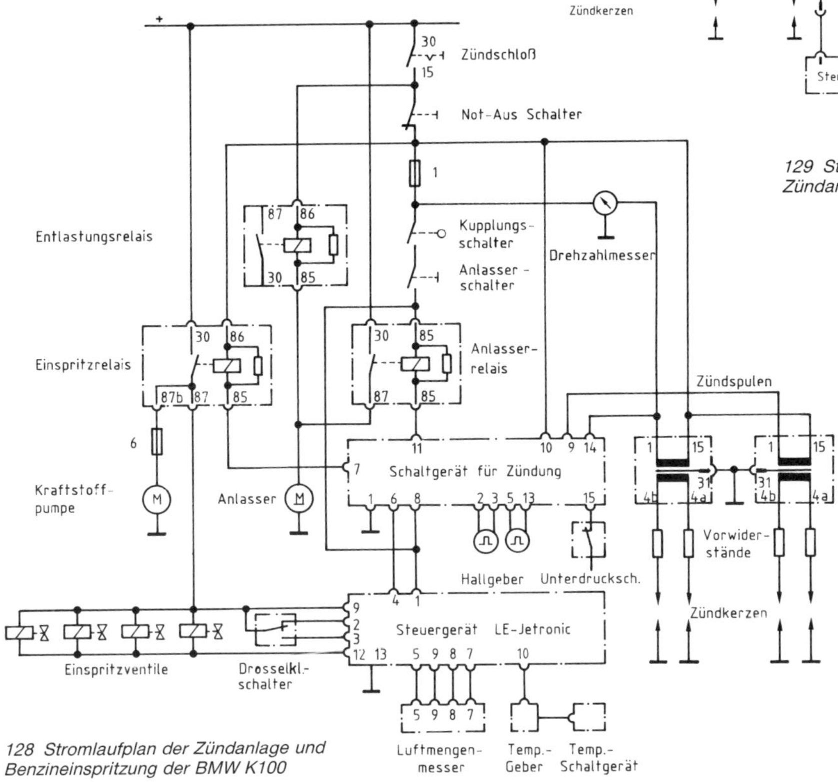


*128 Stromlaufplan der Zündanlage und Benzineinspritzung der BMW K100*

## Batteriezündanlage der Kawasaki Z1000 KII

Bei der Kawasaki Z1000 KII sind je zwei Zündkerzen mit der Sekundärwicklung einer Zündspule verbunden. Die Stromversorgung der Primärwicklungen der Zündspulen erfolgt über das Zündschloß und den Zündnotschalter. Zur Zündauslösung dienen zwei an der Zündbox angeschlossene Impulsgeber. Der Seitenständer-Freigabeschalter legt die Primärwicklungen bei nicht eingezogenen Seitenständer an Masse. In diesem Zustand ist kein Motorstart möglich, da keine Zündfunken entstehen können. Wird der Seitenständer bei laufenden Motor ausgefahren, tritt automatisch Motorstillstand ein.

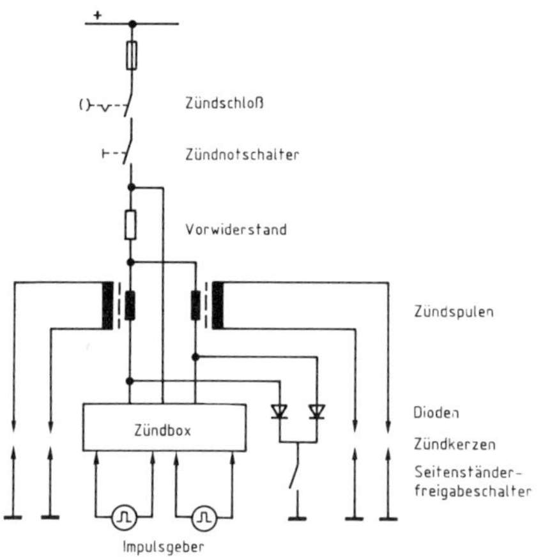


*130 Stromlaufplan der Zündanlage der Kawasaki Z1000 KII*

## Batteriezündanlage der Honda VF 750 S

Die Honda VF 750 S hat eine aus zwei Teilsystemen bestehende impulsgesteuerte Zündanlage.

*131 Stromlaufplan der Zündanlage der Honda 750 S*

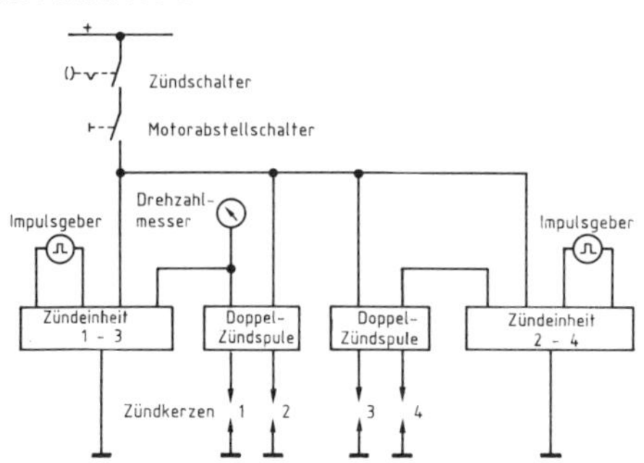


## 2.3.2 Magnetzündanlage

Im Gegensatz zur Batteriezündung wird hier die Zündenergie nicht dem Bordnetz entnommen, sondern der mechanischen Antriebsleistung des Motors, und zwar von der Kurbel- oder Steuerwelle. Eine Magnetzündung kann durch einen über Nocken betätigten Unterbrecher (Abb. 132) oder elektronisch gesteuert werden.

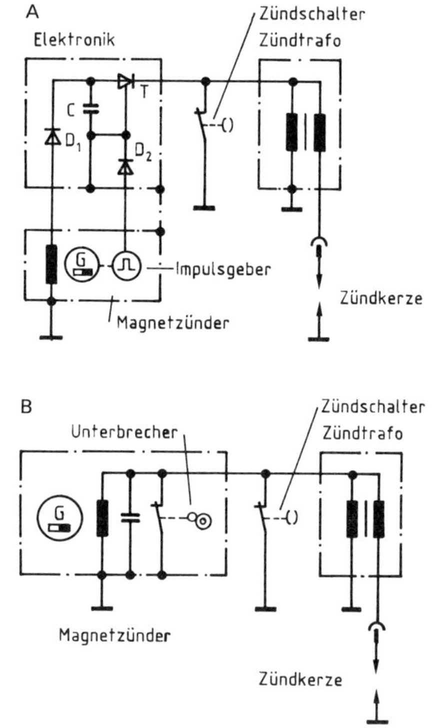


*132 Schaltung eines Magnetzünders mit*
*A Elektroniksteuerung*
*B Kontaktsteuerung*

Bei eingeschalteter Zündung ist in jedem Fall der Kontakt des Zündschalters offen. Im Anker des Magnetzünders wird im Betrieb eine Spannung erzeugt, die durch die Primärwicklung des außen angeordneten Zündtrafos einen Stromfluß verursacht.
Schließt der Unterbrecher, wird die Primärwicklung kurzgeschlossen, das Magnetfeld bricht zusammen, und in der Sekundärwicklung wird die zur Zündung erforderliche Zündspannung induziert.
Das Stillsetzen des Motors erfolgt durch Ausschalten der Zündung, wobei der Kontakt des Zündschalters schließt und den Unterbrecher durch Kurzschließen außer Funktion setzt.

Die elektronische Steuerung des Magnetzünders weist anstelle des mechanischen Unterbrechers einen Thyristor (elektronischer Schalter) auf, der von einem Impulsgeber gesteuert wird.
Im Zündzeitpunkt, d. h. in der richtigen Läufer- und somit Kurbelwellenstellung, wird im Impulsgeber ein Spannungsimpuls induziert. Dieser bewirkt die Durchschaltung des Thyristors und die Speicherenergie des Kondensators wird über den Zündtrafo der Zündkerze zugeführt.
Das Stillsetzen des Motors erfolgt durch Ausschalten der Zündung, wobei der Kontakt des Zündschalters schließt und den Sekundärkreis der Zündanlage kurzschließt.
Die Schaltung eines Magnetzünders mit Primär- und Sekundärwicklung zeigt Abb. 134. Zur Verteilung des Zündfunkens dient ein Schleifringverteiler.
Bei eingeschalteter Zündung ist der parallel zum Unterbrecher geschaltete Kontakt des Zündschalters offen. Der zweihöckerige Nocken unterbricht bei laufendem Motor den Stromkreis der Primärwicklung zweimal je Umdrehung. Somit wird in der Sekundärwicklung zweimal eine Zündspannung erzeugt, die über den Verteiler den Zündkerzen zugeführt wird. Der Magnetzünder muß beim Viertaktmotor mit der Steuerwellendrehzahl (zwei Kurbelwellenumdrehungen = eine Steuerwellenumdrehung) und beim Zweitaktmotor mit der Kurbelwellendrehzahl angetrieben werden. Da der Vierzylinder-Viertaktmotor vier Zündfunken für zwei Kurbelwellenumdrehungen benötigt, muß der drehbare Teil des Magnetzünders durch ein Getriebe im Verhältnis 2 : 1 untersetzt werden. Die Anpassung des Zündzeitpunktes wird durch Verstellen des Nockens oder des Antriebs von Hand bzw. durch einen Fliehkraftversteller vorgenommen.

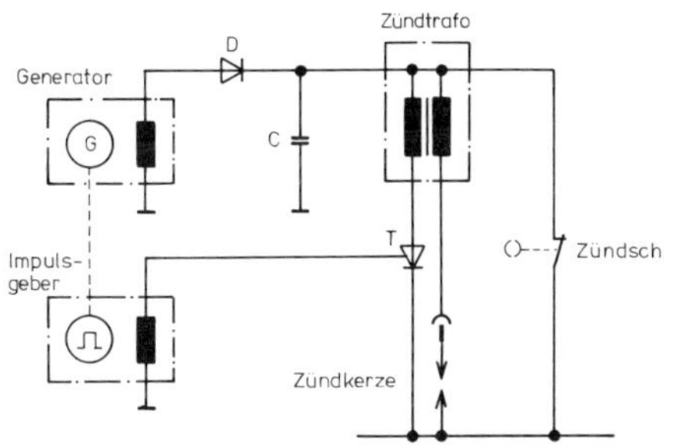


*133 Schaltung einer Kondensator-Hochspannungszündung (Thyristorzündung) mit magnetischem Impulsgeber*

## 2.4 Magnetzündergenerator

Der Magnetzündergenerator gemäß Abb. 135 (s. folgende Seite) ist gekennzeichnet durch einen getrennten Zünd-, Lade- und Lichtanker. Der in der Primärwicklung induzierte Strom wird im Zündmoment durch den Unterbrecher unterbrochen, was in der Sekundärwicklung die Zündspannung hervorruft.
Der Stromkreis des Lichtteils ist spannungsregulierend. Diese Regelwirkung kommt dadurch zustande, daß mit steigender Drehzahl die Frequenz des induzierten Wechselstromes und somit der induktive Widerstand in den Ankerwicklungen zunimmt. Dadurch ist sichergestellt, daß sich bei höheren Drehzahlen die Speisespannung für die Lampen nur geringfügig ändert, also die Lampen durch Überlastung nicht durchbrennen und bereits bei niedriger Fahrgeschwindigkeit eine gute Beleuchtung vorhanden ist.

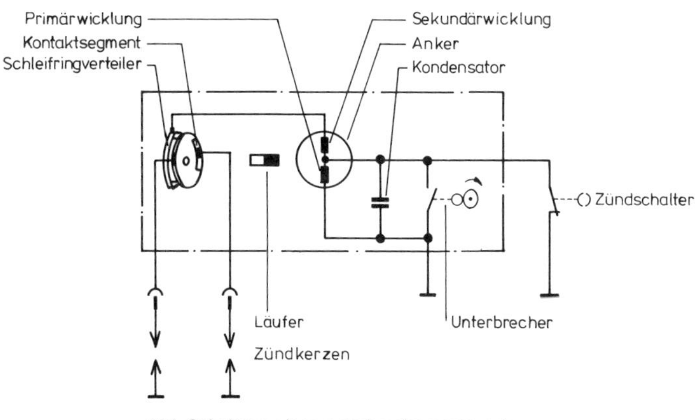


*134 Schaltung eines unterbrechergesteuerten Magnetzünders mit Schleifringverteiler*

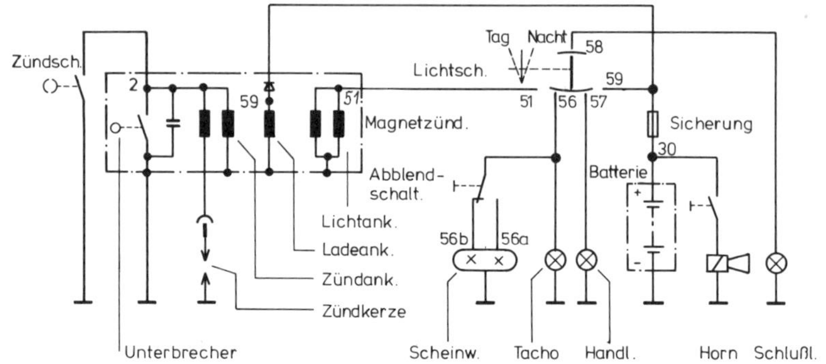


*135 Stromlaufplan einer elektrischen Anlage mit Magnetzündergenerator und kontaktgesteuerter Zündanlage*

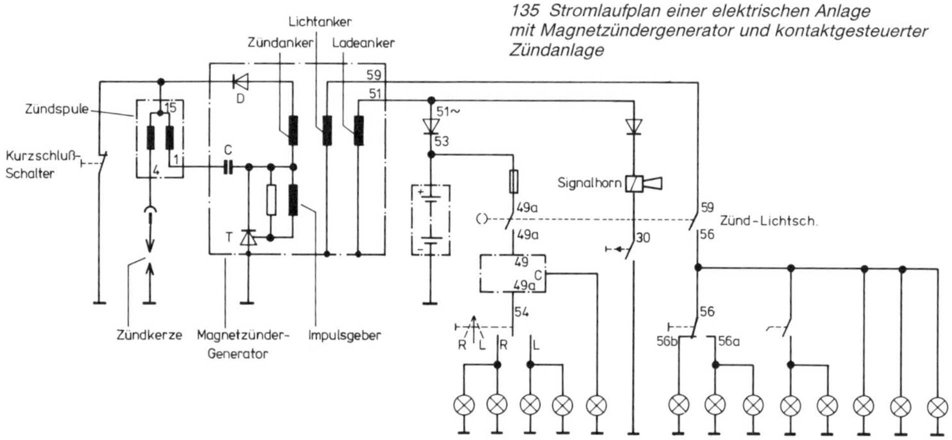


*136 Stromlaufplan einer elektrischen Anlage mit Magnetzündergenerator und elektronischer Zündanlage*

Da die elektrische Leistung und Spannung bei permanentmagnetischen Maschinen (konstante Erregung) weitgehend lastabhängig ist, soll die gesamte Nennleistung der Verbraucher des Lichtteils eines Magnetzündergenerators gleich der Nennleistung des Generators sein.
Der zwischen Zündanker und Lichtanker angeordnete Ladeanker liefert den Ladestrom zur Dauerladung der Fahrzeugbatterie.
Die Batterie übernimmt die Stromversorgung für Signalhorn, Handlampe, Fahrzeugbeleuchtung bei Stillstand und – sofern vorhanden – für Bremslicht und Blinkanlage.
Abb. 136 zeigt den Stromlaufplan einer elektrischen Anlage mit Magnetzündergenerator und elektronisch gesteuerter Zündanlage.
Der Magnetzündergenerator besitzt zur Stromversorgung der Zündanlage einen Zündanker, zur Batterieladung und Stromversorgung der Blink- und Signalanlage einen Ladeanker und zur Stromversorgung der Beleuchtungsanlage einen Lichtanker. Der Kondensator C wird durch die positive Halbwelle der im Zündanker während des Motorlaufs induzierten Wechselspannung solange aufgeladen wie der Thyristor T gesperrt ist. Die negative Halbwelle wird ständig durch die Diode D gesperrt. Im Zündzeitpunkt wird im Impulsgeber ein Spannungsimpuls induziert, der die kurzzeitige Durchschaltung von T bewirkt. Dadurch gelangt die in C gespeicherte Zündenergie über die Zündspule zur Zündkerze.
Bei laufendem Motor und eingeschaltetem Zünd-Lichtschalter kann die Blink- und Beleuchtungsanlage ein- bzw. ausgeschaltet werden. Ferner sind das Schlußlicht und die Instrumentenbeleuchtung ständig eingeschaltet, das Bremslicht erscheint beim Bremsen und das Signalhorn ertönt bei Signalgabe.
Die Stillsetzung des Motors erfolgt durch Kurzschließen der Sekundärwicklung der Zündspule mittels Kurzschlußtaste.

## 2.5 Lichtbatteriezündanlage

Ein Lichtbatteriezünder besteht aus einer Gleichstromlichtmaschine und einer Batteriezündanlage (Abb. 137).
Auf der Kurbelwelle befindet sich der Anker und der durch den Fliehkraftversteller verstellbare Nocken. Alle weiteren Bauteile, so der Polring

mit den Polschuhen und der Erregerwicklung sind auf der Unterseite, Reglerschalter, Schleifkohlen, Zündspule, Unterbrecher mit Kondensator und die Anschlußklemmen auf der Oberseite des tellerförmigen Gehäuses angeordnet. Der Lichtteil ist eine spannungsgeregelte Gleichstrom-Nebenschlußmaschine. Sie dient zur Speisung der Stromverbraucher und der Batterie. Der Zündteil ist eine übliche Batteriezündanlage.

Die Vorteile gegenüber dem Magnetzündergenerator sind höhere Leistung und konstante Spannung. Somit können in gewissen Grenzen weitere Verbraucher zugeschaltet werden. Die volle Zündspannung ist bereits bei sehr niedrigen Drehzahlen vorhanden.

## 2.6 Start-Zünd-Generator

Ein Start-Zünd-Generator ist eine kombinierte Maschine aus Starter und Generator. Der als Innen- oder Außenläufer ausgebildete Anker ist auf der Motor-Kurbelwelle aufgesetzt. Die Erregung wird von mehrpoligen Haupt- und Nebenschlußwicklungen erzeugt.

Beim Startvorgang ist die Haupt- und Nebenschlußwicklung, beim Generatorbetrieb nur die Nebenschlußwicklung vom Strom durchflossen. Der Startvorgang wird bei eingeschaltetem Zündschalter durch Betätigen der Anlaßtaste ausgelöst. Während des Anlassens liegt der Start-Zünd-Generator über dem Anlaßschütz an der Batteriespannung. Die Steuerung des Unterbrechers erfolgt durch einen Nocken und Fliehkraftversteller auf der Ankerachse. Ein Regler hält die Bordspannung im Toleranzbereich indem er die Erregung bei Erreichen von $U_{max}$ unterbricht und bei $U_{min}$ wieder einschaltet.

## 2.7 Bordnetz

Den Strom für die elektrischen Verbraucher während des Motorstillstandes und für den

*137 Schaltung eines Lichtbatteriezünders mit Stromverbraucher*

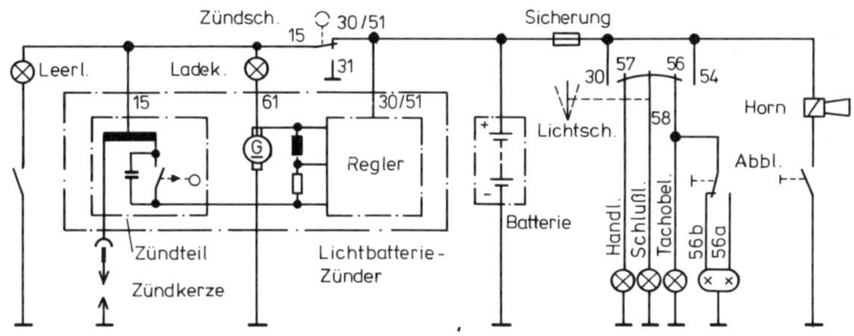


*138 Schaltung eines Start-Zünd-Generators*

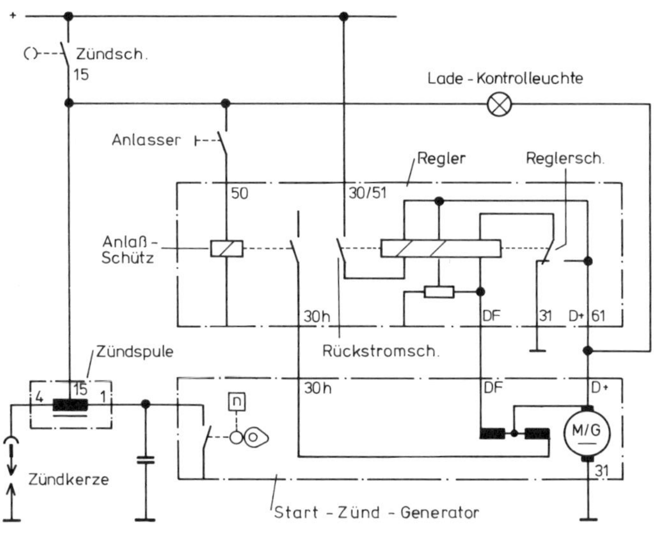

Anlaßvorgang liefert die Batterie. Nach Erreichen einer bestimmten Motordrehzahl wird die Stromversorgung von der Lichtmaschine ganz oder teilweise übernommen.
Bei niedriger Drehzahl gibt die Lichtmaschine nur eine geringe Leistung ab, so daß sich die Batterie an der Stromversorgung beteiligen muß. Bei ständigem Kurzstreckenverkehr und hohem Stromverbrauch sinkt der Ladezustand der Batterie ab, was besonders bei tiefen Temperaturen zu Startschwierigkeiten führen kann. Generator und Batterie sind parallel geschaltet. Ist ein Stromkreis geschlossen, fließt Strom vom Pluspol der Stromquellen zum Verbraucher und über das Fahrgestell bzw. den Motorblock zum Minuspol zurück.

## 2.7.1 Batterie

Die Batterie speichert elektrische Energie durch chemische Stoffumwandlungen und gibt sie bei Bedarf wieder ab. Die im Kraftfahrzeug eingesetzte Batterie dient als Energiequelle für den

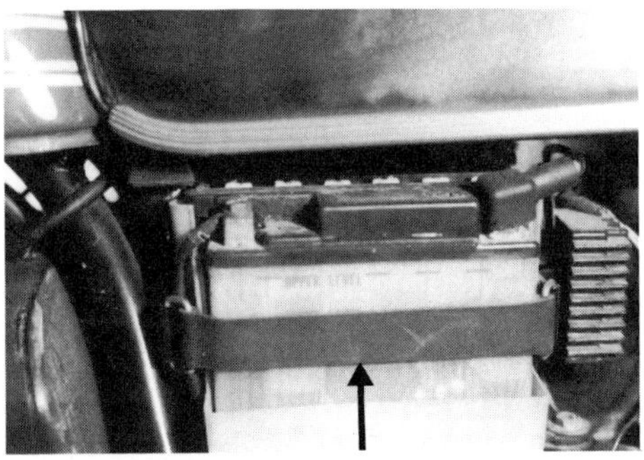

*139 Batterie*

*140 Lichtmaschine/ Generator*

Anlasser und zur Speisung der Verbraucher, wenn die Lichtmaschine keinen Strom zur Verfügung stellt. Ferner wirkt die Batterie als Puffer, d. h. sie liefert bei Spitzenbelastungen zusätzlich zur Lichtmaschine Strom, wenn diese den Strombedarf nicht voll decken kann. Eine lineare Abhängigkeit der Klemmenspannung vom Ladezustand besteht nicht. Die Spannung einer Zelle der unbelasteten Batterie beträgt nahezu unabhängig vom Ladezustand etwa 2 Volt.
Die Säuredichte steigt mit zunehmender Ladung und ist somit ein Maß zur Beurteilung des Ladezustandes.

**Säuredichte und Gefrierpunkt**

| Batterie | geladen | halb-geladen | un-geladen |
|---|---|---|---|
| Säuredichte kg / l<br>Gefrierpunkt °C | 1,28<br>– 64 | 1,20<br>– 27 | 1,12<br>– 10 |

Das Speichervermögen (Kapazität) einer Batterie ist das Produkt aus Entladestrom und Entladezeit und wird im Ampèrestunden (Ah) angegeben. Die Kapazität nimmt mit sinkender Batterietemperatur stark ab. Ferner sinkt die Kapazität der Batterie in Abhängigkeit des Belastungsstromes. Bei einer 12 V-Anlage beträgt die Entladestromstärke bei gleicher Verbraucherleistung gemäß der Leistungsformel I = P : U nur die Hälfte einer 6 V-Anlage. Die Dauer der Stromabgabe in Stunden errechnet sich folgendermaßen: Batteriekapazität in Ah (bei voller Batterie und 20 °C) geteilt durch den Entladestrom in Ampère.
Eine ausgebaute Batterie entlädt sich durch innere Umsetzungen und durch Kriechströme im Laufe der Stillstandszeit um etwa 0,5 % bis 1 % der Nennkapazität pro Tag.
Eine vollgeladene Batterie sollte somit nicht länger als vier Wochen ohne Nachladung stehenbleiben.

## 2.7.2 Lichtmaschine

Die Lichtmaschine dient zur Deckung des Energiebedarfs der elektrischen Verbraucher

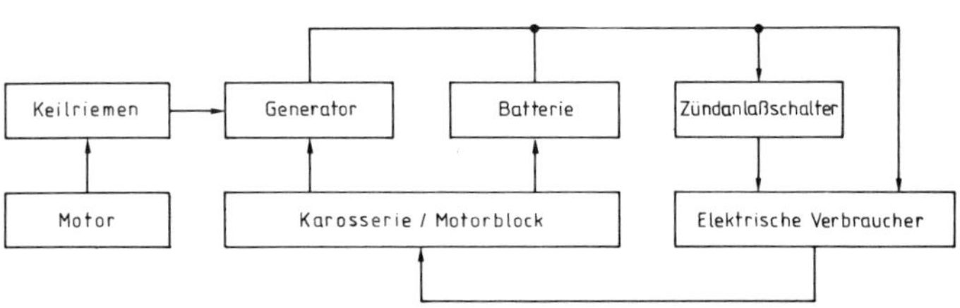


*141 Blockschaltbild des Bordnetzes*

und zur Aufladung der Batterie. Für die Spannungsgleichhaltung über den gesamten Drehzahlbereich bei allen Betriebs- und Belastungszuständen sorgt ein Regler.
Die Wirkungsweise des Reglers beruht auf einem periodischen Kurzschließen eines im Erregerkreis der Lichtmaschine liegenden Widerstandes oder auf Kurzschließen der Erregerwicklung selbst. Ist die Regelfrequenz (häufiges Ein- und Ausschalten des Reglerkontaktes) hoch, so schwankt die von der Maschine abgegebene Spannung nur geringfügig um den Sollwert. Das Verhältnis von Schließ- zu Öffnungszeit des Reglerkontakts ist maßgebend für die Größe des Erregerstrommittelwertes.
Je nachdem, ob durch den Regler die Spannung, der Strom oder beide beeinflußt werden, erhält man eine Spannungs-, Strom- oder gemischte Regelung.
Gemäß Abb. 142 ist ein Ende der Erregerwicklung der Lichtmaschine über den Kontakt des Reglers an Masse gelegt. Wird der Maximalwert der Spannung erreicht, spricht der Regler an und dessen Kontakt öffnet. Der Erregerstrom fließt nun über den parallel zum Reglerkontakt geschalteten Widerstand. Das hat eine Abnahme des Erregerstromes und somit der Lichtmaschinenspannung zur Folge. Erreicht die Spannung ein bestimmtes Minimum, dann fällt der Anker des Reglers wieder ab, der Reglerkontakt schließt, der Erregerstrom und somit die Spannung steigen wieder bis auf den Maximalwert an. Dieser Arbeitszyklus wiederholt sich bei niedriger Drehzahl der Lichtmaschine bereits 50 bis 200 mal je Sekunde. Bei hoher Drehzahl bleibt der Regelwiderstand dauernd eingeschaltet, und der Erregerstrom sinkt auf einen konstanten Wert.
Beim Zweikontaktregler öffnet bei Erreichen von $U_{max}$ der erste Kontakt, wodurch die Erregerwicklung in Reihe zum Regelwiderstand geschaltet wird, während der zweite Kontakt erst bei höheren Drehzahlen, also bei $> U_{max}$, die Erregerwicklung kurzschließt.

Daraufhin sinkt die Lichtmaschinenspannung, wodurch der Reglerkontakt für hohe Drehzahlen öffnet und der Erregerstrom wieder solange durch den Regelwiderstand fließt, bis $U_{min}$ bzw. erneut $> U_{max}$ erreicht wurde.

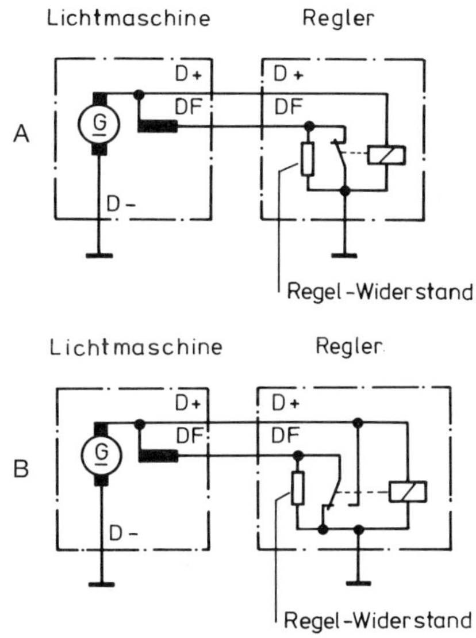


*142 Gleichstromlichtmaschine mit:*
*A Einkontaktregler*
*B Zweikontaktregler*

Zum Schutze einer Gleichstromlichtmaschine gegen Überlastung dienen Spannungsregler mit zusätzlichem Stromregler (Abb. 143). Dieser schaltet bei Erreichen des Maximalstromes durch Öffnen seines Kontaktes einen Widerstand in den Erregerkreis der Gleichstromlichtmaschine, wodurch die von der Lichtmaschine abgegebene Spannung steil abfällt.
Ferner verhindert der Rückstromschalter ein Entladen der Batterie über die Lichtmaschine, solange die Spannung der Batterie größer als die der Lichtmaschine ist.

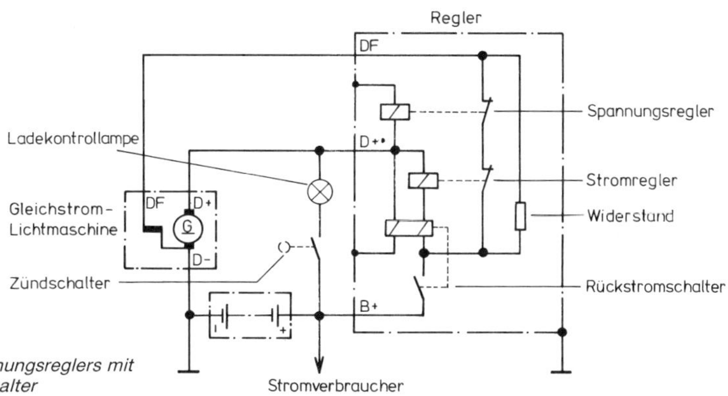


*143 Stromlaufplan eines Spannungsreglers mit Stromregler und Rückstromschalter*

Die Schaltungen der Drehstrom-Generatoren sind aus Abb. 144 zu ersehen.
Abb. 144 A zeigt die Schaltung eines Drehstrom-Generators in Verbindung mit einem Zweikontaktregler. Bei eingeschaltetem Zünd-Lichtschalter und geschlossenem Notausschalter fließt bei noch stehendem Motor Strom vom Pluspol der Batterie über Ladekontrolllampe, Reglerkontakt, Erregerwicklung (Klemmen DF und D) des Generators und Masse zum Minuspol der Batterie. Damit die dadurch stattfindende Vorerregung des Generators nicht zu schwach ist, sind zur Ladekontrollanzeige Glühlampen mit genügender Leistung (z. B. 12 V 3,0 W) einzusetzen. Bei laufendem Generator erlischt die Ladekontrollampe, und der Regler arbeitet in der bereits beschriebenen Weise. Anstelle des Kontaktreglers befindet sich meist ein elektronischer Regler.
Bei einem Generator gemäß Abb. 144 B dient zur Konstanthaltung der Generatorspannung kein Regler, sondern ein der Erregerwicklung parallel geschalteter Widerstand.
Abb. 144 C zeigt einen Drehstromgenerator mit modernen Transistorregler mit IC (integrierten Schaltkreis), in welchem alle Steuer- und Regelfunktionen vereinigt sind. Sämtliche Bauteile befinden sich in einem hermetisch gekapselten Gehäuse und sind einzeln nicht auswechselbar. Dieser Generator besitzt keine Schleifringe oder Schleifkohlen. Der Rotor ist mit Dauermagneten bestückt, als Außenläufer ausgebildet und auf dem Kurbelwellenende angeordnet. Der Stator hat drei in Stern verkettete Spulen und befindet sich im Innern des Generators.

## 2.8 Instrumentierung

Die Instrumentierung informiert über die wesentlichen Betriebszustände. Der Instrumentierungsumfang wird vom Fahrzeugtyp, dessen Ausstattung und eventueller Nachrüstungen bestimmt. Zur Erfassung der Meßwerte sind Sensoren, auch Geber bzw. Meßfühler genannt, eingesetzt. Sie formen physikalische Größen, wie z. B. Temperatur, Druck, Höhenstand, Drehzahl, in ein analoges oder binäres Signal um. Ein analoges Signal ist dem Meßwert proportional. Binäre Signale werden von Schaltern geliefert.

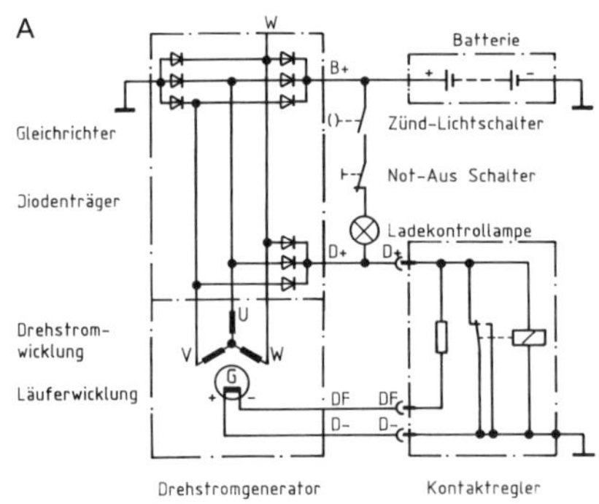


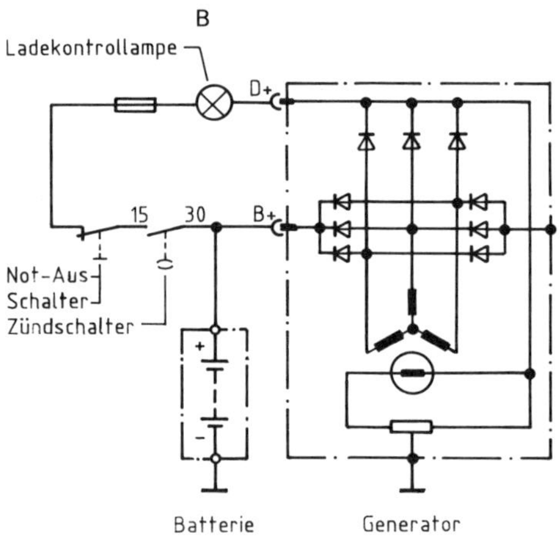


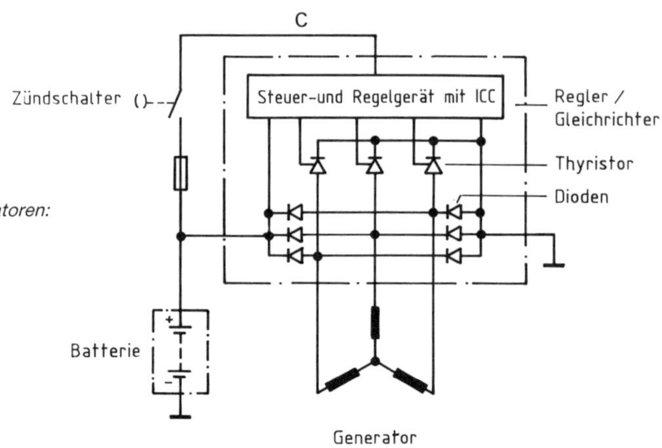


*144 Schaltungen von Drehstromgeneratoren:*
*A mit Kontaktregler und Schleifringe*
*B ohne Regler, mit Schleifringe*
*C mit Regler, ohne Schleifringe*

## 2.8.1 Sensoren

**Widerstandsferngeber**
Ein Widerstandsferngeber ist ein veränderlicher Widerstand. Die Widerstandsänderung kann mechanisch oder abhängig von der Temperatur bzw. Lichtintensität erfolgen.

**Impulsgeber**
Impulsgeber dienen zur Drehzahlerfassung bzw. zur elektronischen Zündauslösung. Es ist zwischen dem Induktions- bzw. Hallgeber zu unterscheiden.

**Induktionsgeber**
Der Induktionsgeber besteht aus einem Dauermagnet, einer Induktionswicklung und einem Impulsgeberrad. Bei Induktionsgebern, die im Zündverteiler eingebaut sind, bilden Dauermagnete und die Induktionswicklung den Stator, und das auf der Zündverteilerwelle sitzende Impulsgeberrad den Rotor.

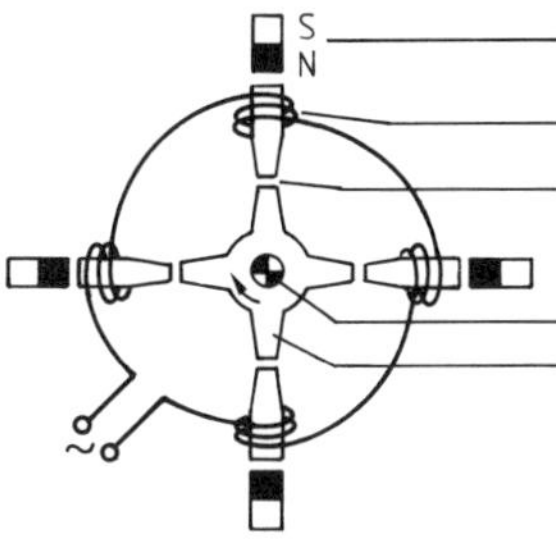


*145 Prinzip eines in einem Zündverteiler eingebauten Induktionsgeber*

Der Kern der Induktionswicklung und das Impulsrad weisen zackenförmige Fortsätze auf (Stator- und Rotorzacken). Während der Rotordrehung ändert sich der magnetische Fluß periodisch, wodurch in der Induktionswicklung eine Wechselspannung induziert wird.
Ferner werden Induktionsgeber zur Erfassung der Drehzahl und Kurbelwellenstellung eingesetzt. Zur Drehzahlerfassung wird der Impulsgeber in kleinem Abstand von der Zahnscheibe oder einem Zahnrad angeordnet, die mit Kurbelwellendrehzahl umlaufen.

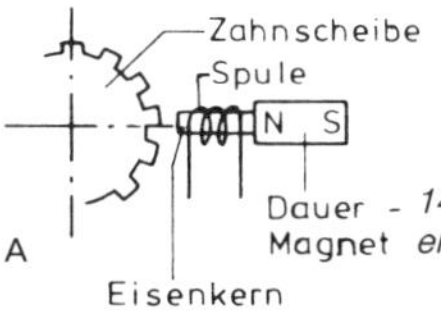


*146 Prinzip der Drehzahlerfassung mit Induktionsgeber*

Der Drehzahlgeber besteht aus einem Dauermagnet, einem zylindrischen Eisenkern und einer Induktionsspule. Der Dauermagnet bewirkt ein nach außen gerichtetes magnetisches Feld, dessen Stärke sich ändert, wenn ein Zahn am Geberkopf vorbeizieht. Dadurch wird in der Spule eine Wechselspannung mit drehzahlproportionaler Frequenz induziert.
Zur Erfassung der Kurbelwellenstellung wird ein auf der Schwungscheibe angebrachter Stift berührungslos von einem induktiven Bezugsmarkengeber, der wie der Induktionsgeber arbeitet, abgetastet.
Gemäß Abb. 147 bewegt sich ein Polrad an der Induktionsspule vorbei. Werden derartige Geber zur Steuerung einer elektronischen Zündanlage verwendet und der Antrieb erfolgt mit Nockenwellendrehzahl, weist der Geber soviele Polpaare auf (1 Polpaar = 1 Dauermagnet mit einem Süd- und einem Nordpol), wie der Motor Zylinder hat.

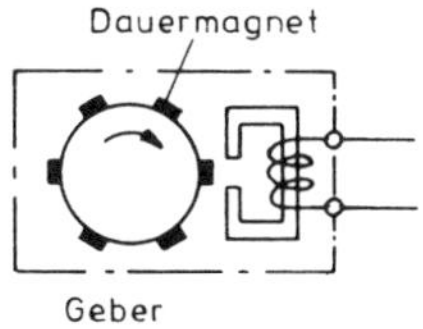


*147 Prinzip eines magnetischen Impulsgebers mit Polrad*

**Hallgeber**
Die Wirkungsweise des Hallgebers beruht auf folgendem Effekt: Wird ein stromdurchflossenes Plättchen von den Kraftlinien eines Magnetfeldes durchsetzt, entsteht auf einer Seite ein Elektronenüberschuß und auf der gegenüberliegenden ein Elektronenmangel, d. h. es entsteht zwischen beiden Seiten die sogenannte Hallspannung. Die Hallspannung ist um so größer, je größer der durch das Plättchen fließende Strom und je stärker das magnetische Kraftfeld ist.

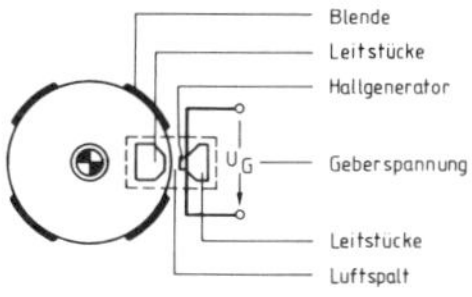


*148 Prinzip eines Hallgebers zur Zündauslösung*

Der prinzipielle Aufbau eines Hallgebers zur Zündauslösung ist aus Abb. 148 ersichtlich.
Bei drehender Zündverteilerwelle bewegen sich die Blenden des Rotors berührungslos durch den Luftspalt magnetischer Leitstücke. Befindet sich keine Blende im Luftspalt, wird die Hallschicht vom Magnetfeld voll durchdrungen. Dadurch entsteht an der Hallschicht die Hallspannung, die dem elektronischen Steuergerät zugeführt wird und die Zündauslösung verursacht. Bewegt sich eine der Blenden in dem Luftspalt, nimmt die auf die Hallschicht wir-

kende magnetische Flußdichte bis auf einen kleinen Rest ab, wodurch die Hallspannung auf ein Minimum sinkt.

### Temperaturfühler
Ein Temperaturfühler kann u. a. aus einem Heißleiter (Halbleiterelement) oder Widerstandsthermometer bestehen. Ein Heißleiter vermindert seinen elektrischen Widerstand sehr stark bei steigender Temperatur. Ein Widerstandsthermometer erhöht seinen elektrischen Widerstand bei steigender Temperatur.

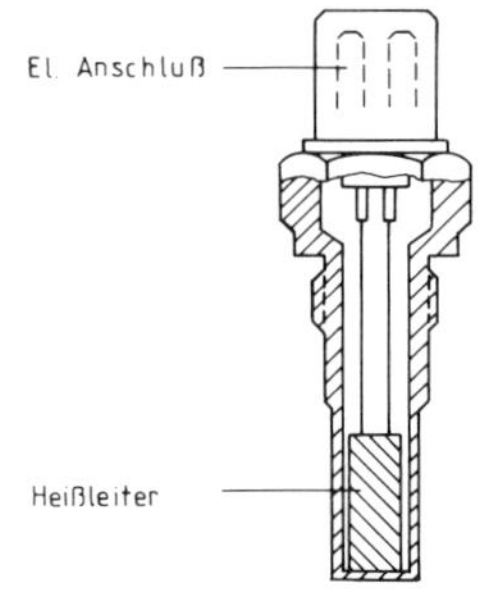

*149 Prinzipieller Aufbau eines Heißleiter-Temperaturfühlers*

### Thermobimetallschalter
Das zu überwachende Medium (Kühlflüssigkeit, Luft, Schmieröl) wirkt direkt auf einen Bimetallstreifen, der sich bei Erwärmung krümmt und bei Erreichen eines bestimmten Wertes einen elektrischen Kontakt öffnet bzw. schließt.

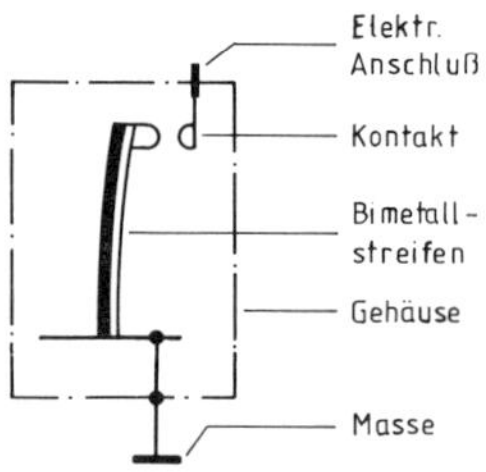

*150 Prinzip eines Thermobimetallschalters mit Schließer*

### Druckgeber
Im Druckgeber befindet sich eine Membrane, die mit einem elektrischen Widerstand verbunden ist. Wird der Druckgeber mit Druck beaufschlagt, erfolgt eine Auslenkung der Membrane und somit eine dem Meßwert entsprechende Änderung des elektrischen Widerstandes.

### Druckschalter
Druckschalter bestehen aus einer elastischen Membrane mit Nippel und elektrischem Kontakt. Die Membrane wölbt sich durch die Einwirkung des Drucks und betätigt bei Erreichen des Grenzwertes über den Nippel den elektrischen Kontakt.

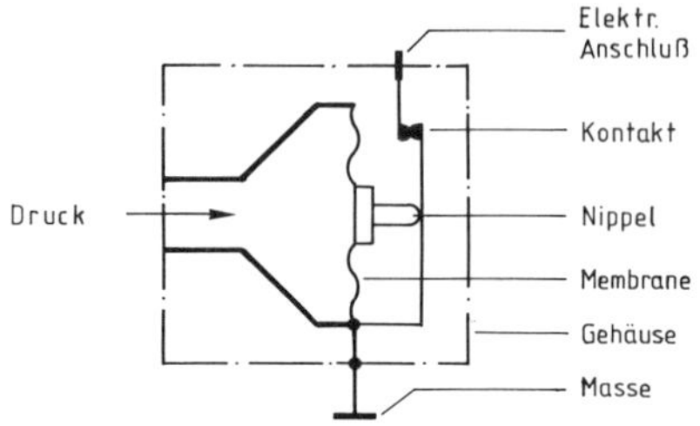

*151 Prinzip eines Druckschalters mit Öffner*

### Höhenstandsgeber
Zur Erfassung der Höhenstände dienen vorwiegend veränderliche Widerstände. Außerdem finden u. a. auch kapazitive Sonden Anwendung, deren Meßwert sich linear mit der Eintauchtiefe ändert.

### Endschalter
Endschalter sind wegabhängige Befehlsschalter, die so angeordnet werden, daß sie gewisse Stellungen erfassen können. Sie werden mechanisch betätigt und lösen durch Kontaktgabe die gewünschte Schalthandlung aus.

### Lambda-Sonde
Die Lambda-Sonde liefert ein vom Luft-Kraftstoff-Verhältnis abhängiges Signal. Sie besteht im Wesentlichen aus zwei Elektroden und mißt den Sauerstoffgehalt des Abgases. Ist der Sauerstoffgehalt auf beiden Seiten der Elektroden unterschiedlich, entsteht hier eine elektrische Spannung.

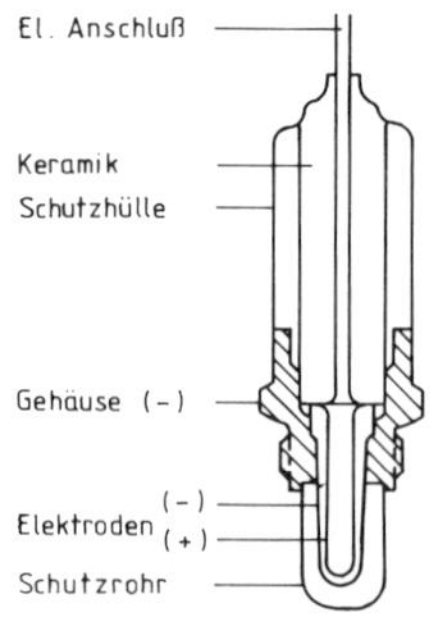

*152 Aufbau der Lambda-Sonde*

## 2.8.2 Messungen

Eine Messung besteht im wesentlichen aus einem Sensor, Anzeiger und Leitungen. Zur Erhöhung der Meßgenauigkeit erfolgt die Stromversorgung bei bestimmten Meßverfahren über ein Konstantspannungsgerät. Gemäß

Abb. 153 A fließt bei eingeschaltetem Zündanlaßschalter ein dem Widerstandswert entsprechender Strom durch den Anzeiger. Zur Überwachung von Systemen bzw. zur Steuerung elektronischer Komponenten dienen Wächter, die bei Erreichen eines bestimmten Wertes einen Kontakt betätigen (Abb. 153 B).

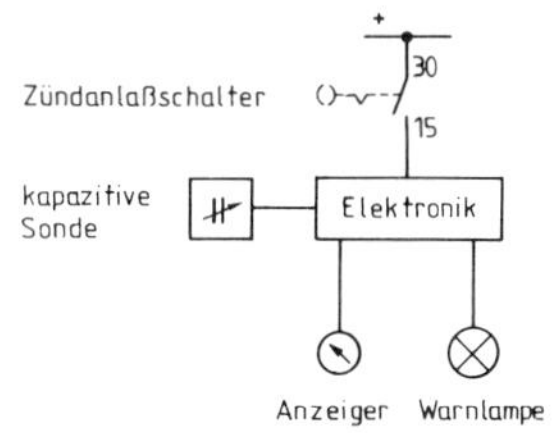


*154 Stromlaufplan einer Höhenstandsmessung mit kapazitivem Geber*

### Niveaumessung

Zur Messung eines Höhenstandes (z. B. Kraftstoff, Schmieröl) wird meist das Potentiometer-

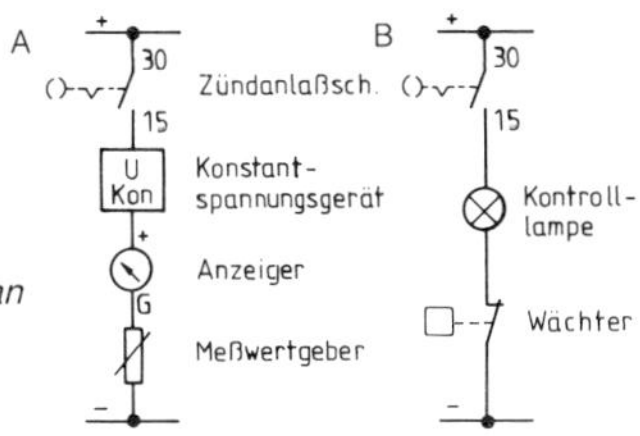


*153 Stromlaufplan einer A Messung B Überwachung*

verfahren eingesetzt. Bei diesem Meßprinzip wird der Schleifer des Potentiometers von einem Schwimmer dem jeweiligen Flüssigkeitsstand entsprechend verstellt. Die sich so ergebende Änderung des Widerstandes ist ein Abbild der in einem Behälter vorhandenen Flüssigkeitsmenge. Der Widerstandsgeber ist mit einem Thermobimetall-Meßwerk, eine auf einen Bimetallstreifen gewickelte Heizwicklung, in Reihe geschaltet. Wird die Heizwicklung vom Strom durchflossen, krümmt sich der mit dem Zeiger mechanisch verbundene Bimetallstreifen. Die Größe der Krümmung ist von der Stromstärke, d. h. vom Höhenstand bzw. Widerstand abhängig.

Bei einem weiteren Meßverfahren befindet sich ein Widerstandsdraht in der zu überwachenden Flüssigkeit. Der Widerstandsdraht wird nach Einschalten der Zündung ständig vom Strom durchflossen. Dadurch erwärmt sich der Widerstandsdraht, und der Widerstand erreicht einen Wert, der dem Flüssigkeitsniveau entspricht. Die Auswertung des Meßsignals wird elektronisch vorgenommen.

Ferner finden auch kapazitive Geber Anwendung, die in das Meßmedium eingeführt sind. Der Meßwert ändert sich linear mit der Eintauchtiefe und wird von der Elektronik so verarbeitet, daß ein Anzeiger und eine Warnlampe angeschlossen werden kann.

### Geschwindigkeitsmessung

Zur Messung der Fahrgeschwindigkeit finden Tachometer Anwendung. Diese Anzeiger dürfen ab 20 km/h nur einen positiven Fehler haben, d. h. sie dürfen nie einen Geschwindigkeitswert anzeigen, der unter der tatsächlich gefahrenen Geschwindigkeit liegt. Der Fehler, d. h. die Mehranzeige darf ab 50 km/h bis 7 % des Skalenendwertes betragen.

Am häufigsten sind Geschwindigkeitsmesser eingesetzt, die nach dem magnet-elektrischen Meßverfahren arbeiten (Abb. 155). Hier wird ein von einer Aluminiumtrommel umgebener Dauermagnet über eine biegsame Antriebswelle direkt mit der Drehzahl eines Vorderrades in Drehung versetzt. Dadurch bilden sich in der Aluminiumtrommel Wirbelströme, wodurch die mit dem Zeiger verbundene Aluminiumtrommel gegen die Kraft einer Rückstellfeder mitgenommen wird.

Die Geschwindigkeit läßt sich nach der Formel

$$v\,[\text{km/h}] = \frac{l\,[\text{km}] \cdot 3600\,[\text{s}]}{t\,[\text{s}]} \text{ errechnen.}$$

Demgemäß läßt sich die Meßgenauigkeit des Tachometers feststellen, indem bei konstanter Geschwindigkeit mit Hilfe einer Stoppuhr die

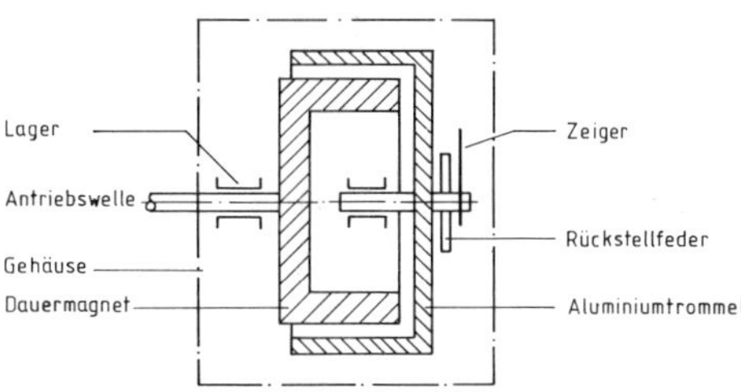


*155 Schnitt durch einen magnet-elektrischen Geschwindigkeitsmesser*

Zeit erfaßt wird, die das Fahrzeug für eine bestimmte Strecke benötigt. Hierzu bieten sich die Tafeln mit den Kilometerangaben auf der Autobahn an, die in einem Abstand von 500 m aufgestellt sind.

Legt man eine Meßstrecke von einem Kilometer zugrunde, so ergibt sich die Geschwindigkeit in km/h, indem man 3600 durch die gestoppte Zeit dividiert. Eine Tachometereichung erfordert mehrere Messungen bei verschiedenen Geschwindigkeiten.

Die Zählung und Anzeige der gefahrenen Kilometer erfolgt durch mechanische Rollenzähler.

Der Kilometerzähler ist aus 6 Rollen aufgebaut, von denen jede die Ziffer 0 bis 9 trägt.
Der zulässige Meßfehler beträgt $\pm 4\,\%$ vom Sollwert.
Geschwindigkeitsmesser und Kilometerzähler werden von gemeinsamer Welle angetrieben.

**Drehzahlmessung**
Die Kenntnis der Motordrehzahl (Kurbelwellenumdrehungen pro Minute) ermöglicht eine wirtschaftliche und motorschonende Fahrweise und gibt Aufschluß über den Zustand des Motors und seiner Hilfssysteme.
Überbeanspruchungen des Motors durch Über- bzw. Unterdrehzahlen sind leichter vermeidbar und der Motorverschleiß kann, vor allem bei kaltem Motor, durch mäßige Drehzahlen auf ein Minimum reduziert werden. Die Erfassung der Drehzahl erfolgt entweder durch einen Impulsgeber oder durch Verwerten der Zündimpulse.
Ein Impulsgeber liefert drehzahlproportionale Wechselspannungsimpulse. Die Impulse werden im Drehzahlmesser verstärkt, umgeformt und zur Anzeige einem Drehspulmeßwerk zugeführt.
Der Anschluß eines Drehzahlmessers an die Zündimpulse ist aus Abb. 156 ersichtlich.

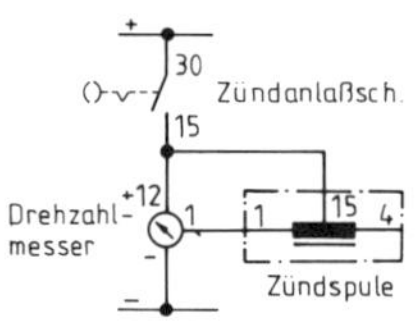


*156 Stromlaufplan eines elektronischen Drehzahlmessers*

Die Zündimpulse werden an der Klemme 1 der Zündspule entnommen, im elektronischen Drehzahlmesser umgeformt und angezeigt.
Will man von der Motordrehzahl auf die Fahrgeschwindigkeit schließen, ist ein fahrzeugspezifisches Diagramm oder eine entsprechende Tabelle erforderlich.

**Spannungsmessung und Zeituhr**
Durch die Spannungsmessung kann die Batterieladung und -entladung überwacht werden, da die Netzspannung bei ladender Lichtmaschine stets höher ist als die Batteriespannung. Ferner gibt sie beim Anlaßvorgang Aufschluß über den Batteriezustand, währenddessen die Spannung nicht unter 5 V bzw. 10 V bei einer 6-V- bzw. 12-V-Batterie absinken sollte. Das Anzeigegerät besitzt ein Drehspulmeßwerk mit einer gleichmäßig geteilten Skala. Zur Erhöhung der Meßgenauigkeit werden Spannungsmesser mit einem Meßbereich von + 5 bis + 8 V bzw. + 10 bis + 16 V eingesetzt. Die Zeituhr ist unterbrechungslos, d. h. ohne Schaltelemente mit dem Bordnetz verbunden. Die Einschaltung der Instrumentenbeleuchtung erfolgt durch den Lichtschalter bzw. Lichtrelais, das über den Abblendschalter gesteuert wird.

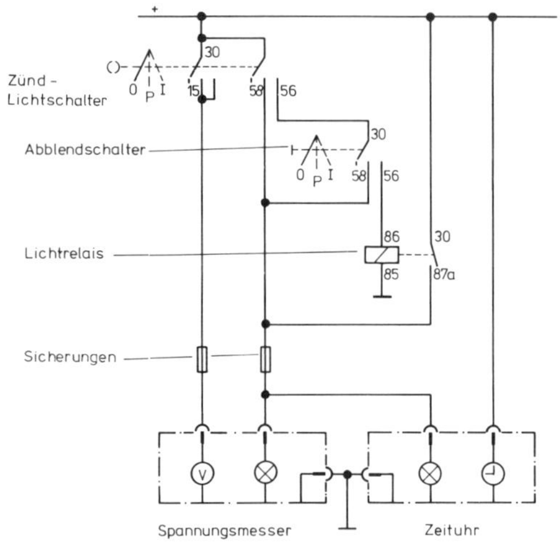


*157 Anschluß eines Spannungsmessers und einer Zeituhr*

## 2.8.3 Meldungen

**Ladekontrolle**
Die Überwachung der Batterieladung erfolgt gemäß Abb. 158.
Ein Anschluß der Ladekontrolleuchte liegt über dem Zünd-Anlaßschalter am Pluspol der Batterie, der andere direkt am Pluspol des Generators (Anschluß D +). Bei geschlossenem Zünd-Anlaßschalter und Motorstillstand leuchtet die Ladekontrollampe. Es fließt Strom vom Pluspol der Batterie durch die Lampe und über den Generator zur Masse, da der Generator noch keine Spannung induziert. Bei laufendem Motor liefert der Generator Strom an das Verbrauchernetz und die Ladekontrollampe erlischt, da in diesem Betriebszustand an den Anschlußklemmen der Lampe keine wesentliche Spannungsdifferenz vorhanden ist. Erscheint sie bei laufendem Motor, erfolgt keine Batterieladung (Lichtmaschine defekt), oder es besteht eine Leitungsunterbrechung.

**Öldruck- und Leerlaufkontrolle**
Zur Öldrucküberwachung dient ein Öldruckschalter und eine Öldruckkontrollampe. Der Kontakt des Öldruckschalters schließt, wenn bei eingeschalteter Zündung der Öldruck unter dem Sollwert liegt.

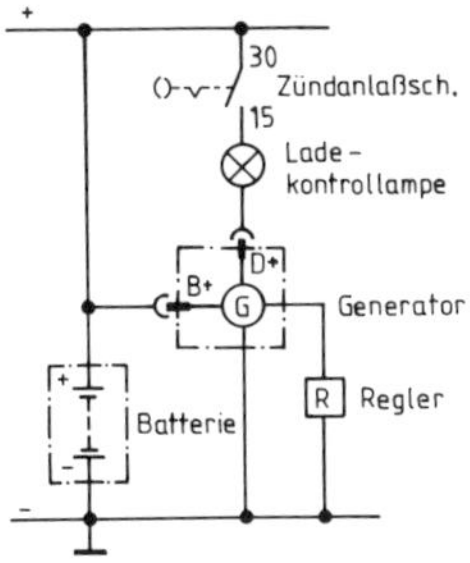


*158 Stromlaufplan zur Überwachung der Batterieladung*

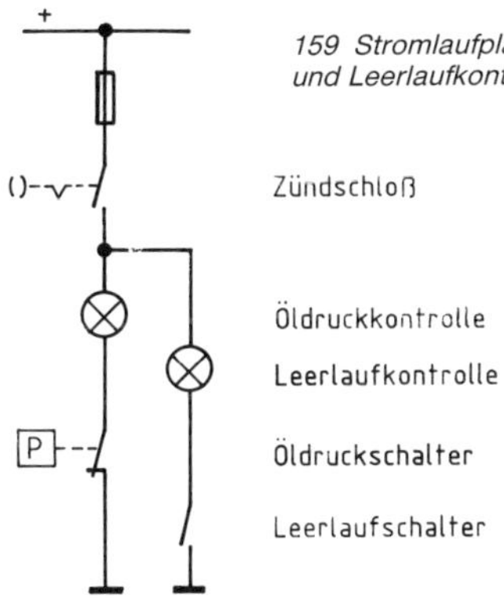


*159 Stromlaufplan einer Öldruck- und Leerlaufkontrolle*

Der Leerlaufschalter ist während des Leerlaufs geschlossen und steuert die Leerlaufkontrolllampe.

**Bremsflüssigkeit**

Zur Überwachung der Bremsflüssigkeit ist der Bremsflüssigkeitsbehälter mit einem Niveau-

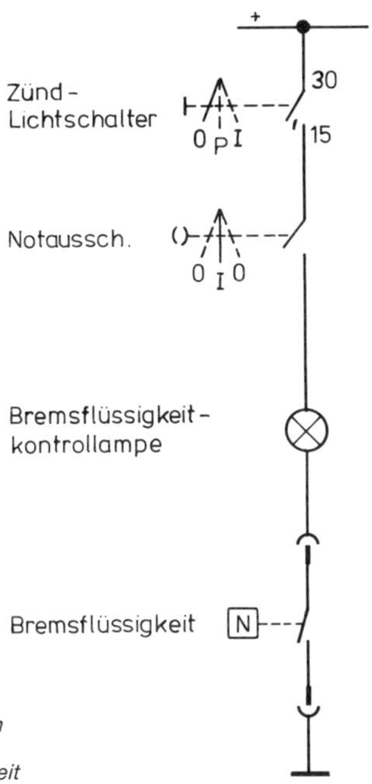


*160 Stromlaufplan zur Überwachung der Bremsflüssigkeit*

wächter ausgerüstet. Der Kontakt des Niveauwächters schließt bei Erreichen eines minimalen Höhenstandes und bringt bei eingeschaltetem Zünd- und Notausschalter die Kontrollampe zum Leuchten.

**Kraftstoffniveau**

Erreicht der Tankinhalt ein bestimmtes Minimum, schließt der Kontakt des Niveauwächters, wodurch bei eingeschaltetem Zündschalter die Kraftstoff-Kontrollampe eingeschaltet wird.

*161 Stromlaufplan einer Kraftstoffniveau-Überwachung*

## 2.9 Fahrzeugbeleuchtung

Die Beleuchtungsanlage besteht im wesentlichen aus Scheinwerfer, Standlicht und der Schluß- oder Nummernschildbeleuchtung. Ein Fahrscheinwerfer beinhaltet meist eine Biluxlampe, die das Fern- und Abblendlicht liefert, und eine Standlichtlampe. Anstelle der Biluxlampe kann sich im Scheinwerfer auch eine Zweifaden-Halogenlampe befinden.
Abb. 162 (s. folgende Seite) zeigt den Stromlaufplan einer direktgesteuerten Fahrzeugbeleuchtung. In Stellung »Scheinwerfer« des Zündschalters ist der Stromkreis bis zum Abblendschalter durchgeschaltet.
Mit dem Abblendschalter kann wahlweise das Fern- oder das Abblendlicht eingeschaltet (Abblendschalter in Mittelstellung) bzw. das Fern-oder Abblendlicht ausgeschaltet werden.
Befindet sich der Zündschalter in Stellung »Standlicht«, sind nur das Standlicht und die Nummernschildbeleuchtung in Betrieb. Das Fern- bzw. Abblendlicht kann nicht eingeschaltet werden.
Eine relaisgesteuerte Fahrzeugbeleuchtung ist aus Abb. 163 ersichtlich. Hier ist in Stellung »P« des Zündlichtschalters (Parken) das Standlicht, Schlußlicht und die Skalenbeleuchtung ein. In Stellung »I« ist über die Klemme 56 das Pluspotential zu den Klemmen 30 des Abblend- und Fernlichtschalters durchgeschaltet. Wird nun der Abblendschalter in Stellung »I« gebracht, zieht das Lichtrelais an und dessen Kontakte schließen. In diesem Schaltzustand leuchten dieselben Lampen wie in Stellung »P« des Zünd-Lichtschalters bzw. Abblendschalters,

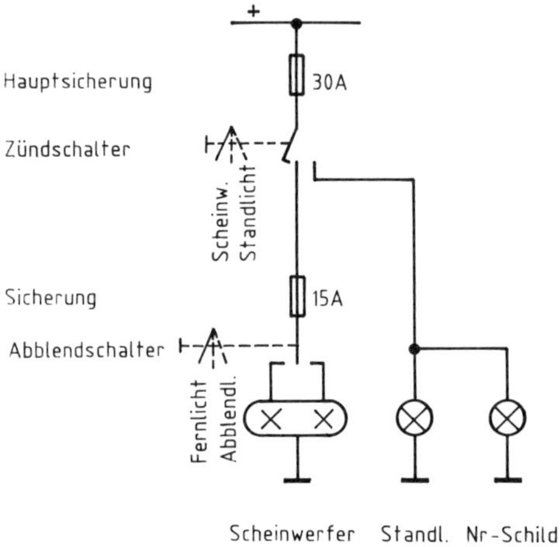


*162 Stromlaufplan einer direktgesteuerten Fahrzeugbeleuchtung*

jedoch zusätzlich noch das Abblendlicht. Mittels Fernlichtschalters kann das Fernlicht ständig oder durch Betätigung in Richtung Lichthupe impulsweise eingeschaltet werden. Bei einer Kawasaki sind Brems- und Rücklicht kombiniert. Die zwei Bremslichtlampen leuchten, wenn bei eingeschaltetem Zündschloß der Vorderrad-, Hinterrad- oder beide Bremslichtschalter betätigt sind.
Das Rücklicht kann bei eingeschaltetem Zündschloß durch den Lichtschalter eingeschaltet werden.

## 2.10 Blinkanlage

Befindet sich der Zünd-Lichtschalter in Betriebsstellung, wird der Blinkgeber mit Strom versorgt, und die Blinkanlage kann durch den Blinkschalter in Funktion gesetzt werden. Abhängig von der Schalterstellung des Blinkschalters fließt Strom im Blinkrhythmus über die Klemme 49 a des Blinkgebers zu den linken oder rechten Blinkleuchten. Eine Richtungsanzeige wird durch die Blinkerkontrollampe gemeldet.

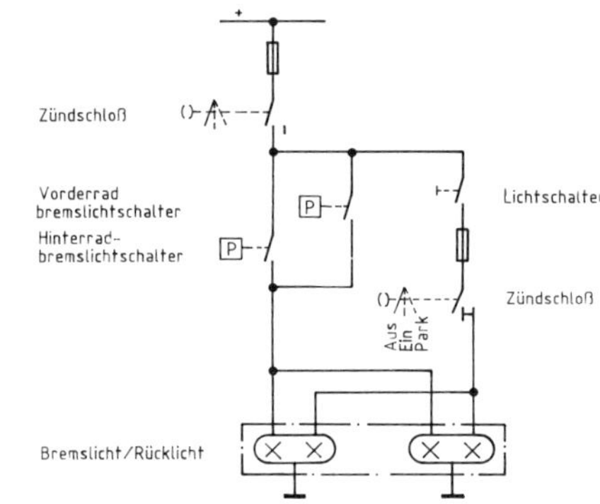


*164 Stromlaufplan des Brems- und Rücklichts einer Kawasaki*

## 2.11 Signalanlage

Gemäß Abb. 166 erfolgt ein Signalton, solange der Fanfarenschalter betätigt wird. Vorraussetzung ist jedoch eine intakte Anlage und der ein-

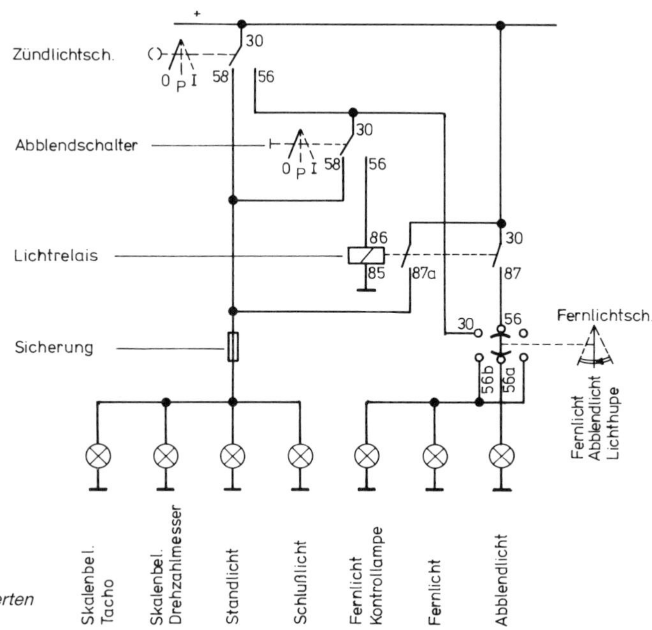


*163 Stromlaufplan einer relaisgesteuerten Fahrzeugbeleuchtung*

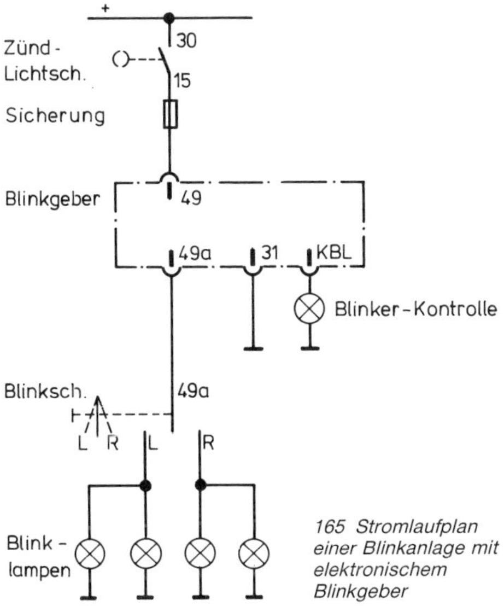


*165 Stromlaufplan einer Blinkanlage mit elektronischem Blinkgeber*

geschaltete Zünd-Lichtschalter. Die Fanfare besteht im wesentlichen aus Wicklung, Anker, Unterbrecher, Membran und Gehäuse. Bei geschlossenem Stromkreis wird die Wicklung vom Strom durchflossen, es entsteht ein elektro-magnetisches Feld, das sich über die Membrane schließt. Dadurch wird die Membran vom Elektromagneten angezogen, der elektrische Kontakt geöffnet und somit der Stromkreis unterbrochen. Als Folge verschwindet das magnetische Feld, die Membran und der Kontakt nehmen wieder ihre Ausgangs-, d. h. Ruhestellung ein. Eine erneute Erregung des Elektromagneten bewirkt die Wiederholung dieser Vorgänge.

## 2.12 Kraftübertragung

### Primärantrieb

Die Kraftübertragung von der Kurbelwelle des Motors zur Getriebehauptwelle erfolgt bei Längsläufern über eine Kupplung und Stirnräder oder über eine Rollen- bzw. Zahnkette. Bei Querläufern ist die Kurbelwelle des Motors über die Kupplung entweder direkt oder über Stirnräder bzw. eine Zahnkette mit der Hauptwelle des Getriebes verbunden.

### Kupplung

Die Kupplung dient zur Kraftübertragung zwischen der Kurbelwelle bzw. dem Schwungrad des Motors und der Antriebswelle des Schaltgetriebes sowie ferner zur Unterbrechung des Kraftflusses und zum weichen Ausgleichen der unterschiedlichen Drehzahlen von Motor und Getriebe beim Schalten. Die am häufigsten verwendeten Bauarten bei Motorrädern sind die Lamellenkupplung, auch Mehrscheibenkupplung genannt, sowie die Ein- oder Zweischeiben-Trockenkupplung.
Betätigt wird eine Kupplung durch den Kupplungshandhebel über einen Bowdenzug, in Sonderfällen über eine Hydraulik.
Trockenkupplungen sind grundsätzlich in das Schwungrad eingebaut. Beim Ziehen des Kupplungshandhebels wird der Ausrückhebel betätigt, dadurch wird die auf die Druckscheibe(n) ausgeübte Kraft der Druckfeder(n) aufgehoben und somit ausgekuppelt. Im eingekuppelten Zustand wird die Druckscheibe durch die Druckfeder(n) auf die mit Reibebelägen versehene(n) Kupplungsscheibe(n) gedrückt. Diese ist bzw. sind durch eine axiale Verzahnung mit der Getriebewelle verschiebbar verbunden. Eine kraftschlüssige Koppelung zwischen Motor und Getriebe wird erreicht.

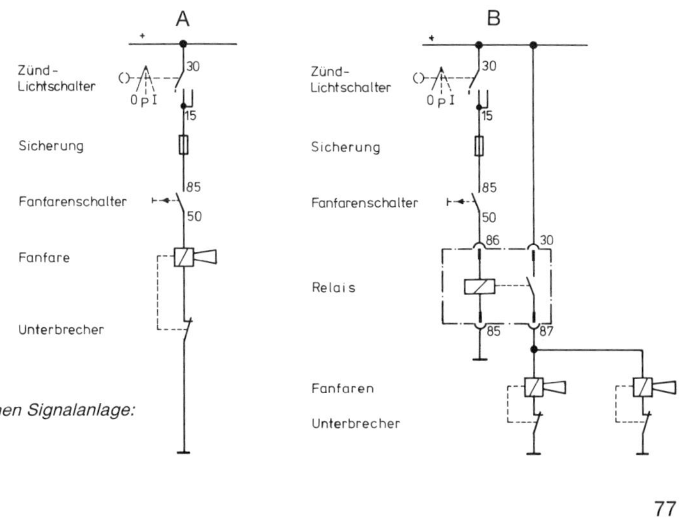


*166 Stromlaufplan einer akustischen Signalanlage:*
*A Direktsteuerung*
*B Relaissteuerung*

Bei der Lamellenkupplung dienen zur Kraftübertragung mehrere Kupplungsscheiben mit beidseitigem Reibbelag sowie Zwischenscheiben aus Stahl. Sie ist meist als Ölbadkupplung ausgebildet und befindet sich auf der Getriebeantriebswelle, das heißt im primärseitigen Getriebegehäuse des Motors. Die Verbindung zur Kurbelwelle ist entweder über Zahnräder oder einer Zahnkette hergestellt.

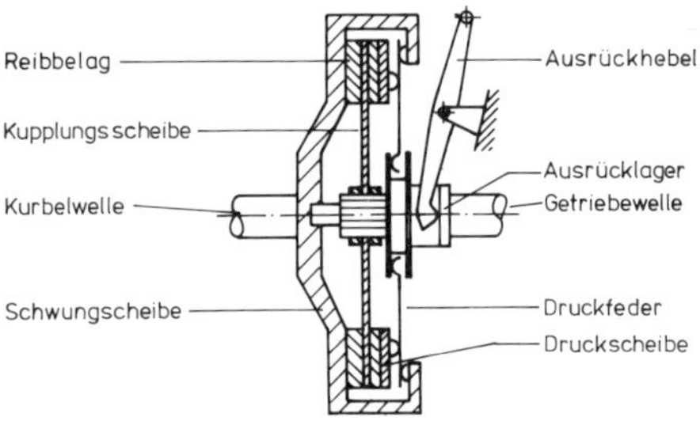


*167 Bauprinzip einer Einscheiben-Trockenkupplung*

Die wesentlichen Bestandteile einer Lamellenkupplung sind:

- Kupplungsnabe, die am äußeren Umfang Nuten zur Aufnahme der Kupplungsscheiben und mehrere Spannbolzen zur Aufnahme der Federhülsen mit Druckfedern besitzt. Die Kupplungsnabe ist mit der Getriebeantriebswelle verschraubt.
- Kupplungskorb, der zur Aufnahme der Lamellen (Fahnen) der Reibscheiben mit Nuten versehen und mit dem großen Zahnrad verschraubt ist.
- Kupplungsscheiben, dies sind Reibscheiben mit beidseitigem Kupplungsbelag, die am äußeren Umfang die zur Koppelung mit dem Kupplungskorb erforderlichen Lamellen aufweisen bzw. Zwischenscheiben aus Stahl, die zur Koppelung mit der Kupplungsnabe am inneren Umfang genutet sind.
- Federhülsen mit Kupplungsfedern, die sich auf dem Spannbolzen befinden. Die Federhülsen dienen zur Aufnahme der Kupplungsfedern und besitzen zur Mitnahme der Kupplungsdruckplatte einen Ansatz.
- Kupplungsdruckplatte, auf die im eingeschalteten Zustand die Kräfte der Kupplungsfedern und während des Auskuppelns die Betätigungskraft wirken.
- Druckstange und Schnecke, die zur Übertragung der Betätigungskräfte auf die Druckplatte dienen.

Gemäß der Komponentenbeschreibung wird die Motorkraft im eingekuppelten Zustand über die Zahnräder auf den Kupplungskorb über die Reibscheiben, Zwischenscheiben und Kupplungsnabe auf die Getriebeantriebswelle übertragen. Beim Betätigen des Kupplungshebels wird der Anpreßdruck der Druckplatte auf die Kupplungsscheiben aufgehoben, indem die Druckplatte in axialer Richtung gegen die Kraft der Druckfedern bewegt wird. Zur Übertragung der Betätigungskraft dienen Seilzug, Ausrückhebel, Kupplungsschnecke, Kupplungsstange (die meist durch die Getriebeantriebswelle führt) und Ausrückstempel.

**Schaltgetriebe**

Da ein Verbrennungsmotor sein Leistungsmaximum bei einer bestimmten Motordrehzahl erreicht und das Motordrehmoment nur in geringem Maße drehzahlabhängig ist, ist eine Anpassung an die unterschiedlichen Fahrwiderstände nur durch Drehmomentumwandlung mittels Schalt- oder Wechselgetriebe möglich. Die Drehmomentumwandlung beruht darauf, daß ein angetriebenes Rad mit beispielsweise

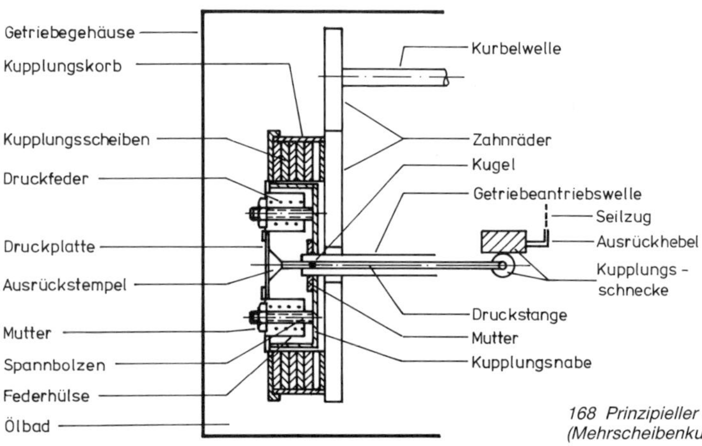


*168 Prinzipieller Aufbau einer Lamellenkupplung (Mehrscheibenkupplung)*

dem doppelten Durchmesser des treibenden Rades mit halber Geschwindigkeit läuft und das doppelte Drehmoment abgibt. Dementsprechend wirkt auf das Antriebsrad im ersten Gang (größte Getriebeuntersetzung), das größte Drehmoment bei kleinster Getriebeabtriebsdrehzahl. Im höchsten Gang liegen die Verhältnisse umgekehrt.
Zur Realisierung dieser Aufgabe finden Schaltgetriebe Anwendung, deren Antriebswelle über eine Kupplung und Zahnräder bzw. Kette mit der Kurbelwelle verbunden ist und deren Abtriebswelle über Ritzel und Kette oder über eine Kardanwelle auf den Radantrieb wirkt. Ein Schaltgetriebe besteht im Wesentlichen aus Gehäuse, Wellen und Zahnrädern (Stirnrädern), die ständig kämmen oder in Eingriff gebracht werden oder – wie bei einem Kettengetriebe – Kettenradpaaren, die ständig durch die Kette im Eingriff sind, sowie dem Schaltmechanismus.
Die zur Kraftübertragung und Herstellung der Getriebeüber- bzw. Untersetzungen dienenden Zahnrad- bzw. Kettenradpaare werden durch einen Schaltmechanismus über Schaltgabeln, Schaltklauen bzw. Stifte oder Ziehkeile kraftschlüssig verbunden.
Bei Getrieben mit Schaltgabel greift jeweils ein gabelförmig ausgebildetes Bauteil über das auf einer Welle axial verschiebbares Schaltglied. Die Koppelung der Radsätze erfolgt dabei durch seitlich am Zahnrad oder an Schaltscheiben befindlichen rechteckigen Klauen oder zylindrischen Stifte, die während des Schaltvorganges in gegenüberliegende Aussparungen der zu verbindenden Räder eingreifen.

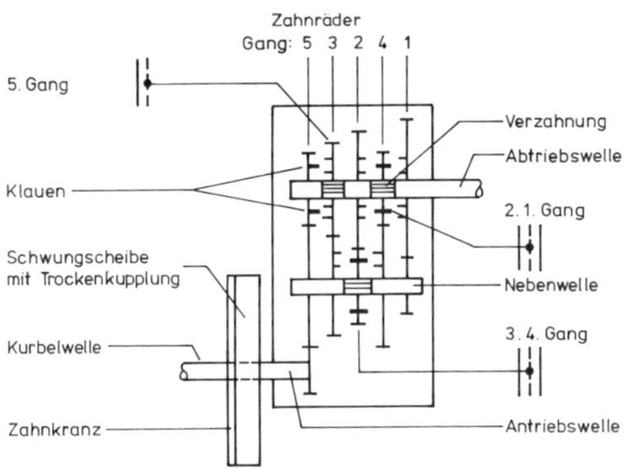


*169 Prinzipielle Darstellung eines Schaltgetriebes mit Schaltklauen*

Zur Herstellung der verschiedenen Zahnradüber- bzw. Untersetzungen sind gemäß Abb. 169 auf der Nebenwelle ein Zahnrad und auf der Abtriebswelle zwei Zahnräder axial durch eine Längsverzahnung kraftschlüssig verschiebbar. Bei Schaltgetrieben mit Ziehkeilschaltung (Abb. 170) befinden sich sämtliche Zahnräder in ständigem Eingriff. Hier wird das Drehmoment der Antriebswelle über die mit ihr starr verbundenen Zahnräder auf die Abtriebswelle übertragen, indem die auf der Abtriebswelle lose laufenden Zahnräder durch Ziehkeile kraftschlüssig mit der Abtriebswelle gekoppelt werden. Die Ziehkeile werden in profilierten, axial verlaufenden und am Umfang verteilten Langlöcher der hohlen Abtriebswelle geführt und gleichzeitig bis zum gewünschten Zahnrad verschoben.
Die Betätigung des Schaltmechanismus erfolgt bei Motorrädern größerer Leistung durch Hochziehen bzw. Niederdrücken des Fußschalthebels. Der Fußschalthebel wird nach jedem Schaltvorgang durch eine Feder in die Ruhestellung zurückbewegt.

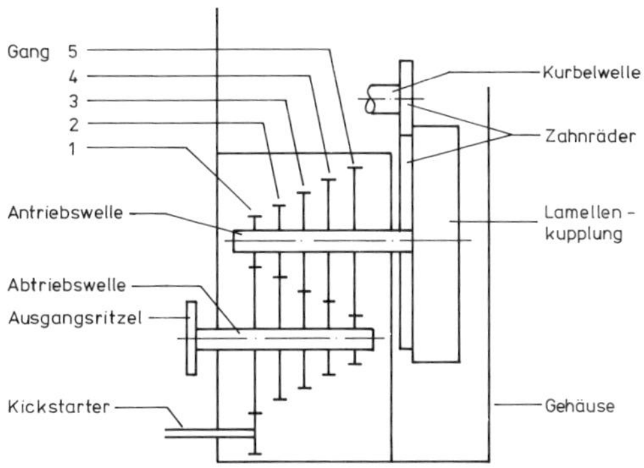


*170 Prinzipielle Darstellung eines Schaltgetriebes mit Ziehkeilen*

Außer den bisher beschriebenen Schaltgetrieben finden zur stufenlosen Drehmomentumwandlung Keilriemengetriebe Anwendung, bei denen sich das jeweils richtige Übersetzungsverhältnis automatisch in Abhängigkeit der Motordrehzahl einstellt (Abb. 171).

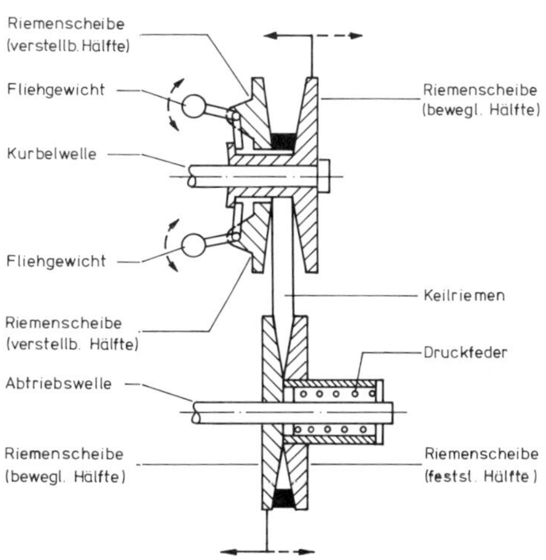


*171 Prinzipielle Darstellung eines Keilriemengetriebes*

Die Verstellung wird durch Fliehgewichte bewirkt, die bei Drehzahlzunahme nach außen wandern und somit die bewegliche Hälfte nach innen drücken. Folglich wandert der Keilriemen auf der Riemenscheibe (die auf der Kurbelwelle sitzt) nach oben, wodurch der Keilriemen auf einen größeren Durchmesser abläuft. Gleichzeitig drückt der Keilriemen die bewegliche Hälfte der auf der Abtriebswelle befindlichen Riemenscheibe gegen die Kraft der Druckfeder nach außen, da der Keilriemen nach innen gezogen wird. Dadurch läuft hier der Keilriemen auf einen kleineren Riemenscheibendurchmesser ab. Das Ergebnis ist ein größeres Übersetzungsverhältnis und somit eine erhöhte Abtriebsdrehzahl. Nimmt dagegen die Motordrehzahl ab, verringern sich das Übersetzungsverhältnis und die Fahrgeschwindigkeit. Bei diesem Vorgang wird die bewegliche Hälfte der auf der Abtriebswelle befindlichen Riemenscheibe durch die Druckfeder nach innen bewegt.

## Sekundärantrieb

Der Sekundärantrieb umfaßt alle Teile der Kraftübertragung zwischen Schaltgetriebe und Antriebsrad. Zur Kraftübertragung dient eine Rollenkette, Zahnkette oder Kardanwelle. Eine Rollenkette besteht aus Nietbolzen, Hülsen, Laschen und Rollen. Sämtliche Glieder sind miteinander gelenkig verbunden. Dadurch eignet sie sich in Verbindung mit Kettenrädern zur Übertragung von Kräften, Längs- und Drehbewegungen.

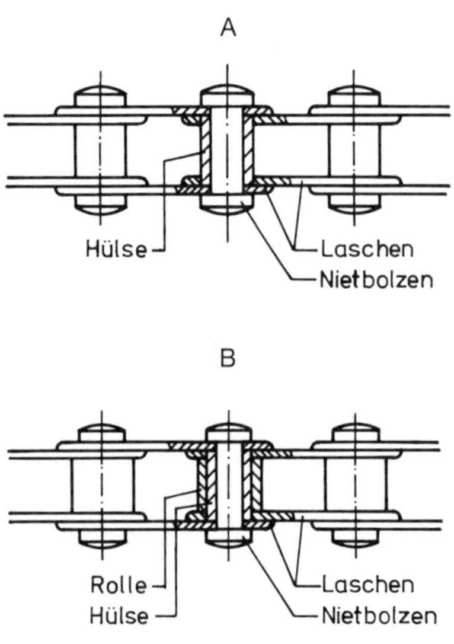


*172 Kettenkonstruktion:*
*A Hülsen-Kette*
*B Rollen-Kette*

Kettenenden schnellaufender Ketten sind zu vernieten (Endloskette), ansonsten durch ein Kettenschloß zu verbinden.
Ein Kettenschloß besteht aus Nietbolzen, die am Ende zur Aufnahme einer Feder Rillen aufweisen und mit einer Lasche vernietet sind, einer weiteren Lasche sowie einer über die Niet-

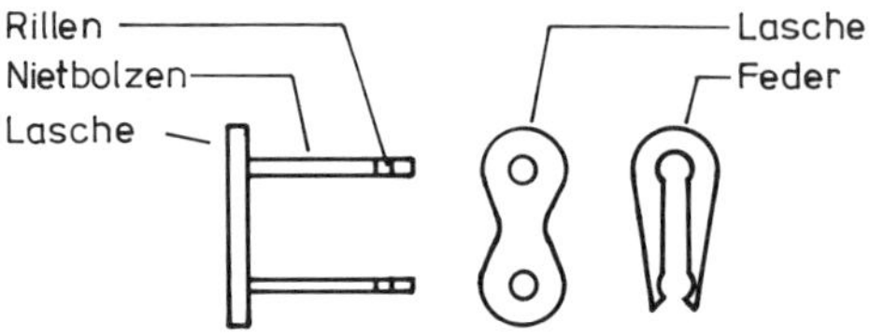


*173 Bauteile eines Kettenschlosses*

bolzen greifenden Feder. Beim Zusammenbau ist darauf zu achten, daß die Feder entgegen der Kettenlaufrichtung eingesetzt wird. Zur Gewährleistung einer einwandfreien Kraftübertragung und eines geringen Verschleißes soll der Kettendurchhang zwischen den Kettenrädern etwa 10 mm betragen und darf 20 mm nicht überschreiten.
Das Spiel zwischen Nietbolzen, Rolle, Hülse und Lasche wird durch Verschleiß größer. Ist das Spiel zu groß, steigt die Kette auf die Zähne des Ritzels und Kettenrades. Die Folge ist ein starker Verschleiß der Zähne; es entstehen die sogenannten Haifischzähne. Ritzel oder Kettenräder, die verschlissen sind, sind umgehend auszutauschen, da sie auch in kurzer Zeit eine neue Kette zerstören. Die Kette ist zur Verminderung der Reibung ausreichend mit Öl zu versorgen. Hierzu finden Kettenöler Anwendung, die das Öl aus einem Ölvorratsbehälter der Kette dosiert zuführen.
Der Aufbau eines Zahnriemens ist aus Abb. 174 ersichtlich.
Zahnriemen zeichnen sich durch einen ruhigen Lauf aus, sind unempfindlicher gegen Schmutz und Nässe, erfordern weniger Wartung und

*174 Aufbau eines Zahnriemens*

haben eine längere Lebensdauer als eine Rollenkette. Das Nachspannen des Zahnriemens ist nach etwa 20 000 km notwendig.
Der Kardanantrieb bietet sich an bei Motoren mit in Fahrtrichtung liegender Kurbelwelle (Abb. 175 A), findet aber auch bei Motoren mit Kurbelwellen Anwendung, die quer zur Fahrbahn liegen (Abb. 175 B). Liegen Kurbel- und Getriebewelle quer zur Fahrbahn, ist eine

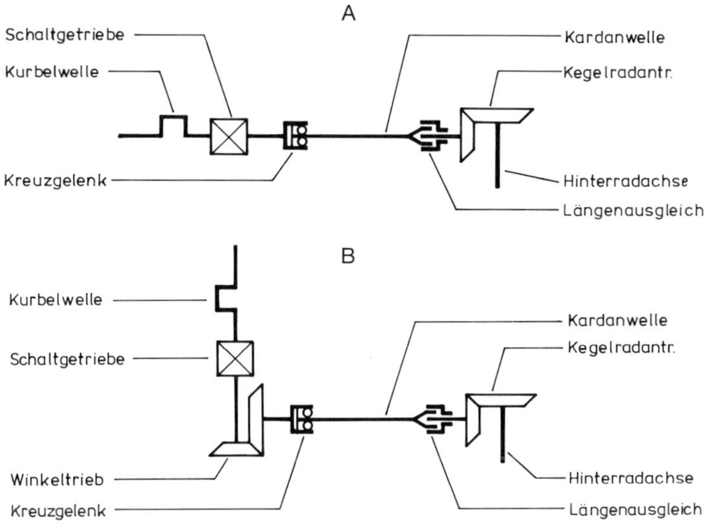


*175 Prinzip eines Kardanantriebs:*
*A bei Kurbelwellenlage in Fahrtrichtung*
*B bei Kurbelwellenlage quer zur Fahrtrichtung*

zweimalige Umlenkung des Kraftflusses durch zwei Kegelradpaare notwendig.
Da die Kardanwelle den Bewegungen des Hinterrads folgen muß, besitzt sie kurz hinter dem Schaltgetriebe ein (wartungsfreies) Kreuz-, Gummi- oder Gleichlaufgelenk. Zum Ausgleich der dabei entstehenden Längenänderung dient der Längenausgleich, eine Hohlfaust mit Außenverzahnung, die mit der Innenverzahnung eines Zylinders, der starr mit der hinteren Kegelradwelle verbunden ist, kämmt.
Zur präzisen Führung des Kardanantriebs finden Kugellager, Wälzlager, Nadellager und Kegelrollenlager Anwendung. Sämtliche Bauteile sind in einem Gehäuse untergebracht. Die Kegelräder sind spiralverzahnt und laufen in Öl.

## 2.13 Fahrwerk

Unter dem nicht genau definierten Begriff Fahrwerk fallen im wesentlichen Rahmen, Federung, Räder und Bremsen.

**Rahmen**
Der Rahmen ist das »Gerippe« eines Motorrads. Er wird meist aus Stahlrohren oder Preßstahlteilen zusammengeschweißt und dient zur Aufnahme des Triebwerks, der Räder und zum direkten oder indirekten Anbau aller weiteren Motorradkomponenten.

**Federung**
Von einer Fahrzeugfederung erwartet man zur Erzielung einer guten Straßenlage und Bodenhaftung eine optimale Federwirkung. Zur

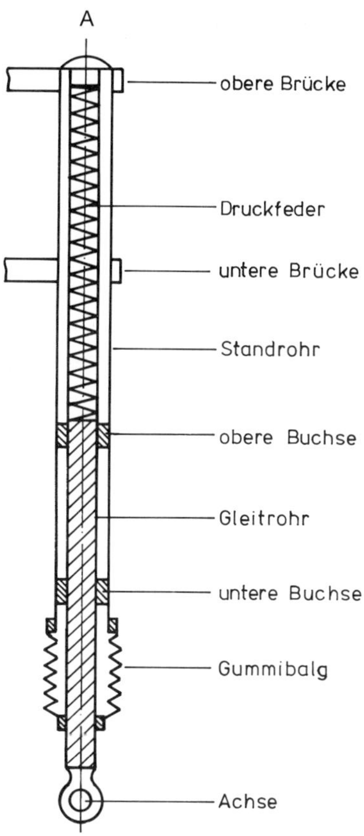


*176 Prinzipieller Aufbau einer Teleskopgabel oder Tauchgabel (s. auch Seite 82)*
*A für leichte Maschinen*

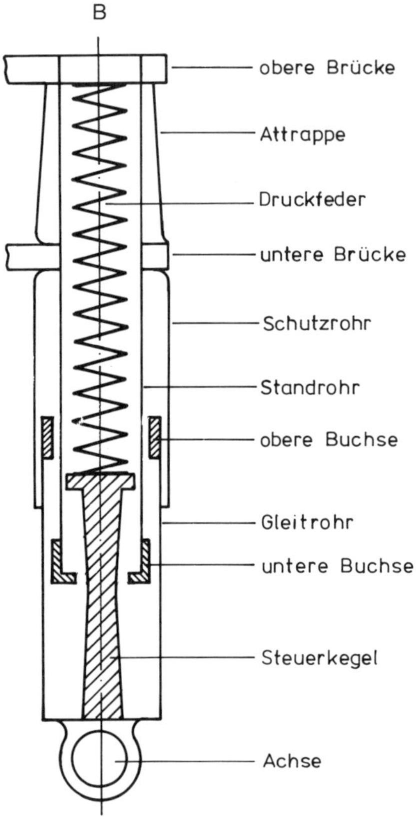


*176 Prinzipieller Aufbau einer Teleskopgabel oder Tauchgabel (s. auch Seite 81)*
*B für schwere Maschinen*

Realisierung dieser Aufgabe dienen außer der Luftbereifung mechanische Federn und hydraulische Dämpfungselemente, die einzeln oder kombiniert zum Einsatz kommen.
Die Vorderradaufhängung erfolgt vorwiegend über Teleskopgabeln (Federwege 150 bis 200 mm) bzw. Schwinghebelgabeln, die der Hinterräder über waagrecht liegende Schwinggabeln und Stoßdämpfer.
Der sich beim Bremsen ergebende Federweg wird durch das Eintauchen bzw. durch den Abstand der Führungsbuchsen begrenzt. Gemäß Abb. 176 A ist die untere Führungsbuchse mit dem Gleitrohr, die obere mit dem Standrohr, gemäß Abb. 176 B die untere Führungsbuchse mit dem Standrohr, die obere mit dem Gleitrohr fest verbunden. Zur Dämpfung ist die Ausführung nach Abb. 176 B mit Öl gefüllt und mit einem Doppelsteuerkegel ausgerüstet, der zentrisch im Gleitrohr angeordnet ist. Eine Hubbewegung des Steuerkegels bewirkt somit eine Veränderung des Ringspalts zwischen Standrohrende und Steuerkegel. Demzufolge nimmt der Flüssigkeitswiderstand bzw. die Dämpferwirkung bei einer Querschnittsreduzierung des Ringspalts zu und umgekehrt.
Ferner werden zur Radaufhängung Schwingen eingesetzt, das sind Hebel, die an einem Ende starr mit der Radachse und am anderen Ende drehbar gelagert sind, d. h. der Schwingendrehpunkt befindet sich hier außerhalb der Radachse.
Die Schwingarme einer Vorderradschwinge (Abb. 177) stützen sich über die Federung und Vorderradgabel am Rahmen ab. Die Stoßbelastungen des Rades werden über Radachse, Außen- und Innenschwinghebel, Gelenkstück, Kolbenstange und Dämpferkolben auf die Federn übertragen. Während der Einfederung bewegt sich der im Dämpferöl befindliche Dämpferkolben nach oben, wobei sich das Scheibenventil öffnet und eine Bohrung im Dämpferkolben mit relativ großem Querschnitt freigibt. Dadurch wird die Dämpferwirkung auf ein gewünschtes Maß begrenzt. Mit Beginn der Ausfederung schließt durch den sich abwärtsbewegenden Dämpferkolben das Scheibenventil. Somit ist zum Volumenausgleich lediglich die kleine Hochdruckbohrung im Dämpferkolben wirksam, wodurch die notwendige Abwärtsverzögerung erreicht ist.

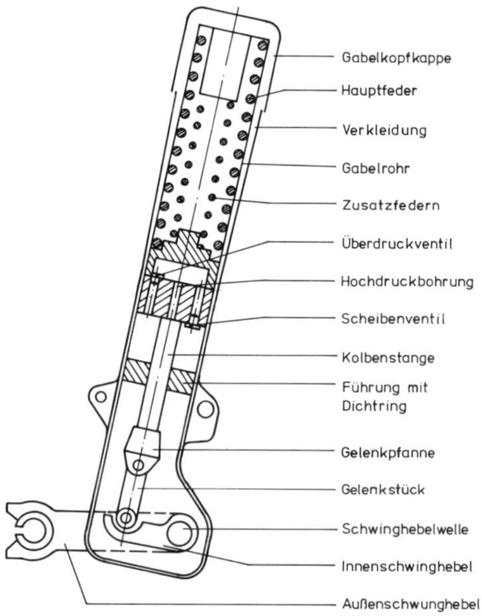


*177 Prinzipieller Aufbau einer Schwinghebelgabel*

Außerdem sind zur Federung und Dämpfung der Schwingungen Ein- und Zweirohrstoßdämpfer gebräuchlich, die in Verbindung mit Schraubenfedern auch als Federbeine bezeichnet werden.
Beim Einrohrstoßdämpfer wirkt die Belastung

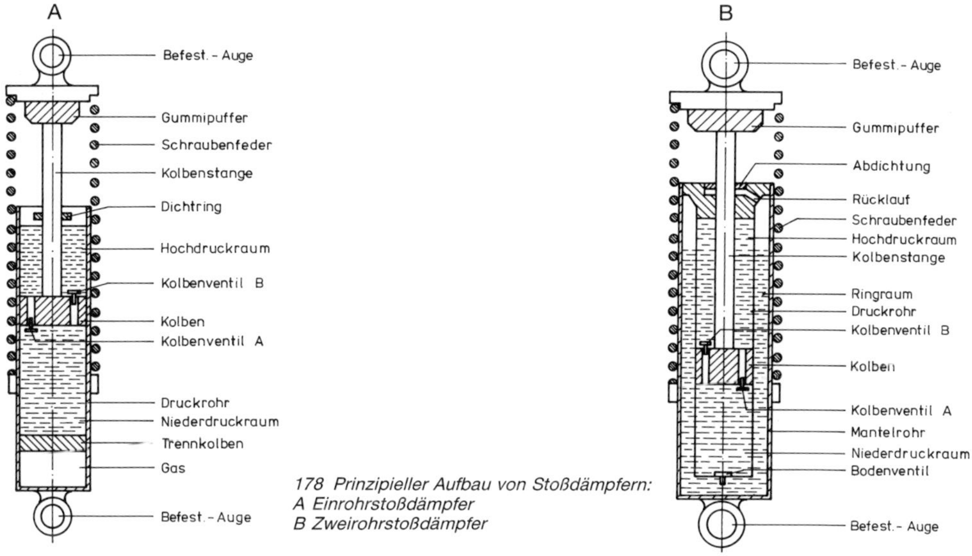


*178 Prinzipieller Aufbau von Stoßdämpfern:*
*A Einrohrstoßdämpfer*
*B Zweirohrstoßdämpfer*

von oben (statische Vorlast) und die von unten einwirkenden Radachsbewegungen auf die Schraubenfeder. Die dabei entstehenden Schwingungen der Schraubenfeder werden durch den sich im Dämpferöl bewegenden Kolben gedämpft, indem beim Einfedern über das geöffnete Kolbenventil B (Kolbenventil A geschlossen) Dämpferöl vom Niederdruckraum in den Hochdruckraum fließt, und beim Ausfedern in entgegengesetzter Richtung (Kolbenventil B geschlossen und A geöffnet). Zum Ausgleich des Eintauchvolumens der Kolbenstange beim Einfedern dient ein Gaspolster, das durch einen Trennkolben bzw. eine Trennmembran vom Niederdruckraum getrennt ist.
Der Zweirohrstoßdämpfer besteht im wesentlichen aus dem Druck- und Mantelrohr, dem Kolben mit Ventilen, der Kolbenstange und dem Bodenventil. Während der Einfederung ist das nicht ganz dicht schließende Bodenventil und Kolbenventil A geschlossen, das Kolbenventil B geöffnet. Demgemäß fließt Dämpferöl aus dem Niederdruckraum über das Kolbenventil B in den Hochdruckraum, entlang der Kolbenstange in den Rücklauf zum Ringraum und gleichzeitig über das nicht dicht geschlossene Bodenventil in den Ringraum.
Beim Ausfedern fließt das Dämpferöl über das geöffnete Kolbenventil A (Kolbenventil B geschlossen) aus dem Hochdruckraum, und über das Bodenventil aus dem Ringraum in den Niederdruckraum.
Bei luftunterstützten Teleskopgabeln bzw. Stoßdämpfern kann die Federcharakteristik variiert werden. Die Luft wird über ein Luftventil in das Federelement gepumpt. Das progressiv wirkende Luftposter nimmt die starken Stöße auf.

Bei einer luftunterstützten Teleskopgabel steigt die Federhärte mit der Ölmenge, da in diesem Fall das Luftvolumen entsprechend abnimmt. Zur Erzielung einer optimalen Federwirkung sind Ölmenge und Luftdruck werksseitig festgelegt und einzuhalten.
Ein hoher Fahrkomfort wird durch den Einsatz eines Nivomat-Federbeins erreicht. Es weist Öl- und Gasdruckkammern auf und hält das Motorrad auch bei größerer Zuladung auf gleichem Niveau.

## Räder

Ein Rad besteht aus Nabe, Speichen oder Scheibe, Felge und dem Reifen. Die Nabe dient zur Aufnahme der Radachse und des Radlagers und besitzt beidseitig einen mit Löchern versehenen Flansch zur Aufnahme der Speichen. Durch die Speichen (Stahldrähte, die an den Enden gerade oder gekröpft sind) ist die Nabe mit der Felge verbunden. Anstelle von Speichenrädern finden auch Scheibenräder aus Stahlblech, Leichtmetallblech oder Leichtmetallguß Verwendung, die zur Gewichtsreduzierung und Verminderung der Seitenwindempfindlichkeit mit Aussparungen versehen sind. Bei neuzeitlichen Leichtmetallgußrädern sind Nabe, Speiche und Felge ein Bauteil.

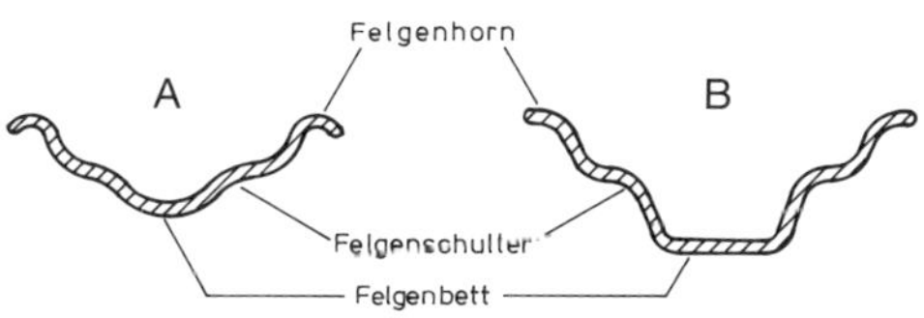


*179 Felgenquerschnitte*
*A Normale Tiefbettfelge B Tiefbettfelge mit Sicherungshump*

Die Felge dient zur Aufnahme des Reifens und besteht aus Felgenbett, Felgenschulter und Felgenhorn.
Der Reifen stellt die elastische Verbindung zwischen Fahrzeug und Fahrbahn her. Es ist zwischen einem Reifen mit Schlauch und schlauchlosen Reifen zu unterscheiden. Letztgenannte besitzen eine luftdichte Decke. Durch den Innenluftdruck wird die Reifenschulter luftdicht gegen die Felge gedrückt. Bei einem Reifen mit Schlauch befindet sich zum Schutze des Schlauches zwischen Felge und Schlauch ein Felgenband aus Gummi oder ein auf die Felge geklebtes Textilband.
Läuft ein Reifen oder eine Felge bzw. das Rad nicht exakt in der Radebene, stellt sich (vor allem bei einer Geschwindigkeit zwischen 40 und 80 km/h) ein Radflattern ein: das Rad schwingt periodisch mit der Raddrehzahl. Bewegt sich ferner ein Rad während der Drehung nach oben und unten, spricht man von

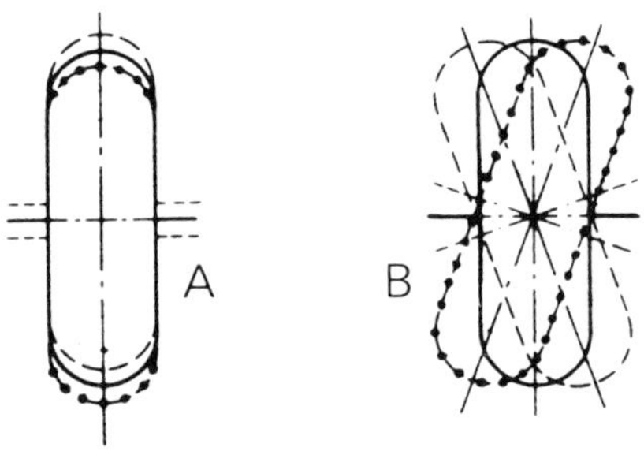


*180 Radunwucht:*
*A statisch*
*B dynamisch*

statischer Unwucht, wackelt es dagegen von außen nach innen und umgekehrt, liegt eine dynamische Unwucht vor.
Die Beseitigung einer Unwucht, das heißt die Herstellung gleicher Gewichtsverteilung, erfolgt durch Anbringen von Bleigewichten an die von einer Auswuchtmaschine ermittelten Stelle der Speichen bzw. Felge. Da der Reifenverschleiß bedeutend vom Radumlauf abhängt, empfiehlt sich das Auswuchten aller Räder. Eine Überprüfung ist vor allem bei ungleicher Reifenabnutzung notwendig.

## Bremsanlage

Beim Bremsvorgang wird Bewegungsenergie durch Reibung in Wärme umgesetzt. Hierzu finden Scheiben- und Trommelbremsen Anwendung, die über einen Hand- oder Fußhebel mechanisch oder hydraulisch betätigt werden. Eine Hydraulik ist ein geschlossenes Flüssigkeitssystem, in dem an jeder Stelle der gleiche Innendruck herrscht. Da Flüssigkeiten nicht komprimierbar sind, wirkt sich in einem Hydrauliksystem jede Druckänderung allseitig aus. Demgemäß bewirkt eine Verschiebung des Kolbens A um z. B. 10 mm eine Verschiebung der Kolben B und C um je 5 mm, wobei der Druck $P = P_1 = P_2$ ist.

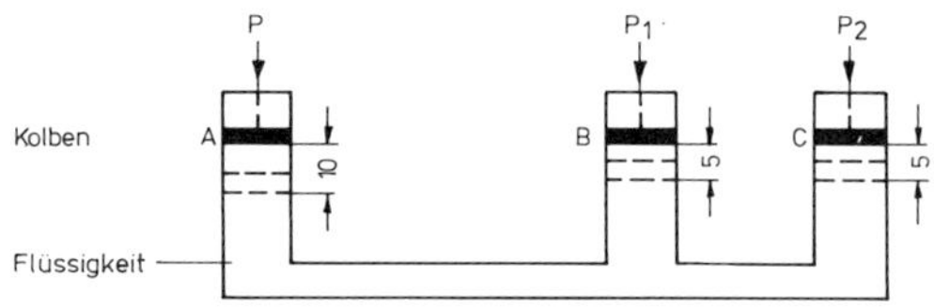


*181 Hydraulisches Prinzip*

### Hauptbremszylinder

Bei Betätigen des Bremshebels wird der Kolben des Hauptbremszylinders gegen die Kraft der Druckfeder verschoben. Der dadurch ansteigende Systemdruck wirkt über Druckleitungen gleichzeitig auf alle an den Hauptbremszylinder angeschlossenen Bremsen. Um zu verhindern, daß sich der ansteigende Systemdruck auch in den Bremsflüssigkeitsbehälter fortpflanzt, wird die kleine, zum Volumenausgleich dienende Bohrung durch den Kolben verschlossen. Dagegen bleibt die große Bohrung auch während des gesamten Bremsvorganges offen, damit ständig Bremsflüssigkeit nachfließen kann. Läßt die Betätigungskraft nach, bewegt sich der Kolben durch Entspannen der Druckfeder und des noch erhöhten Systemdrucks zurück und nimmt am Ende einer Bremsung wieder seine Ruhestellung ein. Zum Ausgleich der während eines Bremsvorganges entstehenden Volumenschwankungen besitzt der Verschluß des Bremsflüssigkeitsbehälters eine Membran.

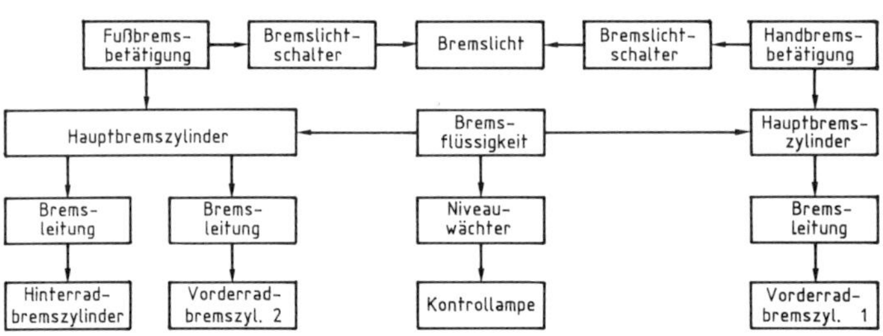


*182 Blockschema einer hydraulischen Bremsanlage*

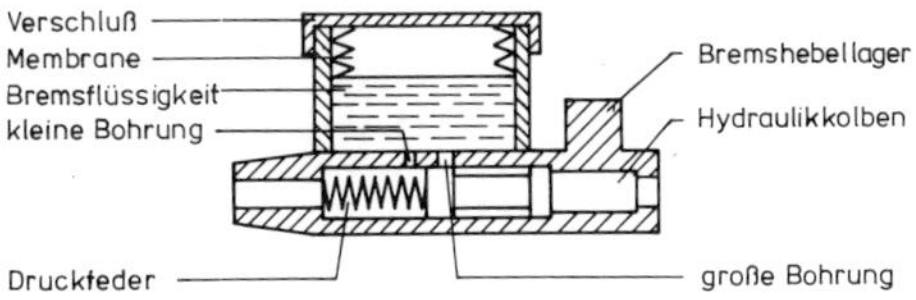


*183 Hauptbremszylinder*

Der Hauptbremszylinder ist durch die Druckleitung mit einer Scheiben- oder Trommelbremse verbunden.

**Scheibenbremse**

Bei der Scheibenbremse läuft eine Bremsscheibe zwischen Bremsklötze, die während einer Bremsung an die Bremsscheibe gepreßt werden.

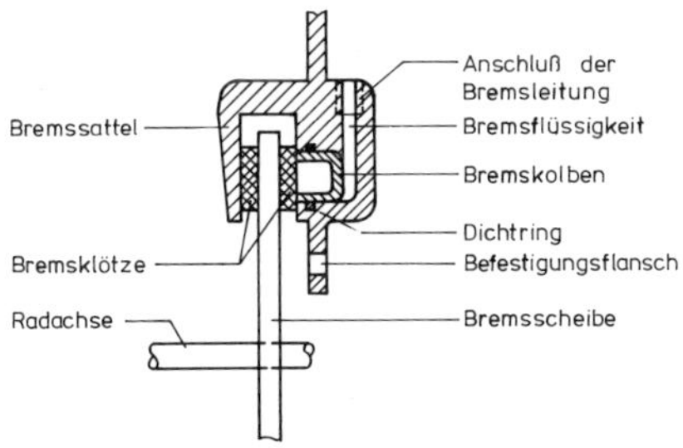


*184 Scheibenbremse mit einem Bremskolben*

Motorrad-Scheibenbremsen sind meist als Schwimmsattelbremsen ausgebildet. Diese besitzen einen Bremskolben, der während der Bremsung auf einen der Bremsklötze wirkt. Der zweite Bremsklotz wird durch seitliche Anlenkung des Bremssattels gegen die bremsscheibe gezogen.

Bei Scheibenbremsen mit zwei Bremskolben ist der Bremssattel fest, da beide Bremsklötze über die Bremskolben gleichzeitig durch die Hydraulik mit dem Systemdruck beaufschlagt und gegen die Bremsscheibe gepreßt werden.

**Trommelbremse**

Der Aufbau einer Trommelbremse ist aus Abb. 185 ersichtlich.

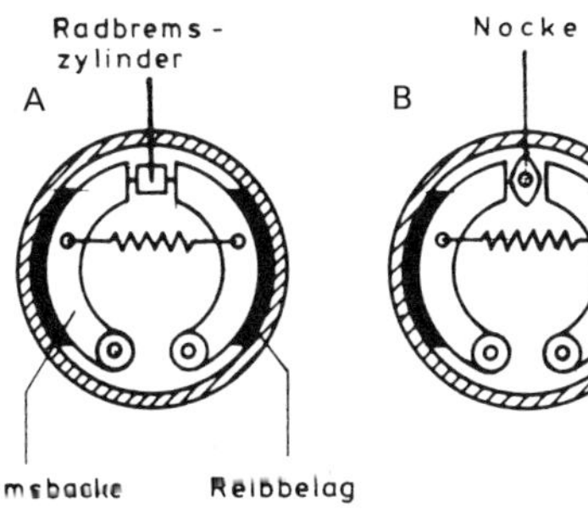


*185 Trommelbremse:*
*A Hydraulisch B durch Nocken betätigt*

Die mit einem Reibbelag versehenen Bremsbacken werden hydraulisch mittels Radbremszylinder oder mechanisch von einem Nocken gegen die Bremstrommel gedrückt.

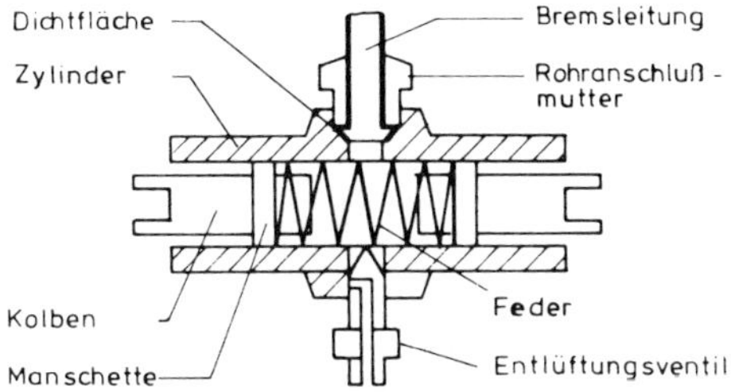


*186 Radbremszylinder*

**Bremssysteme**

Bei Motorrädern ist das Vorderrad meist mit einer hydraulisch betätigten Einscheibenbremse (Abb. 187 A) und das Hinterrad mit einer mechanisch betätigten Innenbacken-Trommelbremse ausgerüstet. Ferner gibt es Fahrzeuge, bei denen das Vorder- und Hinterrad eine hydraulisch betätigte Bremse aufweisen (Abb. 187 B).

Hier besteht die Bremsanlage meist aus zwei getrennten Bremssystemen (Abb. 187 C), damit

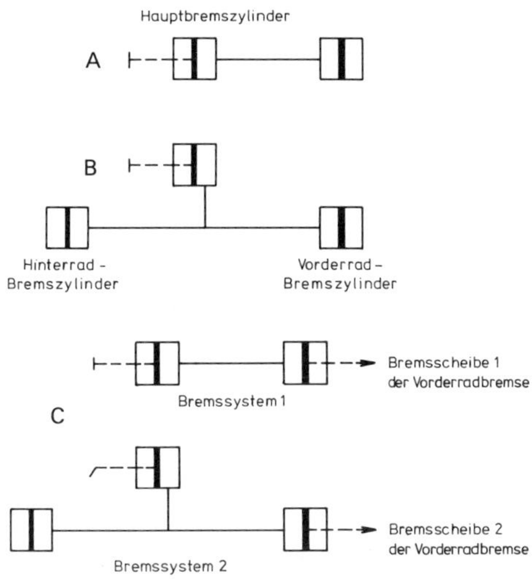


*187 Schemata hydraulischer Bremsanlagen:*
*A Vorderradbremse*
*B Vorder- und Hinterradbremse*
*C Vorderradbremse mit zwei Bremsscheiben und Hinterradbremse;*
*Bremssystem 1 handbetätigt,*
*Bremssystem 2 fußbetätigt*

bei Ausfall des einen das andere noch voll funktionstüchtig bleibt. Zur Realisierung dieses Konzepts besitzt das Vorderrad zwei Bremsscheiben.

Ein Bremslichtschalter an der Fuß- bzw. Handbremsbetätigung dient zur Einschaltung des Bremslichts. Das Niveau im Bremsflüssigkeitsbehälter wird von einem Niveauwächter, dessen Kontakt bei einem Minimum schließt und die Kontrollampe einschaltet, überwacht.
Die Bremsflüssigkeit muß alle ein bis zwei Jahre ausgetauscht werden, da sie hygroskopisch ist, d. h. sie nimmt ständig Feuchtigkeit aus der Luft auf (2 bis 3 % pro Jahr), wodurch der Siedepunkt (ca. 230 bis 290 °C) pro Jahr um 60 bis 80 °C sinkt.
Das Absinken der Siedetemperatur kann bei extremer Belastung, z. B. bei Paßfahrten oder häufigem Abbremsen aus hoher Geschwindigkeit, zur Dampfblasenbildung im Bremssystem und somit zum Versagen der Bremse führen.

## Antiblockiersystem

Das Anti-Blockier-System (ABS) gewährleistet eine optimale Bremswirkung, indem der Druck auf die Bremskolben, unabhängig von der Betätigungskraft, dem Fahrbahnzustand, der Raddrehzahl und der Geschwindigkeit, angepaßt wird.

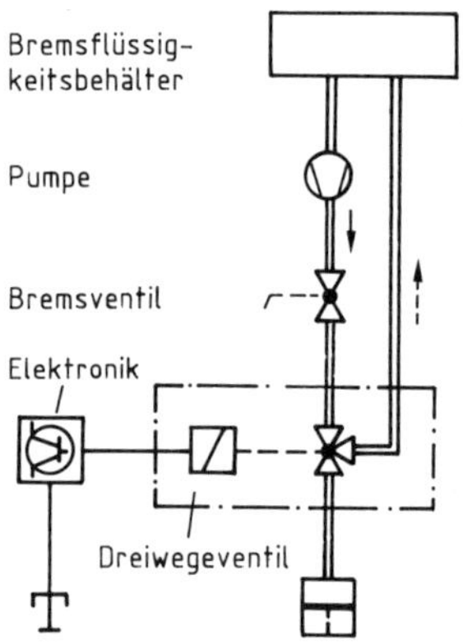


*188 Kreislaufschema einer hydraulischen Bremsanlage mit Antiblockiersystem*

An jedem Rad wird die Umfangsgeschwindigkeit bzw. der Schlupf mit einem induktiven Drehzahlgeber erfaßt. Der Drehzahlgeber liefert elektrische Impulse, die im elektronischen Steuergerät zur Steuerung des Dreiwegeventils verarbeitet werden.
Der beim Bremsvorgang auf die Bremszylinder wirkende Druck wird von einer Hochdruckpumpe erzeugt. Der Bremsdruck wirkt bei geöffnetem Bremsventil auf den Kolben des Radbremszylinders, solange die Blockiergrenze nicht erreicht ist. Kurz vor Erreichen der Blockiergrenze trennt das Dreiwegeventil die Verbindung zum Radbremszylinder. Nimmt nun die Bremswirkung z. B. infolge einer erhöhten Reibung zwischen Reifen und Fahrbahn zu, dann öffnet das Dreiwegeventil die Verbindung zum Bremsflüssigkeitsbehälter. Dies hat einen Druckabbau im Radbremszylinder und somit eine Reduzierung der Bremskraft zur Folge. Entspricht die Radumfangsgeschwindigkeit in etwa wieder der Fahrzeuggeschwindigkeit, wird die Rücklaufleitung wieder geschlossen. Die Umschaltung des Dreiwegeventils erfolgt während einer Bremsung bis zu 10 mal je Sekunde. Ein Defekt des Anti-Blockier-Systems hat keinen Ausfall der hydraulischen Bremsanlage zu Folge.

## Stop Control System

Das Stop Control System (SCS) ist ein Antiblockiersystem von Lucas/Girling. Je ein SCS ist zwischen Hauptbremszylinder und Bremse eingefügt.
Die Antriebswelle des SCS wird von der Radnabe über einen Zahnriemen mit der zweieinhalbfachen Raddrehzahl angetrieben. Das Schwungrad ist über eine Fliehkraftkupplung und einer Kugelrampenmechanik mit der Antriebswelle verbunden. Überschreitet das Rad einen Verzögerungswert, der dem beginnenden Blockieren entspricht, überläuft das Schwungrad die Kugelrampenmechanik; das Schnellablaßventil wird durch den Hebel geöffnet und Bremsflüssigkeit fließt in den Bremsflüssigkeitsbehälter.
Nun wandert der Expansionskolben nach oben, die Bremsbeläge lösen sich und das Sperrventil unterbricht die Verbindung zwischen Hauptbremszylinder und Bremse. Der Bremsdruckabfall bewirkt eine Beschleunigung des Rades und der SCS-Antriebswelle. Sobald sie die Drehzahl des Schwungrades erreicht hat, läuft die Kugelrampenmechanik in seine Ausgangslage zurück, und das Schnellablaßventil schließt. Der Pumpenkolben drückt Bremsflüssigkeit gegen den Expansionskolben, wodurch der Bremsdruck solange wieder aufgebaut wird, bis ein neuer Regelvorgang beginnt.

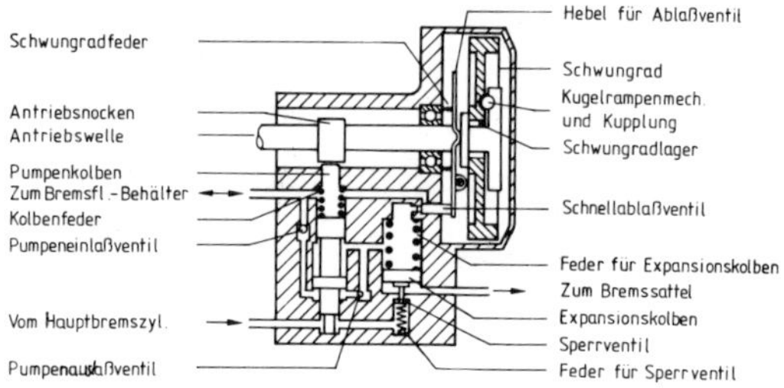


*189 Prinzip des SCS Antiblockiersystems*

# 3. Störfälle

Wollen Sie einem Defekt an Ihrem Motorrad auf die Spur kommen bzw. die Fehlerbehebung selbst vornehmen oder der Werkstatt einen gezielten Arbeitsauftrag erteilen, gehen Sie mit Hilfe dieses Buches am zweckmäßigsten folgendermaßen vor:

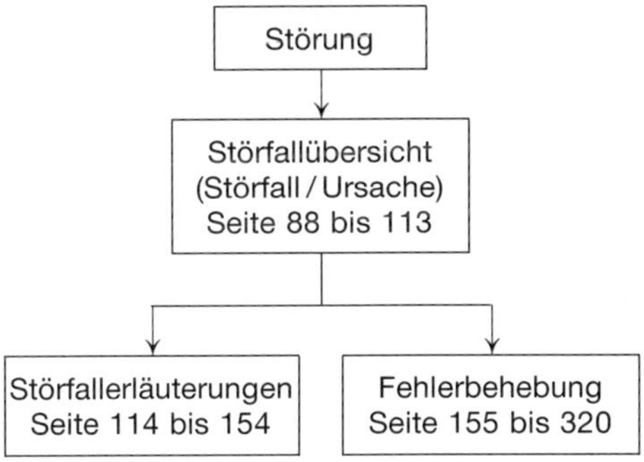


Eine Fehlersuche sollte mit der Komponente begonnen werden, auf die durch die Ziffer 1 verwiesen ist. Ist diese Komponente in Ordnung, dann ist die mit einer 2 versehenen zu überprüfen und so fort.
Die Festlegung dieser Reihenfolge wurde aufgrund der Störfallhäufigkeit getroffen.
Ein Punkt in der Zeile **Werkstatt** bedeutet, daß es sich hier um einen schwierigen Fall handelt, für den man besser die Werkstatt in Anspruch nimmt.
Nach erfolgreicher Fehlersuche kann mit der Reparatur begonnen oder ein gezielter Arbeitsauftrag an die Werkstatt erteilt werden. Das hilft Ihnen mit Sicherheit Geld sparen.
Reparaturen und Wartungsarbeiten, die auch ein Nichtfachmann ausführen kann, sind folgerichtig und leicht verständlich beschrieben und reichhaltig illustriert (siehe »4. Motorrad-Praxis«).

Die **Störfall-Übersicht** beinhaltet die Störfälle sowie sämtliche in Frage kommenden Störfallursachen für Motoren mit Vergaser bzw. Benzineinspritzung.

Die für einen Störfall in Frage kommende **Ursache ist mit einem fetten Punkt gekennzeichnet.** Kann eine von mehreren Komponenten die Ursache sein, ist dies durch eine **Ziffernfolge** bzw. mit **je einem Punkt** dargestellt.

Ferner ist aus der Störfallübersicht durch einen fetten Punkt zu ersehen, ob die Störfallursache auf alle Motorradtypen zutrifft (Spalte »Allgemein«) oder ob es sich um eine typspezifische Anlage bzw. Komponente handelt (Spalte »Typspezifisch«). Auf weitere Unterscheidungsmerkmale, z. B. »Vergaser« oder »Einspritzer«, ist in entsprechenden Spalten verwiesen.
Besteht über bestimmte Störfälle Unklarheit, kann man hierüber im Abschnitt **Erläuterungen** näheres erfahren. Um zu erkennen, auf welchen Typ sich eine Erläuterung bezieht, ist der Erläuterung außer der **Positionsnummer** ein typspezifischer **Kennbuchstabe** zugeordnet.
Das Studium der Erläuterung ist jedoch keine Voraussetzung für die Fehlerbehebung.

**Motorstart**

| Fehlerbehebung | | | | Werkstatt | | | ● | | |
|---|---|---|---|---|---|---|---|---|---|
| | | | | Seite | | | 187 | | 298 |
| Störfallerläuterung | | | | Position | 43 | 60 | | 83 | 81 |
| | | | | Seite | 129 | 133 | | 140 | 139 |
| Allgemein | Vergaser | Einspritzer | Typspezifisch | Ursache / Störfall | Kraftstofftank leer | Schwimmernadelventil | Luftmengenmesser | Zündanlage feucht | Unterbrecher |
| ● | | | | Anlasserdrehzahl normal, Motorstart erfolglos | 1 | | | 2 | |
| | ● | | | | | ● | | | |
| | | ● | | | | | ● | | |
| | | | ● | | | | | | 3 |
| | ● | | | Motorstart schwierig | | ● | | | |
| | | | ● | | | | | | ● |
| | ● | | | Motorleerlauf unrund | | ● | | | |
| | | | ● | Motor-/Zündaussetzer | | | | | ● |
| | ● | | | Beschleunigung schlecht | | ● | | | |
| ● | | | | Motorstillstand während der Fahrt | 1 | | | | |
| | | | ● | | | | | | 2 |

# 3.1 Störfallübersicht

| Kratzende Geräusche beim Anlassen | Kickstarter greift nicht | Kickstarter hängt | Anlasserdrehzahl klein, Motorstart erfolglos | Ritzel spurt nicht aus | | Ritzel spurt nicht ein | Motor spurt ein und dreht Motor nur ruckartig | Anlasser dreht sich, Motor dreht sich nicht | Anlasser knackt nur beim Starten | Anlasser dreht sich nicht | | Störfall / Ursache | Störfallerläuterung Seite | Störfallerläuterung Position | Fehlerbehebung Seite | Fehlerbehebung Werkstatt |
|---|---|---|---|---|---|---|---|---|---|---|---|---|---|---|---|---|
| ● | | | ● | | ● | ● | ● | ● | ● | | ● | Allgemein | | | | |
| | ● | ● | | ● | | | | | | ● | | Typspezifisch | | | | |
| | | | 1 | | | | | | | | 1 | Batterieklemmen locker | | | 319 | |
| | | | 2 | | | | | | | | 2 | Batterieladung zu niedrig | 149 | 153 | 318 251 255 | |
| | | | 3 | | | | | | | | 4 | Batterie defekt | | | 318 251 | |
| | | | | | | | | | | | 3 | Stromunterbrechung | 130 | 68 | 252 | |
| | | | 4 | | | | | | | | 5 | Kabelanschlüsse oxydiert | | | | |
| | | | | 1 | | | | | | 6 | | Magnetschalter | 130 | 69 | 196 | ● |
| | | | ● | | | | | | | | ● | Anlasser | 130 | 70 | 194 195 | ● |
| | | | ● | | | | | | | | ● | Kohlen des Anlassers | | | 194 195 | ● |
| | | | ● | | | | ● | | | | ● | Ritzelgetriebe des Anlassers | | | | ● |
| | | | | | | | | | | | ● | Starteranschlüsse | | | | |
| | | | | | | | | | | | ● | Zündschalter defekt | | | 207 | |
| | | | | | | | | | | | ● | Zündnotschalter defekt | | | | |
| | | | | | | | | | | | ● | Anlasserschalter defekt | | | | |
| | | | | | | | | | | ● | | Leerlaufschalter defekt | | | | |
| | | | | | | | | | | ● | | Leerlaufdiode defekt | | | | ● |
| | | | | | 2 | ● | ● | | ● | | | Anlasserritzel | 131 | 71 | 195 | ● |
| | | | | | | ● | ● | | | | | Schwungradzahnkranz | 131 | 73 | | ● |
| | | | | | | ● | | | | | | Ritzellagerung | 131 | 72 | 195 | ● |
| | | | | | ● | ● | | | | | | Anlassersteilgewinde | | | 195 | ● |
| | | | | | ● | | | | | | | Rückzugsfeder | | | 195 | ● |
| | | | ● | | | | | | | | | Motoröl dickflüssig | 119 | 25 | 274 | |
| | | | ● | | | | | | | | | Kraftstoff-Luftgemisch | 131 | 74 | | |
| | | | ● | | | | | | | | | Übergangswiderstand zu groß | 153 | 166 | 252 | |
| | | | ● | | | | | | | | | Masseverbindung schlecht | | | 252 | |
| | | | | | | | | ● | | | | Freilaufkupplung des Anlassers rutscht | | | 195 | ● |
| | | ● | | | | | | | | | | Rückzugsfeder falsch eingestellt/gebrochen | | | | ● |
| | ● | | | | | | | | | | | Klinke verschlissen | | | | |
| | | | | | | | | | | | ● | Kurzschluß | 153 | 168 | | |
| ● | | | | | | | | | | | | Anlasserzahnrad schleift am Gehäuse | | | 195 | ● |
| | | | | | | | | | | | ● | Anlasserrelais defekt | | | | |

# Motorstart

| Typspezifisch | Vergaser | Allgemein | Störfall / Ursache | Störfallerläuterung Seite | Störfallerläuterung Position | Fehlerbehebung Seite | Fehlerbehebung Werkstatt |
|---|---|---|---|---|---|---|---|
| Anlasserdrehzahl normal, Motorstart erfolglos | | | | | | | |
| | | ● | Kraftstofftank leer | 125 | 43 | | |
| | | 2 | Kabelanschlüsse der Zündanlage/Zündkabel | | | 252 | |
| ● | | | Vorwiderstand | 137 | 86 | 200 | |
| ● | | | Zündkondensator | 136 | 82 | | |
| | | 5 | Zündkerzen | 132 | 75 | 197 295 | |
| | | 6 | Zündkerzen naß | | | 295 | |
| | | 7 | Zündkerzenstecker | 133 | 77 | | |
| | | ● | Zündkabel | 134 | 79 | | |
| | | ● | Zündspule | 137 | 85 | 198 | |
| | | 3 | Zündanlage feucht | 136 | 83 | | |
| ● | | | Unterbrecher | 135 | 81 | 298 | |
| | | ● | Zündzeitpunkt | 135 | 80 | 296 297 | ● |
| | | 1 | Kein Zündfunke | | | 197 294 | |
| ● | | | Transistor-Zündgerät | | | 205 207 294 | |
| ● | | | Impulsgeber defekt | | | 200 202 | |
| | ● | | Vergaser defekt | 129 | 64 | 182 | ● |
| | ● | | Startvergaser | | | 182 | ● |
| | ● | | Schwimmernadelventil | 129 | 60 | 182 179 | |
| | | 8 | Luftfilter verstopft | 127 | 52 | 285 | |
| | ● | | Luftklappe offen | | | 286 287 | |
| | ● | | Chokestellung falsch | | | 286 287 | |
| | | ● | Nebenluft | 127 | 53 | | |
| | | ● | Drosselklappenstellung | | | 281 | |
| | | 4 | Kraftstoff-Luftgemisch | | | | ● |
| | | ● | Kraftstoffleitungen | 125 | 45 | 281 | |
| | | ● | Kraftstoffilter verstopft | 126 | 48 | 280 | |
| | | ● | Tankbelüftung verstopft | 125 | 46 | | |
| ● | | | Motorabstellschalter aus/defekt | | | | |
| | | ● | Zündnotschalter | | | | |
| | | ● | Ventilspiel zu klein | | | 270 | ● |
| | | ● | Motor defekt | | | | ● |
| | | ● | Zündschalter | | | 207 | |
| ● | | | Zündanker | | | | ● |
| ● | | | Kurzschlußschalter klemmt | | | | |
| ● | | | Zündtrafo | | | | ● |
| ● | | | Diode | | | | ● |

## Motorstart

| Motorstart schwierig – Typspezifisch | Motorstart schwierig – Vergaser | Motorstart schwierig – Allgemein | Heißer Motor springt nicht an – Typspezifisch | Heißer Motor springt nicht an – Einspritzer | Heißer Motor springt nicht an – Allgemein | Kalter Motor springt nicht an – Typspezifisch | Kalter Motor springt nicht an – Einspritzer | Kalter Motor springt nicht an – Vergaser | Kalter Motor springt nicht an – Allgemein | Anlasserdrehzahl normal, Motorstart erfolglos – Typspezifisch | Anlasserdrehzahl normal, Motorstart erfolglos – Einspritzer | Anlasserdrehzahl normal, Motorstart erfolglos – Vergaser | Anlasserdrehzahl normal, Motorstart erfolglos – Allgemein | Störfall / Ursache | Störfallerläuterung Seite | Störfallerläuterung Position | Fehlerbehebung Seite | Fehlerbehebung Werkstatt |
|---|---|---|---|---|---|---|---|---|---|---|---|---|---|---|---|---|---|---|
| | | | | ● | | | | | | | ● | | | Einspritzventile | | | 191 | |
| | | ● | | | ● | | | | ● | | 13 | | ● | Kraftstoffpumpe | | | | |
| | | ● | | | ● | | | | ● | | ● | | ● | Kraftstoffilter verstopft | 126 | 48 | 292 | |
| | | | | | | | | | | | 9 | | | Luftmengenmesser | | | 187 | ● |
| | | | | 1 | | | 5 | | | | 10 | | | Stauklappe schwergängig | | | 187 | ● |
| | | | | 2 | | | 6 | | | | 11 | | | Zusatzluftschieber | | | 188 | |
| | | | | | | | | | | | ● | | | Drosselklappenschalter | | | 185 | |
| | | | | | | | | | | | 12 | | | Druckregler | | | 190 | |
| | | | | | | | ● | | | | ● | | | Temperaturgeber | | | | |
| | | | | | | | | | | | ● | | | Einspritzrelais | | | 254 | |
| | | | | | | | | | | | ● | | | Steuergerät | 154 | 169 | 192 | ● |
| | | | | | | | | | | | ● | | | Sicherung | 152 | 164 | | |
| | | | | | | | | | | | 14 | | | Stromkreis Kraftstoffpumpe | | | 252 | |
| | | | | | | | | | | ● | | | | Anlaßrelais | | | 254 | |
| | 5 | | | | | | | ● | | | | | | Startvergaser | | | 182 | ● |
| | ● | | | | | | | ● | | | | | | Vergaser defekt | 129 | 64 | 182 | ● |
| | ● | | | | | | | ● | | | | ● | | Schwimmernadelventil | 129 | 60 | 182<br>179 | |
| | ● | | | | | | | | | | | ● | | Schwimmer | | | 182<br>179 | |
| | 6 | | | | | | | | | | | | | Vergasereinstellung | 128 | 56 | 281<br>284<br>286 | ● |
| | | ● | | | | | | | 2 | | | | | Kraftstoffluftgemisch zu mager | 128 | 57 | | ● |
| | | | | | | | | | 3 | | | | ● | Bedienung falsch | | | | |
| | ● | | | | | | | | | | | | ● | Chokestellung falsch | | | 286 | |
| | | ● | | | ● | | | | | | | | | Kraftstoffluftgemisch zu fett | 128 | 58 | | ● |
| | | | | | ● | | | | | | | | ● | Dampfblasen im Kraftstoffsystem | 125 | 44 | | |
| | | ● | | | | | | | | | | | | Kraftstoff verschmutzt | | | | |
| | | | | | | | | | 1 | | | | | Batterieladung zu niedrig | 149 | 153 | 318<br>251<br>255 | ● |
| ● | | | ● | | | | | | | ● | | | | Unterbrecher | 135 | 81 | 298 | |
| | | 3 | | | | | | | 4 | | | | ● | Zündanlage feucht | 136 | 83 | | |
| | | | ● | | | ● | | | | ● | | | | Transistor Zündanlage | | | 205<br>207<br>294 | ● |
| | | 4 | | | | | | | | | | | ● | Zündanlage verschmutzt | 137 | 84 | | |
| | | 1 | | | | | | | | | | | | Zündkerzen | 132 | 75 | 197<br>295 | |
| | | ● | | | | | | | | | | | | Elektrodenabstand der Zündkerzen falsch | | | 295 | |
| | | 2 | | | | | | | | | | | | Zündkerzenstecker | 133 | 77 | | |
| | | ● | | | | | | | | | | | | Zündzeitpunkt | 135 | 80 | 296<br>297 | ● |
| | | | | | | | | | | | | | ● | Stromunterbrechung in der Zündanlage | | | 252 | |

## Motorstart

| Motor stirbt nach Start ab – Einspritzer | Motor stirbt nach Start ab – Vergaser | Motor stirbt nach Start ab – Allgemein | Motorstart schwierig – Vergaser | Motorstart schwierig – Allgemein | Störfall / Ursache | Störfallerläuterung Seite | Störfallerläuterung Position | Fehlerbehebung Seite | Fehlerbehebung Werkstatt |
|---|---|---|---|---|---|---|---|---|---|
| | | | | ● | Zündspule | 137 | 85 | 198 | |
| | | | | ● | Zündkabel | 134 | 79 | | |
| | | | | 8 | Luftfilter verstopft | 127 | 52 | 285 290 | |
| | | ● | | ● | Nebenluft | 127 | 53 | | |
| | | | | ● | Ventilspiel | 114 | 2 | 270 | ● |
| | | | | ● | Ventilsteuerung | 114 | 1 | | ● |
| | | | | ● | Kompression zu gering | 117 | 16 | 271 | ● |
| | | | | ● | Kompression zu hoch | 117 | 16.1 | 271 | ● |
| | | | | ● | Kolbenringe kleben | | | | ● |
| | | | | ● | Ablagerungen an den Ventilen | | | | |
| | | | | ● | Auslaßventile verbrannt | | | | ● |
| | | | | ● | Zylinderkopfdichtung | 115 | 9 | | ● |
| | | | | ● | Motorverschleiß | 117 | 14 | | ● |
| | | 1 | | | Kraftstofftank leer | 125 | 43 | | |
| | | | | ● | Luft in der Kraftstoffanlage | | | | |
| | | 3 | | ● | Dampfblasen im Kraftstoffsystem | 125 | 44 | | |
| | | ● | | ● | Kraftstoffleitungen | 125 | 45 | 281 | |
| | | | | ● | Deckeldichtung der Kraftstoffpumpe defekt | | | | |
| | | ● | | ● | Tankbelüftung verstopft | 125 | 46 | | |
| | | ● | | ● | Kraftstoffilter verstopft | 126 | 48 | 280 | |
| | | 2 | | | Kraftstoffversorgung | | | 281 | |
| | 6 | | ● | | Vergasereinstellung | 128 | 56 | 281 284 286 | ● |
| | ● | | | | Vergaser defekt | 129 | 64 | 182 | ● |
| | 4 | | | | Schwimmernadelventil | 129 | 60 | 182 179 | |
| | 5 | | ● | | Startvergaser | | | 182 | ● |
| | ● | | | | Hauptdüse | 129 | 62 | | |
| | ● | | | | Starterzug | | | 181 | |
| 4 | | | | | Stauklappe schwergängig | | | | ● |
| 5 | | | | | Luftmengenmesser | | | 187 | ● |
| ● | | | | | Systemdruckregler | | | 190 191 | |
| ● | | | | | Meßwertgeber | | | | |
| ● | | | | | Stromunterbrechung | 152 | 163 | 252 | |
| ● | | | | | Stromkreis der Kraftstoffpumpe | | | 252 | |
| | | ● | | 7 | Zündkerzen naß | | | 295 | |
| | | ● | | | Zündanlage defekt | 137 | 89 | 294 | |
| | | | | ● | Impulsgeber | | | 200 202 | ● |

## Motorlauf

| Allgemein | Vergaser | Einspritzer | Typspezifisch | Störfall / Ursache | Anlaßschalter | Startvergaser | Vergasereinstellung | Vergaser vereist | Unterdruckschlauch zum Zündverteiler | Leerlaufeinstellung | Zusatzluftschieber | Leerlaufdüse verstopft | Drosselklappe | Kraftstoff-Luftgemisch zu fett | Zündzeitpunkt | Ansaugsystem undicht | Luftmengenmesser | Einspritzventile | Luftfilter verstopft | Stauklappe schwergängig | Druckventil | Schwimmernadelventil | Schwimmer undicht | Wasser in Schwimmerkammer | Düsen verstopft | Vergaser defekt | Vergaser nicht synchronisiert | Schmutz im Kraftstoffsystem | Kraftstoffpumpe | Zündanlage fehlerhaft | Motorschaden | Kraftstoffleitungen | Zündkerzen | Nebenluft | Kupplungsscheiben kleben |
|---|---|---|---|---|---|---|---|---|---|---|---|---|---|---|---|---|---|---|---|---|---|---|---|---|---|---|---|---|---|---|---|---|---|---|---|
| | | | | Fehlerbehebung: Werkstatt | | ● | ● | | | ● | | | | ● | ● | | ● | | | ● | | | | | | ● | ● | | | | ● | | | | ● |
| | | | | Fehlerbehebung: Seite | | 182 | 281 284 286 | | | 291 | 188 | | 281 184 | | 202 204 296 | | 187 | 191 | 285 290 | 187 | | 182 179 | | | | 182 | 288 | | 176 | 294 | | 281 | 197 295 | | |
| | | | | Störfallerläuterung: Position | | | 56 | 63 | | 59 | | | | 58 | 80 | | | | 52 | | | 60 | | | | 64 | | | 51 | | | 45 | 75 | 53 | |
| | | | | Störfallerläuterung: Seite | | | 128 | 129 | | 129 | | | | 128 | 135 | | | | 127 | | | 129 | | | | 129 | | | 126 | | | 125 | 132 | 127 | |
| | | | ● | Anlasser läuft nach Start weiter | ● | | | | | | | | | | | | | | | | | | | | | | | | | | | | | | |
| | ● | | | Motor bleibt im Leerlauf nach Kaltstart stehen | | 1 | 2 | ● | | | | | | | | | | | | | | | | | | | | | | | | | | | |
| | | ● | | | | | | | | ● | 1 | | | | | | | | | | | | | | | | | | | | | | | | |
| | | | ● | | | | | | ● | | | | | | | | | | | | | | | | | | | | | | | | | | |
| ● | | | | Motor bleibt im Leerlauf im kalten und warmen Zustand stehen | | | | | | | | | | 1 | ● | | | | | | | | | | | | | | | | | | | ● | |
| | ● | | | | | ● | ● | | | | | 2 | ● | | | | | | | | | | | | | | | | | | | | | | |
| | | ● | | | | | | | | | | | ● | | | | | | | | | | | | | | | | | | | | | | |
| | | | ● | Kalter Motor stirbt beim Einlegen des 1. Ganges ab | | | | | | | | | | | | | | | | | | | | | | | | | | | | | | | ● |
| | ● | | | Betriebswarmer Motor bleibt im Leerlauf stehen | | | | | | | | ● | | | | | | | | | | | | | | | | | | | | | | | |
| | ● | | | Leerlaufdrehzahl zu hoch | | ● | 1 | | | | | | 2 | | | | | | | | | | | | | | | | | | | | | | |
| | | ● | | | | | | | | | | | 2 | | | ● | 1 | ● | | | | | | | | | | | | | | | | | |
| ● | | | | Leerlaufdrehzahl zu niedrig | | | | | | | | | | | | ● | | | 1 | | | | | | | | | | | | | | | | |
| | ● | | | | | | 2 | | | | | | | | | | | | | | | | | | | | | | | | | | | | |
| | | ● | | | | | | | | | ● | | | | | | | | | 2 | ● | | | | | | | | | | | | | | |
| ● | | | | Motorleerlauf unrund | | | | | | ● | | | | ● | ● | ● | | | | | | | | | | | | | | ● | ● | ● | ● | ● | |
| | ● | | | | | ● | 1 | | | | | ● | | | | | | | | | | 2 | ● | ● | 3 | ● | 4 | 5 | ● | | | | | | |
| | | ● | | | | | | | | 1 | ● | | | | | | | 3 | 2 | 2 | | | | | | | | ● | ● | | | | | | |
| ● | | | | Motorlauf unrund, Auspuff verrußt | | | | | | | | | | | | | | | | | | | | | | | | | | ● | ● | | 1 | | |
| | ● | | | | | ● | | | | | | | | | | | | | | | | | ● | | | | | | | | | | | | |

## Motorlauf

| Allgemein | Vergaser | Einspritzer | Typspezifisch | Störfall / Ursache | Einspritzventile | Stauklappe schwergängig | Zusatzluftschieber | Leerlaufeinstellung | Vergasereinstellung | Startvergaser | Schwimmernadelventil | Düsen verstopft | Wasser in Schwimmerkammer | Kraftstoffversorgung | Zündzeitpunkt | Zündkerzen | Zündkabel | Zündspule | Zylinderkopfdichtung | Ventilspiel | Druckregler | Meßwertgeber | Zündgerät (Zündbox) defekt | Impulsgeber defekt | Vergaser defekt | Zündanlage fehlerhaft | Drosselklappe | Gaszug bzw. Gasgestänge klemmt | Gaszug defekt/falsch verlegt | Gaszug unterbrochen | Hauptdüse | Verbrennungsrückstände | Kraftstoffluftgemisch zu mager | Benzinqualität | Wärmewert der Zündkerzen falsch | Zündkerzenstecker | Entstorwiderstand | Unterbrecher | Nebenluft | Einlaßventil undicht | Kompression zu gering |
|---|---|---|---|---|---|---|---|---|---|---|---|---|---|---|---|---|---|---|---|---|---|---|---|---|---|---|---|---|---|---|---|---|---|---|---|---|---|---|---|---|---|
| | | | | Fehlerbehebung – Werkstatt | | ● | | ● | ● | ● | | | | | ● | | | | ● | ● | | | ● | ● | ● | | | | | | | | ● | | | | | | | ● | ● |
| | | | | Fehlerbehebung – Seite | 191 | 187 | 188 | 291 | 281 284 286 | 286 182 | 182 179 | | | 281 | 202 204 296 | 197 295 | | 198 | | 270 | 190 191 | | 205 207 | 200 202 | 182 | 294 | 183 184 281 | | 287 262 180 | 287 262 180 | | | | | 295 | | | 298 | | | 271 |
| | | | | Störfallerläuterung – Position | | | | | 56 | | 60 | | 61 | | 80 | 75 | 79 | 85 | 9 | 2 | | | | | 64 | | | 65 | | | 62 | 13 | 57 | 22 | 78 | 77 | 87 | 81 | 53 | | |
| | | | | Störfallerläuterung – Seite | | | | | 128 | | 129 | | 129 | | 135 | 132 | 134 | 137 | 115 | 114 | | | | | 129 | | | 130 | | | 129 | 116 | 128 | 118 | 133 | 133 | 137 | 135 | 127 | | |
| ● | | | | Motorlauf in der Warmlaufphase unrund | | | | | | | | | | | | | | | | | | | | | | | | | | | | | | | | | | | ● | | |
| | | ● | | Motorlauf in der Warmlaufphase unrund | ● | ● | 1 | 2 | | | | | | | | | | | | | | | | | | | | | | | | | | | | | | | | | |
| ● | | | | Motorlauf unrund bzw. zeitweise unrund | | | | | | | | | | 2 | ● | 1 | ● | ● | ● | ● | | | | | | | | | | | | | | | | | | | | | ● |
| | ● | | | Motorlauf unrund bzw. zeitweise unrund | | | | | ● | ● | 4 | 3 | ● | | | | | | | ● | | | | | | | | | | | | | | | | | | | | | |
| | | ● | | Motorlauf unrund bzw. zeitweise unrund | ● | | | | | | | | | | | | | | | | ● | | | | | | | | | | | | | | | | | | | | |
| | | | ● | Motorlauf unrund bzw. zeitweise unrund | | | | | | | | | | | | | | | | | | | ● | ● | | | | | | | | | | | | | | | | | |
| ● | | | | Motoraussetzer, Zündaussetzer | | | | | | | | | | ● | | 2 | 1 | | | ● | | | | | | ● | | | | | | | ● | | ● | 3 | ● | ● | ● | | ● |
| | | ● | | Motoraussetzer, Zündaussetzer | 3 | | | | | | | | | ● | | | | | | | ● | ● | | | | | | | | | | | | | | | | | | | |
| | | | ● | Motoraussetzer, Zündaussetzer | | | | | | | | | | | | | | | | | | | 4 | ● | | | | | | | | | | | | | | | | | |
| ● | | | | Fehlzündungen | | | | | | | | | | ● | ● | ● | | | | | | | | | | ● | | | | | | | | | ● | | | | | | |
| | ● | | | Fehlzündungen | | | | | | | | | | | | | | | | | | | | | ● | | | | | | | | | | | | | | | | |
| ● | | | | Motordrehzahl bei Gasrücknahme zu hoch | | | | | | | | | | | | | | | | | | | | | | | ● | ● | ● | | | | | | | | | | | | |
| ● | | | | Motor nimmt kein Gas an | | | | | | | | | | | | | | | | | | | | | | | | | | ● | | | | | | | | | | | |
| | ● | | | Motor stirbt beim Gasgeben ab | | | | | | | | | | | | | | | | | | | | | | | | | | | ● | | | | | | | | | | |
| ● | | | | Zündungsklopfen | | | | | | | | | | | 1 | | | | | | | | | | | | | | | | | ● | 2 | 3 | ● | | | | | | |
| | ● | | | Zündungsklopfen | | | | | ● | | | | | | ● | | | | | | | | | | | | | | | | | | | | | | | | | | |
| | | | ● | Zündungsklopfen | | | | | | | | | | | | | | | | | | | ● | ● | | | | | | | | | | | | | | | | | |
| | ● | | | Vergaser patscht | | | | | | | | | | | | | | | | | | | | | | | | | | | | | | | | | | | | ● | |

**Motorlauf**

| Ursache | Fehlerbehebung: Werkstatt | Fehlerbehebung: Seite | Störfallerläuterung: Position | Störfallerläuterung: Seite | Beschleunigung schlecht (Allgemein) | Beschleunigung schlecht (Vergaser) | Beschleunigung schlecht (Einspritzer) | Beschleunigung stotternd (Allgemein) | Beschleunigung stotternd (Vergaser) | Beschleunigung stotternd (Einspritzer) | Drehzahlabfall bei Belastung (Vergaser) | Drehzahlabfall bei Belastung (Einspritzer) | Motorlauf bei höheren Geschwindigkeiten ungleichmäßig (Allgemein) | Motorlauf bei höheren Geschwindigkeiten ungleichmäßig (Vergaser) | Motorleistung bei höherer Drehzahl zu klein (Typspezifisch) | Motorleistung im unteren Drehzahlbereich zu klein (Typspezifisch) | Motorleistung zu klein (Allgemein) | Motorleistung zu klein (Vergaser) | Motorleistung zu klein (Einspritzer) | Motorleistung zu klein (Typspezifisch) |
|---|---|---|---|---|---|---|---|---|---|---|---|---|---|---|---|---|---|---|---|---|
| Vergasereinstellung | ● | 281 284 286 | 56 | 128 | | ● | | | ● | | | | | | | | | ● | | |
| Drosselklappe | | 281 184 | | | | 3 | 4 | | ● | ● | | | | | | | | 4 | 4 | |
| Beschleunigungssystem | | | | | | 4 | | | 2 | | | | | | | | | | | |
| Schwimmernadelventil | | 182 179 | 60 | 129 | | ● | | | ● | | | | | | | | | 5 | | |
| Schwimmer | | 182 179 | | | | | | | | | | | | | | | | ● | | |
| Wasser in Schwimmerkammer | | | 61 | 129 | | | | | | | | | | | | | | ● | | |
| Kraftstoffkanäle im Vergaser verstopft | ● | | | | | ● | | | 3 | | | | | | | | | ● | | |
| Leerlaufeinstellung | ● | 291 | | | | | ● | | | | | | | | | | | | | |
| Druckregler | | 190 191 | | | | | 3 | | | | | | | | | | | | ● | |
| Einspritzventile | | 191 | | | | | ● | | | | | | | | | | | | 7 | |
| Stauklappe schwergängig | ● | 187 | | | | | 5 | | | | | | | | | | | | 5 | |
| Luftmengenmesser | ● | 187 | | | | | 6 | | | | | | | | | | | | 6 | |
| Undichtigkeit hinter Luftmengenmesser | | | | | | | ● | | | | | | | | | | | | | |
| Kraftstoffleitungen | | | 45 | 125 | | | ● | | | | | | | | | | ● | | | |
| Kraftstoffpumpe | | 176 | 51 | 126 | | | 7 | | | | ● | ● | 1 | | | | 2 | | | |
| Kraftstoffpumpensieb | | 280 | | | | | | | | | | | ● | | | | | | | |
| Kraftstofffilter verstopft | | | 48 | 126 | ● | | ● | | | | | | ● | | | | ● | | | |
| Steuerdruckventil | | | | | | | ● | | | | | | | | | | | | | |
| Zündzeitpunkt | ● | 296 297 | 80 | 135 | 2 | | | ● | | | | | | | | | 1 | | | |
| Zündkerzen | | 197 295 | 75 | 132 | 1 | | | 1 | | | | | | | | | | | | |
| Ventilfedern gebrochen | ● | | | | ● | | | | | | | | | | | | | | | |
| Bremse schleift | | 235 314 | | | ● | | | | | | | | | | | | | | | |
| Kolben in Bremszange klemmt | | | | | ● | | | | | | | | | | | | | | | |
| Hauptdüse | | | 62 | 129 | | | | | | | | | | ● | | | | | | |
| Fliehkraftregler | ● | | | | | | ● | | | | | | | | ● | | | | | ● |
| Unterdruckversteller | ● | | | | | | | | | | | | | | | ● | | | | ● |
| Luftfilter verstopft | | 285 290 | 52 | 127 | | | | | | | | | | | | | 3 | | | |
| Benzinhahn verschmutzt | | 280 175 | | | | | | | | | | | | | | | ● | | | |
| Tankbelüftung verstopft | | | 46 | 125 | | | | | | | | | | | | | ● | | | |
| Schmutz im Kraftstoffsystem | | | | | | | | | | | | | | | | | ● | | | |
| Nebenluft | | | 53 | 127 | ● | | | ● | | | | | | | | | ● | | | |
| Vergasermembran geschrumpft | ● | 179 | | | | ● | | | | | | | | | | | | ● | | |
| Turbolader blockiert | ● | | 17 | 118 | | | | | | | | | | | | | | | | ● |
| Ladedruckventil klemmt | | | 55 | 127 | | | | | | | | | | | | | | | | ● |
| Kupplung schleift | | 209 | | | ● | | | | | | | | | | | | ● | | | |

## Motorlauf

| Motor läuft stotternd, Leistung zu gering: Typspezifisch | Motor läuft stotternd, Leistung zu gering: Vergaser | Motor läuft stotternd, Leistung zu gering: Allgemein | Motorleistung zu klein: Typspezifisch | Motorleistung zu klein: Einspritzer | Motorleistung zu klein: Allgemein | Störfall / Ursache | Störfallerläuterung Seite | Störfallerläuterung Position | Fehlerbehebung Seite | Fehlerbehebung Werkstatt |
|---|---|---|---|---|---|---|---|---|---|---|
| | | | | | ● | Luft im Kraftstoffsystem | | | | |
| | | ● | | | | Dampfblasen im Kraftstoffsystem | 125 | 44 | | |
| | | ● | | | ● | Kraftstoffilter verstopft | 126 | 48 | | |
| | | ● | | | | Kraftstoffpumpensieb | | | | |
| | | | | | ● | Kraftstoff-Luftgemisch zu mager | 128 | 57 | | ● |
| | | | | ● | | Kraftstoffdruck zu gering | | | 175 176 | |
| | | | | | 2 | Zündzeitpunkt | 135 | 80 | 296 297 | ● |
| ● | | | | | | Unterbrecher | 135 | 81 | 298 | |
| | | 1 | | | 1 | Zündkerzen | 132 | 75 | 295 | |
| | | | | | 3 | Zündkerzen verrußt | 133 | 76 | 295 | |
| | | 2 | | | | Zündanlage feucht | 136 | 83 | 294 295 | |
| | | | | | 4 | Zündanlage verschmutzt | 137 | 84 | | |
| | | | | | ● | Abgasanlage undicht | | | | |
| | | | | | ● | Motorkühlung zu gering | 124 | 42 | 277 278 | |
| | | | | | 5 | Ventilsteuerung | 114 | 1 | | ● |
| | | | | | ● | Ventilspiel | 114 | 2 | 270 | ● |
| | | | | | ● | Ventilführung defekt | | | | ● |
| | | 3 | | | 6 | Motorventile | | | | ● |
| | | | | | ● | Nockenwelle | | | | ● |
| | | ● | | | ● | Kurbeltrieb | | | | ● |
| | | | | | ● | Kolbenverschleiß | | | | ● |
| | | | | | ● | Zylinderverschleiß | | | | ● |
| | | | | | ● | Verbrennungsrückstände | 116 | 13 | | |
| | | | | | ● | Bremse in Eingriff | | | 235 314 | |
| | | | | | ● | Kompression zu gering | 117 | 16 | 271 | ● |
| | | | | | ● | Zylinderkopf defekt | 117 | 15 | | ● |
| | | ● | | | ● | Zylinderkopfdichtung | 115 | 9 | | ● |
| | | | | | ● | Höhenlage | 127 | 54 | | |
| | | 4 | | | | Wackelkontakt | 137 | 88 | | |
| | | 5 | | | | Luftfilter verstopft | 127 | 52 | 285 290 | |
| | | ● | | | | Wärmewert der Zündkerzen falsch | 133 | 78 | 295 | |
| | ● | | | | | Vergaser vereist | 129 | 63 | | |
| | | | | | ● | Nebenluft | 127 | 53 | | |
| | | | ● | | | Drehschieber falsch eingebaut | 130 | 66 | | |
| | | | | | ● | Querschnitt des Abgasrohres zu klein | 138 | 91 | | |

## Motorlauf

| Ursache \ Störfall | Höchstgeschwindigkeit wird nicht erreicht | | | Motorleistung nimmt ab, Fahrlicht wird dunkler | Motor patscht bei Vollgas, Leistung schwächer | | Auspuffknallen bei Gasrücknahme | Auspuffknallen im Schiebebetrieb | Zeitweises Knallen in der Abgasanlage | Öldunst im Abgas | Motor blockiert | Motorstillstand im Leerlauf bei Betriebstemperatur | Störfallerläuterung Seite | Störfallerläuterung Position | Fehlerbehebung Seite | Fehlerbehebung Werkstatt |
|---|---|---|---|---|---|---|---|---|---|---|---|---|---|---|---|---|
| Allgemein | ● | | | ● | ● | | ● | ● | ● | ● | ● | ● | | | | |
| Vergaser | | ● | | | | ● | | | | | | | | | | |
| Einspritzer | | | ● | | | | | | | | | | | | | |
| Zündkerzen | 1 | | | | ● | | | | | | | | 132 | 75 | 295 | |
| Wärmewert der Zündkerzen falsch | ● | | | | | | | | | | | | 133 | 78 | 295 | |
| Zündzeitpunkt | 2 | | | | | | | | ● | | | | 135 | 80 | 296 297 | ● |
| Zündanlage verschmutzt | 4 | | | | | | | | | | | | 137 | 84 | | |
| Zündkabel | | | | | | | | | | | | | 134 | 79 | | |
| Zündkerzenstecker | | | | | | | | | | | | | 133 | 77 | | |
| Entstörwiderstände | | | | | | | | | | | | | | | | |
| Zündspule | ● | | | | | | | | | | | | 137 | 85 | 198 | |
| Luftfilter verstopft | 3 | | | | | | | | | | | | 127 | 52 | 285 290 | |
| Kraftstoffilter verstopft | ● | | | | | | | | | | | | 136 | 48 | | |
| Kraftstoffpumpe | ● | | | | | | | | | | | ● | 126 | 51 | | |
| Kraftstoffleitungen | ● | | | | | | | | | | | | 125 | 45 | 281 | |
| Drosselklappeneinstellung | | 5 | 5 | | | | | | | | | | | | 281 183 | ● |
| Leerlaufgemisch zu mager | | | | | | | | 1 | | | | | | | | ● |
| Kraftstoff-Luftgemisch zu mager | | ● | ● | | | | | | | | | | 128 | 57 | | ● |
| Kraftstoffmangel | | | | | ● | | | | | | | | | | | |
| Schwimmernadelventil | | | | | | ● | | | | | | | 129 | 60 | 182 179 | |
| Stecker am Generator locker | | | | ● | | | | | | | | | | | | |
| Ventilspiel | ● | | | | | | | | | | | | 114 | 2 | 270 | ● |
| Ventilführung defekt | | | | | | | | | | ● | | | | | | ● |
| Einlaßventil defekt | | | | | | ● | | | | | | | 114 | 2.1 | | ● |
| Auslaßventil defekt | | | | | | | | ● | ● | | | | 114 | 2.2 | | ● |
| Ansaug- oder Abgasanlage undicht | | | | | | | | ● | | | | | | | | |
| Nockenwelle | | | | | | | | | | | ● | | | | | ● |
| Bruch eines Motorteils | | | | | | | | | | | 4 | | 118 | 18 | | ● |
| Schmierölmenge zu klein | | | | | | | | | | | 1 | | 120 | 27 | | |
| Kühlflüssigkeitsmenge zu gering | | | | | | | | | | | 2 | | | | 277 278 | |
| Unzureichende Schmierfähigkeit des Öls | | | | | | | | | | | ● | | 120 | 29 | 274 | |
| Motorüberhitzung | | | | | | | | | | | ● | | 116 | 10 | 277 278 168 | |
| Kolbenfresser | | | | | | | | | | | 3 | | 115 | 6 | | ● |
| Nebenluft | ● | | | | | | | ● | | | | | 127 | 53 | | |
| Krümmerdichtung undicht | | | | | | | ● | | | | | | | | | |
| Innenrohr der Abgasanlage gerissen | | | | | | | ● | | | | | | | | | |
| Vergasermembran geschrumpft | | ● | | | | | | | | | | | | | | ● |

## Motorlauf

| Ursache | Fehlerbehebung: Werkstatt | Fehlerbehebung: Seite | Störfallerläuterung: Position | Störfallerläuterung: Seite | Motortemperatur zu hoch (Allgemein) | Motortemperatur zu hoch (Flüssigkeitskühlung) | Motortemperatur zu hoch (Typspezifisch) | Motortemperatur zu tief (Allgemein) | Motor erreicht Betriebstemperatur nicht bzw. nur langsam (Flüssigkeitskühlung) | Kühlflüssigkeit heiß, Kühlergebläse läuft nicht (Flüssigkeitskühlung) | Kühlflüssigkeit heiß, Kühlergebläse läuft nicht (Typspezifisch) | Kühlflüssigkeitsverlust (Allgemein) | Kühlflüssigkeitsverlust (Flüssigkeitskühlung) | Abgase weiß (Allgemein) | Abgase braun (Typspezifisch) |
|---|---|---|---|---|---|---|---|---|---|---|---|---|---|---|---|
| Kühlflüssigkeitsmenge zu gering | | 277 278 | 39 | 123 | | 1 | | | | | | | | | |
| Thermostat defekt | | 168 | 37 | 122 | | 2 | | | ● | | | | | | |
| Temperaturwächter defekt | | 169 | 38 | 122 | | 3 | ● | | | 1 | ● | | | | |
| Elektrisches Kühlergebläse | ● | 169 172 173 | | | | ● | ● | | | ● | ● | | | | |
| Gefrierschutz der Kühlflüssigkeit zu knapp | | | 40 | 123 | | ● | | | | | | | | | |
| Fahrtechnik | | | 11 | 116 | 5 | | | | | | | | | | |
| Schmierölmenge zu klein | | | | | 7 | | | | | | | | | | |
| Schmierölmenge zu groß | | | | | | | | | | | | | | ● | |
| Löcher im Verschluß des Ausgleichsbehälters verstopft | | | 41.1 | 124 | | ● | ● | | | | | | | | |
| Zündzeitpunkt | ● | 296 297 | 80 | 135 | 6 | | | | | | | | | | |
| Fliehkraftregler | ● | | | | | | ● | | | | | | | | |
| Wärmewert der Zündkerzen falsch | | 295 | 78 | 133 | ● | | | | | | | | | | |
| Kraftstoff-Luftgemisch zu mager | ● | | 57 | 128 | ● | | | | | | | | | | |
| Lüfterrad defekt | | | | | | ● | ● | | | | | | | | |
| Kühlflüssigkeitspumpe | | 170 | 42.1 | 124 | | ● | | | | | | | | | |
| Kühler verstopft | ● | 171 | 41 | 124 | | ● | | | | | | | | | |
| Kühlsystem undicht | | 278 | 36 | 122 | | ● | | | | | | | ● | | |
| Kühlsystem verkalkt/verschmutzt | ● | | | | | 4 | | | | | | | | | |
| Luft im Kühlsystem | | | | | | ● | | | | | | | | | |
| Zylinderkopfdichtung | ● | | 9 | 115 | ● | | | | | | | ● | | 2 | |
| Verbrennungsrückstände | | | 13 | 116 | ● | | | | | | | | | | |
| Ventilsteuerung | ● | | 1 | 114 | ● | | | | | | | | | | |
| Temperaturfühler defekt | | | | | ● | | | 1 | | | | | | | |
| Temperaturmessung falsch | | | | | ● | | | ● | | | | | | | |
| Sicherung | | 252 | 164 | 152 | | | | | | ● | ● | | | | |
| Relais defekt | | 254 | | | | | | | | ● | ● | | | | |
| Stromunterbrechung | | 252 | 163 | 152 | | | | | | 2 | ● | | | | |
| Motor sehr kalt | | | | | | | | | | | | | | 1 | |
| Übergangswiderstand zu groß | | 252 | 149 | 147 | | | | 2 | | | | | | | |
| Nebenluft | | | 53 | 127 | ● | | | | | | | | | | ● |
| Kraftstoffleitung oder Hauptdüse verstopft | | | | | | | | | | | | | | | ● |
| Motorverschleiß (Ventilführung, Zylinder, Kolben) | ● | | | | | | | | | | | | | ● | |
| Luftfilter verschmutzt | | | | | ● | | | | | | | | | | |

## Motorlauf

| Öldruck zu hoch (Allgemein) | Öldruck zu niedrig (Typspezifisch) | Öldruck zu niedrig (Allgemein) | Kein Öldruck (Allgemein) | Ölverbrauch zu gering (Allgemein) | Ölverbrauch zu hoch (Allgemein) | Abgase bläulich (Allgemein) | Abgase schwärzlich (Typspezifisch) | Abgase schwärzlich (Turbolader) | Abgase schwärzlich (Allgemein) | Störfall / Ursache | Störfallerläuterung Seite | Störfallerläuterung Position | Fehlerbehebung Seite | Fehlerbehebung Werkstatt |
|---|---|---|---|---|---|---|---|---|---|---|---|---|---|---|
| | | | | | | | | | 1 | Kraftstoff-Luftgemisch zu fett | 128 | 58 | | ● |
| | | | | | | | | | 2 | Ablagerungen an den Ventilen | | | | |
| | | | | | 1 | | | | 3 | Ventile verschlissen | | | | ● |
| | | | | | ● | 1 | | | | Ventilführung verschlissen | | | | ● |
| | | | | ● | ● | | | | ● | Kolben verschlissen | 114 | 5 | | ● |
| | | | | | ● | ● | | | ● | Kolbenringe kleben/ verschlissen/gebrochen | | | | ● |
| | | | | | | | | | ● | Kolbenringe falsch montiert | | | | ● |
| | | | | ● | ● | 2 | | | ● | Zylinderlaufflächen verschlissen | | | | ● |
| | | | | | | | | ● | | Ölleck zum Lader | | | | |
| | | | | | | 3 | | | ● | Schmierölmenge zu groß | 120 | 28 | | |
| | | | | | ● | ● | | | ● | Entlüfter des Ölsystems verstopft | 119 | 26 | | |
| | | | | | ● | | | | | Scharfe Fahrweise | 121 | 34 | | |
| | | | | | ● | | | | | Defekte Dichtungen | 121 | 31 | | |
| | | | | | 2 | | | | | Schmieröltemperatur zu hoch | | | 166 167 276 | |
| | | | | | ● | | | | | Öldruckschalter undicht | | | 249 | |
| | | 3 | | | | | | | | Ölpumpe verschlissen | | | 166 | |
| | | ● | 1 | | | | | | | Ölpumpe defekt | | | 166 | |
| | | | 3 | | | | | | | Antrieb der Ölpumpe defekt | | | | ● |
| | | 2 | 2 | | | | | | | Schmierölmenge zu klein | 120 | 27 | | |
| | | ● | ● | | ● | | | | | Leck im Schmiersystem | | | | |
| | ● | | | | | | | | | Ölauffangsieb verstopft | | | | |
| | | ● | | | | | | | | Ölfilter verstopft | | | | |
| ● | | | | | | | | | | Ölkanäle verstopft | | | | ● |
| | | | | | | | ● | | | Startvorrichtung | | | 286 | ● |
| | | 1 | | | | | | | | Überdruckventil offen/klemmt | | | 275 | |
| ● | | | | | | | | | | Schmierölsorte falsch | | | 274 | |
| | | | | ● | | | | | | Ölverdünnung durch Kraftstoff | 121 | 32 | | |
| | | | | | ● | | | | | Tachostand unter 5000 km | | | | |
| ● | | | | | | | | | | Überdruckventil geschlossen/ klemmt | | | 275 | |
| | | | | | ● | | | | | Ölmeßstab undicht | 121 | 35 | | |
| | | | | | | | | | ● | Luftfilter verstopft | | | 285 290 | |
| | | | | | | | ● | | | Schwimmernadelventil | | | 182 179 | |
| | ● | | | | | | | | | Kurbellagerspiel zu groß | | | | ● |

## Motorlauf

| Ursache | Kraftstoffverbrauch zu hoch: Allgemein | Kraftstoffverbrauch zu hoch: Vergaser | Kraftstoffverbrauch zu hoch: Einspritzer | Kraftstoffverbrauch zu hoch: Typspezifisch | Abgasgeräusche erhöht: Allgemein | Störfallerläuterung Position | Störfallerläuterung Seite | Fehlerbehebung Seite | Werkstatt |
|---|---|---|---|---|---|---|---|---|---|
| Fahrweise | 1 | | | | | 12 | 116 | | |
| Luftfilter verstopft | 4 | | | | | 52 | 127 | 285 290 | |
| Unterbrecher | | | | ● | | 81 | 135 | 298 | |
| Zündzeitpunkt | 3 | | | | | 80 | 135 | 202 204 296 | ● |
| Zündkerzen | 2 | | | | | 75 | 132 | 197 295 | |
| Zündkerzenstecker | ● | | | | | 77 | 133 | | |
| Zündkabel | ● | | | | | 79 | 134 | | |
| Entstörwiderstand | ● | | | ● | | | | | |
| Vergasereinstellung | | 5 | | | | 56 | 128 | 281 284 286 | ● |
| Startvergaser | | ● | | ● | | | | 286 182 | ● |
| Schwimmernadelventil | | 6 | | | | 60 | 129 | 182 179 | |
| Beschleunigungseinrichtung | | ● | | | | | | | |
| Schwimmer undicht | | ● | | | | | | 179 182 | |
| Schwimmerkammerbelüftung | | ● | | | | | | | |
| Drosselklappe | | 7 | 5 | | | | | 183 184 281 | |
| Startventil | | | ● | | | | | | ● |
| Zusatzluftschieber | | | 6 | | | | | 188 | |
| Druckregler | | | 7 | | | | | 190 191 | |
| Einspritzventile | | | ● | | | | | 191 | |
| Temperaturfühler | | | ● | | | | | | |
| Leerlaufdrehzahl zu hoch | | ● | ● | | | | | | ● |
| Kraftstoffanlage undicht | ● | | | | | 49 | 126 | 281 | |
| Benzinqualität | ● | | | | | 22 | 118 | | |
| Kupplung | ● | | | | | | | 301 302 209 | ● |
| Kupplungsspiel | ● | | | | | | | | |
| Motorverschleiß | ● | | | | | 14 | 117 | | ● |
| Ventile verschlissen | ● | | | | | | | | ● |
| Ablagerungen an den Ventilen | ● | | | | | | | | |
| Kolbenringe kleben/ verschlissen/gebrochen | ● | | | | | | | | ● |
| Abgasanlage undicht | | | | | ● | 90 | 138 | | |
| Luftfiltereinsatz fehlt | | | | | ● | | | | |
| Abgasanlage falsch | | | | | ● | | | | |
| Befestigung der Abgasanlage locker | | | | | ● | | | | |
| Kraftstoffausnützung | ● | | | | | 50 | 126 | | |
| Kraftstoffbehälter zu voll | ● | | | | | 47 | 125 | | |

# Motorlauf

| Störfall → | Motor dieselt nach | Motor klopft | Starke Vibrationen | Starke Vibrationen | Motor läßt sich nicht abstellen | Motor fängt bei Regen zu stottern an | Motorstillstand während der Fahrt | Motorstillstand während der Fahrt | Motorstillstand während der Fahrt | Motorstillstand während der Fahrt | Störfallerläuterung Seite | Störfallerläuterung Position | Fehlerbehebung Seite | Fehlerbehebung Werkstatt |
|---|---|---|---|---|---|---|---|---|---|---|---|---|---|---|
| Allgemein | ● | ● | | ● | ● | ● | | | | ● | | | | |
| Vergaser | | | | | | | | | ● | | | | | |
| Einspritzer | | | | | | | | ● | | | | | | |
| Typspezifisch | | | ● | | | | ● | | | | | | | |
| **Ursache** | | | | | | | | | | | | | | |
| Kraftstoffpumpe | | | | | | | | | | 2 | 126 | 51 | | |
| Unterbrecher | | | | | | | ● | | | | 135 | 81 | 298 | |
| Zündkabel | | | | | | | | | | 1 | 134 | 79 | | |
| Transistor-Zündanlage | | | | | | | 5 | | | | | | 205 207 | ● |
| Luftfilter verstopft | | | | | | | | | | 3 | 127 | 52 | 285 290 | |
| Schwimmernadelventil | | | | | | | | | 4 | | 129 | 60 | 182 179 | |
| Kraftstoffilter verstopft | | | | | | | | | | ● | 126 | 48 | | |
| Kraftstofftank leer | | | | | | | | | | ● | 125 | 43 | | |
| Tankbelüftung verstopft | | | | | | | | | | ● | 125 | 46 | | |
| Kraftstoffleitungen | | | | | | | | | | ● | 125 | 45 | 281 | |
| Schwimmer undicht | | | | | | | | | ● | | | | 179 182 | |
| Zahnriemen gerissen | | | | | | | ● | | | | 118 | 21 | | ● |
| Verbrennungsrückstände | ● | | | | | | | | | | | | | ● |
| Motorschaden | | | | | | | | | | ● | | | | ● |
| Kühlflüssigkeitspumpe blockiert | | | | | | | | | | ● | | | 170 | |
| Entstörwiderstand | | | | | | | | | | ● | | | | |
| Vorwiderstand | | | | | | | ● | | | | | | | |
| Zündkondensator | | | | | | | ● | | | | 136 | 82 | | |
| Schmierölmenge zu gering | | | | | | | | | | ● | | | | |
| Kühlflüssigkeitsmenge zu gering | | | | | | | ● | | | | | | 277 278 | |
| Motorüberhitzung | | | | | | | | | | ● | 116 | 10.1 | 277 278 168 | |
| Bruch eines Motorteils | | | | | | | | | | ● | 118 | 18 | | ● |
| Kraftstoff-Luftgemisch zu fett | | | | | | | | | | ● | 128 | 58 | | ● |
| Kraftstoff-Luftgemisch zu mager | ● | | | | ● | | | | | ● | 128 | 57 | | ● |
| Steuergerät | | | | | | | | ● | | | 154 | 169 | 192 193 | ● |
| Einspritzanlage | | | | | | | | 4 | | | | | | ● |
| Schmierfähigkeit des Öls zu gering | | | | | | | | | | ● | | | 274 | |
| Wärmewert der Zündkerzen falsch | ● | | | | 2 | | | | | | 133 | 78 | 295 | |
| Zündschalter defekt | | | | | 1 | | | | | | | | 207 | |
| Kurbelwelle | | | | ● | | | | | | | 115 | 7 | | ● |
| Vergasersynchronisation | | | ● | | | | | | | | | | 288 | ● |
| Zu große Fertigungstoleranzen | | | | ● | | | | | | | | | | ● |
| Zündkerzenstecker | | | | | | ● | | | | | 133 | 77 | | |
| Kompressionsdrücke ≠ | | | | ● | | | | | | | | | 271 | ● |
| Regler defekt | | | | | | | | | | ● | | | 256 259 | ● |
| Kraftstoff-Luftgemisch | | ● | | | | | | | | | 130 | 67 | | ● |

## Fahrverhalten

| Rhythmisches Klicken | Klingelnde Geräusche | Zwitschernde Geräusche | Mahlende Geräusche | Klopfende Geräusche | Klopfende Geräusche | Klappernde Geräusche | Singende Geräusche | Rasselnde Geräusche | Rasselnde Geräusche | Zischende Geräusche | Pfeifende Geräusche | Pfeifende Geräusche | Störfall / Ursache | Störfallerläuterung Seite | Störfallerläuterung Position | Fehlerbehebung Seite | Fehlerbehebung Werkstatt |
|---|---|---|---|---|---|---|---|---|---|---|---|---|---|---|---|---|---|
| ● | ● | ● | ● |  | ● | ● | ● |  | ● | ● |  | ● | Allgemein |  |  |  |  |
|  |  |  |  | ● |  |  |  | ● |  |  | ● |  | Typspezifisch |  |  |  |  |
|  |  |  |  |  |  |  |  |  |  |  | ● |  | Zahnriemen verhärtet | 118 | 20 |  | ● |
|  |  |  |  | ● |  |  |  |  |  |  | ● |  | Kühlflüssigkeitspumpe |  |  | 170 258 |  |
|  |  |  |  |  |  |  |  |  |  |  |  | ● | Generator blockiert |  |  |  |  |
|  |  |  |  |  |  |  |  |  |  |  |  | 1 | Abgasanlage undicht |  |  |  |  |
|  |  |  |  |  |  |  |  |  |  |  |  | 2 | Reibung zu groß | 139 | 103 |  |  |
|  |  |  |  |  |  |  |  |  |  |  |  | 3 | Bremsbeläge verschlissen |  |  | 230 234 |  |
|  |  |  |  |  |  |  |  |  |  | ● |  | ● | Zylinderkopfdichtung | 115 | 9 |  | ● |
|  |  |  |  |  |  |  |  | 3 |  |  |  |  | Zahnriemenspannung zu gering | 118 | 19 |  | ● |
| ● |  |  |  |  | 1 |  |  |  | 1 |  |  |  | Ventilsteuerung | 114 | 1 |  | ● |
|  |  |  |  |  |  |  |  |  | ● |  |  |  | Kettenradzähne der Nockenwelle verschlissen |  |  |  | ● |
|  |  |  |  |  |  |  |  |  | 2 |  |  |  | Ventilspiel zu groß |  |  | 270 | ● |
|  |  |  |  |  |  |  |  | ● | ● |  |  |  | Kipphebel verschlissen |  |  |  | ● |
|  |  |  |  |  | ● |  |  |  |  |  |  |  | Kipphebel locker |  |  |  | ● |
|  |  |  |  |  |  |  |  | ● | ● |  |  |  | Schlepphebel defekt |  |  |  | ● |
|  |  |  |  |  |  |  | ● |  | ● |  |  |  | Zahnräder | 140 | 107 |  | ● |
|  |  |  |  |  |  |  | 1 |  |  |  |  |  | Radlager |  |  | 306 | ● |
|  |  |  |  |  |  | 1 |  |  |  |  |  |  | Lose Verbindungen |  |  |  |  |
|  |  |  |  |  | 2 | ● |  |  |  |  |  |  | Pleuellager/Kurbelwellenlager | 115 | 8 |  | ● |
|  |  |  |  |  |  | 3 |  |  |  |  |  |  | Ventil klemmt | 114 | 3 |  | ● |
|  |  |  |  |  |  | 2 |  |  |  |  |  |  | Ventilfeder gebrochen |  |  |  | ● |
|  |  |  |  |  |  | ● |  |  |  |  |  |  | Nockenwelle beschädigt/verschlissen |  |  |  | ● |
|  |  |  |  |  | ● |  |  |  |  |  |  |  | Luft im Kraftstoffsystem |  |  |  |  |
|  |  |  |  |  | ● |  |  |  |  |  |  |  | Fremdkörper in einem Zylinder |  |  |  | ● |
|  |  |  |  |  | ● | ● |  |  |  |  |  |  | Kolbenverschleiß |  |  |  | ● |
|  |  |  |  |  | ● |  |  |  |  |  |  |  | Verbrennungsrückstände | 116 | 13 |  |  |
|  |  |  | ● |  |  |  |  |  |  |  |  |  | Getriebelager |  |  |  | ● |
|  |  | ● |  |  |  | ● |  |  |  |  |  |  | Kupplung | 139 | 96 |  | ● |
|  |  | 1 |  |  |  |  |  |  |  |  |  |  | Kupplungsspiel zu klein | 140 | 108 | 209 301 302 |  |
|  | 1 | ● |  |  |  |  |  |  |  |  |  |  | Motordrehzahl zu niedrig |  |  |  |  |
|  | 2 |  |  |  |  |  |  |  |  |  |  |  | Benzinqualität | 118 | 22 |  |  |
|  | 3 |  |  |  |  |  |  |  |  |  |  |  | Zündzeitpunkt | 135 | 80 | 202 204 296 | ● |
|  |  |  | ● |  |  |  |  |  |  |  |  |  | Getriebeschaden | 138 | 94 |  | ● |
|  |  |  | ● |  |  |  |  |  |  |  |  | ● | Generator | 150 | 157 | 258 | ● |
|  |  |  |  |  |  |  |  |  | ● |  |  |  | Primärkette schleift | 138 | 93 |  | ● |
|  |  |  |  |  |  |  |  |  | ● |  |  |  | Steuerkettenspanner defekt |  |  |  | ● |
| ● |  |  |  |  |  |  |  |  |  |  |  |  | Kolbenbolzenspiel zu groß | 114 | 4 |  | ● |

## Fahrverhalten

| Lastwechsel unruhig | Lastwechsel unruhig | Motorklopfen beim Beschleunigen bzw. bei hoher Drehzahl | Auspuffknallen im Schiebebetrieb | Ratternde Geräusche | Quietschende Geräusche im Leerlauf | Pfeifende Geräusche, wenn ausgekuppelt | Dröhnende Geräusche | Erhöhte Geräusche in der Kraftübertragung | Erhöhte Geräusche in der Kraftübertragung | Getriebegeräusche beim Schalten | Erhöhte Motorgeräusche | Störfall / Ursache | Störfallerläuterung Seite | Störfallerläuterung Position | Fehlerbehebung Seite | Fehlerbehebung Werkstatt |
|---|---|---|---|---|---|---|---|---|---|---|---|---|---|---|---|---|
| | ● | ● | ● | ● | ● | ● | ● | | ● | ● | | Allgemein | | | | |
| | | | | | | | | | | | ● | Einspritzer | | | | |
| ● | | | | | | | | ● | | | | Typspezifisch | | | | |
| | | | | | | | | | | | ● | Einspritzventile | | | 191 | |
| | | | | | | | | | | | ● | Drosselklappenschalter | | | 185 186 | |
| | | | | | | | | | | ● | | Kupplung | 139 | 96 | 209 | ● |
| | | | | | | | | ● | | | | Antriebsritzel verschlissen | | | | ● |
| | | | | | | | | ● | | | | Tellerrad verschlissen | | | | ● |
| | | | | | | | | ● | | | | Tellerradwelle und Abtriebsflansch verschlissen | | | | ● |
| ● | | | | | | | | | | | | Tellerrad-Abtriebswelle bzw. Radnabe verschlissen | | | | ● |
| | | | | | | | | ● | | | | Flankenspiel zwischen Ritzel und Tellerrad zu groß | | | | ● |
| | | | | | | | | 2 | | | | Ölstand im Endantrieb zu niedrig | | | 300 | |
| | | | 2 | | | | ● | | | | | Abgasanlage undicht | 138 | 90 | | |
| | | | | | | 1 | | | | | | Reibung zu groß | 139 | 103 | | |
| | | | | | | 2 | | | | | | Zahnräder | 140 | 107 | | ● |
| | | | | | ● | | | | | | | Ausrücklager | 139 | 102 | | ● |
| | | | | ● | | | | | | | | Tachowelle | | | 245 | |
| | | | 3 | | | | | | | | | Ansaugsystem undicht | | | | |
| | | | 1 | | | | | | | | | Leerlaufgemisch zu mager | | | | ● |
| | | 1 | | | | | | | | | | Frühzündung | | | | ● |
| | | 2 | | | | | | | | | | Wärmewert der Zündkerzen falsch | 133 | 78 | 295 | |
| | | | | | | | | ● | | | | Zahnflankenspiel zu groß | | | | ● |
| | | | | | | | | | ● | | | Lager defekt | | | | ● |
| | | | | | | | | | 1 | | | Zu wenig Öl in der Schwinge | | | | |
| | | | | | | | | | ● | | | Kupplungsnabe verschlissen | | | | ● |
| ● | | | | | | | | | | | | Kreuzgelenk verschlissen | | | | ● |
| ● | | | | | | | | | | | | Torsionsdämpfer verschlissen | | | | ● |
| ● | | | | | | | | | | | | Zahnräder im Endantrieb verschlissen | | | | ● |
| | ● | | | | | | | | | | | Verzahnung an der Kupplung verschlissen | | | | ● |
| | | | | | | | | | ● | | | Kupplungskorb locker/schlägt | | | | ● |
| | | | | | | | | | | | ● | Lagerspiel der Steuerketten-Führungsräder | | | | ● |

## Fahrverhalten

| Störfall / Ursache | Allgemein | Kupplungshydraulik | Trockenkupplung | Kupplungsspiel zu groß | Kupplungsspiel zu klein | Seilführung | Seilzug beschädigt | Seilzug ohne Fett | Verzahnung ohne Fett | Hydrauliksystem verstopft | Hydrauliksystem undicht | Hydraulikkolben klemmt | Luft im Hydrauliksystem | Flüssigkeitsstand zu tief | Stahlscheiben verzogen | Kupplungsbeläge verschlissen | Kupplungsbelag falsch | Kupplungsbeläge verhärtet | Kupplungszug falsch verlegt | Kupplungsbeläge heiß | Kupplung falsch eingestellt | Ausrückmechanismus defekt/verschmutzt | Ausrücklager verschlissen | Ausrückhebel verbogen | Kupplungsscheibe defekt | Spannung der Scheibenfeder zu schwach | Reibflächen am Schwungrad | Druckplatte/Druckfedern | Motorbefestigung locker | Getriebeantriebswelle falsch distanziert | Fertigungstoleranzen des Schwungrades bzw. der Kupplungsscheibe zu groß | Unwucht | Falsche Fahrweise | Kupplungsbeläge verölt |
|---|---|---|---|---|---|---|---|---|---|---|---|---|---|---|---|---|---|---|---|---|---|---|---|---|---|---|---|---|---|---|---|---|---|---|
| Fehlerbehebung – Werkstatt | | | | | | | | | | ● | | ● | | | ● | ● | ● | ● | | | | ● | ● | | ● | ● | ● | ● | | ● | ● | ● | | |
| Fehlerbehebung – Seite | | | | 209 301 3ↄ2 | 209 301 302 | | 208 | 322 | | 211 | | 209 | 211 | 303 | | | | | | 209 301 302 | 209 301 302 | 208 | | 208 | | | | | | | | | | |
| Störfallerläuterung – Position | | | | 109 | 108 | | | | | | | | | | | 97 | | 98 | | | | | | | | | | | | | | | 112 | 100 |
| Störfallerläuterung – Seite | | | | 1ᐸ0 | 140 | | | | | | | | | | | 139 | | 139 | | | | | | | | | | | | | | | 141 | 139 |
| Kupplungsbetätigung schwergängig | ● | | | ● | ● | ● | ● | ● | | | | | | | | | | | | | | | | ● | | | | | | | | | | |
| | | ● | | | | | | | | ● | | ● | | | | | | | | | | ● | | | | | | | | | | | | |
| | | | ● | | | | | | ● | | | | | | | | | | | | | | | | | | | | | | | | | |
| Kupplungsbetätigung schwammig | | ● | | | | | | | | ● | 3 | ● | 1 | 2 | | | | | | | | | | | | | | | | | | | | |
| Kupplung trennt nicht | ● | | | | | | | | | | | | | | ● | | | | | | ● | ● | | | | | | | | | | | | |
| | | ● | | | | | | | | | ● | 3 | 1 | 2 | | | | | | | | | | | | | | | | | | | | |
| Kupplung trennt ungenügend | ● | | | ● | ● | | | | | | | | | | ● | | | | | | 1 | 3 | | | | | | | | | | | | |
| | | ● | | | | | | | | | ● | 3 | 1 | 2 | | | | | | | | | | | | | | | | | | | | |
| | | | ● | | | | | | | | | | | | | ● | | | | | | | | | ● | | | | | | | | | |
| Kupplung schleift | ● | | | | 1 | | | | | | | | | | | 3 | | | ● | | 2 | | | | ● | ● | | | | | | | | |
| | | ● | | | | | | | | | | ● | | | | | | | | | | | | | | | | | | | | | | |
| | | | ● | | | | | | | | | | | | | | ● | | | | | | | | ● | | | ● | | | | | | ● |
| Kupplung rupft | | | ● | | | ● | | | | | | | | | | | ● | | | | 1 | 3 | 2 | | ● | | ● | ● | ● | ● | | | | |
| Kupplungshebel vibriert, wenn ausgekuppelt | ● | | | | | | | | | | | | | | | | | | | | 1 | | | | | | | | | | ● | 2 | | |
| Geräusche im auskuppelten Zustand | | | ● | | | | | | | | | | | | | | | | | | | | 1 | | ● | | | | | | | | | |
| Motordrehzahl hoch, Kraftübertragung gering | ● | | | | ● | | | | | | | | | | | ● | | | | | ● | | | | | | | | | | | | | |
| | | | ● | | | | | | | | | | | | | ● | | ● | | | | | | | | | | | | | | | | ● |
| Brandgeruch | | | ● | | | | | | | | | | | | | 1 | | | | 2 | | | | | | | | | | | | | | |
| Kupplungsbelagverschleiß hoch | | | ● | 1 | | | | | | | | | | | | | ● | | | | | | | | | | | | | | | | 2 | |

## Fahrverhalten

| Ursache \ Störfall | Keine Einstellmöglichkeit der Kupplung | Gänge springen heraus | Motorstillstand beim Auskuppeln | Kupplung trennt nicht | Gangwechsel unmöglich | Gangwechsel schwierig | Gangwechsel schwierig | Schaltung im Schiebebetrieb schwergängig | Schaltung hakt | Schaltung schwergängig | Kratzende Getriebegeräusche beim Schalten | Störfallerläuterung Seite | Störfallerläuterung Position | Fehlerbehebung Seite | Fehlerbehebung Werkstatt |
|---|---|---|---|---|---|---|---|---|---|---|---|---|---|---|---|
| Allgemein | ● | ● | ● | ● | ● | | ● | ● | ● | ● | ● | | | | |
| Kupplungshydraulik | | | | | | ● | | | | | | | | | |
| Kupplungsbelag klebt | | | | ● | | | ● | | | | ● | | | | ● |
| Ausrückhebel schwergängig | | | | | | | | | | | 1 | | | 208 | |
| Kupplungsseil | | | | | | | | | | | 2 | | | 208 | |
| Kupplungsseil gerissen | | | | | 1 | | | | | | | | | 208 | |
| Kupplung falsch eingestellt | | | | 1 | | | 1 | | | 1 | | | | 209 301 302 | |
| Kupplung schwergängig | | | | ● | | | ● | | | | | 141 | 111 | | |
| Kupplungsscheibe schlägt | | | | ● | | | ● | | | | | 140 | 105 | | ● |
| Kupplungsspiel zu groß | | | | 2 | | | 2 | | | | | 140 | 109 | 209 301 302 | |
| Reibung zwischen Ausrückplatte u. Ausrücklager zu groß | | | ● | | | | | | | | | 139 | 101 | | |
| Versagen der Kupplung | | | | | ● | | ● | | | | | 141 | 110 | | ● |
| Kupplungsbeläge oxydiert | | | | ● | | | | | | | | 139 | 99 | | ● |
| Mitnehmerscheibe | | | | ● | ● | | ● | | | | | 140 | 104 | | ● |
| Schaltgabeln defekt/ verschlissen | | | | | 2 | | 3 | | | ● | ● | | | | ● |
| Schaltmechnismus fehlerhaft zusammengebaut | | | | | | | ● | | | ● | | | | | ● |
| Zahnräder fehlerhaft zusammengebaut | | | | | | | ● | | | ● | ● | | | | ● |
| Schaltgabeln klemmen, Spiel zu groß | | 1 | | | | | ● | | ● | ● | | | | | ● |
| Verzahnung auf der Antriebswelle | | | | | | | | | | | ● | | | | ● |
| Kupplungsgestänge trocken | | | | | | | | | | 2 | | | | | |
| Nabenprofil defekt | | | | | | | | | | | ● | 140 | 106 | | ● |
| Schaltklauen verschlissen | | ● | | | | | | | | | | 138 | 95 | | ● |
| Getriebewellen wandern | | | | | | | ● | ● | | | | | | | ● |
| Getriebewellen falsch distanziert | | | | | | | ● | | | ● | ● | | | | ● |
| Getriebelager defekt | | | | | | | | | | | ● | | | | ● |
| Schaltklaue verbogen | | | | | | | ● | | | | | | | | ● |
| Schaltwelle verbogen | | ● | | | | | ● | | | | | | | | ● |
| Schaltwalzen beschädigt | | | | | | | ● | | | | | | | | ● |
| Distanzscheiben im Getriebe verschlissen | | | | | | | ● | | | | | | | | ● |
| Servozylinder der Kupplung klemmt | | | | | | ● | | | | | | | | 209 | |
| Gangräder verschlissen | | ● | | | | | | | | | | | | | ● |
| Schaltwalzenanschlag gerissen | | ● | | | | | | | | | | | | | ● |
| Zahnradmitnehmerklauen verschlissen | | 2 | | | | | | | | | | | | | ● |
| Kupplungsdruckstange | ● | | | | | | | | | | | | | | ● |

## Fahrverhalten

| Motorrad neigt zum Schlingern | Motorrad pendelt bei hoher Geschwindigkeit | Fahrzeugschwingungen zu stark | | Motorrad schlingert bei niedriger Geschwindigkeit | Richtungsstabilität schlecht | Lenkverhalten schlecht | Fahrverhalten in Kurven schlecht | Kraftübertragung unruhig | Getriebegeräusche erhöht | Schaltpedal nimmt Ruhestellung nicht ein | Kupplung greift erst am Ende des Hebelwegs | Störfall / Ursache | Störfallerläuterung Seite | Störfallerläuterung Position | Fehlerbehebung Seite | Fehlerbehebung Werkstatt |
|---|---|---|---|---|---|---|---|---|---|---|---|---|---|---|---|---|
| ● | | | ● | ● | ● | ● | ● | | ● | ● | ● | Allgemein | | | | |
| | ● | ● | | | | | | ● | | | | Typspezifisch | | | | |
| | | | | | | | | | | ● | | Rückzugsfeder erlahmt/gebrochen | | | | |
| | | | | | | | | | ● | | | Getriebewellen falsch distanziert | | | | ● |
| | | | | | | | | | 2 | | | Schaltgabeln schleifen | | | | ● |
| | | | | | | | | | 1 | | | Lager defekt | | | | ● |
| | | | | | | | | | ● | | | Spiel der Getrieberäder zu groß | | | | ● |
| | | | | | | | | 1 | | | | Kettenräder verschlissen | 141 | 115 | | |
| | | | | | | | | 2 | | | | Kette verschlissen | 141 | 113 | 212 | |
| | | | | | | | | 3 | | | | Kette falsch eingestellt | 141 | 114 | 303 | |
| | | | | | | | ● | | | | | Stoßdämpfer | 142 | 122 | 225 | |
| | | | | | | ● | | | | | | Lenker schadhaft | | | | |
| | | | | | | ● | | | | | | Radbefestigung locker | | | | |
| | | | | | | ● | | | | | | Lenkertyp falsch | | | | |
| ● | | | | ● | | ● | | | | | | Lenkkopflager beschädigt | | | 218 220 | ● |
| | | | | ● | | 1 | | | | | | Lenkkopflager locker/ausgeschlagen | | | 218 220 | ● |
| ● | | | | | 1 | | | | | | | Lenkkopflager zu fest angezogen | | | 218 307 | |
| | | | | | | 2 | | | | | | Speichen locker/fehlen | | | 306 | ● |
| | | | | | | ● | | | | | | Radbefestigung locker | | | | |
| | | | | | | ● | | | | | | Radgröße falsch | | | | |
| | | | | | 3 | 3 | | | | | | Federbeine ausgeschlagen/lose/beschädigt | | | 226 227 | ● |
| | | | | | 4 | 4 | | | | | | Schwinge ausgeschlagen/lose/beschädigt | | | 223 224 | ● |
| | | | | | ● | | | | | | | Stoßdämpfereinstellung ungleich | | | | ● |
| | | | | | ● | | | | | | | Rad falsch montiert | | | | |
| | | | | | ● | | | | | | | Vorderachse verbogen | | | 215 | ● |
| | | | | | 2 | | | | | | | Vordergabel verbogen | | | 217 | ● |
| | | | | | ● | | | | | | | Lager der Hinterrad-schwinge verschlissen | | | 223 224 | |
| | | ● | | | | | | | | | | Mitnehmerflansch defekt | | | | |
| | | ● | | | | | | ● | | | | Kreuzgelenk verschlissen | | | | |
| | ● | | | | | | | | | | | Verkleidung | | | | |
| | | | ● | | | | | | | | | Dämpfung der Telegabel schlecht | | | 217 | |
| | | | ● | | | | | | | | | Dämpfung der Federbeine schlecht | | | 226 227 | |
| | | | | | | | | ● | | | | Hinterrad-Endantrieb | | | | ● |
| | | | | | | | | | | | ● | Kupplungsbeläge verschlissen | 139 | 97 | | ● |

## Fahrverhalten

| Störfall / Ursache | Fehlerbehebung: Werkstatt | Fehlerbehebung: Seite | Störfallerläuterung: Position | Störfallerläuterung: Seite | Fahrverhalten schlecht | Lenkung schwergängig | Lenkung klemmt | Kratzende Geräusche beim Lenken | Kratzende Geräusche in der Vorderradfederung | Telegabel schwergängig | Reifen schleifen am Fahrwerk oder an der Radabdeckung | Fahrbahnkontakt bei Nässe schlecht | Vorderrad vibriert | Reifen verliert Luft | Reifensingen | Reifenquietschen | Motorrad flattert/pendelt | Lenker vibriert bei niedriger Geschwindigkeit | Lenker bewegt sich bei niedriger Geschwindigkeit nach links und rechts | Schwingungen erhöht |
|---|---|---|---|---|---|---|---|---|---|---|---|---|---|---|---|---|---|---|---|---|
| Allgemein | | | | | ● | ● | ● | ● | ● | ● | ● | ● | ● | ● | ● | ● | ● | ● | ● | |
| Typspezifisch | | | | | | | | | | | | | | | | | | | | ● |
| Sitz lose | | | | | ● | | | | | | | | | | | | | | | |
| Lenkkopflager beschädigt | ● | | | | ● | ● | ● | ● | | | | | | | | | ● | | | |
| Lenkkopflager locker | | 218 | | | ● | | | | | | | | | | | | ● | | | |
| Lenkkopflager zu fest angezogen | | 218 | | | | 1 | | | | | | | | | | | | | | |
| Telegabel | ● | 217 | | | 1 | | | | | | | | | | | | | | | |
| Federbeine | ● | 226 227 | 123 | 142 | 2 | | | | | | | | | | | | | | | |
| Reifenluftdruck zu gering | | | 116 | 141 | | ● | | | | | | | | | | ● | | | | |
| Standrohre verdreht oder verspannt | ● | 217 | | | | | | | | ● | | | | | | | | | | |
| Reifen zu breit | | 228 | | | | | | | | | ● | | | | | | | | | |
| Schutzblech verbeult | | | | | | | | | | | ● | | | | | | | | | |
| Reifenprofiltiefe zu klein | | 228 | | | | | | | | | | ● | | | | | ● | | | |
| Radunwucht des Vorderrades | ● | | 127.1 | 143 | ● | | | | | | | | ● | | | | | | ● | |
| Stoßdämpfer | ● | 225 | 122 | 142 | | | | | | | | | ● | | | | | | | |
| Reifen defekt | ● | 228 | 120 | 142 | | | | | | | | | | ● | | | ● | | | |
| Reifenventil | | | 117 | 142 | | | | | | | | | | ● | | | | | | |
| Reifenprofil ungünstig | | 228 | 118 | 142 | | | | | | | | | | | ● | | ● | | | |
| Reifenluftdruck falsch | | | | | | | | | | | | | | | | | 2 | 2 | ● | |
| Lenkungsdämpfer | ● | 219 | 124 | 142 | ● | | | | | | | | | | | | | | | |
| Radlager locker | | | | | | | | | | | | | | | | | 3 | | | |
| Radachse locker | | | | | | | | | | | | | | | | | 4 | | | |
| Spiel in den Radlagern | ● | | 127 | 143 | | | | | | | | | | | | | | 3 | ● | |
| Radlager verschlissen | ● | | | | | | | | | | | | | | | | | 4 | ● | |
| Felge verformt | ● | | 121 | 142 | | | | | | | | | | | | | ● | | | |
| Buchsen der Schwingen verschlissen | ● | 223 224 | | | | | | | | | | | | | | | 1 | | | |
| Vorderrad hat Höhenschlag | ● | | | | | | | | | | | | | | | | | ● | | |
| Vorderrad hat Seitenschlag | ● | | | | | | | | | | | | | | | | | ● | | |
| Reifenmontage schlecht | ● | | | | | | | | | | | | | | | | | 1 | ● | |
| Ungenügende Ölmenge in den Gabelholmen | | | | | | | | | ● | | | | | | | | | | | |
| Gleitrohr bzw. Führungsbuchsen verschlissen | ● | | | | | | | | ● | | | | | | | | | | | |
| Gabelbefestigung locker | | | | | | | | | ● | | | | | | | | | | | |
| Tachogetriebe ohne Fett | | | | | | | | | ● | | | | | | | | | | | |
| Räder laufen nicht genau hintereinander | ● | | | | ● | | | | | | | | | | | | | | | |
| Lampenverkleidung | | | | | | | | | | | | | | | | | ● | | | |
| Torsionsdämpfer | ● | | | | | | | | | | | | | | | | | | | ● |
| Kardanantrieb verschlissen | ● | | | | | | | | | | | | | | | | | | | ● |

## Fahrverhalten

| Allgemein | Bremshydraulik | Störfall / Ursache | Reifenluftdruck falsch | Gabel verbogen | Falsches Öl in den Gabelholmen | Ölkanäle verstopft | Stoßdämpfer defekt/verschlissen | Stoßdämpfereinstellung | Gabelfedern erlahmt | Zu wenig Öl in den Gabelholmen | Zu wenig Öl in den Stoßdämpfern | Federn der Hinterradschwinge erlahmt | Befestigung locker | Gabel falsch montiert | Reifenmontage schlecht | Räder spuren nicht | Schwinge verbogen | Radunwucht | Gabel verschlissen | Standrohre verschlissen | Lenkkopflager locker | Bremshydraulik | Bremsflüssigkeit zu heiß | Bremsleitung gebrochen | Bremsseil gerissen | Bremsgestänge gebrochen | Einstellung der Trommelbremse | Hauptbremszylinder | Spiel zwischen Betätigung u. Hauptbremszylinder zu klein | Ausgleichsbohrung im Hauptbremszylinder verstopft | Bremsscheibe defekt | Hinterradbremswelle korrodiert | Rückholfeder der Bremsbacken defekt/erlahmt | Radbremszylinder defekt/korrodiert | Bremstrommel unrund |
|---|---|---|---|---|---|---|---|---|---|---|---|---|---|---|---|---|---|---|---|---|---|---|---|---|---|---|---|---|---|---|---|---|---|---|---|
| Fehlerbehebung | | Werkstatt | | ● | | | ● | | ● | | | ● | | ● | ● | ● | ● | ● | ● | ● | | | | ● | | | | | | | | | | | ● |
| Fehlerbehebung | | Seite | | 217 | | | 225 | 225 | 215 | | | 223 224 | | | | | | | 217 | 217 | 218 | 310 311 237 | | 311 | | | 235 | 236 | | | | | | | |
| Störfallerläuterung | | Position | | | 126 | | | | | | | | | | | | | | | | | | | | | | 132 | 138 | | | | | | | |
| Störfallerläuterung | | Seite | | | 143 | | | | | | | | | | | | | | | | | | | | | | 144 | 145 | | | | | | | |
| ● | | Federung zu hart | 1 | ● | ● | ● | 3 | 2 | | | | | | | | | | | | | | | | | | | | | | | | | | | |
| ● | | Federung zu weich | ● | | | | | 1 | 2 | ● | ● | ● | | | | | | | | | | | | | | | | | | | | | | | |
| ● | | Hinterradschwinge verursacht Geräusche | | | | | ● | | | | ● | | ● | | | | | | | | | | | | | | | | | | | | | | |
| ● | | Motorrad schwingt auf unebener Straße | | | ● | | 1 | | | ● | | | | | | | | | | | | | | | | | | | | | | | | | |
| ● | | Gabel schlägt auf Anschlag | | | | | | | ● | ● | | | | | | | | | | | | | | | | | | | | | | | | | |
| ● | | Teleskopgabel klemmt | | ● | | | | | | | | | | ● | | | | | | | | | | | | | | | | | | | | | |
| ● | | Hinterrad schlägt auf Anschlag | | | | | ● | | | | | ● | | | | | | | | | | | | | | | | | | | | | | | |
| ● | | Motorrad zieht nach einer Seite | | ● | | | | | | | | | | | 1 | 2 | ● | | | | | | | | | | | | | | | | | | |
| ● | | Motorrad vibriert bei höheren Geschwindigkeiten | | | | | | | | | | | | | | | | ● | | | | | | | | | | | | | | | | | |
| ● | | Gabel vibriert beim Bremsen | | | | | | | | | | | | | | | | | ● | ● | 1 | | | | | | | | | | | | | | |
| ● | | Fußbremse ausgefallen | | | | | | | | | | | | | | | | | | | | | | | ● | ● | | | | | | | | | |
| | ● | Fußbremse ausgefallen | | | | | | | | | | | | | | | | | | | | ● | ● | 1 | | | | | | | | | | | |
| ● | | Bremse wird zu heiß | | | | | | | | | | | | | | | | | | | | | | | | | ● | | | | | | | | |
| | ● | Bremse wird zu heiß | | | | | | | | | | | | | | | | | | | | | | | | | | ● | ● | ● | | | | | |
| ● | | Rad blockiert beim Bremsen | | | | | | | | | | | | | | | | | | | | | | | | | | | | | ● | | | | ● |
| ● | | Rückstellung der Bremsen zu langsam | | | | | | | | | | | | | | | | | | | | | | | | | | | | | | ● | ● | | |
| | ● | | | | | | | | | | | | | | | | | | | | | | | | | | | | | | | | | ● | |

## Fahrverhalten

| Ursache \ Störfall | Bremshebel federt beim Betätigen | Bremshebelweg zu groß | | Bremshebelkraft erhöht | | Bremswirkung zu schwach | | Bremswirkung schwankend | Bremse zieht einseitig | Bremse rattert | Rad blockiert | Schleifende Geräusche | | Bremse quietscht | Bremsflüssigkeitsverlust | Bremsen lösen sich zu langsam | | Störfallerläuterung Seite | Störfallerläuterung Position | Fehlerbehebung Seite | Fehlerbehebung Werkstatt |
|---|---|---|---|---|---|---|---|---|---|---|---|---|---|---|---|---|---|---|---|---|---|
| | Bremshydraulik | Allgemein | Bremshydraulik | Allgemein | Bremshydraulik | Allgemein | Bremshydraulik | Allgemein | Allgemein | Allgemein | Allgemein | Allgemein | Bremshydraulik | Allgemein | Bremshydraulik | Allgemein | Bremshydraulik | | | | |
| Bremssystem undicht | ● | | ● | | | | ● | | | | | | | | ● | | | 146 | 140 | 311 310 | |
| Luft im Bremssystem | 1 | | 1 | | 1 | | 1 | | | | | | | | | | | 145 | 139 | 237 | |
| Bremsflüssigkeitsstand zu niedrig | ● | | | | | | | | | | | | | | | | | | | 310 311 | |
| Hauptbremszylinder | | | ● | | | | | | | | | | | | | | | 145 | 138 | 236 | ● |
| Bremstrommel schwergängig | | | | | | ● | | 2 | | 3 | | | | | | | | | | | |
| Bremsbeläge verschlissen | | | | 3 | | 1 | | | | 4 | | ● | | 1 | | | | 144 | 131 | 234 235 | |
| Bremsklötze verschlissen | | ● | | ● | | | | | 2 | 5 | | ● | | | | | | 144 | 133 | 230 | |
| Bremssattel | | | ● | | | | | | | | | | | | | | | 144 | 134 | 233 | ● |
| Bremsflüssigkeit zu heiß | | | ● | | | | ● | | | | | | | | | | | 146 | 142 | | |
| Dichtungen in der Bremszange undicht | | | 2 | | | | | | | | | | | | | | | | | 233 | ● |
| Dichtungen im Hauptbremszylinder undicht | | | ● | | | | | | | | | | | | | | | | | 236 | ● |
| Manschetten undicht | | | 3 | | | | | | | | | | | | | | | | | | |
| Einstellung der Trommelbremse | | | | ● | | 3 | | | | | | | | | | | | 144 | 132 | 235 | |
| Bremsbeläge glasiert | | | | 1 | | | | | | | | | | 2 | | | | | | 234 230 | |
| Bremsbeläge verölt | | | | 2 | | 2 | | | | | | | | | | | | | | 234 230 | |
| Bremsbelag ungeeignet | | | | | | | | | | | | | | ● | | | | | | 234 230 | |
| Kolben des Radbremszylinders klemmt | | | | | 3 | | | | | | | | 2 | | | | ● | | | | ● |
| Kolben des Bremssattels klemmt | | | | | 2 | | | | | | | | 1 | | | | ● | | | | ● |
| Bremsscheibe | | | | | | | | 1 | | | | | | | | | | 145 | 135 | 232 | |
| Spritzwasser | | | | | | ● | | | | | | | | | | | | 145 | 136 | | |
| Bremsscheibe läuft nicht parallel zum Bremssattel | | | | | | | | ● | ● | 1 | | | | ● | | | | | | | ● |
| Bremsgestänge verbogen/ausgeschlagen/verrostet | | | | ● | | | | | | | | | | | | ● | | | | | |
| Hydrauliksystem verstopft | | | | | ● | | | | | | | | | | | | | | | 315 | ● |
| Rad falsch ausgerichtet | | | | | | | | | ● | ● | | | | | | | | | | | ● |
| Vorderradbremse einseitig defekt | | | | | | | | | 1 | | | | | | | | | | | | ● |
| Bremszange falsch montiert | | | | | | | | | | 2 | | | | | | | | | | | ● |
| Bremse festgefroren | | | | | | | | | | | ● | | | ● | | | | | | | |
| Hydraulik | | | | | | | | | | | | | ● | | | | | 146 | 141 | | ● |
| Bremssattel falsch eingestellt | | | | | | | | | | | | | 3 | | | | | | | | ● |
| Bremsreibung sehr stark | | | | | | | | | | | | | | 3 | | | | 145 | 136 | | |
| Hohe Luftfeuchtigkeit | | | | | | | | | | | | | | ● | | | | | | | |
| Bremsbelag liegt nicht voll auf | | | | | | | | | | | | | | ● | | | | | | | |
| Rückzugsfeder der Bremsbacken | | | | | | | | | | | | | | | | ● | | | | | |

## Fahrwerk

| Stehbolzen gebrochen | Fehler am Fahrwerk | Schrauben locker | Teile des Fahrwerks abgebrochen/eingerissen/locker | Dämpferstangen der Federbeine krumm/gebrochen | Ölleck an der Teleskopgabel | Teleskopgabel setzt sich | Ölleck am Fahrwerk | Füße rutschen von Fußstützen | Lenker klemmt in Anschlagbereich, Kraftstofftank beschädigt | Reifen beschädigt | Auswaschungen des Reifenprofils | Reifenlebensdauer zu gering | Rahmenbruch | Störfall / Ursache | Störfallerläuterung Seite | Störfallerläuterung Position | Fehlerbehebung Seite | Fehlerbehebung Werkstatt |
|---|---|---|---|---|---|---|---|---|---|---|---|---|---|---|---|---|---|---|
| ● | ● | ● | ● | ● | ● | ● | ● | ● | ● | ● | ● | ● | ● | Allgemein | | | | |
| | | | | | | | | | | | | 1 | | Reifenluftdruck zu gering | 141 | 116 | | |
| | | | | | | | | | | | | ● | | Reifenmontage falsch | | | 228 | ● |
| | | | | | | | | | | | | ● | | Reifenbelastung zu hoch | | | | |
| | ● | | | | | | | | | | 1 | 2 | | Radunwucht | | | | ● |
| | | | | | | | | | | | ● | | | Radlagerspiel zu groß | | | | ● |
| | | | | | | | | | | | | ● | | Stoßdämpfer | 142 | 122 | 225 | |
| | | | | | | | | | | | | 3 | | Scharfe Fahrweise | | | | |
| | | | | | | | | | | 1 | | | | Speichen locker/fehlen | | | 306 | ● |
| | | | | | | | | | | ● | | | | Radbefestigung locker | | | | |
| | | | | | | | | | | ● | | | | Radgröße falsch | | | | |
| | | | | | | | | | 1 | | | | | Einstellung falsch | | | 307 | ● |
| | | | | | | | | | ● | | | | | Lenker schadhaft | | | 321 | |
| | | | | | | | | ● | | | | | | Fußstützen abgenützt bzw. beschädigt | | | | |
| | | | | | | | | | | | | | ● | Einbaulage des Motors | 143 | 130 | | ● |
| | | | | ● | | | | | | | | | | Gepäckträger falsch montiert | | | | |
| | | ● | ● | | | | | | | | | | ● | Vibrationen | 143 | 128 | | |
| | | | | | | ● | | | | | | | | Hydrauliköl zu dickflüssig | 142 | 125 | 307 | |
| | | | | | ● | | | | | | | | | Fertigungstoleranzen zu groß | | | | ● |
| | ● | | | | | | | | | | | | | Lenkkopflager zu fest oder zu locker | | | 307 | |
| | ● | | | | | | ● | | | | | | | Stoßdämpfer | 142 | 122 | 225 | |
| | ● | | | | | | | | | | | | | Stoßdämpfer mit falschem Drehmoment angezogen | | | | |
| | ● | | | | | | | | | | | | | Reifenluftdruck | | | | |
| | ● | | | | | | | | | | | | | Profiltiefe der Reifen kleiner als 3 mm | 142 | 119 | 228 | |
| ● | | | | | | | | | | | | | | Schwingungen | 143 | 129 | | ● |
| | | | | | | | | | | | | | ● | Korrosion | | | | ● |

## Hilfsanlagen

| Ursache \ Störfall | Ölleckagen | Ölverschmutzung zu stark | Ölleck am Fahrwerk | Kühlmittelschläuche zusammengedrückt | Kühlflüssigkeit im Ausgleichsbehälter bei kaltem Motor über Max.-Markierung | Auspuffende verölt | Batteriesäure tritt aus | Lebensdauer der Abgasanlage zu kurz | Batterie-Sulfatierung | Motorlauf lauter | Zündkerzen verrußt | Zündkerzenelektroden verbrannt | Störfallerläuterung Seite | Störfallerläuterung Position | Fehlerbehebung Seite | Fehlerbehebung Werkstatt |
|---|---|---|---|---|---|---|---|---|---|---|---|---|---|---|---|---|
| Allgemein | ● | | ● | | | ● | ● | ● | ● | ● | ● | ● | | | | |
| Schmieranlage | | ● | | | | | | | | | | | | | | |
| Flüssigkeitskühlung | | | | ● | ● | | | | | | | | | | | |
| Gehäuseabdichtung | ● | | | | | | | | | | | | 119 | 24 | | |
| Wellendichtungen | ● | | | | | | | | | | | | 119 | 23 | | ● |
| Ölfilter nicht gewechselt | | ● | | | | | | | | | | | | | 274 | |
| Zylinderkopfdichtung | | ● | | | | | | | | | | | 115 | 9 | | ● |
| Kolbenringe verschlissen | | ● | | | | | | | | | | | | | | ● |
| Entlüftung verstopft | ● | | | | | | | | | | | | | | | |
| Ölstand zu hoch | ● | | | | | | | | | | | | | | | |
| Simmerring undicht | | | 1 | | | | | | | | | | | | | ● |
| Belüftung verstopft | | | 2 | | | | | | | | | | | | | |
| Gabel undicht | | | ● | | | | | | | | | | | | | ● |
| Federbein undicht | | | ● | | | | | | | | | | | | | ● |
| Unterdruckventil | | | | ● | | | | | | | | | 124 | 41.2 | | |
| Löcher im Verschluß des Ausgleichsbehälters verstopft | | | | | ● | | | | | | | | | | | |
| Motorschmierung | | | | | | ● | | | | | | | 121 | 33 | | |
| Regler defekt | | | | | | | ● | | | | | | 151 | 159 | 256 | ● |
| Dichtung zwischen Zylinderkopf u. Ventildeckel undicht | ● | | | | | | | | | | | | | | | |
| Kurzstreckenbetrieb | | | | | | | | ● | | | ● | | 138 | 92 | | |
| Säuredichte falsch | | | | | | | | | ● | | | | | | | ● |
| Ladestrom falsch | | | | | | | | | ● | | | | | | | ● |
| Ölwechselintervall zu lang | | | | | | | | | | ● | | | | | | |
| Wärmewert der Zündkerzen falsch | | | | | | | | | | | ● | ● | 133 | 78 | 295 | |
| Kraftstoff-Luftgemisch zu fett | | | | | | | | | | | ● | | | | | ● |
| Kraftstoff-Luftgemisch zu mager | | | | | | | | | | | | ● | | | | ● |
| Ventilführung verschlissen | | | | | | | | | | | ● | | | | | ● |
| Kolben-/Zylinder verschlissen | | | | | | | | | | | ● | | | | | ● |
| Luftfilter verschmutzt | | | | | | | | | | | ● | | | | | |
| Benzinqualität schlecht | | | | | | | | | | | ● | | | | | |
| Zündkerzen locker | | | | | | | | | | | | ● | | | | |
| Motorüberhitzung | | | | | | | | | | | | ● | | | | |

## Elektrik

| Ursache \ Störfall | Stromverbraucher funktioniert nicht | Elektrische Anlage ausgefallen | Keine Batterieladung | Batterieladung zu schwach | Batterieladung zu stark | Sicherung durchgebrannt | Kein Signalton | Signalton schwach/unrein | Akustisches Dauersignal | Blinkanlage ausgefallen | Eine Blinklampe ausgefallen | Die zwei rechten oder linken Blinklampen ausgefallen | Blinkfrequenz erhöht | Rundfunkempfang anderer Verkehrsteilnehmer gestört | Fahrzeug nicht diebstahlsicher | Störfallerläuterung Seite | Störfallerläuterung Position | Fehlerbehebung Seite | Fehlerbehebung Werkstatt |
|---|---|---|---|---|---|---|---|---|---|---|---|---|---|---|---|---|---|---|---|
| Bordnetz | ● | ● | ● | | ● | ● | | | | | | | | | | | | | |
| Signalanlagen | | | | | | | ● | ● | ● | ● | ● | ● | ● | | | | | | |
| Sicherung | 1 | | | | | | 1 | | | 1 | | | | | | 152 | 164 | | |
| Stromunterbrechung | 2 | | 3 | | | | 2 | | | 2 | ● | 1 | 3 | | | 152 | 163 | 252 | |
| Bordspannung zu niedrig | 4 | | | | | | | 2 | | | | | | | | 149 | 154 | 318 | |
| Batterie defekt | ● | 2 | | ● | ● | | | | | | | | | | | 152 | 162 | 318 251 | ● |
| Batterie falsch angeschlossen | ● | ● | | | | | | | | | | | | | | 151 | 161 | | |
| Batterieanschlüsse schlecht | | 1 | | | | | | | | | | | | | | | | 319 | |
| Übergangswiderstand zu groß | 3 | | | 1 | | | | 1 | | | | | | | | 153 | 166 | 252 | |
| Stromverbraucher defekt | 5 | | | | | | | | | | | | | | | | | 252 | ● |
| Regler defekt | | | 1 | ● | ● | | | | | | | | | | | 151 | 159 | 256 | ● |
| Generator defekt | | | 2 | ● | | | | | | | | | | | | 150 | 156 | 257 258 | ● |
| Masseschluß/Kurzschluß | ● | | | | | ● | ● | | ● | ● | | | | | | 153 | 167 | 253 | |
| Masseanschluß schlecht | | | | | | | | | | ● | | | | | | | | 252 | |
| Verbindung zwischen Regler und Generator schlecht | | | | | ● | | | | | | | | | | | | | | |
| Signalhorn defekt | | | | | | | ● | ● | ● | | | | | | | | | 243 | |
| Signaltaste defekt | | | | | | | 3 | | | | | | | | | | | 252 | |
| Wackelkontakt | | | | ● | | | | 3 | | | | | | | | 152 | 165 | 252 | |
| Blinkgeber defekt | | | | | | | | | | 3 | | | | | | | | 241 | |
| Blinkschalter defekt | | | | | | | | | | 4 | | ● | | | | | | | |
| Blinklampe defekt | | | | | | | | | | | 1 | | 1 | | | | | | |
| Leistung der Blinklampe falsch | | | | | | | | | | | | | ● | | | | | | |
| Kontakt am Lampensockel schlecht | | | | | | | | | | | | | 2 | | | | | 252 | |
| Metallabschirmkappe fehlt | | | | | | | | | | | | | | 2 | | | | | |
| Entstörwiderstand | | | | | | | | | | | | | | 1 | | 137 | 87 | | |
| Funkentstörung | | | | | | | | | | | | | | ● | | 154 | 170 | | ● |
| Zündkabel defekt | | | | | | | | | | | | | | ● | | | | | |
| Zündkerze(n) falsch | | | | | | | | | | | | | | ● | | | | 295 | ● |
| Diebstahlsicherung fehlt | | | | | | | | | | | | | | | ● | | | | |
| Diebstahlsicherung defekt | | | | | | | | | | | | | | | ● | | | | |
| Schleifkohlen | | | ● | 2 | | | | | | | | | | | | 150 | 158 | 257 | ● |
| Wasser in der Fanfare | | | | | | | ● | ● | | | | | | | | | | | |
| Wasser im Blinkergehäuse | | | | | | | | | | ● | | | | | | | | | |
| Selbstentladung durch Verschmutzung | | | | ● | | | | | | | | | | | | | | | |

## Elektrik

| | Ursache | Reflektor | Scheinwerferglas innen beschlagen | Scheinwerfer zu tief eingestellt | Scheinwerfer zu hoch eingestellt | Scheinwerfereinstellung schräg | Scheinwerferlampe defekt | Lichtschalter defekt | Glühlampe defekt | Kontakt am Lampensockel schlecht | Leistung der Glühlampe zu gering | Reflektor korrodiert/matt | Abdeckscheibe falsch | Glühlampe geschwärzt | Bremslichtschalter defekt | Sicherung | Stromunterbrechung | Übergangswiderstand zu groß | Wackelkontakt | Erschütterungen | Bordspannung zu hoch | Batterie entladen | Batterie defekt | Rückstrahler fehlt | Rückstrahler verschmutzt | Anordnung ungünstig | Gehäuse undicht |
|---|---|---|---|---|---|---|---|---|---|---|---|---|---|---|---|---|---|---|---|---|---|---|---|---|---|---|---|
| Fehlerbehebung | Werkstatt | | | ● | ● | ● | | | | | | | | | | | | | | | ● | | ● | | | | |
| | Seite | | | 317 | 317 | 317 | 240 | | | | | | | | | | 252 | | | | | 251 | 251<br>318 | | | | |
| Störfallerläuterung | Position | 143 | | | | | | | | | | | | 144 | | 164 | 163 | 166 | 165 | 145 | 155 | | 162 | | | | 146 |
| | Seite | 146 | | | | | | | | | | | | 146 | | 152 | 152 | 153 | 152 | 147 | 149 | | 152 | | | | 147 |
| Beleuchtung | Störfall | | | | | | | | | | | | | | | | | | | | | | | | | | |
| ● | Beleuchtung schwach | | | | | | | | | | | | | | | | | ● | | | | 1 | 2 | | | | |
| ● | Fahrbahnausleuchtung schlecht bzw. zu weit | 1 | 2 | ● | ● | ● | | | | | | | | | | | | | | | | | | | | | |
| ● | Fern- bzw. Abblendlicht ausgefallen | | | | | | 3 | 4 | | | | | | | | 1 | 2 | | | | | | | | | | |
| ● | Standlicht ausgefallen | | | | | | | | 1 | 2 | | | | | | ● | 3 | | | | | | | | | | |
| ● | Schlußleuchte brennt nicht | | | | | | | ● | 1 | 2 | | | | | | | 3 | | | | | | | | | | ● |
| ● | Schlußleuchte brennt zu schwach | | | | | | | | | 1 | 3 | ● | ● | ● | | | | 2 | | | | | | | | | |
| ● | Kennzeichenbeleuchtung ausgefallen | | | | | | | ● | 1 | 2 | | | | | | ● | 3 | | | | | | | | | | ● |
| ● | Kennzeichenbeleuchtung zu schwach | | | | | | | | | 1 | 3 | ● | ● | ● | | | | 2 | | | | | | | | | |
| ● | Bremslicht ausgefallen | | | | | | | | 1 | 3 | | | | | 2 | | 4 | | | | | | | | | | ● |
| ● | Bremslicht schwach | | | | | | | | | 1 | 3 | ● | ● | ● | | | | 2 | | | | | | | | | |
| ● | Häufiger Lampendefekt | | | | | | | | | | | | | | | | | | 2 | 1 | 3 | | | | | | |
| ● | Fern- oder Abblendlicht flackert | | | | | | | | | | | | | | | | | | ● | | | | | | | | |
| ● | Fahrzeugerkennung bei Dunkelheit schlecht | | | | | | | | | | | | | | | | | | | | | | | ● | 1 | ● | |

# Elektrik

| Störfall / Ursache | Ladekontrollampe leuchtet bei eingeschalteter Zündung nicht | Ladekontrollampe leuchtet oder glimmt während des Motorlaufs | Ladekontrollampe flackert | Öldruckkontrollampe leuchtet bei eingeschalteter Zündung und Motorstillstand nicht | Öldruckkontrollampe leuchtet während des Motorlaufs | Messung ausgefallen | Meßwert falsch | Zeitweiser Ausfall einer Messung bzw. Meldung | Tachoanzeige falsch | Instrumentenbeleuchtung ausgefallen | Kontrollampe ausgefallen | Bremslicht ausgefallen | Störfallerläuterung Seite | Störfallerläuterung Position | Fehlerbehebung Seite | Fehlerbehebung Werkstatt |
|---|---|---|---|---|---|---|---|---|---|---|---|---|---|---|---|---|
| Instrumentierung | ● | ● | ● | ● | ● | ● | ● | ● | ● | ● | ● | ● | | | | |
| Stromunterbrechung | ● | | | 3 | | 3 | | ● | | 2 | 2 | 2 | 152 | 163 | 252 | |
| Spannungsdifferenz | | ● | | | | | | | | | | | 151 | 160 | | ● |
| Regler defekt | | 2 | | | | | | | | | | | 151 | 159 | 256 | ● |
| Generator defekt | | ● | | | | | | | | | | | 150 | 156 | 257 | ● |
| Plusdiode des Generators hat Kurzschluß | ● | | | | | | | | | | | | | | | ● |
| Kohlen des Generators verschlissen | 1 | 1 | | | | | | | | | | | | | 257 258 | ● |
| Wicklung des Generatorläufers defekt | | ● | | | | | | | | | | | | | 257 258 | ● |
| Übergangswiderstand im Erregerkreis zu hoch | | ● | | | | | | | | | | | | | | ● |
| Gleichrichterdiode hat Masseschluß | | ● | | | | | | | | | | | | | | ● |
| Sicherung | ● | | | | | 1 | | | | 1 | | 4 | 152 | 164 | 252 | |
| Batterieladung zu niedrig | ● | | | | | | | | | | | | 149 | 153 | 318 251 255 | |
| Batterie defekt | ● | | | ● | | | | | | | | | 152 | 162 | 318 251 | ● |
| Masseschluß/Kurzschluß | | ● | | ● | | | | | | | | | 153 | 167 | 253 | |
| Masseverbindung schlecht | 2 | | | | | | | | | | | | | | 252 | |
| Leitungsanschlüsse locker oder oxydiert | 3 | ● | | | | | | | | | | | | | 252 | |
| Übergangswiderstand zu groß | ● | ● | | | | | 1 | | | | | | 147 | 149 | 252 | |
| Wackelkontakt | | | ● | ● | | | | ● | | | | | 148 | 150 | 252 | |
| Keine Batterieladung | ● | | | | | | | | | | | | 147 | 147 | 256 257 252 | |
| Öltemperatur zu groß | | | | | 2 | | | | | | | | | | 166 167 276 | |
| Schmierölmenge zu gering | | | | | 1 | | | | | | | | | | | |
| Öldruckschalter defekt | | | | 1 | 3 | | | | | | | | | | 249 | |
| Überdruckventil bleibt offen | | | | | 4 | | | | | | | | | | 275 274 | |
| Ölpumpe | | | | | ● | | | | | | | | | | 275 | ● |
| Öldruck zu niedrig | | | | | ● | | | | | | | | 148 | 151 | 275 166 | |
| Steckverbindung am Öldruckschalter | | | | 2 | | | | | | | | | | | 252 | |
| Glühlampe defekt | ● | | | ● | | | | | | | 1 | | | | | |
| Anzeiger | | | | | | 4 | | | | | | 3 | | | 248 | |
| Meßwertgeber | | | | | | 2 | 2 | | | | | | | | | |
| Meßfehler | | | | | | | | | ● | | | | 147 | 148 | | |
| Zündschalter defekt | ● | | | | | | | | | | | | | | 207 | |
| Lichtschalter defekt | | | | | | | | | | ● | | | | | | |
| Bremslichtschalter | | | | | | | | | | | | 1 | | | 238 | |
| Lampenfassung | | | | | | | | | | | ● | | | | | |
| Meßwelle gelöst/gebrochen | | | | | | ● | | | | | | | | | | |
| Ölfilter verstopft | | | | | ● | | | | | | | | | | 274 276 | |
| Öldruck zu gering | | | | | ● | | | | | | | | 21 | 30 | 275 166 | |

## 3.2 Störfallerläuterungen

**Motor**

| P | A | VT | Erläuterung der Störfallursache |
|---|---|---|---|
| 1 | | ● | **Störfallursache: Ventilsteuerung**<br>Eine Verstellung der Ventilsteuerung tritt ein, wenn der Zahnriemen einen oder mehrere Zähne des auf der Kurbelwelle sitzenden Zahnrads überspringt, d. h. wenn sich der Zahnriemen, z. B. durch Schmutz, kurzzeitig abhebt. In diesem Fall werden die Motorventile nicht mehr zum richtigen Zeitpunkt geöffnet bzw. geschlossen.<br>Ein sich nach oben bewegender Kolben kann ein geöffnetes Ventil zerstören und auch den Kolbenboden durchschlagen. |
| 2 | | ● | **Störfallursache: Ventilspiel**<br>Ist das Ventilspiel zu klein, schließen die Ventile nicht vollkommen. Während der Verdichtung entweichen Gase in den Ansaug- bzw. Abgaskanal; der Kompressionsdruck und die volle Motorleistung werden nicht erreicht. Außerdem ist der Wärmeübergang zwischen den heißen Ventilen und den kühleren Ventilsitzringen nicht mehr gewährleistet. Folglich verbrennen die Ventile und Ventilsitzringe, da sie ständig von heißen Gasen umgeben sind. Die Folge sind Glühzündungen, ein durchbrennen der Zylinderkopfdichtung, festsitzende Kolbenringe und Kolbenfresser.<br>Ein zu großes Ventilspiel zeigt sich durch rasselnde Geräusche. Die Ventile öffnen später, wodurch die Zylinderfüllung geringer wird und die Motorleistung sinkt. |
| 2.1 | | ● | **Störfallursache: Einlaßventil defekt**<br>Während der Verdichtung und Verbrennung gelangen durch ein undichtes Einlaßventil Kraftstoff-Luftgemisch und heiße Verbrennungsgase ins Einlaßsystem. |
| 2.2 | | ● | **Störfallursache: Auslaßventil defekt**<br>Schließt der Ventilteller eines Auslaßventils nicht vollkommen, strömen während der Verdichtung bzw. Verbrennung Kraftstoff-Luftgemisch bzw. unverbranntes Benzin in den Auspuff und entzündet sich dort. |
| 3 | | ● | **Störfallursache: Ventil klemmt**<br>Ölkohleablagerungen im Ventilschaft führen zum Klemmen der Ventile. |
| 4 | ● | | **Störfallursache Kolbenbolzenspiel zu groß**<br>Tritt bei Motoren mit hoher Laufleistung, vor allem im Leerlauf, in Erscheinung. Der Motor kann aber noch einige 10 000 km durchhalten. |
| 5 | ● | | **Störfallursache: Kolben verschlissen**<br>Auffallend niedriger Ölverbrauch läßt auf einen Kolbenschaden schließen beziehungsweise auf ein zu großes Kolbenspiel. In diesem Fall wird das Öl mit Kraftstoff verseucht.<br>Bei fortgeschrittenem Kolbenverschleiß gelangen Verbrennungsgase als Flamme zwischen Zylinderwand und Kolbenringe in das Kurbelgehäuse. In diesem Zustand entweichen bei abgenommenem Ölnachfüllstutzen Ölschwaden. |
| P = Position; A = Allgemein; VT = Viertakter | | | |

**Motor**

| P | A | T | Erläuterung der Störfallursache |
|---|---|---|---|
| 6 | | ● | **Störfallursache: Kolbenfresser**<br>Ein Kolbenfresser entsteht durch Motorüberhitzung oder ungenügender Motorschmierung. Letzteres kann eintreten, wenn der Öltankbelüftungsschlauch an heißen Teilen zusammenschmilzt. In diesem Fall ist die Schmierung unterbrochen, da sich der atmosphärische Luftdruck nicht mehr im Ölbehälter auswirken kann und somit Unterdruck entsteht. Auf eine exakte Verlegung ist zu achten. |
| 7 | ● | | **Störfallursache: Kurbelwelle**<br>Die Folge einer schlecht ausgewuchteten Kurbelwelle sind starke Vibrationen und ein Kurbelwellenschaden. Preßpassungen verdrehen sich im Fahrbetrieb. |
| 8 | | ● | **Störfallursache: Pleuellager/Kurbelwellenlager**<br>Die Klopfgeräusche treten verstärkt bei warmem Motor auf, da bei Betriebstemperatur das Öl dünnflüssiger ist, sowie bei hoher Drehzahl. |
| 9 | | ● | **Störfallursache: Zylinderkopfdichtung**<br>Zylinderkopfdichtungen brennen bei Zündungsklopfen oder Kühlmittelverlust durch, da in jedem Fall der Motor zu heiß wird.<br>Eine undichte Zylinderkopfdichtung dichtet die Verbrennungsräume nicht mehr vollkommen vom Kühlmittelkreislauf und läßt somit beim Ansaugtakt (Unterdruck im Verbrennungsraum) Kühlflüssigkeit in den Zylinder, und während der Verdichtung bzw. Verbrennung Gase in das Kühlsystem und Wasser in den Schmierkreislauf eindringen. Ferner kann sich im Endrohr der Abgasanlage nach kurzer Fahrstrecke Feuchtigkeit (heiße Abgase enthalten Wasser, das im relativ kühlen Endrohr kondensiert) bilden. Während des Motorlaufs können bei geöffnetem Kühlerverschluß Luftbläschen im Kühlmittel beobachtet werden.<br>Auf dem Öl des gezogenen Ölmeßstabes zeigen sich Wassertropfen bzw. eine schmierige hellgraue Masse (Öl mit Wasser vermischt) auf dem abgenommenen Deckel des Ölnachfüllstutzens.<br>Tritt bei dichter Kühlanlage Kühlflüssigkeitsverlust auf oder entweichen bei warmem Motor oder sommerlichen Außentemperaturen weiße Abgase, ist obige Diagnose bestätigt. Weiße Abgase bei tiefen Außentemperaturen sind normal, das es sich in diesem Fall um Wasserdampf handelt, ein Verbrennungsprodukt, das in kalter Luft kondensiert.<br>Abhilfe:<br>Zunächst sind die Zylinderkopfschrauben mit vorgeschriebenem Drehmoment nachzuziehen. Führte diese Maßnahme nicht zum Erfolg, muß die Zylinderkopfdichtung ausgetauscht werden. Neue Zylinderkopfschrauben verwenden. In jedem Fall ist anschließend ein Ölwechsel notwendig. |

P = Position; A = Allgemein; T = Typspezifisch

## Motor

| P | A | T | Erläuterung der Störfallursache |
|---|---|---|---|
| 10 | | ● | **Störfallursache: Motorüberhitzung**<br>Übersteigt die Temperatur der Kühlflüssigkeit den Sollwert, ist der Öl- und Kühlflüssigkeitsstand zu überprüfen und gegebenenfalls auf den Sollwert zu bringen. Ist bereits ein Blockieren des Motors eingetreten, kann bei genügend Schmieröl ein Startversuch unternommen werden. Zuvor bei eingelegtem vierten Gang und gelöster Bremse etwas vor- und rückwärtsschieben. Anschließend Startversuch wiederholen.<br>Gelingt kein Start, ist das Motorrad abzutransportieren, ansonsten kann mit einer Geschwindigkeit von maximal 50 km/h in die nächste Werkstatt gefahren werden. |
| 10.1 | | ● | Bei einem Zweitakter kann der Kolbenboden durchbrennen. Der Kompressionsdruck sinkt schlagartig auf Null. |
| 11 | | ● | **Störfallursache: Fahrtechnik**<br>Hat sich der Motor durch falsche Fahrtechnik (niedrige Drehzahl bei hoher Belastung z. B. bei Paßfahrten) überhitzt, ist anzuhalten und der Motor nach etwa 3 Minuten stillzusetzen.<br>Bei einem durch Elektromotor betriebenem Kühlergebläse setzt man zweckmäßigerweise den Motor still, wobei das Gebläse so lange weiterläuft, bis das Kühlwasser wieder eine niedrigere Temperatur erreicht hat.<br>Eine Weiterfahrt ist nur ratsam, wenn die Kühlmitteltemperatur bis auf den unteren Betriebswert abgesunken ist. Wenn nötig, ist die Motorbelastung zu drosseln. |
| 12 | ● | | **Störfallursache: Fahrweise**<br>Wird nach einem Kaltstart nicht zügig gefahren, verlängert sich die Warmlaufphase, d. h. der Motor erreicht seine Betriebstemperatur relativ spät. Dadurch bilden sich Verbrennungsrückstände, die Motorleistung sinkt und der Kraftstoffverbrauch steigt.<br>Ferner wird eine Kraftstoffersparnis erzielt, wenn vor einer rot zeigenden Ampel rechtzeitig Gas zurückgenommen und auf größere Beschleunigung verzichtet wird, also bei einer defensiven Fahrweise.<br>Werden Gänge zwecks Abbremsung heruntergeschaltet, steigt die Motordrehzahl und somit der Kraftstoffverbrauch. |
| 13 | ● | | **Störfallursache: Verbrennungsrückstände**<br>Zur Beseitigung von abgelagerten Verbrennungsrückständen im Motor, die beim Fahren unterhalb der Betriebstemperatur des Motors entstehen, also im Kurzstreckenverkehr, muß der Motor zur Erzielung des Reinigungseffektes längere Zeit mit höherer Betriebstemperatur gefahren werden. Diese wiederum kann nur durch eine hohe Leistungsabgabe, z. B. während einer Autobahnfahrt, erreicht werden.<br>Dem Kraftstoff ein Reinigungsmittel (z. B. Autol Desolite) beigeben.<br>Rückstände verkleinern den Verbrennungsraum, erhöhen den Kompressionsdruck und erschweren dadurch die Zündung.<br>Nach einem Kurzstreckenbetrieb von 500 km können sich bereits soviel Verbrennungsrückstände gebildet haben, daß sie zu Glühzündung führen. Nach längerem Kurzstreckenbetrieb Motor nicht sofort längere Zeit voll belasten. |

P = Position; A = Allgemein; T = Typspezifisch

| P | A | T | Erläuterung der Störfallursache |
|---|---|---|---|
| | | | Ferner entstehen bei der Verbrennung Schlammkeime, die in die Ölwanne gelangen, sich dort ablagern und zu Ölschlamm führen können. Der anfangs weiche Ölschlamm wird im Laufe der Zeit (insbesondere durch hohe Temperaturen) steinhart. Zur Kontrolle ist mit einer Taschenlampe in den Ölnachfüllstutzen zu leuchten und der Ölzustand zu überprüfen. Sind die Motorteile mit einer schwarzen Schicht überzogen, sollte umgehend eine gründliche Reinigung der Ölwanne, Ölpumpe und Ölleitungen durchgeführt werden und ein Öl- und Ölfilterwechsel erfolgen. Ist der Ölschlamm bereits verkrustet, sind diese Maßnahmen erfolglos.<br>Gegenmaßnahmen: Kurze Ölwechselintervalle, Langstreckenverkehr und die Verwendung von Öl mit schlammverhindernden Eigenschaften. |
| 14 | | ● | **Störfallursache: Motorverschleiß**<br>Bei durchschnittlicher Fahrweise (keine rasanten Autobahnfahrten bei hohen Außentemperaturen, weil dadurch das Schmieröl sehr dünnflüsig) deutet ein erhöhter Ölverbrauch auf verschlissene Motorteile (Kolbenringe, Ventilführung) hin. Liegt der Ölverbrauch zu niedrig, kann eine Ölverdünnung durch Kondensate aus Wasser und Kraftstoff (beim Kurzstreckenverkehr in der kalten Jahreszeit) bzw. durch das Kühlmedium (Zylinderkopfdichtung defekt) vorliegen.<br>Sind die Ventilschaftabdichtungen schadhaft, zeigt sich beim Start eines heißen, etwa 10 Minuten abgestellten Motors eine dunkle Abgaswolke.<br>Bläuliche Abgase werden durch verbranntes Motoröl verursacht, das durch verschlissene Kolben, Kolbenringe oder über die Ventilführungen in den Verbrennungsraum gelangt.<br>Schlägt sich Öldunst am Endrohr der Abgasanlage nieder, ist eine Ventilführung defekt. |
| 15 | ● | | **Störfallursache: Zylinderkopf defekt**<br>Der Zylinderkopf kann gerissen sein oder sich verzogen haben. |
| 16 | | ● | **Störfallursache: Kompressionsdruck zu gering**<br>Ein zu niedriger Kompressionsdruck entsteht durch ein zu großes Spiel zwischen Kolbenringe und Zylinder, indem ein Teil der unter hohem Druck stehenden Verbrennungsgase in das Kurbelwellengehäuse gelangt. Dieser Motorschaden zeigt sich durch austretende Blasen oder Ölschwaden aus dem geöffneten Ölnachfüllstutzen bei laufendem Motor, da im Kurbelwellengehäuse ein Druckanstieg erfolgt. Treten keine Blasen aus liegt ein Verschleiß der Ventile vor.<br>Ein sprunghafter Meßwertanstieg bei jeder Umdrehung läßt auf ein verbranntes Ventil oder klemmende Ventilführung schließen. Zur Eingrenzung der Fehlerquelle sind etwa 5 Kubikzentimeter Motoröl in das Kerzenloch des Zylinders mit dem schlechten Meßergebnis zu geben, was eine Abdichtung an den Kolbenringen zur Folge hat, und anschließend ist die Messung zu wiederholen. Ist keine Besserung eingetreten, so weist das auf undichte Ventile hin. Ansonsten dürfte ein Defekt bzw. Verschleiß an den Kolben oder Kolbenringen, eventuell auch ein unrunder Zylinder, eine undichte Zylinderkopfdichtung oder zu knapp eingestellte Ventile die Ursache zu geringen Kompressionsdrucks sein.<br>Weicht der Kompressionsdruck um 1 bar vom Sollwert ab, liegt er noch im Toleranzbereich. |
| 16.1 | ● | | **Störfallursache: Kompressionsdruck zu hoch**<br>Ein zu hoher Kompressionsdruck entsteht durch starke Ölkohleablagerungen auf den Kolbenböden. In diesem Fall sind die Kolben zu entkohlen. |

P = Position; A = Allgemein; T = Typspezifisch

| P | A | T | VT | Erläuterung der Störfallursache |
|---|---|---|---|---|
| 17 | | ● | | **Störfallursache: Turbolader blockiert**<br>Ein Blockieren des Turboladers kann durch Fremdkörper in der Turbine oder im Lader bzw. durch Festfressen infolge zu hoher Abgastemperaturen und ungenügender Schmierung hervorgerufen werden.<br>Der Motor soll nicht unmittelbar nach einem Kaltstart hoch belastet werden, da zu diesem Zeitpunkt noch keine ausreichende Schmierung des Turboladers besteht.<br>Zur Vermeidung von Wärmestaus sollte der Motor nach einem Vollastbetrieb nicht sofort abgestellt werden. |
| 18 | | | ● | **Störfallursache: Bruch eines Motorteils**<br>Bei Überdrehzahl, d. h. bei Überschreiten der höchstzulässigen Drehzahl (z. B. > 8500 1/min) arbeitet die Ventilsteuerung nicht mehr einwandfrei. Die Ventilfedern flattern, Ventilfedern, Ventile und Kipphebel können brechen und Stößelstangen verbiegen sich. Abgerissene Ventile fallen in den Verbrennungsraum auf den entsprechenden Kolben. Ein größerer Motorschaden ist die Folge. Ein Kurbelwellenbruch kann durch lokkere Lagerböcke verursacht werden. |
| 19 | | | ● | **Störfallursache: Zahnriemenspannung zu gering**<br>Der Zahnriemen wird durch den Zahnriemenspanner ständig gespannt. Ist jedoch die Zahnriemenlängung so groß, daß der Zahnriemen nicht mehr ausreichend gespannt gehalten werden kann, zeigt sich dies durch erhöhte Motorgeräusche. |
| 20 | | | ● | **Störfallursache: Zahnriemen verhärtet**<br>Verschwindet das pfeifende Geräusch nach etwa 5 Minuten eines Kaltstarts, kann die Ursache ein verhärteter Zahnriemen sein. Die Lebensdauer des Zahnriemens wird dadurch nicht verkürzt. |
| 21 | | | ● | **Störfallursache: Zahnriemen gerissen**<br>Der Zahnriemen treibt die Nockenwelle. Ein Bruch des Zahnriemens führt zum Motorstillstand. |
| 22 | ● | | | **Störfallursache: Benzinqualität**<br>Tritt das Klingeln im unteren Drehzahlbereich bei starkem Gasgeben auf, ist die Benzinqualität unzureichend.<br>Enthält der Kraftstoff zuviel Alkohol (Methanol), wird die in der DIN-Norm festgelegte Oktanzahl nicht erreicht. Ferner entstehen dadurch Korrosionsschäden an Leichtmetallen, z. B. am Vergasergehäuse. |

P = Position; A = Allgemein; T = Typspezifisch; VT = Viertakter

| P | A | T | Erläuterung der Störfallursache |
|---|---|---|---|
| 23 | ● | | **Störfallursache: Wellendichtungen**<br>Es kann ein undichter Dichtring auf der Nocken- oder Schaltwelle sein. |
| 24 | | ● | **Störfallursache: Gehäuseabdichtung**<br>In Frage kommen: Kurbelwellendichtungen Kurbelgehäusedeckeldichtung, Ventildeckeldichtung, Zylinderkopfdichtung (falsch eingebaut) oder der Steuerkettenschacht. Außerdem kann die Ölwanne Risse bekommen, vor allem wenn die Ölablaßschraube in einem Aluminiumdeckel zu stark angezogen wurde.<br>Das Überprüfen des Motorblocks auf Dichtheit erfolgt rein visuell. Sofern erforderlich, neue Dichtungen einsetzen bzw. Schrauben nachziehen. |
| 25 | | ● | **Störfallursache: Motoröl dickflüssig**<br>Bei tiefen Temperaturen Motor mittels Kickstarter einige Male vor dem Elektrostart durchtreten. Dadurch werden die Lager von klebendem Öl befreit. Ein zu dickflüssiges Motoröl vermindert, vor allem bei kaltem Motor, die Schmierung und bremst den Motorlauf (Kurbelwelle taucht ins Motoröl).<br>Motoröl wird vor allem durch Verbrennungsrückstände dickflüssig.<br>Solange die Betriebstemperatur des Motors nicht erreicht ist, sollten 80 km/h nicht überschritten werden. |
| 26 | | ● | **Störfallursache: Entlüfter des Ölsystems verstopft**<br>Der Entlüfter verhindert die Entstehung eines Überdrucks im Kurbelgehäuse durch eindringende Verbrennungsgase und stellt einen geringen Unterdruck sicher. Hierbei handelt es sich um ein Schnüffelventil oder einen Drehschieber, der mit Kurbelwellendrehzahl angetrieben wird. Durch den im Kurbelgehäuse herrschenden Unterdruck gelangt kein Motoröl nach außen. |

P = Position; A = Allgemein; T = Typspezifisch

| P | A | Erläuterung der Störfallursache |
|---|---|---|
| 27 | ● | **Störfallursache: Schmierölmenge zu klein**<br>Ein kurzzeitiges Aufleuchten der Öldruckkontrolleuchte während einer Kurvenfahrt weist auf zu wenig Öl im Motor hin. Bei ständigem Aufleuchten wärend der Fahrt ist umgehend anzuhalten, um einen möglichen Motorschaden zu vermeiden. Ist der Motorölstand bis unter die Min-Markierung des Ölmeßstabes abgesunken, muß vor der Weiterfahrt Öl nachgefüllt werden.<br>Ein zu langes Aufleuchten beim Motorstart läßt auf zu dünnflüssiges Öl schließen. |
| 28 | ● | **Störfallursache: Schmierölmenge zu groß**<br>Ist zu viel Öl im Motor, gelangt über die Kurbelgehäuse-Entlüftung verstärkt Motoröl ins Luftfiltergehäuse. Dieser Öldunst wird mit Ansaugluft in den Vergaser und in die Verbrennungsräume gesaugt, was zu einer Verschmutzung des Vergasers und zur Erhöhung von Verbrennungsrückständen führt. Die Folge sind Vergaser- u. Zündstörungen. Ferner gelangt zu viel Schmieröl in den Verbrennungsraum, dessen Verbrennung eine Blaufärbung der Abgase zur Folge hat.<br>Außerdem bildet sich Schaum, wodurch die Motorschmierung vermindert wird und zu Kipphebelbrüchen führen kann. |
| 29 | ● | **Störfallursache: Unzureichende Schmierfähigkeit des Öls**<br>Durch ungenügende Motorkühlung oder Schmierung tritt eine Motorüberhitzung ein, wodurch sich die Kolben dehnen und an den Zylinderwänden festfressen.<br>Ursache kann außer einer defekten Schmieranlage oder Ölmangel auch eine ungenügende Schmierfähigkeit des Öls sein. Dies kann auch die Folge von häufigen Kaltstarts und Kurzstreckenbetrieb sein, da hierdurch das Öl mit bis zu 3 % Kondenswasser und bis zu 8 % schwersiedenden Kraftstoffanteilen angereichert wird. Das Kondenswasser verdampft erst ab 80 °C und die Kraftstoffanteile erst ab 120 °C. Da Wasser das Schmieröl dickflüssiger und die Kraftstoffanteile es dünnflüssiger machen, ist nach dem Verdampfen des Wassers das Öl solange zu dünnflüssig und somit nicht voll schmierfähig, bis auch die Kraftstoffanteile verdampft sind. Die schwierigste Phase tritt also ein wenn das Wasser vollkommen verdampft ist, was nach einer Betriebszeit von etwa 30 Minuten der Fall ist. Die ölverdünnenden Kraftstoffanteile sind erst nach einer Betriebszeit von etwa 2 Stunden verdampft. Deshalb kann erst nach dieser Zeit mit Vollgas gefahren werden, ohne einen Motorschaden befürchten zu müssen. |

P = Position; A = Allgemein

## Schmieranlage

| P | A | Erläuterung der Störfallursache |
|---|---|---|
| 30 | ● | **Störfallursache: Öldruck zu gering**<br>Die Fördermenge bzw. der Öldruck der Schmierölpumpe ist von der Motordrehzahl und Öltemperatur abhängig. Demgemäß hat eine untertourige Fahrweise einen geringeren Öldruck, eine Verringerung der Motorschmierung und einen erhöhten Motorverschleiß zur Folge. Der Öldruck beträgt im Leerlauf bei kaltem Motor etwa 4 bar und bei dünnflüssigem bzw. heißem Öl etwa 2 bar. Deshalb kann trotz einwandfreier Schmieranlage die Öldruckkontrollampe bei heißem Motoröl und kleiner Motordrehzahl kurz aufleuchten. Ursache für einen zu geringen Öldruck kann auch ein zu großes Pleuellagerspiel sein. |
| 31 | ● | **Störfallursache: defekte Dichtungen**<br>Dichtungen befinden sich an der Kurbelwelle, an der Ölwanne, an der Ölablaßschraube sowie am Ölfilter. Auf Ölspuren achten! |
| 32 | ● | **Störfallursache: Ölverdünnung durch Kraftstoff**<br>Eine Zunahme der Schmierölmenge, die sich durch einen zu geringen Ölverbrauch zeigt, kann durch Überfettung des Kraftstoff-Luftgemisches beim Kaltstart und während der Warmlaufphase eintreten. Zu geringer Ölverbrauch läßt auf einen Kolbenschaden schließen bzw. auf ein zu großes Kolbenspiel. In diesem Fall wird das Öl mit Kraftstoff verseucht. |
| 33 | ● | **Störfallursache: Motorschmierung**<br>Bei Ölspuren am Auspuffende bei Zweitaktern darf die Ölpumpe nicht magerer eingestellt werden damit kein Kolbenfresser entsteht. |
| 34 | ● | **Störfallursache: Scharfe Fahrweise**<br>Wurden die Einfahrvorschriften nicht eingehalten, d. h. die Einfahrgeschwindigkeiten wurden über einen längeren Zeitraum beträchtlich überschritten, führt dies zu erhöhtem Ölverbrauch.<br>Bei Neufahrzeugen kann der Ölverbrauch während der Einfahrzeit erhöht sein. 1 l/1000 km ist noch normal.<br>Wird kein Öl verbraucht, kann eine Ölverdünnung durch Kraftstoff oder Kühlflüssigkeit (undichte Zylinderkopfdichtung) stattfinden. |
| 35 | ● | **Störfallursache: Ölmeßstab undicht**<br>Durch die umlaufende Kurbelwelle wird ständig Motoröl nach allen Seiten des Kurbelgehäuses gespritzt. Dichtet der Ölmeßstab das Meßrohr durch falschen Einbau nicht ab, kann hieraus Öl spritzen. |

P = Position; A = Allgemein

| P | A | F | Erläuterung der Störfallursache |
|---|---|---|---|
| 36 | | ● | **Störfallursache: Kühlsystem undicht**<br>Zur Vermeidung von Überdruck in der Kühlanlage ist der Kühlerverschlußdeckel nur bis zur ersten Raste zuzuschrauben, wodurch der Kühlmittelverlust etwas reduziert wird. Ferner ist in diesem Störfall mit niedriger Drehzahl zu fahren, damit die Kühlmittelpumpe einen möglichst geringen Förderdruck erzeugt.<br>Liegt eine größere Leckage in der Kühlanlage vor, kann eine Weiterfahrt nur riskiert werden, wenn genügend Wasser mitgeführt wird.<br>Zum Lokalisieren kleiner Undichtigkeiten empfiehlt sich eine Motorreinigung und Beigabe von etwa $^1/_4$ eines Teelöffels Methylorange (erhältlich in jeder Apotheke) in die Kühlflüssigkeit. Anschließend ist der Motor warmlaufen zu lassen und die Leckstelle zu suchen.<br>Die Leckage kann auch durch einen Haarriß im Ausgleichsbehälter verursacht worden sein.<br>Undichtigkeiten eines Kühlers lassen sich vielfach durch Dichtmittel beseitigen. Sie sind der Kühlflüssigkeit beizugeben. |
| 37 | | ● | **Störfallursache: Thermostat defekt**<br>Wenn die Kühlmitteltemperatur den Sollwert zu langsam oder nicht erreicht, arbeitet der Kühlwasserthermostat nicht einwandfrei.<br>Vollzieht sich der Temperaturanstieg zögernd, schließt der Thermostat den Kreislauf zum Kühler nicht.<br>Erreicht die Motor- bzw. Kühlmitteltemperatur einen zu hohen Wert, öffnet der Thermostat den Kühlkreis zum Kühler nicht bzw. nicht ganz, so daß ein Teil der Kühlflüssigkeit direkt, also ungekühlt zum Motor zurückfließt.<br>In diesem Fall bleibt das Kühleroberteil kalt.<br>Der Thermostat beginnt bei etwa 70 °C sich langsam zu öffnen und ist bei etwa 85 °C ganz geöffnet. Um bei einer Motorüberhitzung die Weiterfahrt zu ermöglichen, ist der Thermostat – nachdem der Motor etwas abgekühlt ist – auszubauen.<br>Schließt das Thermostat nicht mehr dann durchströmt die Kühlflüssigkeit den Kühler auch bei niedriger Temperatur des Motors bzw. der Kühlflüssigkeit. Dadurch erreicht die Kühlflüssigkeit bei tiefen Außentemperaturen nur selten seinen Sollwert. Abhilfe bringt der Einbau eines neuen Thermostats. |
| 38 | | ● | **Störfallursache: Temperaturwächter defekt**<br>Ein defekter Temperaturwächter schaltet das elektrische Kühlergebläse nicht mehr ein bzw. aus. Wird das Kühlergebläse bei Bedarf nicht mehr eingeschaltet, fällt die Kühlung des Kühlers durch das Kühlergebläse während der Fahrt und im Stand aus. Um jedoch ein unzulässiges Ansteigen der Kühlflüssigkeitstemperatur zu vermeiden, kann das Anschlußkabel des Temperaturwächters überbrückt werden. Durch dieses Provisorium erreicht der Motor seine Betriebstemperatur meist nicht mehr.<br>Die Überbrückung ist nach Abstellen des Motors zu entfernen, da eine automatische Ausschaltung nicht mehr erfolgt.<br>Abhilfe: Austauschen des Temperaturwächters. |

P = Position; A = Allgemein; F = Flüssigkeitskühlung

## Kühlanlage

| P | A | F | Erläuterung der Störfallursache |
|---|---|---|---|
| 39 | | ● | **Störfallursache: Kühlflüssigkeitsmenge zu gering** |

Ist der Motor überhitzt, Motorrad vorschriftsmäßig am Fahrbahnrand abstellen und Kühlflüssigkeitsstand kontrollieren. Vor Weiterfahrt ist die Kühlanlage bei laufendem Motor mit Wasser aufzufüllen, die Leckstelle (Schläuche, Kühler, Wasserpumpe) zu ermitteln und baldmöglichst abzudichten. Ist die Kühlanlage wieder dicht, etwas Kühlflüssigkeit ablassen und Frostschutzmittel nachfüllen.
Werden bei einem größeren Kühlflüssigkeitsverlust keine Gegenmaßnahmen getroffen, kommt es zum Verdampfen der noch vorhandenen Kühlflüssigkeit. In diesem Stadium wird eine zu geringe Motortemperatur angezeigt, da der Temperaturgeber nicht mehr von der Kühlflüssigkeit, sondern lediglich von Wasserdampf umgeben ist. Ein weiterer Kühlmittelverlust zieht eine so starke Motorüberhitzung nach sich, daß ein Motordefekt (Kolbenfresser) eintritt.

*190 Hat der Kühler gekocht, Wasser nach einer Abkühlpause bei laufendem Motor nachfüllen. In der kalten Jahreszeit nicht vergessen, einen entsprechenden Teil Frostschutzmittel beizugeben.*

| P | A | F | Erläuterung der Störfallursache |
|---|---|---|---|
| 40 | | ● | **Störfallursache: Gefrierschutz der Kühlflüssigkeit zu knapp** |

Der maximale Gefrierschutz einer Kühlflüssigkeit besteht bei einem Mischungsverhältnis von 50 % Wasser und 50 % Gefrierschutzmittel. Überwiegt das Frostschutzmittel, nimmt der Frostschutz ab. In unserer Klimazone reicht jedoch ein Mischungsverhältnis von 2 : 1. Bei ungenügendem Gefrierschutz wird die Kühlflüssigkeit ab einer bestimmten Temperatur zu einer breiigen Masse, die von der Kühlmittelpumpe nicht mehr umgewälzt werden kann, und die Motorüberhitzung tritt ein. Wird bei tiefen Außentemperaturen ohne Frostschutz gefahren, kann die Kühlflüssigkeit im Kühler auch durch den Fahrtwind einfrieren und eine Motorüberhitzung eintreten. In diesem Fall gelingt kein Motorstart, da die festgefrorene Kühlmittelpumpe blockiert. Die Kühlanlage muß in einem warmen Raum aufgetaut werden. Vor der Fahrt ist die Kühlanlage durch Einfüllen eines Frostschutzmittels winterfest zu machen und bei laufendem Motor auf Dichtheit zu überprüfen.
Ferner ist nach einigen Betriebsstunden zu kontrollieren, ob Wasser in den Ölkreislauf eingedrungen ist. Zur Kontrolle ist der Ölmeßstab zu ziehen. Es dürfen keine Wassertropfen sichtbar sein.

P = Position; A = Allgemein; F = Flüssigkeitskühlung

| P | A | F | Erläuterung der Störfallursache |
|---|---|---|---|
| 41 | | ● | **Störfallursache: Kühler verstopft**<br>Die Wärmeabführung an die Außenluft kann durch Korrosionsprodukte, die sich in den Röhrchen des Kühlers festsetzen bzw. durch Kalkablagerungen reduziert sein.<br>Den gleichen Effekt verursachen Verschmutzungen oder Insekten zwischen den Kühlrippen.<br>Kalkablagerungen im Kühler können durch ein flüssiges Entkalkungsmittel beseitigt werden, das in das mit Kühlflüssigkeit gefüllte Kühlsystem einzufüllen ist. Die Wirkung tritt bei warmem Motor ein. Anschließend ist die Kühlflüssigkeit abzulassen und das Kühlsystem mit Wasser zu füllen und zu entleeren. Nach dieser Prozedur ist das Kühlsystem mit normaler Zusammensetzung aufzufüllen.<br>Ein verkalkter bzw. verschmutzter Kühler führt zu einer Verschlechterung der Motorkühlung und somit zur Erhöhung der Motor- und Öltemperatur.<br>Dadurch wird die Schmierfähigkeit reduziert und der Verschleiß erhöht. Ferner altert ab etwa 80 °C das Motoröl bedeutend schneller, d. h. die Schmierwirkung, Kühlwirkung und Schmutztragfähigkeit des Öls nehmen schneller ab. Notfalls Motor abstellen, bis zur Betriebstemperatur abkühlen lassen, anschließend Fahrt mit kleiner Geschwindigkeit fortsetzen und auf Temperaturanzeige achten. |
| 41.1 | | ● | **Störfallursache: Löcher im Verschluß des Ausgleichsbehälters verstopft**<br>Heiße Kühlflüssigkeit dehnt sich aus und fließt in den Ausgleichsbehälter. Während der Abkühlphase erfolgt eine Volumenreduzierung im Kühlsystem. Dadurch entsteht im Kühler ein Unterdruck wodurch Kühlflüssigkeit aus dem Ausgleichsbehälter in den Kühler zurückfließt. Dies ist jedoch nicht möglich, wenn die Löcher im Deckel des Ausgleichsbehälters verstopft sind, da in diesem Fall der atmosphärische Luftdruck nicht wirksam sein kann.<br>Aufgrund dessen ist der Kühler nicht voll gefüllt und die Motortemperatur wird zu hoch. |
| 41.2 | | ● | **Störfallursache: Unterdruckventil**<br>Während der Abkühlphase des Kühlmittels entsteht im Kühlsystem Unterdruck. Bei einem Unterdruck von 0,06 bis 0,1 bar öffnet das im Verschluß der Kühlanlage eingebaute Unterdruckventil, wodurch die Verbindung zur Atmosphäre hergestellt wird und somit Druckgleichheit herrscht. Ist das Unterdruckventil defekt, d. h. es öffnet bei einem bestimmten Unterdruck nicht, drückt der atmosphärische Unterdruck die Kühlmittelschläuche, unter Umständen auch den Kühler, zusammen. |
| 42 | | ● | **Störfallursache: Motorkühlung zu gering**<br>Eine zu geringe Motorkühlung hat eine verminderte Zylinderfüllung zur Folge. |
| 42.1 | | ● | **Störfallursache: Kühlflüssigkeitspumpe**<br>Vermutlich sind die Lager der Kühlflüssigkeitspumpe ohne Schmierung oder ein Dichtring ist defekt.<br>Meist ist ein Austausch der Kühlflüssigkeitspumpe erforderlich. Durch einen defekten Dichtring der Kühlmittelpumpe gelangt Wasser ins Getriebe. |

P = Position; A = Allgemein; F = Flüssigkeitskühlung

| P | A | Erläuterung der Störfallursache |
|---|---|---|
| 43 | ● | **Störfallursache: Kraftstofftank leer**<br>Geht der Kraftstoffvorrat zur Neige, bleibt der Motor stotternd stehen. Da die Kraftstoffanzeige nicht ganz genau ist und auch hier ein Fehler vorliegen kann, ist auf das Instrument kein absoluter Verlaß. |
| 44 | ● | **Störfallursache: Dampfblasen im Kraftstoffsystem**<br>Dampfblasen (Benzindämpfe) entstehen in den Benzinleitungen und in der Benzinpumpe bei starker Motorerhitzung z. B. bei scharfer Autobahnfahrt und verursachen eine reduzierte Kraftstoffförderung, die für den Motorbetrieb nicht ausreicht. Ferner begünstigt ein verstopfter Benzinpumpenfilter die Dampfblasenbildung infolge des erhöhten Strömungswiderstandes.<br>Dampfblasen können eine Kraftstoffförderung teilweise oder ganz verhindern. Wird ein heißer Motor nur kurzzeitig abgestellt, z. B. auf einem Autobahnrastplatz, sollte der Motor zur Erzielung einer Temperaturreduzierung erst nach etwa 30 Sekunden Leerlaufbetrieb abgestellt werden.<br>Es ist ein Startversuch bei Vollgas vorzunehmen. Gelingt der Start nicht, ist abzuwarten, bis sich der Motor etwas abgekühlt hat. Evtl. Kraftstoffleitungen und Kraftstoffpumpe mit kaltem Wasser oder feuchtem Lappen abkühlen.<br>Ist das Kraftstoff-Luftgemisch zu mager, erfolgt weder Zündung noch Verbrennung. In diesem Fall ist am Auspuff Benzingeruch feststellbar. |
| 45 | ● | **Störfallursache: Kraftstoffleitungen**<br>Die Kraftstoffzuleitung kann verstopft, undicht, abgerutscht oder gerissen sein. Bei Benzingeruch besteht erhöhte Feuergefahr. Des weiteren kann die Kraftstoffleitung eingefroren sein, was passiert, wenn Wasser in den Kraftstoffbehälter gelangte. |
| 46 | ● | **Störfallursache: Tankbelüftung verstopft**<br>Während der Kraftstoffentnahme entsteht im Kraftstoffbehälter – wenn dessen Belüftung verstopft ist, z. B. durch Wasser – ein Unterdruck, da keine ausreichende Verbindung zur Außenluft mehr besteht. Der atmosphärische Luftdruck kann sich nicht mehr im Innern des Kraftstoffbehälters auswirken und Kraftstoff zur Kraftstoffpumpe drücken. Für eine einwandfreie Tankbelüftung ist zu sorgen. |
| 47 | ● | **Störfallursache: Kraftstoffbehälter zu voll**<br>Wird der Kraftstoffbehälter bei hoher Außentemperatur zu voll getankt, läuft Kraftstoff – infolge seiner Ausdehnung – aus der Entlüftungseinrichtung und geht somit verloren. Der Kraftstoff kommt aus der Tanksäule mit etwa 5 bis 10 °C. Das Volumen von Normalbenzin steigt um 0,11 %, das von Super um 0,14 % je °C.<br>Die Erwärmung von Normalbenzin um 20 °C hat demnach eine Ausdehnung von etwa 2 % zur Folge.<br>Bei einem 25 Liter-Tank sind das etwa 0,5 l. |

P = Position; A = Allgemein

| P | A | Erläuterung der Störfallursache |
|---|---|---|
| 48 | ● | **Störfallursache: Kraftstoffilter verstopft**<br>Schmutz kann beim Tanken oder über die Tankentlüftung ins Kraftstoffsystem gelangen und den Kraftstoffilter verstopfen.<br>Hauptstromfilter mit Kurzschlußventil lassen sich bei betriebswarmem Motor durch Anfassen auf ihre Wirkung überprüfen. Entspricht die Temperatur etwa der der Ölwanne, durchströmt das Schmieröl den Filter. Ist er merklich kälter, wird das Schmieröl über das Kurzschlußventil (nicht generell vorhanden) direkt zu den Schmierstellen geführt. In diesem Fall sollten umgehend Ölwechsel und Filteraustausch vorgenommen werden. |
| 49 | ● | **Störfallursache: Kraftstoffanlage undicht**<br>Zu den undichten Stellen zählen:<br>Kraftstoffhahn, Tankdeckel (Kraftstoff schwappt über) Kraftstoffilter, Kraftstoffleitungen. Ein defektes unterdruckgesteuertes Kraftstoff-Absperrventil (typspezifisch) läßt Kraftstoff bei geöffneten Einlaßventilen und offenem Schwimmernadelventil in den Verbrennungsraum laufen. |
| 50 | ● | **Störfallursache: Kraftstoffausnützung**<br>Die Verbrennungsdauer und somit das Erreichen der maximalen Energie ist umso kürzer, je stärker der Zündfunke, je günstiger das Kraftstoff-Luftgemisch und je höher die Verdichtung. |
| 51 | ● | **Störfallursache: Kraftstoffpumpe**<br>Bei elektromotorisch angetriebenen Kraftstoffpumpen kann der Motor oder das Kraftstoffpumpenrelais defekt sein bzw. eine zeitweise oder ständige Leitungsunterbrechung vorliegen.<br>Ferner ist die Kraftstoffversorgung bei einem Masse- oder Kurzschluß im Stromkreis einer elektrischen Kraftstoffpumpe nicht mehr gewährleistet. |

P = Position; A = Allgemein

## Ansauganlage

| P | A | TL | Erläuterung der Störfallursache |
|---|---|---|---|
| 52 | ● | | **Störfallursache: Luftfilter verstopft**<br>Staub befindet sich in der Ansaugluft, Ölpartikel in der Kurbelgehäuseentlüftung, die in das Luftfiltergehäuse führt. Staub und Ölpartikel setzen sich in den Poren des Filtereinsatzes fest und erhöhen den Luftwiderstand der Ansaugluft. Die Folge ist eine Überfettung des Kraftstoff-Luftgemisches, was zu Startschwierigkeiten, kleinerer Leerlaufdrehzahl, erhöhtem Kraftstoffverbrauch (bis 8 %) durch unvollständige Verbrennung (Verrußen der Verbrennungsräume, Abgase schwärzlich) und zum Absinken der Motorleistung führt. Ein nahezu oder ganz luftundurchlässiger Luftfilter bewirkt den Motorstillstand. Ein solcher Fall kann eintreten, wenn der Luftfilter stark verschmutzt ist und durch hohe Luftfeuchtigkeit naß wird bzw. der nasse Luftfilter gefriert, was passieren kann, wenn bei hoher Luftfeuchtigkeit in eine kältere Gegend gefahren wird, oder ein feuchter Luftfilter gefriert während des Motorstillstands. Notfalls kann der Luftfilter entfernt werden. Auch kann Wasser in das Luftfiltergehäuse eingedrungen sein. |
| 53 | ● | | **Störfallursache: Nebenluft**<br>Ist das Ansaugsystem an einer oder mehreren Stellen undicht, z. B. wenn die Gummidichtung zwischen Vergaser und Ansaugstutzen gerissen ist, saugt der Motor Nebenluft an. Dies führt zu Störungen beim Start und Motorlauf, da das Kraftstoff-Luftgemisch zu mager ist. Beeinflußt eine Verstellung der Leerlaufluftschraube die Motordrehzahl nicht merklich, bekommt der Vergaser Nebenluft, beispielsweise durch eine defekte Dichtung oder lose Schrauben. |
| 54 | ● | | **Störfallursache: Höhenlage**<br>Mit zunehmender Höhe wird die Luft dünner, folglich die von den Kolben angesaugte Sauerstoffmenge geringer. Da die Kraftstoffmenge unabhängig von der Höhenlage ist wird das Kraftstoffluftgemisch mit zunehmender Höhe fetter. Die maximale Motorleistung wird jedoch bei einem Mischungsverhältnis von 1:14 (1 Gramm Kraftstoff, 14 Gramm Luft) erreicht. Eine Höhenzunahme von 100 m hat eine Reduzierung der Motorleistung von etwa 1 Prozent zur Folge.<br>Mit zunehmender Höhe sinkt die Temperatur (pro 1000 m 6 bis 7 °C), was jedoch keine bedeutende Leistungssteigerung bewirkt.<br>Motorräder, die meist in höheren Lagen gefahren werden, sind mit kleineren Düsen zu versehen, oder die Düsennadel muß tiefer angeordnet werden. |
| 55 | | ● | **Störfallursache: Ladedruckventil klemmt**<br>Zu Funktionsstörungen am Ladedruckventil kann heißes Abgas in Verbindung mit Schmutz führen. |

P = Position; A = Allgemein; TL = Turbolader

| P | A | Erläuterung der Störfallursache |
|---|---|---|
| 56 | ● | **Störfallursache: Vergasereinstellung**<br>Ist das Kraftstoffluftgemisch zu fett oder zu mager, verliert es seine Zündfähigkeit.<br>Ein zu fettes Gemisch hat eine Leistungssteigerung, ein zu mageres einen Leistungsabfall zur Folge.<br>Ist das Gemisch zu fett, steigt bei Kolonnenfahrt, im Stand oder längerem Leerlaufbetrieb die Motortemperatur durch verminderte Kühlung. Dadurch verdampft Benzin in der Schwimmerkammer. Dies führt zu einer Gemischanreicherung.<br>Bei Vergasern ohne Höhenkorrektur erfolgt eine Gemischanreicherung bei Gebirgsfahrten durch einen niedrigeren Luftdruck und die geringere Luftdichte.<br>Bei Betriebstemperatur ist zur vollkommenen Verbrennung ein Kraftstoff-Luftgemisch von 1 : 14,8 erforderlich. Zündfähig ist jedoch auch noch ein Gemisch zwischen 1 : 7 und 1 : 17.<br>Ist das Gemisch zu mager, geht der Verbrennungsprozeß langsamer vor sich und die Innenkühlung des Motors ist durch weniger Kraftstoff vermindert. Während des Kaltstarts ist ein Kraftstoff-Luftgemisch von 1 : 3 erforderlich, da die Strömungsgeschwindigkeit der Ansaugluft aufgrund der niedrigen Startdrehzahl sehr gering ist. Demzufolge ist der Unterdruck im Ansaugkanal so niedrig, daß nur wenig Kraftstoff aus dem Hauptdüsensystem bzw. Leerlaufsystem angesaugt wird. Ferner schlägt sich ein Teil der Kraftstoffmenge an den kalten Ansaugrohren- und Zylinderwandungen nieder und vergast nicht.<br>Springt ein kalter Motor aus Kraftstoffmangel schlecht an sollte eine Leerlaufdüse mit größerem Durchflußquerschnitt eingebaut werden. |
| 57 | ● | **Störfallursache: Kraftstoffluftgemisch zu mager**<br>Mageres Kraftstoff-Luftgemisch erfordert eine höhere Zündenergie. Das Gemisch verbrennt langsamer. Dies führt zu einer Erhöhung der Motortemperatur und der Stickoxyde im Abgas. Zündaussetzer beim Beschleunigen und im Leerlauf sowie eine verstärkte Klopfneigung sind typische Auswirkungen eines zu mageren Gemisches.<br>Das Gemisch kann auch durch eine verstopfte Haupt- oder Leerlaufdüse oder durch ein defektes Schwimmernadelventil (Siehe Pos. 60) soweit abmagern oder überfettet werden, daß der Motor stark ruckelt bzw. abstirbt.<br>Ein etwas überfettetes Kraftstoff-Luftgemisch erhöht die Innenkühlung und mindert die thermische Beanspruchung des Motors. Durch zu hohe Temperaturen brennt der Kolbenboden durch. |
| 58 | ● | **Störfallursache: Kraftstoffluftgemisch zu fett**<br>Dieser Zustand kann eintreten, wenn kurz nach Abstellen eines heißen Motors erneut gestartet wird. Da ein sehr fettes Gemisch eine höhere Zündspannung erfordert, ist es meist nicht zündfähig. Deshalb ist mit Vollgas zu starten (Gemisch wird magerer) jedoch nicht mit dem Drehgas pumpen, damit durch die Beschleunigerpumpe kein Kraftstoff eingespritzt wird. Nach dem Anlassen ist der Motor kurzzeitig mit erhöhter Leerlaufdrehzahl zu betreiben.<br>Bei einem zu fetten Kraftstoffluftgemisch sind die Auspuffgase durch unvollkommene Verbrennung schwärzlich. Dies ist auch im Kurzstreckenverkehr der Fall, da der Motor seine Betriebstemperatur nicht erreicht (am schwarzen Endrohr ersichtlich). Wurde der Motor längere Zeit bei Betriebstemperatur betrieben, muß das Endrohr der Abgasanlage hellgrau sein.<br>Durch ein zu fettes Gemisch bilden sich Verbrennungsrückstände an den Ventilen (Viertakter), Steuerschlitzen (Zweitakter) und im Verbrennungsraum. Ferner erhöht sich die Schadstoffemission. |

P = Position; A = Allgemein

| P | A | Erläuterung der Störfallursache |
|---|---|---|
| 59 | ● | **Störfallursache: Leerlaufeinstellung**<br>Bei einem falsch eingestellten Leerlauf läuft der Motor im Drehzahlbereich über 2000 1/min einwandfrei. Darunter wird der Motorlauf unrund. Nähert sich das Gaspedal der Leerlaufstellung, tritt der Motorstillstand ein. Es ist die Einstellung des Drosselklappenanschlags und der Leerlaufregulierschraube zu berichtigen. |
| 60 | ● | **Störfallursache: Schwimmernadelventil**<br>Durch das Reiben der Schwimmernadel auf dem Schwimmer bildet sich eine Kerbe im Schwimmer. Diese Verschleißerscheinung kann zum Verklemmen der Schwimmernadel führen und somit zum Versagen der Kraftstoffmengenregelung (Benzin läuft bereits ohne Sog aus dem Mischrohr oder die Kraftstoffzuführung wird teilweise oder ganz unterbrochen). In diesem Fall sind die betroffenen Bauteile durch neue zu ersetzen.<br>Das Kraftstoff-Luftgemisch ist zeitweise nicht zündfähig. Zündkerzen verrußen bei zu fettem Gemisch. Es kann auch Verschleiß oder eine Verschmutzung des Schwimmernadelventils vorliegen. |
| 61 | ● | **Störfallursache: Wasser in Schwimmerkammer**<br>Damit eventuell angesammeltes Wasser und Schmutz aus dem Vergaser abfließen können, sollte von Zeit zu Zeit bei geöffnetem Benzinhahn die unterste Schraube am Vergaser kurzzeitig geöffnet werden. |
| 62 | ● | **Störfallursache: Hauptdüse**<br>Ist die Hauptdüse verstopft, erhält der Motor zu wenig Kraftstoff und wird zu heiß. Hauptdüse bzw. den gesamten Vergaser reinigen. |
| 63 | ● | **Störfallursache: Vergaser vereist**<br>Zu einer Vergaservereisung kommt es bei hoher Luftfeuchtigkeit (Schneefall, Nebel) und Außentemperaturen zwischen 0 und + 5 °C wenn die Ansaugluft nicht warm ist. In diesem Fall sinkt die Vergasertemperatur unter den Gefrierpunkt, wodurch die in der Ansaugluft enthaltene Feuchtigkeit am Vergaser kondensiert und dort gefriert. Durch die sich bildende Eisschicht verkleinert sich der Vergaserdurchlaß. Folglich nimmt die Strömungsgeschwindigkeit der Ansaugluft zu und es wird zuviel Benzin angesaugt. Das so überfettete Benzin-Luft-Gemisch führt zu Leistungsabfall, erhöhtem Benzinverbrauch (Auspuffgase bläulichschwarz) und letztlich zum Motorstillstand. Die Vereisung ist durch die Motorwärme bei Motorstillstand nach etwa 5 bis 10 Minuten abgetaut, und die Fahrt kann fortgesetzt werden. |
| 64 | ● | **Störfallursache: Vergaser defekt**<br>Zu den Vergaserstörungen zählen häufig Schäden durch Korrosion an Vergasergehäusen. Ursache ist Billigbenzin, das zuviel Alkohol enthält. |

P = Position; A = Allgemein

**Vergaseranlage**

| P | A | Z | Erläuterung der Störfallursache |
|---|---|---|---|
| 65 | ● | | **Störfallursache: Gaszug bzw. Gasgestänge klemmt**<br>Um Motorschäden durch hochdrehenden Motor zu vermeiden, ist zunächst die Zündung auszuschalten und anschließend auszukuppeln. Ist die Rückzugfeder des Gaszuges gebrochen, sollte eine provisorische Verbindung versucht werden, um weiterfahren zu können. Erscheint jedoch der Gaszug in Ordnung, kann unter erhöhter Vorsicht weitergefahren werden. |
| 66 | | ● | **Störfallursache: Drehschieber falsch eingebaut**<br>Richtiger Einbau: Fängt der Kolben an, sich von UT nach OT zu bewegen, muß der Einlaßkanal vom Drehschieber geöffnet werden. |
| 67 | ● | | **Störfallursache: Kraftstoff-Luftgemisch**<br>– Kraftstoffklopfen<br>Die Klopffestigkeit wird durch Zusatz von Alkohol erhöht. Bei heißem Motor und magerem Gemisch nimmt die Verbrennung nicht den gewünschten Verlauf. Ein Rest entzündet sich selbst. Es entsteht ein schlagartiger Druckanstieg, der sich durch metallisches Klopfen bemerkbar macht. Lager des Kurbeltriebs, Kolbenringe, Ventile und die Zylinderkopfdichtung werden überbeansprucht und zerstört.<br>– Zündungsklopfen<br>Zündungsklopfen wird durch Frühzündung verursacht. |
| P = Position; A = Allgemein; Z = Zweitakter | | | |

**Starteranlage**

| P | A | Erläuterung der Störfallursache |
|---|---|---|
| 68 | ● | **Störfallursache: Stromunterbrechung**<br>Befindet sich der Zündanlaßschalter in Anlaßstellung und an Klemme 50 des Anlassers ist keine Spannung, kann ein Startversuch durch Kurzschließen der elektrischen Anschlüsse (Klemmen 30 und 50) vorgenommen werden. Die Stromunterbrechung dürfte zwischen Zündschloß und der Klemme 50 des Magnetschalters liegen. |
| 69 | ● | **Störfallursache: Magnetschalter**<br>Dreht sich der Anlasser eines heißen Motors bei einem Startversuch nicht, hängt vermutlich der Magnetschalter. In diesem Fall ist der Zündschlüssel in Anlaßstellung zu bringen und gleichzeitig mit einem Hammer mehrmals leicht auf den Magnetschalter des Anlassers zu klopfen. |
| 70 | ● | **Störfallursache: Anlasser**<br>Liegt ein Kurzschluß vor, leuchtet die Ladekontrollampe während des Startversuchs merklich schwächer oder sie erlischt ganz, da ein hoher Strom fließt und folglich die Bordspannung stark abfällt. Das Motorrad ist anzuschieben und der Anlasser auszutauschen. |
| P = Position; A = Allgemein | | |

| P | A | Erläuterung der Störfallursache |
|---|---|---|
| 71 | ● | **Störfallursache: Anlasserritzel**<br>Das Anlasserritzel klemmt im Zahnkranz des Motors. Abhilfe bringt meist eine Veränderung der Zahnstellung des Zahnkranzes der Schwungscheibe und den Zähnen des Anlasserritzels. Es ist die Zündung auszuschalten, der 4. Gang einzulegen, das Motorrad einige Zentimeter vorwärts oder rückwärst zu schieben und erneut zu starten. |
| 72 | ● | **Störfallursache: Ritzellagerung**<br>Dreht der Anlasser beim Start schneller als normal, besteht keine Kopplung mit dem Zahnkranz der Schwungscheibe. Das Anlasserritzel haftet auf seinem Steilgewinde. Motorrad anschieben.<br>Die Ritzellagerung kann verklebt sein. Abhilfe schafft eine Reinigung und leichtes Einölen. |
| 73 | ● | **Störfallursache: Schwungradzahnkranz**<br>Spurt ein Anlasser nicht ein, d. h. wenn keine Verbindung zwischen dem Zahnkranz der Schwungscheibe und dem Zahnrad (Ritzel) des Anlassers erfolgt, surrt der Anlasser während des Startversuches. In diesem Fall ist das Fahrzeug vor einem erneuten Startversuch im vierten Gang einige Zentimeter weit zu schieben. Gelingt dann der Start, ist aus dem Zahnkranz der Schwungscheibe ein Zahn ausgebrochen. Dreht der Anlasser nach dieser Maßnahme den Motor auch nicht durch, dann klemmt das Anlasserritzel. |
| 74 | ● | **Störfallursache: Kraftstoff-Luft-Gemisch**<br>Beim Startvorgang sind vom Anlasser die hohen Reibungswiderstände der Kolben, Lager der Kurbelwelle und Pleuel und die Kompressionsdrücke zu überwinden. Wird ein kalter Motor gestartet, kommt noch eine erhöhte Zusatzbelastung durch das im kalten Zustand noch zähflüssige Motoröl hinzu. Voraussetzung für das Gelingen eines Starts ist eine bestimmte Mindestdrehzahl, die bei ungünstigen Bedingungen nur mit einer guten, voll geladenen Batterie und einwandfreien elektrischen Verbindungen erzielt werden kann. Wird die Mindesdrehzahl nicht erreicht, kann sich kein zündfähiges Kraftstoff-Luftgemisch bilden. Springt der Motor im kalten Zustand bei tiefen Außentemperaturen und einwandfreier Stromversorgung (Anlasser dreht kräftig durch) nicht an, Feuerzeug-Benzin in den Luftfilter spritzen. Ansonsten Kerzen entfernen, in die Kerzenlöcher Feuerzeugbenzin spritzen, Kerzen wieder einsetzen und starten.<br>Anstelle von Feuerzeugbenzin kann auch ein Starthilfe-Spray verwendet werden. Es ist in den Ansaugkanal einzuspritzen, hat einen niedrigen Flammpunkt und ist somit leicht zu entzünden. |

P = Position; A = Allgemein

| P | A | Erläuterung der Störfallursache |
|---|---|---|
| 75 | ● | **Störfallursache: Zündkerzen** |

Während des Betriebs nimmt die Materialstärke der Elektroden ab, wodurch sich der Elektrodenabstand vergrößert. Außerdem sinkt der Wärmewert der Zündkerzen, d. h. die Selbstreinigungstemperatur wird früher erreicht bzw. die Zündkerzen werden zu heiß.
Verbrauchte Zündkerzen benötigen eine höhere Zündspannung und verursachen Zündaussetzer in allen Drehzahlbereichen. Dies führt zu Startschwierigkeiten und Motorklopfen bei hoher Motorbelastung. Weil dadurch auch die Motorleistung sinkt und der Kraftstoffverbrauch steigt, sollte der von den Motorherstellern empfohlene Zündkerzenwechsel eingehalten werden. Ein Reinigen der Zündkerzen bzw. ein Nachstellen der Elektroden bringt meist nicht die erwartete Verbesserung des Motorlaufs und der Motorleistung.
Zu Zündaussetzern führt auch eine gelblich glänzende Glasur auf dem Isolator (Ursache ist eine falsche Vergasereinstellung) oder ein leitender Schmutzbelag auf dem Isolatorfuß.
Schmelzerscheinungen an den Elektroden entstehen durch Glühzündungen als Folge von Ablagerungen im Brennraum, die von Motoröl- oder Kraftstoffzusätzen abstammen können, falschen Zündzeitpunkt, oder durch überhitzte Ventile.
Kurzgeschlossene Elektroden durch Ablagerung einer Blei-Kohlenstoff-Verbindung verhindern die Entstehung eines Zündfunkens. Abhilfe ist durch Reinigen der Zündkerzen möglich.
Der Zündfunke springt bei niederem Druck leichter über als bei höherem. Aufgrund dessen besteht die Möglichkeit, daß bei einer nicht einwandfreien Zündkerze der Zündfunke im ausgebauten Zustand überspringt, im eingebauten, wenn sie dem Kompressionsdruck ausgesetzt ist, dagegen nicht mehr.
Eine Zündkerze kann auch undicht werden, wodurch der Kompressionsdruck und die Motorleistung sinken.

Aufschluß über den Zustand des Motors und seiner Hilfssysteme gibt das Zündkerzengesicht gemäß nachstehender Übersicht:

| | |
|---|---|
| Braun bis grau | Motor in Ordnung |
| Schwarz | Kraftstoffluftgemisch zu fett, Elektrodenabstand zu groß, Luftfilter verstopft |
| Rußig | Zu viel Öl gelangt in den Verbrennungsraum (Beim Zweitakter Ölbeimischung zu hoch, beim Viertakter Ventilführungen der Einlaßventile bzw. Kolbenringe verschlissen) |
| Schmelzperlen auf den Elektroden | Wärmewert der Zündkerze bzw. Hauptdüse eines Vergasers falsch |

Voraussetzung zur Vermeidung von Zündaussetzern ist der richtige Elektrodenabstand. Dieser soll bei Motoren mit Batteriezündung 0,7 bis 0,9 mm (Magermotoren 1,0 bis 1,2 mm) und Kleinmotoren mit Magnetzündung 0,5 mm betragen.

P = Position; A = Allgemein

| P | A | Erläuterung der Störfallursache |
|---|---|---|
| | | Eine Kontrolle der Zündkerzen sollte bei einem Viertakt-Motor erst nach einer Fahrstrecke von 7500 km, außerdem bei Zündstörungen oder Nachlassen der Motorleistung erfolgen, um eine Überbeanspruchung der Gewinde zu vermeiden bzw. die Dichtfähigkeit der Dichtringe zu erhalten. Überhitzte Zündkerzen sind durch neue zu ersetzen.<br>Meßtechnisch werden Zündkerzen mit einem Zündkerzenprüfgerät getestet. Diese Einrichtung besteht im wesentlichen aus Druckraum mit Schauglas (zur Beobachtung der Zündkerze während der Prüfung). Manometer und Funkeninduktor. Die Prüfung wird bei verschiedenen Drücken durchgeführt. Da der Zündfunke bei niederem Druck leichter überspringt als bei höherem, ist die Zündkerze um so besser, je höher der Druck bei einsetzendem Funkenüberschlag ist. |
| 76 | ● | **Störfallursache: Zündkerzen verrußt**<br>Verrußen von Zündkerzen ist die Folge eines zu hohen Wärmewertes bzw. wenn vorwiegend im Kurzstreckenbetrieb gefahren wird. In beiden Fällen wird die Selbstreinigungstemperatur der Zündkerzen nicht erreicht. Die Folge sind Zündaussetzer, vor allem bei höheren Drehzahlen, die zu einem stotternden Motorlauf führen und ein Nachdieseln des Motors verursachen. Diese Störung beseitigt sich jedoch von selbst bei stärkerer Belastung, z. B. Autobahnfahrt, durch Selbstreinigung der Zündkerzen. Ursache von verrußten Zündkerzen können auch ein zu fettes Kraftstoff-Luftgemisch oder ein verschmutztes Luftfilter sein. |
| 77 | ● | **Störfallursache: Zündkerzenstecker**<br>Zunächst ist eine visuelle Kontrolle vorzunehmen. Er darf keinen Riß aufweisen, nicht verkohlt und kein Teil ausgebrochen sein. Nach positivem Befund ist eine Durchgangsprüfung durchzuführen. Verschmutzte Kerzenstecker verursachen Funkenüberschläge und führen somit zu Zündstörungen. Auf festen Sitz der Kerzenstecker achten. |
| P = Position; A = Allgemein | | |

| P | A | Erläuterung der Störfallursache |
|---|---|---|
| 78 | ● | **Störfallursache: Wärmewert der Zündkerzen falsch** |

Sind die Zündkerzen noch neu und nicht verrußt, so ist bei Startschwierigkeiten und Zündaussetzern der Wärmewert (siehe Bedienungsanleitung) zu überprüfen. Bei einem falschen Wärmewert bleiben die Zündkerzen zu kalt oder sie werden zu heiß. Ist der Wärmewert zu hoch, verschmutzt der Isolatorfuß und es entsteht ein Nebenschluß, ist er zu niedrig, besteht die Gefahr der Glühzündung (Nachdieseln des Motors).

**Tabelle 6: Wärmewert der Zündkerzen**

| Wärmewert alt | neu | Temperatur der Mittelelektrode | Anmerkung |
|---|---|---|---|
| 175 | W7... | 760 °C | Höchster Wärmewert (Heiße Kerze, geeignet für Kurzstreckenbetrieb) |
| 225 | W5... | 680 °C | |
| 240 | W4... | 580 °C | |
| 260 | W3... | 530 °C | Tiefster Wärmewert (Kalte Kerze) |

Damit eine Zündkerze nicht verrußt, sich also von Verbrennungsrückständen freibrennt, ist eine Temperatur von minimal 500 °C erforderlich.
Erreicht der Isolatorfuß eine Temperatur von 850 bis 900 °C, wird die Zündkerze zur Glühkerze, wodurch das Kraftstoff-Luftgemisch bereits vor Erreichen des Zündzeitpunktes entzündet wird.
Die Kerzentemperatur erreicht umso höhere Werte, je magerer das Gemisch ist bzw. mit zunehmender Frühzündung, da die Verbrennungstemperaturen länger wirksam sind.
Die Zündkerzentemperatur liegt bei einer Spulenzündung, vorausgesetzt bei gleichem Zündzeitpunkt, um 60 °C bis 80 °C höher als bei einer Kondensatorzündung.

| P | A | Erläuterung der Störfallursache |
|---|---|---|
| 79 | ● | **Störfallursache: Zündkabel** |

Die Zündkabel können locker auf den Zündkerzen stecken, oder ein Kabel ist an irgendeiner Stelle gebrochen. Ein gebrochenes Zündkabel kann durch eine Sichtprüfung nicht ermittelt werden, da die Bruchstelle hinter der Isolierung liegt. Ferner kann die Isolierung eines am Motor anliegenden Zündkabels durchgeschmort sein und somit Masseschluß haben, so daß der Zündstrom direkt und nicht über die Elektroden der Zündkerze nach Masse fließt. Sämtliche Anschlüsse an der Zündspule müssen einwandfrei sein. Bei positivem Befund durch die Sichtkontrolle ist die Zündanlage mit einer Prüflampe bzw. meßtechnisch zu überprüfen.
Zündkabel können in den Zündkerzensteckern verschmort sein, was einen schlechten Stomübergang zur Folge hat. Schlechte Bauteile sind durch neue zu ersetzen. Im Notfall ist das verschmorte Ende des Zündkabels abzuschneiden und das verbleibende einwandfreie Ende in den Zündkerzenstekker einzuschrauben.

P = Position; A = Allgemein

| P | A | T | Erläuterung der Störfallursache |
|---|---|---|---|
| 80 | ● | | **Störfallursache: Zündzeitpunkt**<br>Erfolgt die Zündung zu früh, läuft der Motor hart, es kann zum Zündungsklopfen kommen.<br>Der Kompressionsdruck und als Folge die Temperatur des Kraftstoff-Luftgemisches nehmen bereits vor Erreichen des OT einen Wert an, bei dem noch nicht verbranntes Gemisch schlagartig verbrennt. Dies wiederum führt zum Ansteigen der Motortemperatur und somit zur Zerstörung der Kolben und Lager. Motorklingeln bzw. Motorklopfen ist während einer Beschleunigung, vor allem aber beim Anfahren, hörbar.<br>Bei höheren Geschwindigkeiten und Motordrehzahlen ist das Motorklingeln nicht wahrnehmbar, da es von den Fahrgeräuschen überlagert wird.<br>Bei einer Spätzündung geht die Verbrennung zu langsam vor sich. Dadurch wird die Kraftstoffenergie nur zum Teil ausgenützt und der Motor wird zu heiß.<br>**Maßnahmen zur Beseitigung von Zündungsklingeln:**<br>– Verlegung des Zündzeitpunktes in Richtung »spät«<br>– Lage der Düsennadel (bei Vergasern) verändern<br>– Verbrennungsrückstände im Verbrennungsraum und auf dem Kolben entfernen.<br>Stimmen Keil und Keilnut im Zapfen der Kurbelwelle nicht überein, bewegt sich die Nabe des Schwungrades auf dem Keil, der Keil reißt ab und der Zündzeitpunkt verstellt sich, da sich das Polrad gegenüber der Kolbenstellung verdreht hat.<br>Die Fliehgewichte der automatischen Zündzeitpunktverstellung müssen auf ihren Achsen leicht drehbar sein. Für gute Schmierung der Lagerung ist zu sorgen. |
| 81 | | ● | **Störfallursache: Unterbrecher**<br>Der Unterbrecher muß sauber und frei von Öl und Fett sein, er darf sich nicht gelockert haben, der Kontaktabstand muß stimmen und es darf die Blattfeder nicht gebrochen sein. Es kann auch sein, daß der Unterbrecher zu stark verschlissen ist (Kraterbildung an den Kontakten, abgenütztes Isolierstück) oder Masseschluß hat. Der Kontaktabstand kann sich soweit verkleinern, daß keine einwandfreie Unterbrechung des Primärkreises der Zündanlage mehr erfolgen kann. Jeder Störfall kann zu Zündaussetzern führen, einen stotternden oder ruckartigen Motorlauf verursachen oder den Motorstillstand bewirken.<br>Ist der Unterbrecher verschmutzt oder stimmt der Unterbrecherabstand nicht, führt dies bei einem heißen Motor zu Startschwierigkeiten, da die Zündenergie für das schwerer entflammbare Gemisch (Kraftstoff-Luftgemisch ist fetter) nicht mehr zur Zündung ausreicht.<br>Sind die Unterbrecherkontake verbrannt, kann der Kondensator oder die Zündspule defekt sein.<br>Ein grauer Belag weist auf einen zu schwachen Kontaktdruck bzw. auf einen zu kleinen Kontaktabstand hin. Außerdem können Zähne des Antriebsrades zur Unterbrecher-Nockenwelle ausgebrochen sein, oder die Nockenwellendichtung ist undicht, wodurch Öl an die Unterbrecherkontake gelangt. |

P = Position; A = Allgemein; T = Typspezifisch

| P | A | T | Erläuterung der Störfallursache |
|---|---|---|---|
| 82 | | ● | **Störfallursache: Zündkondensator**<br>Hat ein Zündkondensator Kurzschluß oder Masseschluß, fließt der durch die Primärwicklung der Zündspule fließende Strom direkt und nicht wie es sein soll, über die Unterbrecherkontakte nach Minus. Das Öffnen des Unterbrechers kann somit den Primärstromkreis nicht mehr unterbrechen, wodurch auch keine Zündspannung in der Sekundärwicklung der Zündspule induziert wird. Notfalls kann ohne Zündkondensator bzw. nach Vergrößerung des Kontaktabstandes bis zur nächsten Werkstatt gefahren werden. |
| 83 | ● | | **Störfallursache: Zündanlage feucht**<br>Während der Abkühlphase des Motors schlägt sich die Luftfeuchtigkeit auf sämtliche Teile als Schwitzwasser nieder. Da Schwitzwasser elektrisch leitend ist, wird die Zündenergie durch Nebenschluß zum Teil oder ganz zur Masse abgeleitet. Die Zündspannung erreicht die Elektroden der Zündkerze geschwächt oder gar nicht, so das kein Zündfunke entsteht und das Kraftstoff-Luftgemisch nicht entflammt wird.<br>Bestätigt ist diese Störfalldiagnose, wenn am Auspuff Benzingeruch feststellbar ist, also unverbranntes Benzin aus den Verbrennungsräumen ausgestoßen wird. Abhilfe kann ein Startversuch in Vollgasstellung bringen, weil dadurch der Motor ein mageres und somit zündfähigeres Kraftstoff-Luftgemisch erhält und überschüssiger Kraftstoff aus den Zylindern gedrückt wird. Führt diese Maßnahme nicht zum Erfolg, gelingt ein Startversuch nur nach gründlicher Trocknung sämtlicher Komponenten der Zündanlage (Zündspule, Zündverteiler, Zündkabel, Zündkerzen, Unterbrecher). Alternativ kann Kontaktspray verwendet werden, das eine wasserverdrängende Wirkung hat. Kontaktspray ist auch zur Vorbeugung geeignet. |

*191 Bei extrem nassem Wetter bzw. sehr hoher Luftfeuchtigkeit können Störungen in der Zündanlage auftreten. Feuchtigkeit ist der Feind der Elektrik*

Die Einstellmarkierungen befinden sich beim Viertakter auf Rotor und Stator des Generators bzw. auf einem Teil der Kurbelwelle.
Beim Zweitakter muß der Kolben eine bestimmte Stellung zum OT haben (z. B. 2 mm).
Messung: Meßuhr ins Kerzenloch schrauben. Wenn OT erreicht, Skala der Meßuhr auf Null stellen.

P = Position; A = Allgemein; T = Typspezifisch

| P | A | Erläuterung der Störfallursache |
|---|---|---|
| 84 | ● | **Störfallursache: Zündanlage verschmutzt**<br>Auf sämtlichen Teilen im Motorraum bilden sich Schichten aus Öl, Staub und Streusalz. Derartige Schmutzschichten sind hygroskopisch, nehmen also Feuchtigkeit auf und sind somit elektrisch leitend. Durch sie geht ein Teil der Zündenergie, insbesondere durch Nebenschlüsse der Zündleitungen, verloren. Im Endeffekt führt dies, je nach Verschmutzungsgrad, zu Zündaussetzern oder zum Ausfall der Zündanlage. Abhilfe schafft eine gründliche Oberflächenreinigung aller Komponenten der Zündanlage. |
| 85 | ● | **Störfallursache: Zündspule**<br>Die Wicklungen der Zündspule können im Innern unterbrochen sein, sowie Windungs- oder Masseschluß haben. Bei einer Unterbrechung oder einem Masseschluß erfolgt keine Zündung. Bei einem Windungsschluß ist lediglich die Zündenergie kleiner. In jedem Fall ist die Zündspule auszutauschen. |
| 86 | ● | **Störfallursache: Vorwiderstand**<br>Der Vorwiderstand liegt zwischen dem Zündanlaßschalter und der Zündspule und dient als Überlastschutz. Ist der Vorwiderstand durchgebrannt, ist die Stromzuführung zur Zündspule unterbrochen und es erfolgen keine Zündungen mehr. Ein Überbrücken des Vorwiderstandes ermöglicht zwar den uneingeschränkten Motorbetrieb, birgt aber die Gefahr der Überlastung bzw. Zerstörung der Zündspule, da sie die volle Bordspannung erhält. |
| 87 | ● | **Störfallursache: Entstörwiderstand**<br>Ob der zur Funkentstörung dienende Entstörwiderstand im Zündkerzenstekker defekt ist, kann nur meßtechnisch festgestellt werden. Dieser Störfall ist jedoch äußerst selten. |
| 88 | ● | **Störfallursache: Wackelkontakt**<br>Bei einem Wackelkontakt in der Zündanlage läuft der Motor ruckartig, da die Zündung zeitweise aussetzt. Sitz der Zündkabelstecker überprüfen; sie müssen fest auf die Zündkerzen gesteckt sein. |
| 89 | ● | **Störfallursache: Zündanlage defekt**<br>Nach erfolglosem Start kann durch Riechen am Auspuff festgestellt werden, ob Benzingeruch vorhanden ist. Wenn ja, ist die Kraftstoffversorgung in Ordnung. |

P = Position; A = Allgemein

## Abgasanlage

| P | A | Erläuterung der Störfallursache |
|---|---|---|
| 90 | ● | **Störfallursache: Abgasanlage undicht**<br>Eine undichte Stelle in der Abgasanlage hat erhöhte Auspuffgeräusche zur Folge.<br>**Ursachen:**<br>– Dichtung zwischen Zylinderkopf und Auspuffkrümmer defekt.<br>– Innenrohr der Abgasanlage gerissen (typbedingt)<br>– Auspuff bei Schrägfahrten aufgescheuert<br>Ist der Auspuff abgerissen, ist darauf zu achten, daß kein Teil während der Fahrt verloren geht bzw. am Boden schleifen kann, um den nachfolgenden Verkehr nicht zu gefährden bzw. Folgeschäden am eigenen Fahrzeug zu verhindern. Da bei einer defekten Abgasanlage auch die Ventile gefährdet sind, sollte der Motor nicht überlastet werden. |
| 91 | ● | **Störfallursache: Querschnitt des Abgasrohres zu klein**<br>Ist ein Abgasrohr an einer Stelle eingedrückt oder verstopft, können die Abgase nicht ungehindert ins Freie entweichen. Dadurch bleibt ein Teil der Abgase in der Abgasanlage und im Zylinder zurück. Beim Ansaugtakt gelangt beim Ottomotor weniger Kraftstoff-Luftgemisch in die Verbrennungsräume der Zylinder. |
| 92 | ● | **Störfallursache: Kurzstreckenbetrieb**<br>Während der Verbrennung des Kraftstoffluftgemisches entsteht nahezu 1 Liter Wasser pro 1 Liter Kraftstoff. Hat der Motor seine Betriebstemperatur noch nicht erreicht, kondensiert ein Teil des Wasserdampfes in der Abgasanlage zu Wasser, das zusammen mit Kohlendioxyd zu verstärkter Oxydation von innen nach außen führt. |
| P = Position; A = Allgemein | | |

## Kraftübertragung

| P | A | Erläuterung der Störfallursache |
|---|---|---|
| 93 | ● | **Störfallursache: Primärkette schleift**<br>Primärkette schleift durch Längung am Gehäuse |
| 94 | ● | **Störfallursache: Getriebeschaden**<br>Getriebeöl wird durch eine defekte Kurbelwellendichtung vom Motor angesaugt, wodurch der Ölstand im Getriebe sinkt. Die Folge ist ein Getriebeschaden. |
| 95 | ● | **Störfallursache: Schaltklauen verschlissen**<br>Ein vorzeitiger Verschleiß der Schaltklauen (abgerundete Kanten) ist meist auf einen Härtefehler zurückzuführen. |
| P = Position; A = Allgemein | | |

| P | A | TK | Erläuterung der Störfallursache |
|---|---|---|---|
| **96** | ● | | **Störfallursache: Kupplung**<br>Lockert sich die Mutter auf der Getriebehauptwelle, schleift die Kupplung. Dadurch werden die Stahlscheiben heiß, die Beläge schleifen und klappern. Reibscheiben brechen, Druckfedern erlahmen.<br>Treten zwitschernde Geräusche während des Motorlaufs im eingekuppelten Zustand auf, ist wahrscheinlich das Ausrücklager der Kupplung defekt, das gegen die Tellerfedern der sich drehenden Druckscheibe drückt. Treten während der Kupplungsbetätigung knarrende Geräusche auf, dürfte das Kupplungsdrucklager defekt sein. |
| 97 | ● | | **Störfallursache: Kupplungsbeläge verschlissen**<br>Verminderte Kraftübertragung durch schleifende Kupplung.<br>Sind die Kupplungsbeläge vollkommen verschlissen, schleift Stahl auf Stahl. Dadurch entstehen Reibungstemperaturen, die zum Ausglühen und somit zum Defekt der Kupplungsteile führen. Kupplungsbeläge, gegebenenfalls auch Kupplungsteile erneuern. |
| 98 | ● | | **Störfallursache: Kupplungsbeläge verhärtet**<br>Ein Verhärten der Kupplungsbeläge wird durch Überhitzen als Folge von Überbelastung verursacht, z. B. durch häufiges Anfahren an Steigungen rasante Starts, fahren mit schleifender Kupplung. Die Reibung verhärteter Kupplungsbeläge ist zu gering. |
| 99 | | ● | **Störfallursache: Kupplungsbeläge oxydiert**<br>Steht ein Fahrzeug bei feuchter Witterung einige Wochen unbenutzt im Freien, dann oxydiert die Kupplung eventuell so stark, daß sie durch die Kupplungsbetätigung nicht mehr getrennt werden kann. |
| 100 | | ● | **Störfallursache: Kupplungsbeläge verölt**<br>Ist die Dichtung der Kurbel- oder Getriebewelle defekt, spritzt Öl auf die Kupplung. Die schadhafte Dichtung und die Kupplungsbeläge sind auszuwechseln. |
| 101 | | ● | **Störfallursache: Reibung zwischen Ausrückplatte und Ausrücklager zu groß**<br>Kleben die Kupplungsbeläge, sollte die Kupplungsscheibe ausgewechselt werden. |
| 102 | | ● | **Störfallursache: Ausrücklager**<br>Quietschende Geräusche beim Auskuppeln deuten auf ein verschlissenes Ausrücklager hin. Es können noch einige 10 000 km gefahren werden, bevor das Aurücklager ausgetauscht werden muß. |
| 103 | | ● | **Störfallursache: Reibung zu groß**<br>Zwischen Ausrückplatte und Ausrücklager schwach ölen. |

P = Position; A = Allgemein; TK = Trockenkupplung

| P | A | TK | Erläuterung der Störfallursache |
|---|---|---|---|
| 104 | | ● | **Störfallursache: Mitnehmerscheibe**<br>Ist die Mitnehmerscheibe auf der Getriebeantriebswelle nicht gangbar, trennt die Kupplung nicht einwandfrei. In diesem Fall tritt beim Betätigen der Kupplung erst im letzten Drittel ein Widerstand auf. |
| 105 | | ● | **Störfallursache: Kupplungsscheibe schlägt**<br>Dadurch kann die Kupplungsscheibe, die sich zwischen den Reibflächen des Schwungrades und der Kupplungsdruckplatte befindet, im ausgekuppelten Zustand nicht mehr frei laufen. |
| 106 | | ● | **Störfallursache: Nabenprofil defekt**<br>Durch eine schlechte Zentrierung zwischen dem Schwungrad und der Getriebeantriebswelle können Teile der Kupplung beschädigt werden. Ferner kann das Nabenprofil zum Profil der Kupplungswelle nicht genau passen. |
| 107 | ● | | **Störfallursache: Zahnräder**<br>Entstehen beim Übergang von Zug- auf Schubbelastung heulende, singende oder rasselnde Geräusche, sind die Zahnräder des Schaltgetriebes nicht mehr in Ordnung. Derartige Geräusche können bei Gasrücknahme durch zu große Fertigungstoleranzen oder stärkerem Verschleiß der Zahnräder auftreten. In diesem Fall kommen die Zahnräder durch zu großes Zahnflankenspiel ins Vibrieren. Dagegen gibt es keine Abhilfe. Dickeres Öl oder Ölzusätze bringen keine Besserung und sind zu vermeiden. Die Getriebelebensdauer wird durch zu große Fertigungstoleranzen der Zahnräder nicht verkürzt. |
| 108 | ● | | **Störfallursache: Kupplungsspiel zu klein**<br>Das Kupplungsspiel wird mit fortschreitendem Verschleiß der Kupplungsbeläge kleiner, da sich die Druckplatte in Richtung Mitnehmerscheibe bzw. Schwungscheibe hin verschiebt. Dadurch wird die Ausrückplatte näher an das Ausrücklager gedrückt und das Kupplungsspiel wird kleiner, was im eingekuppelten Zustand zum Schleifen der Kupplung führt, d. h. die Kraftübertragung zwischen Motor und Schaltgetriebe ist beeinträchtigt bzw. unterbrochen. Wird die Kupplung nicht nachgestellt, verschwindet das Kupplungsspiel und die Ausrückplatte schleift am Ausrücklager. Durch die Reibungswärme verbrennen die Kupplungsbeläge. Ferner können die Kupplungsfedern ausglühen und die Schwungscheibe kann sich verziehen.<br>Bei selbstnachstellender Betätigungseinrichtung, meist über den Nehmerzylinder, sind die Verschleißteile zu erneuern. |
| 109 | ● | | **Störfallursache: Kupplungsspiel zu groß**<br>Unter dem Kupplungsspiel ist der Abstand innerhalb der Kupplungsübertragung bei nicht betätigter Kupplung zu verstehen. Ist das Kupplungsspiel zu groß, wird die Kupplung nicht vollkommen getrennt. Das über den Kupplungsseilzug, Kupplungshebel und Ausrückhebel betätigte Ausrücklager kann die Druckplatte nicht genügend weit von der Mitnehmerscheibe (Kupplungsscheibe) abheben.<br>Der Seilzug der Kupplung sollte ein Spiel von 2 bis 3 mm aufweisen, da sonst die Kupplung schleift. Ein zu großes Kupplungsspiel führt zu Schaltschwierigkeiten. |
| P = Position; A = Allgemein; TK = Trockenkupplung | | | |

| P | A | LK | Erläuterung der Störfallursache |
|---|---|---|---|
| 110 | ● | | **Störfallursache: Versagen der Kupplung**<br>Lassen sich die Gänge nicht mehr einlegen, oder es kracht im Getriebe beim Schalten, dann liegt ein Kupplungsschaden vor. Auch läßt sich in diesem Fall der Kupplungszug leichter betätigen. Das Motorrad ist fahruntüchtig. Es besteht jedoch die Möglichkeit, den Motor im zweiten Gang zu starten. Anzuhalten ist dann durch Ausschalten der Zündung und Abbremsen bei eingelegtem Gang. |
| 111 | | ● | **Störfallursache: Kupplung schwergängig**<br>Bei einer schwergängigen Kupplung müssen Nabe und Welle gereinigt und eingefettet werden.<br>Der Ausrückmechanismus kann auch durch Verschmutzung funktionsgestört sein. Die Kupplung klebt bei kaltem Motoröl. |
| 112 | ● | | **Störfallursache: Falsche Fahrweise**<br>Die Kupplungsbeläge verschleißen besonders stark durch Fahren mit schleifender Kupplung, z. B. durch sehr langsames Kuppeln, häufiges Anfahren auf Steigungen; anstelle der Bremse wird die Kupplung gegen Zurückrollen im Stau oder an den Ampeln eingesetzt. |
| 113 | ● | | **Störfallursache: Kette verschlissen**<br>Eine Kette kann auf Verschleiß geprüft werden, indem man versucht, ein Kettenglied über einem Kettenrad anzuheben. Gelingt dieser Test, ist die Kette verbraucht. |
| 114 | ● | | **Störfallursache: Kette falsch eingestellt**<br>Der Kettendurchhang kann geprüft werden, indem man mit dem Daumen auf das Kettenstück zwischen den Kettenrädern drückt. Bei mehr als 1 bis 2 cm schwingt die Kette und muß nachgespannt werden, bei kleiner als 1 cm ächzt sie und muß gelockert werden. |
| 115 | ● | | **Störfallursache: Kettenräder verschlissen**<br>Kettenräder sind bei Erreichen einer spitzen Zahnform auszuwechseln, da sie in diesem Zustand die Lebensdauer einer Kette beträchtlich verringern. |

P = Position; A = Allgemein; LK = Lamellenkupplung

| P | A | Erläuterung der Störfallursache |
|---|---|---|
| 116 | ● | **Störfallursache: Reifenluftdruck zu gering**<br>Ein zu niedriger Luftdruck in den Reifen bewirkt eine Erhöhung des Rollwiderstandes und somit des Kraftstoffverbrauchs. Bei erhöhter Gewichtsbelastung bzw. bei Autobahnfahrt sollte der Reifenluftdruck um 0,2 bar Überdruck erhöht werden. Ferner beeinflussen Stahlgürtelreifen mit Sommerprofil den Kraftstoffverbrauch günstig, grobstollige Winterreifen dagegen ungünstig. |
| 117 | ● | **Störfallursache: Reifenventil defekt**<br>Ein allmählicher Luftdruckverlust im Reifen läßt auf ein defektes oder undichtes Reifenventil schließen. Undicht wird ein Reifenventil, wenn zwischen der Ventilnadel und dem Ventilsitz, z. B. durch eine fehlende Schutzkappe Schmutz gelangt. |
| 118 | ● | **Störfallursache: Reifenprofil ungünstig**<br>Abrollgeräusche der Reifen nehmen mit der Profilgröße zu. |
| 119 | ● | **Störfallursache: Profiltiefe der Reifen kleiner als 3 mm**<br>Zur Erhaltung der Verkehrssicherheit sollte nicht schneller als 130 km/h gefahren werden. |
| 120 | ● | **Störfallursache: Reifen defekt**<br>Entweicht aus einem Reifen plötzlich Luft, kommt das Motorrad leicht ins Schleudern. Geht der Luftdruckverlust im Reifen langsam vor sich, weicht das Motorrad wie bei starkem Seitenwind zur Seite aus. In keinem Fall darf stark gebremst werden. Das Motorrad ist an den Straßenrand zu steuern und nach Stillstand abzusichern. |
| 121 | ● | **Störfallursache: Felge verformt**<br>Ob die Felge eines Rades einwandfrei läuft, läßt sich bei freilaufendem Rad prüfen, indem man das Rad dreht und einen weichen Gegenstand von Hand der Felge allmählich nähert. Ein »eierndes« Rad ist mit dem Speichen-Nippelschlüssel zu justieren. Lockere Speichen sind durch Abklopfen der Speichen mit einem metallischen Gegenstand, z. B. einem Schraubenschlüssel, am Klang feststellbar. |
| 122 | ● | **Störfallursache: Stoßdämpfer**<br>Sind stärkere Ölspuren am Stoßdämpfer sichtbar bzw. Schläge ans Fahrgestell wahrzunehmen, sollten die Stoßdämpfer auf einem Prüfstand getestet werden. Ist das Ergebnis negativ, muß baldmöglichst ein Austausch erfolgen, da die Verkehrssicherheit betroffen ist. Handelt es sich um ältere Stoßdämpfer, sollte nicht nur der defekte, sondern zur Erzielung eines optimalen Fahrverhaltens gleichzeitig beide ausgewechselt werden. |

P = Position; A = Allgemein

| P | A | Erläuterung der Störfallursache |
|---|---|---|
| 123 | ● | **Störfallursache: Federbeine**<br>Abhilfe: Anderen Dämpfertyp einbauen. |
| 124 | ● | **Störfallursache: Lenkungsdämpfer**<br>Abhilfe: Anderen Dämpfertyp einbauen. |
| 125 | ● | **Störfallursache: Hydrauliköl zu dickflüssig**<br>Verkraftet die Teleskopgabel mehrere kurz aufeinander folgende Bodenwellen nicht (sie setzt sich), sollte ein dünneres Hydrauliköl verwendet werden. |
| 126 | ● | **Störfallursache: Falsches Öl in den Gabelholmen**<br>Teleskopgabeln müssen während der kalten Jahreszeit mit dünnflüssigem, und in der warmen Jahreszeit mit dickflüssigem Öl gefüllt sein. |
| 127 | ● | **Störfallursache: Spiel in den Radlagern**<br>Vorderrad bei aufgestelltem Motorrad ruckartig in Achsrichtung hin- und herbewegen. Ein Spiel ist bei einwandfreiem Lager durch Einstellen zu beseitigen. |
| 127.1 | ● | **Störfallursache: Radunwucht des Vorderrades**<br>Die Radunwucht macht sich durch Vibrieren bzw. Hämmern des Vorderrades ab einer Geschwindigkeit von etwa 75 km/h bemerkbar. Ursache kann ein Höhenschlag bzw. eine ungleiche Massenverteilung des Rades (Felge, Reifen, Bremse) sein. |
| 128 | ● | **Störfallursache: Vibrationen**<br>Maßnahmen zur Eindämmung der Motor- und Fahrwerksschwingungen sind:<br>– Kontrolle der Motoraufhängung<br>– Exakte Einstellung des Motors (Ventile, Steuerkette, Vergaser, Zündung)<br>– Überprüfung sämtlicher Verbindungen<br>– Spannungsfreie Montage aller Fahrwerksteile<br>– Kontrolle bzw. Austausch der verschlissenen Dämpfungselemente<br>Eine Schraube kann sich trotz Sicherungsblech lockern, wenn sie nicht mit dem richtigen Drehmoment angezogen wurde.<br>Sicherheitstechnisch wichtig sind alle Schrauben, durch die Bauteile mit dem Fahrzeugrahmen verbunden sind sowie Schrauben am Steuerkopf der Lenkung und die der Radbefestigung. |
| 129 | ● | **Störfallursache: Schwingungen**<br>Durch Schwingungen brechen die Stehbolzen der Auspuffbefestigung häufig an. Die Befestigungsmuttern sind regelmäßig zu überprüfen. |
| 130 | ● | **Störfallursache: Einbaulage des Motors**<br>Ist der Abstand zwischen Motor und Rahmen nicht einwandfrei ausdistanziert, kann es zu Spannungen und Rahmenbrüchen kommen. |

P = Position; A = Allgemein

| P | A | TB | Erläuterung der Störfallursache |
|---|---|---|---|
| 131 | | ● | **Störfallursache: Bremsbeläge verschlissen**<br>Ein Verschleiß wirkt sich nur bei Radbremsen ohne automatische Nachstellung aus. Bei den meist verwendeten Trommelbremsen erfolgt der Rückzug der Bremsbacken durch eine Feder. Mit fortschreitender Abnützung der Bremsbeläge wird der Abstand zwischen der Bremstrommel und den Bremsbacken größer und der Kolben des Radbremszylinders hat beim Bremsen einen längeren Weg. Um das zu verhindern, sind Trommelbremsen regelmäßig nachzustellen.<br>Treten beim Bremsvorgang schabende Geräusche auf, ist der Bremsbelag vollkommen verschlissen, d. h., es schleift Metall auf Metall.<br>Der Belagverschleiß bei Trommelbremsen ist unterschiedlich, wenn beide Bremsbacken von einem Bremszylinder betätigt werden, was meist der Fall ist. Beschleunigt wird der Bremsbelagverschleiß durch Einwirken von Bremsflüssigkeit, die aus einem undichten Radbremszylinder läuft.<br>Die Folge ist eine Beschädigung der Bremsfläche der Bremstrommel. Diese muß ausgetauscht oder ausgedreht werden.<br>Im ersten Fall sind neue Bremsbacken und Bremsbeläge erforderlich. Im zweiten Fall sind Bremsbacken mit Übergröße einzubauen.<br>In jedem Fall ist der defekte Radbremszylinder auszutauschen.<br>Ursache einer quietschenden Trommelbremse kann Staub auf den Bremsbelägen sein. |
| 132 | | ● | **Störfallursache: Einstellung der Trommelbremse**<br>Durch Verschleiß der Bremsbeläge bei Trommelbremsen vergrößert sich der Abstand zwischen Bremsbacken und Bremstrommel. Deshalb ist, abhängig vom Verschleiß, von Zeit zu Zeit eine Einstellung erforderlich.<br>Zu fest eingestellte Trommelbremsen führen durch die entsprechende Reibungswärme zum Ausglühen, wobei Brandgeruch entsteht. |
| 133 | | ● | **Störfallursache: Bremsklötze verschlissen**<br>Schleifende Geräusche während der Fahrt lassen auf schleifende Bremsbeläge schließen. Oftmals sind die Bremsbeläge soweit verschlissen, daß durch metallische Reibung die Stärke der Bremsscheiben bereits bedenklich geschwächt sind. Fehlersuche und Reparatur sind umgehend durchzuführen.<br><br>*192 Bis auf die Trägerplatte abgefahrene Bremsbeläge. Eine so vernachlässigte Bremse kann Ursache schwerer Unfälle sein* |
| 134 | | ● | **Störfallursache: Bremssattel**<br>Schwergängiger Bremskolben bzw. Bremssattel der Scheibenbremse. Die Schwimmsattelbremse löst sich nach einer Betätigung nur bei drehendem Rad vollkommen. |

P = Position; A = Allgemein; TB = Trommelbremse

**Bremsanlage**

| P | A | SB | Erläuterung der Störfallursache |
|---|---|---|---|
| 135 | | ● | **Störfallursache: Bremsscheibe**<br>Weist die Scheibe einer Scheibenbremse größere Unebenheiten auf oder die Scheibe läuft nicht parallel zu den Bremsklötzen, werden die Kolben des Bremssattels nach jedem Bremsvorgang weiter als normal zurückgeschoben.<br>In der Regel sind Bremsscheiben nach dem 3. Wechsel der Bremsklötze auszutauschen. |
| 136 | ● | | **Störfallursache: Bremsreibung sehr stark**<br>Quietschgeräusche sind akustische Schwingungen, die beim Bremsen durch Reibung der rotierenden Bremsscheibe mit den Bremsbelägen entstehen. Sie können durch Rost auf den Bremsscheiben, verschlissene Bremsbeläge oder durch eine starke Bremsreibung hervorgerufen werden.<br>Rost auf der Bremsscheibe kann durch einige Vollbremsungen beseitigt werden.<br>Handelt es sich um Eigenschwingungen der Bremsscheibe, sind zunächst die Bremsklötze auszutauschen. Führt diese Maßnahme nicht zum Erfolg, sind neue Bremsscheiben einzubauen.<br>Bei einwandfreien Bremsbelägen hilft die hitzebeständige Spezialpaste »Plastilube PL Brems«, mit der nach Reinigen der Scheibenbremse die Kolbenstirnseite und die übrigen Bauteile, außer den Bremsflächen, vor den Zusammenbau zu bestreichen sind. |
| 137 | ● | | **Störfallursache: Spritzwasser**<br>Ursache einer reduzierten Bremsleistung im Winter kann salzhaltiges Spritzwasser auf den Bremsscheiben und Bremsklötzen sein. Die Salzschicht kann durch stärkere Bremsungen beseitigt werden. |
| P = Position; A = Allgemein; SB = Scheibenbremse | | | |

**Bremsanlage**

| P | A | BH | Erläuterung der Störfallursache |
|---|---|---|---|
| 138 | | ● | **Störfallursache: Hauptbremszylinder**<br>Eine verstopfte Öffnung im Hauptbremszylinder verhindert das Nachfließen der Bremsflüssigkeit. Demgemäß steht nicht genügend Bremsflüssigkeit im Bremssystem zu Verfügung, wodurch sich der Betätigungsweg vergrößert. |
| 139 | | ● | **Störfallursache: Luft im Bremssystem**<br>Bremsflüssigkeit nimmt im Laufe der Zeit Wasser auf, das bei höheren Temperaturen im Bereich der Bremsen verdampft. Da sich Dampf bzw. Luft komprimieren läßt, wirkt sich ein Druck auf das Bremspedal nicht unmittelbar auf die Bremskolben aus. Dadurch ist der Betätigungsweg länger und die Bremse wirkt federnd. |
| P = Position; A = Allgemein; BH = Bremshydraulik | | | |

**Bremsanlage**

| P | A | BH | Erläuterung der Störfallursache |
|---|---|---|---|
| 140 | | ● | **Störfallursache: Bremssystem undicht**<br>Der Bremsflüssigkeitsbehälter kann durch Vibrationen Risse bekommen. Bei einigen Motorradtypen ist die Befestigung des Bremszylinders nicht spielfrei, um Vibrationen zu dämpfen, die zum Schäumen der Bremsflüssigkeit führen können. Undicht kann das Dreiwegeventil werden (typspezifisch). Es sind sämtliche Anschlüsse und Komponenten einschließlich des Dreiwegeventils am Flüssigkeitsverteiler der hydraulischen Bremsanlage auf Dichtheit zu überprüfen. Etwaige Mängel sind im Hinblick auf die Verkehrssicherheit umgehend zu beheben. |
| 141 | | ● | **Störfallursache: Hydraulik**<br>Werden die Bremsen zu heiß, z. B. auf langer Bergstrecke, kommt es zur Dampfblasenbildung in der Bremsanlage und somit zum Versagen der Bremsen. Eine Weiterfahrt ist erst möglich, wenn sich die Bremsen abgekühlt haben.<br>Bei einem Bruch der Bremsleitung ist das Motorrad nicht mehr verkehrstüchtig. |
| 142 | | ● | **Störfallursache: Bremsflüssigkeit zu heiß**<br>Läßt die Bremswirkung infolge heißgefahrener Bremsen nach, ist eine Pause zur Abkühlung einzulegen. Bei Gefällstrecken ist die sogenannte Motorbremse (Fahren mit niedrigem Gang) verstärkt einzusetzen.<br>Bremsflüssigkeit ist hygroskopisch, nimmt pro Jahr 2 bis 3 % Wasser auf, und der Siedepunkt liegt zwischen 230 und 290 °C. Da die jährliche Wasseraufnahme eine Reduzierung des Siedepunktes um 60 bis 80 °C bewirkt, erhöht sich die Gefahr der Dampfblasenbildung und somit die Ausfallwahrscheinlichkeit der Bremsanlage. Aus diesem Grund ist die Bremsflüssigkeit alle ein bis zwei Jahre auszuwechseln. |

P = Position; A = Allgemein; BH = Bremshydraulik

**Beleuchtungsanlage**

| P | A | Erläuterung der Störfallursache |
|---|---|---|
| 143 | ● | **Störfallursache: Reflektor**<br>Glaskolben von Biluxlampen werden schwarz, auf Halogenlampen entsteht ein Glitzereffekt. Beim Auswechseln ist der Glaskolben nicht mit bloßen Händen anzufassen, um Schweißrückstände, die verdunsten und sich auf den Reflektor niederschlagen, zu vermeiden. Reflektoren dürfen nicht gereinigt werden. Jede Reinigungsart bewirkt eine Zerstörung. |
| 144 | ● | **Störfallursache: Glühlampe geschwärzt**<br>Glühlampen mit angeschwärztem Glaskolben sind verbraucht und somit auszutauschen. |

P = Position; A = Allgemein

## Beleuchtungsanlage

| P | A | Erläuterung der Störfallursache |
|---|---|---|
| 145 | ● | **Störfallursache: Erschütterungen**<br>Vermutlich ist die Halterung der Glühlampe lose. Es kann auch ein Riß im Schutzblech vorliegen. |
| 146 | ● | **Störfallursache: Gehäuse undicht**<br>Durch Vibrationen kann das Gehäuse Risse bekommen, wodurch ein Kurzschluß durch eindringendes Wasser ausgelöst wird. |
| P = Position; A = Allgemein | | |

## Instrumentierung

| P | A | Erläuterung der Störfallursache |
|---|---|---|
| 147 | ● | **Störfallursache: Keine Batterieladung**<br>Leuchtet die Ladekontrollampe bei eingeschalteter Zündung nicht, erfolgt keine Batterieladung während der Fahrt. Das gleiche trifft zu, wenn die Ladekontrollampe währende der Fahrt aufleuchtet. In beiden Fällen wird der gesamte Strombedarf aus der Batterie entnommen. Wie weit man ohne Batterieladung fahren kann, ist abhängig vom Ladezustand der Batterie und den eingeschalteten Stromverbrauchern. Mit eingeschaltetem Scheinwerfer sollte nur soweit wie unbedingt nötig gefahren werden, da bei einer 45 W Scheinwerferlampe und 12 V Batterie 3,75 A fließen. Demnach ist eine vollgeladene Batterie von 14 A/h nach einer Fahrzeit von etwa 2,5 Stunden leer, da auch die Zündanlage Strom verbraucht. So weit darf es jedoch nicht kommen, da der Scheinwerfer mit zunehmender Batterieentladung dunkler wird und die Zündenergie nicht mehr ausreicht. |
| 148 | ● | **Störfallursache: Meßfehler**<br>Die Tachowelle erfaßt die Radumdrehungen. Durch den normalen Reifenverschleiß entsteht indessen ein Meßfehler von etwa 2,5 %. Bei schneller Fahrt ergibt sich durch die Erhöhung des Reifenabrollumfanges ein Meßfehler bis zu 6 %. Auch eine Herstellungstoleranz der Reifen kann einen Meßfehler von 2,5 % verursachen. Der Meßfehler des Tachomeßwerks kann 4 % des Meßbereichsendwertes erreichen. Ein Tachometer darf bis 50 km/h nicht nachgehen und bis 7 % des Meßbereichendwerts vorgehen. Ein Meßergebnis kann im übrigen durch einen falschen Reifenluftdruck und durch einen bei Bergfahrt entstehenden Schlupf der Reifen verfälscht werden. |
| 149 | ● | **Störfallursache: Übergangswiderstand zu groß**<br>Ein zu hoher Übergangswiderstand an einem Widerstandsgeber hat einen kleineren Meßstrom und demnach eine zu kleine Meßwertanzeige zur Folge. Einwandfreie Verbindung durch Abschmiergeln der Kontaktflächen, Nachjustieren des Steckers oder durch Austausch des Steckers herstellen. |
| P = Position; A = Allgemein | | |

| P | A | Erläuterung der Störfallursache |
|---|---|---|
| 150 | ● | **Störfallursache: Wackelkontakt**<br>Ist die Verbindung zwischen der elektrischen Leitung und dem Geber nicht fest, ergibt sich eine zeitweise Unterbrechung der Meßleitung und somit der Meßwertanzeige. |
| 151 | ● | **Störfallursache: Öldruck zu niedrig**<br>Die Öldruck-Kontrollampe erlischt normalerweise bei einem Öldruck > 0,5 bar. Leuchtet die Lampe während des Motorlaufs auf, ist der Motor umgehend stillzusetzen, da mit dem Ausfall der Motorschmierung gerechnet werden muß.<br>Leuchtet sie jedoch bei heißem Motor (Schmieröl sehr dünnflüssig) im Leerlauf und verschwindet bei Drehzahlerhöhung wieder, besteht für den Motor keine Gefahr. Eine Überprüfung des Öldruckwächters, der im Ölpumpengehäuse eingebaut ist, sollte dennoch durchgeführt werden. |
| 152 | ● | **Störfallursache: Meßwelle gelöst/gebrochen**<br>Betroffen ist die Drehzahl- und Geschwindigkeitsmessung. Das Drehzahlmessergetriebe befindet sich im Zylinderkopf. Die Drehzahlmesserwelle löst sich von der Antriebswelle.<br>Ein Bruch der Tachowelle beruht meist auf falscher Montage. Der Tachoantrieb muß sich so auf der Steckachse befinden, daß die Welle horizontal austritt. Ferner kann ein verschmutzter Antrieb zur Funktionsstörung führen. |
| P = Position; A = Allgemein | | |

| P | A | Erläuterung der Störfallursache |
|---|---|---|
| 153 | ● | **Störfallursache: Batterieladung zu niedrig**<br>Werden beim Anlaßvorgang die Öldruck- und Ladekontrollampe dunkel, ist die Batterieladung ungenügend. Die Batteriekapazität sinkt bei tiefen Außentemperaturen beträchtlich und das vom Anlasser aufzubringende Drehmoment ist durch das zähflüssige Motoröl bedeutend höher. Ferner hat dies einen erhöhten Spannungsabfall und somit eine Schwächung der Zündfunken zur Folge. Deshalb sind weitere Startversuche sinnlos. Die Batterie ist zu laden bzw. auszutauschen. Ein Motorstart ist durch Anschieben, Anschleppen oder mittels Starthilfekabel möglich.<br>Eine Batterie wird durch häufige Starts (der Einschaltstrom des Anlassers beträgt bis zu 320 A), eingeschaltete Stromverbraucher während des Motorstillstands oder durch Salze, die sich an der Oberfläche bilden, entladen. Die Oberfläche der Batterie ist sauber zu halten, vorhandene Salze sind zu entfernen.<br>Eine Batterie entlädt sich im Ruhezustand um etwa 1 % täglich. Temperaturen bis — 50 °C schaden einer voll geladenen Batterie nicht.<br>Ursache einer zu geringen Batterieladung können außer dem Generator und Regler defekte Leitungen oder schlechte Anschlüsse sein.<br>Eine Batterie ist entladen, wenn die Zellenspannung auf 1,75 V abgesunken ist. Eine leere Batterie sollte mit etwa 1/10 der Batteriekapazität, bei einer Batterie mit z. B. 14 Ah mit 1,4 A, geladen werden. Zur Aufrechterhaltung der Nennkapazität genügt ein Ladestrom von etwa 1/10 dieser Stromstärke, also 0,14 A.<br>Zur Einstellung des Ladestromes ist ein Batterieladegerät mit eingebautem Strommesser erforderlich.<br>Eine Batterie, die während einer Ladung verstärkt zu gasen beginnt, ist in etwa einer Stunde vollgeladen (Säurestand 1,28 kg/l). Dies ist auch der Sollzustand, indem eine Batterie stillzulegen ist.<br>Zum Auffüllen des Säurestandes ist nur destilliertes Wasser zu verwenden.<br>Zur Vermeidung von Schäden an Chromteilen durch Batteriegase ist auf günstige Verlegung der Entlüftungsschläuche zu achten. |
| P = Position; A = Allgemein | | |

Elektrik

| P | A | G | D | Erläuterung der Störfallursache |
|---|---|---|---|---|
| 154 | ● | | | **Störfallursache: Bordspannung zu niedrig**<br>Ablagerungen an den Batteriepolen erhöhen den elektrischen Widerstand. Die Pole sind mit einem trockenen Lappen zu reinigen und mit Polfett zu versehen. |
| 155 | ● | | | **Störfallursache: Bordspannung zu hoch**<br>Wird eine voll geladene Batterie weiter geladen, bilden sich auf der Batterieoberfläche Säurekristalle. Ursache einer Batterieüberladung ist ein Reglerdefekt. In diesem Fall wird trotz hoher Bordspannung die Generatorerregung und somit die Generatorspannung nicht reduziert.<br>Häufiger Lampendefekt kann durch Überspannung eintreten. |
| P = Position; A = Allgemein; G = Gleichstromgenerator; D = Drehstromgenerator | | | | |

| P | A | G | D | Erläuterung der Störfallursache |
|---|---|---|---|---|
| 156 | | ● | ● | **Störfallursache: Generator defekt**<br>Leuchtet die Ladekontrollampe bei laufendem Motor, erzeugt der Generator keine Spannung. Ursache kann ein Generatordefekt sein. Es findet keine Batterieladung statt, und die Stromversorgung des Bordnetzes erfolgt nur noch durch die Batterie. Bei vollgeladener Batterie und ausgeschalteten Stromverbrauchern, ausgenommen die Zündanlage mit einem Leistungsbedarf von etwa 20 W, ist mit einer Batterie von 14 Ah ein etwa dreiviertelstündiger Motorbetrieb noch möglich.<br>Ein Generatordefekt kann durch zu hohe Drehzahlen bzw. Wärmeeinwirkung entstehen. Rotor des Generators streift am Stator. Durch seitliche Belüftungsschlitze im Generatordeckel gelangt Wasser und Schmutz ins Gehäuse. |
| | | ● | | Der Kollektor einer Gleichstromlichtmaschine muß eine vollkommen glatte Oberfläche aufweisen. Ein mit Öl oder Fett behafteter Kollektor ist mit einem benzinfeuchten Tuch zu reinigen. Ist der Kollektor riefig, ist ein Überdrehen in der Werkstatt nötig. |
| | | | ● | Eine Drehstromlichtmaschine ist gegen Spannungsspitzen durch Verwendung der Gleichrichterdioden äußerst empfindlich. Deshalb dürfen sämtliche Leitungen zwischen Lichtmaschine, Batterie und Regler nur bei stehender Lichtmaschine unterbrochen werden bzw. unterbrochen sein. |
| 157 | ● | | | **Störfallursache: Generator**<br>Lager des Generators defekt. Das Kugellager ist zu erneuern. |
| 158 | | | ● | **Störfallursache: Schleifkohlen**<br>Die Schleifkohlen können gebrochen sein, oder eine Litze zu den Schleifkohlen ist abgerissen. Außerdem erhöht ein zu schwacher Anpreßdruck der Schleifkohlen den Übergangswiderstand, wodurch der Erregerstrom des Generators und somit die Generatorspannung abnimmt. Der gleiche Effekt wird erzielt, wenn die Schleifkohlen springen, d. h. nicht ständig auf den Schleifringen des Generators voll anfliegen.<br>Bei eingeschalteter Zündung und Motorstillstand fließt bei einwandfreiem Stromkreis Strom vom Pluspol der Batterie über Zündanlaßschalter, Ladekontrollampe, Regler, Erregerwicklung des Generators, die über Kohlen und Schleifringe (Anschluß DF und D-) angeschlossen ist, nach Minus. Werden die Kohlen nicht ausreichend durch die Federn auf die Schleifringe gedrückt, liegt eine Stromunterbrechung vor, oder es besteht an diesen Stellen ein erhöhter Übergangswiderstand. |

P = Position; A = Allgemein; G = Gleichstromgenerator; D = Drehstromgenerator

| P | A | G | D | Erläuterung der Störfallursache |
|---|---|---|---|---|
| 159 | | ● | ● | **Störfallursache: Regler defekt**<br>Ist der Regler defekt, wird die Batterie überladen oder nicht mehr geladen. Im letzten Fall sinkt die Batteriespannung soweit, daß die Zündenergie zur Zündung des Kraftstoffluftgemisches nicht mehr ausreicht (Motorstillstand). Wenn auch bei Tage mit eingeschaltetem Fahrlicht gefahren wird, ist dieser Zustand relativ schnell erreicht. |

P = Position; A = Allgemein; G = Gleichstromgenerator; D = Drehstromgenerator

Elektrik

| P | A | Erläuterung der Störfallursache |
|---|---|---|
| 160 | ● | **Störfallursache: Spannungsdifferenz**<br>Während des Motorlaufs erzeugt der Generator eine Spannung, die der Batteriespannung entgegenwirkt. In diesem Betriebszustand besteht an den Anschlußklemmen der Ladekontrollampe keine wesentliche Spannungsdifferenz (Batteriespannung 12 V, Generatorspannung 14 V) und die Ladekontrollampe erlischt bei einwandfreier Anlage. Entsteht durch einen Defekt eine erhöhte Spannung an der Ladekontrollampe, kann dies zum Aufleuchten führen.<br>Hat z. B. der Kontakt des Reglers einen zu hohen Übergangswiderstand ist der Erregerstrom des Generators zu klein, folglich auch die Generatorerregung und somit die Generatorspannung. Ist die Steckverbindung am Generator locker, wird die Batterie nicht mehr geladen. |
| 161 | ● | **Störfallursache: Batterie falsch angeschlossen**<br>Ist die Batterie richtig angeschlossen, ist sie mit dem Generator parallel geschaltet (Abb. 194 A). Ist die Batterie falsch angeschlossen, ist sie mit dem Generator in Reihe geschaltet (Abb. 194 B). In diesem Fall sind beide Stromquellen über Masse kurzgeschlossen. Bis die Batterie entleert ist fließt ein Kurzschlußstrom. Die Bordspannung beträgt null Volt. |

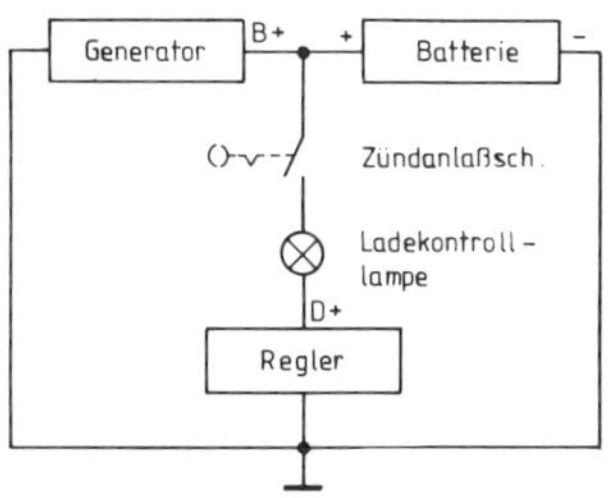


*193 Prinzipschaltung der Ladekontrollampe*

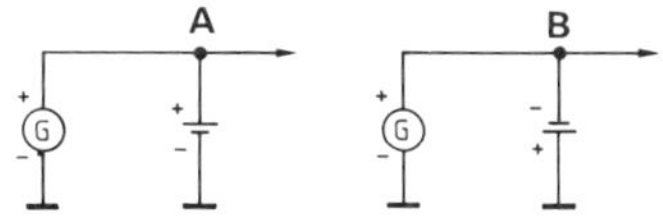


*194 Schaltung der Stromquellen: A richtig, B falsch*

P = Position; A = Allgemein

| P | A | Erläuterung der Störfallursache |
|---|---|---|
| 162 | ● | **Störfallursache: Batterie defekt**<br>Erhöht sich die Lichtstärke des Scheinwerfers mit steigender Drehzahl im unteren Drehzahlbereich merklich, kann ein Batteriedefekt vorliegen oder die Batterieladung ist ungenügend, was auf einen defekten Regler schließen läßt. Übersteigt die Säuredichte der Batterie den Wert 1,28, liegt ein innerer Kurzschluß vor. Die Lebensdauer einer Batterie beträgt mindestens zwei Jahre. Vorzeitig kann die Batterie Risse durch Vibrationen bekommen.<br>Eine entladene Batterie gefriert durch Wasserbildung bereits bei — 5 °C, eine vollgeladene Batterie ab — 60 °C. |
| 163 | ● | **Störfallursache: Stromunterbrechung**<br>Eine Stromunterbrechung liegt vor, wenn eine elektrische Leitung ständig unterbrochen ist. Dies bewirkt den Ausfall eines oder mehrerer Stromverbraucher.<br>Ob die gesamte Stromversorgung oder nur ein Stromkreis bzw. Strompfad durch eine Leitungsunterbrechung ausgefallen ist, läßt sich durch Inbetriebsetzung bestimmter Stromverbraucher feststellen. Eine Leitungsunterbrechung kann ohne zu messen, bei eingeschaltetem Verbraucher durch stückweises Bewegen (Knicken) der Leitung festgestellt werden.<br>Elektrische Leitungen sind zur Vermeidung von Bruchstellen gut befestigt, also nicht frei schwingend zu verlegen. Klemmverbindungen sollten gegen Lockern mit Schraubensicherungen versehen werden, z. B. mit Federscheiben oder Sicherungslack. |
| 164 | ● | **Störfallursache: Sicherung**<br>Häufig entsteht der Ausfall eines Stromverbrauchers durch schlechten Kontakt zwischen Sicherung und Haltefedern. Deshalb sollten noch vor Überprüfung der Sicherung einwandfreie Kontakte durch Nachbiegen der Haltefedern bzw. Blankschmiergeln der Kontaktflächen (oft genügt ein Drehen der Sicherung) hergestellt werden.<br>Brennt eine ausgewechselte Sicherung nach kurzer Zeit wieder durch, liegt in diesem Stromkreis ein Kurzschluß vor. |
| 165 | ● | **Störfallursache: Wackelkontakt**<br>Unter einem Wackelkontakt ist die Unterbrechung einer elektrischen Leitung zu verstehen, die in ungleichen Abständen stattfindet. Die Folge ist ein ungewolltes zeitweises Unterbrechen eines Stromkreises. |

P = Position; A = Allgemein

| P | A | Erläuterung der Störfallursache |
|---|---|---|

166 ●

**Störfallursache: Übergangswiderstand zu groß**

Durch Oxydation nimmt der Widerstand zu und die Stromstärke ab. Dies kann zum Versagen eines Stromverbrauchers führen. Oxydationserscheinungen sind durch Abschaben oder Abschmiergeln zu beseitigen. Lose Klemmen sind festzuziehen und einwandfreie Steckverbindungen (ausreichender Kontaktdruck, blanke Kontakte) herzustellen.

*195 Pannen in der Elektrik sind meist leicht zu beheben, wenn man den Ursachen erst einmal auf die Spur gekommen ist*

167 ●

**Störfallursache: Masseschluß/Kurzschluß**

Ein Masseschluß oder Kurzschluß entsteht durch blankgescheuerte Kabel, wodurch Pluspotential direkt mit Minus (Motorblock, Fahrgestell, Minusleitung) in Verbindung kommt. Liegt der Berührungspunkt zwischen einer Sicherung und einem Verbraucher, brennt die Sicherung durch. Bei nicht abgesicherten Leitungsteilen (z. B. Anlasser, Zündung, Leitungen vor Sicherungen) führt ein Kurzschluß in einem Stromkreis infolge des hohen Kurzschlußstromes zur Erhitzung der betreffenden Kabel und dessen Isolierung verbrennt.
Findet ein Kurzschluß statt, was sich durch Rauchentwicklung zeigt, ist umgehend das Masseband von der Batterie zu lösen. Die betroffenen Kabel sind auszutauschen bzw. fest und reichlich mit Isolierband zu umwickeln, um noch bis zur nächsten Werkstatt fahren zu können.
Die Fehlersuche ist mit einer Sichtprüfung aller elektrischen Leitungen des betroffenen Stromkreises auf Isolationsschäden zu beginnen. Bringt diese Methode den gewünschten Erfolg nicht, dann ist eine Isolationsmessung der in Betracht kommenden elektrischen Leitungen, Geräte und Wicklungen mit einem Widerstandsmeßgerät durchzuführen.

168 ●

**Störfallursache: Kurzschluß**

Ist der Kurzschluß durch ein durchgescheuertes Anlasserkabel entstanden, besteht die Gefahr eines Kabelbrandes.

P = Position; A = Allgemein

| P | A | E | Erläuterung der Störfallursache |
|---|---|---|---|
| 169 | | ● | **Störfallursache: Steuergerät**<br>Die Leiterplatten im Steuergerät (Träger und Verbindungen der elektrischen Bauteile) kann einen unsichtbaren Riß haben. Eine Reparatur ist nicht möglich, es muß ausgewechselt werden. |
| 170 | ● | | **Störfallursache: Funkentstörung**<br>Stromerzeuger, Stromverbraucher und elektrische Leitungen senden während des Betriebes hochfrequente elektromagnetische Störwellen aus, die den Funkempfang der in der Nähe befindlichen Empfänger ohne Schutzmaßnahmen stören. Störwellen entstehen durch Lichtbögen (Ein- und Ausschalten von elektrischen Verbrauchern) und Funkenstrecken (an Kollektoren der elektrischen Maschinen). Die Reichweite der Störungen ist abhängig von der Frequenz der Störwellen und kann bei Zündanlagen einige Kilometer betragen. Die größte Störquelle im Kraftfahrzeug ist der Hochspannungsteil der Zündanlage.<br>Maßnahmen gegen die Ausbreitung von Störwellen bzw. zur Reduzierung auf ein erträgliches Maß sind Dämpfung (Fernentstörung), Ableitung (Nahentstörung), Abschirmung. Nach den gesetzlichen Vorschriften muß die elektrische Anlage jedes Kraftfahrzeuges fernentstört sein. Eine Nahentstörung ist gesetzlich nicht vorgeschrieben, aber stets erforderlich, wenn ein Funkgerät betrieben wird.<br>Als Dämpfungsglieder finden Drahtwiderstände Anwendung. Zur Ableitung dienen Kondensatoren bzw. Drosselspulen, die auch häufig kombiniert als sogenannte Entstörer oder Entstörfilter zum Einsatz kommen. Sie müssen möglichst nahe der Störquelle eingebaut sein, damit die Störwellen auf dem kürzesten Weg zur Masse abgeleitet werden. Unter Abschirmung ist der Schutz elektrischer Leitungen, Bauteile und Geräte gegen die Einwirkung elektromagnetischer Störungen zu verstehen, durch die die Aussendung von Störwellen verhindert wird. Hierzu werden elektrische Leitungen und Geräte teilweise oder vollständig mit einem metallischen Mantel umgeben. |

P = Position; A = Allgemein; E = Einspritzanlage

# 4. Motorrad-Praxis

Zur Erzielung einer hohen Betriebs- und Verkehrssicherheit sind alle Reparatur- und Wartungsarbeiten fachmännisch und äußerst gewissenhaft auszuführen. Grundlage sind umfangreiche Kenntnisse in Theorie und Praxis. Schwierige Tätigkeiten sollten nur von einem Fachmann bzw. technisch versierten Motorradfahrer erledigt werden. Zur Erhöhung der Verkehrsicherheit sind außer den Wartungsintervallen regelmäßig folgende Überprüfungen durchzuführen:

**Bereifung**
Der Reifenzustand muß einwandfrei sein, die Profiltiefe mindestens 1,5 mm betragen.

**Bremsen**
Der Bremsflüssigkeitsbehälter sollte bis zur Max-Markierung gefüllt sein. Liegt der Höhenstand erheblich darunter, muß unverzüglich eine Fehlersuche und Fehlerbehebung erfolgen. Ein Bremstest ist regelmäßig durchzuführen.

**Lenkung**
Die Lenkung muß richtig eingestellt sein.

**Ladung**
Das zulässige Gesamtgewicht bzw. die zulässigen Achslasten dürfen die im Fahrzeugschein angegebenen Werte nicht überschreiten.

**Beleuchtung**
Sämtliche Beleuchtungseinrichtungen und die Blinkanlage müssen störungsfrei arbeiten.

**Akustische Signalanlage**
Während der Signalgabe muß der Signalton einwandfrei und ohne Unterbrechungen sein.

**Zur Erzielung einer hohen Betriebssicherheit sind regelmäßig folgende Prüfungen durchzuführen:**

- Kühlflüssigkeitsstand (bei Motoren mit Flüssigkeitskühlung).
- Motorölstand (bei Motoren mit Schmieranlagen)
- Reifenluftdruck
- Kraftstoffvorrat
- Ferner sind die elektrischen Anlagenteile auf ihre Funktionstüchtigkeit zu überprüfen.

## Werkzeug

Nachstehende Zusammenstellung beinhaltet die zweckmäßigsten Werkzeuge zur Ausführung von Wartungs- und Reparaturarbeiten.

| Werkzeug | Erläuterung |
|---|---|
| Gabelschlüssel SW 10, 11, 12, 14, 17, 19 | Maulöffnung um 15 ° abgewinkelt |
| Gabelringschlüssel SW 9 | Beidseitig gleiche Schlüsselweite. Ringschlüssel sind sechskantschonend. Für Bremsleitungsverschraubungen sind offene Ringschlüssel zu verwenden. |
| Doppelringschlüssel SW 10, 11, 12, 14, 17, 19 | |
| Speichenschlüssel | Zum Spannen der Speichen |
| Steckschlüssel | Ein- oder Doppelsteckschlüssel mit Querloch zur Aufnahme des Drehdorns. |
| Knarre oder Ratsche mit 3/8″ oder 1/2″ Vierkant | Für Betätigung von Steckeinsätzen. Zur Aufnahme der Steckeinsätze bzw. eines Verlängerungsstücks mit einem Vierkant versehen. |
| Steckeinsätze oder Nüsse | Es gibt 6- und 12-Kantnüsse. Letztere gestatten kleinere Schritte. |
| Drehmomentschlüssel für Steckeinsätze | Zum Anziehen von Schrauben und Muttern mit bestimmtem Drehmoment. |

| Werkzeug | Erläuterung |
|---|---|
| Inbusschlüssel | Für Inbusschrauben (Ersatz für Kreuzschlitzschrauben) |
| Zündkerzenschlüssel | |
| Hammer 250 g und 1000 g | |
| Greifzange | Greifweite des Zangenmauls durch Rillen und Rippen verstellbar. Greifbacken feinverzahnt. |
| Spezialzange | Zum Aushaken der Bremsbackenrückholfeder |
| Flachzange/Rundzange | |
| Seitenschneider | Zum Trennen von Bowdenzüge und elektrischen Leitungen |
| Abisolierzange | Zum Abisolieren elektrischer Leitungen. Einstellbar auf beliebige Querschnitte. |
| Kabelquetschzange | Mit ihr werden Kabelschuhe bzw. Flachstecker ans Ende elektrischer Leitungen angebracht. |
| Schraubendreher oder Schraubenzieher und einen Schlagschraubenzieher | Schraubenschlitz und Klingendicke eines Schraubendrehers müssen zusammenpassen. Schraubendreher verschiedener Klingendicke für Schlitzschrauben und Kreuzschraubendreher für Kreuzschraubenköpfe. Schraubendreher mit auswechselbaren Einsätzen für Schlitz- und Kreuzschrauben zweckmäßig. Zum Drehen von Sechskanteinsätzen eignen sich auch Steckschlüssel. |
| Fühlerlehren | Auch Spione genannt, dienen zum Ausmessen schmaler Schlitze z. B. Ventilspiel, Unterbrecher- bzw. Elektrodenabstand. |
| Schieblehre | Besitzt Meßschneiden für Außendurchmesser, Meßspitzen für Innendurchmesser und ein Tiefenmaß. Die Ablesegenauigkeit beträgt 1/10 mm. |
| Vielfachmeßgerät | Zum Messen elektrischer Größen (Spannung, Strom, Widerstand) |
| Durchgangsprüfer | Zum Finden einer Wicklungsunterbrechung. |
| Prüflampe | Zur Prüfung eines Stromkreises. |
| Stroboskop oder Zündlichtpistole | Zum Einstellen des Zündzeitpunktes. Unentbehrlich bei kontaktlosen Zündanlagen. |
| Unterdruckmeßgeräte | Zur Synchronisation von Zwei- oder Vielfachvergasern. |
| Reifenluftdruckmesser | |
| Luftpumpe | |
| Säureprüfer | Zur Messung der Batteriesäuredichte. |

Zu den wichtigsten Werkstatteinrichtungen zählen: Schraubstock, Bohrmaschine, Meißel, Blechschere, Schleifscheiben, Feilen, Schaber, Gewindebohrer mit Wendeisen, Schneideisen für Außengewinde, Nietwerkzeuge für Ketten, Körner, Durchschläge, Handbügelsäge, Abzieher, Gummihammer, Stahlbürste, Lötkolben, Heimwerker-Schweißgerät.
Einige Werkstätten führen einen Motortest bzw. eine Störfalldiagnose mittels »colortune« durch. Hier handelt es sich um eine Testkerze, die anstelle der normalen Zündkerze in den Motor geschraubt wird. Die Testkerze weist als Isolator ein Spezialglasfenster auf, das zur Beobachtung der Verbrennungsflammen dient. Anhand der Verbrennungsfarbe kann festgestellt werden, ob das Gemisch zu fett, zu mager (z. B. durch angesaugte Falschluft) oder ob Öl im richtigen Kraftstoff-Luftgemisch mitverbrannt wird. Außerdem ist zu erkennen, ob die Flamme durch fehlende Zündfunken aussetzt oder der Kondensator defekt ist.

# Fahrzeugsicherung

| Schritt | Maßnahme | Anmerkung |
|---|---|---|
| 1 | Warnblinkanlage einschalten | |
| 2 | Anhalten und Motor stillsetzen | |
| 3 | Fahrzeug aus dem fließenden Verkehr bringen | Durch Schieben oder mit Hilfe des Anlassers (Bei eingelegtem 1. Gang und eingekuppeltem Zustand Anlasser betätigen) |
| 4 | Absichern des Fahrzeuges | Auf Autobahnen und Schnellstraßen etwa 100 m vor dem Hindernis. Standfeste Geräte verwenden. |
| 5 | Personen in sicherem Abstand vom Verkehr aufhalten | Abschließen, sobald man sich vom Fahrzeug weiter entfernt |
| 6 | Beseitigung der Störung bzw. Hilfe anfordern  *196 Notrufsäule* | Notrufnummer: 1 10 |
| | | Feuerwehr: 1 12 |
| | | Notrufsäulen auf Autobahnen (Abstand 1 bis 2 km). Schwarze Pfeile auf den Leitpfosten zeigen in Richtung der nächsten Notrufsäule  *197 Leitpfosten* |
| | | Notrufmelder in öffentlichen Münzfernsprechern (nicht in jedem vorhanden) |
| | | Notruftelefone auf Bundestraßen. Blaue Hinweisschilder zeigen den Weg |

*198*
*Das Warndreieck gehört nicht auf den Bürgersteig, sondern auf die Fahrbahn – es soll nachfolgende Fahrzeuge auf das Hindernis aufmerksam machen. Vor allem muß es in einem größeren Abstand zur Unfall- bzw. Pannenstelle aufgestellt werden.*

## 4.1 Reparaturen

Da als Fehlerquelle meist Komponenten mit begrenzter Lebensdauer wie z. B. Glühlampen, Unterbrecher, Zündkerzen, Generatorkohlen, Bremsbeläge usw. in Frage kommen sollte entsprechend der Störfallübersicht hier mit der Fehlersuche begonnen werden.

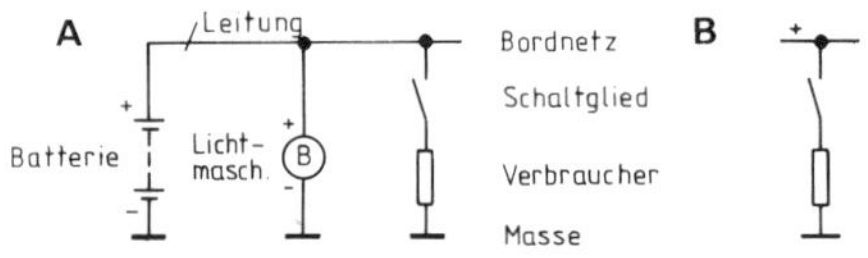


*199 Darstellung eines Stromkreises:*
*A mit, B ohne Stromquelle*

Bei der Überprüfung eines Stromkreises (jeder Stromkreis besteht im Wesentlichen aus Stromquelle, Schaltglied, Verbraucher und Leitungen) ist grundsätzlich vom Pluspol (+) der Stromquelle auszugehen. Das Pluspotential des Bordnetzes ist meist ohne der Stromquelle Batterie bzw. Lichtmaschine wie auf Abb. 199 dargestellt.
Ist ein Stromkreis durch ein Schaltglied bzw. durch mehrere parallel oder in Reihe geschaltete Schaltglieder geschlossen, so fließt Strom vom Pluspol der Stromquelle durch den bzw. die Verbraucher zum Minuspol (Masse = Motorblock, und Rahmen) der Stromquelle. Zu den Verbrauchern, in Abb. 199A und B als Widerstand dargestellt, zählen alle elektrischen Geräte und Komponenten, die im eingeschalteten Zustand Strom verbrauchen.
Zur Fehlersuche in der elektrischen Anlage dienen Prüflampen, mit deren Hilfe sich Unterbrechungen in einem Stromkreis feststellen lassen. Ihrem Aufbau entsprechend ist zwischen Prüflampen mit beziehungsweise ohne eigene Stromquelle zu unterscheiden. Die üblichen Schaltungen sind in Abb. 200A und B dargestellt.
Gemäß Abb. 200A leuchtet die Prüflampe nur bei direkter Leitungsverbindung voll auf, das heißt wenn sich die Prüfspitzen berühren oder wenn zwischen den Prüfspitzen die zu prüfende Leitung beziehungsweise ein niederohmiger Verbraucher geschaltet ist und keine Unterbrechung vorliegt.

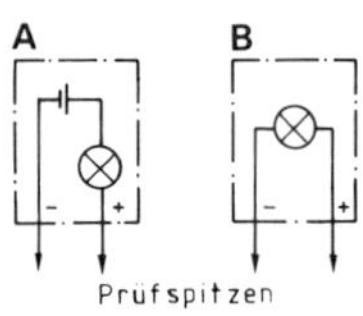


*200*
*Schaltungen von Prüflampen:*
*A mit Batterie,*
*B zur Spannungsprüfung*

Die Spannungsprüflampe (Abb. 200B) besteht aus einer Prüflampe für 6 V bzw. 12 V und den Leitungen mit Prüfspitzen oder Krokodilklemmen.
Zur Spannungsprüfung ist ein Ende mit Masse zu verbinden, und mit dem anderen sind die zu überprüfenden Anschlußpunkte der elektrischen Anlage abzutasten. Trifft man damit auf Pluspotential, leuchtet die Lampe.

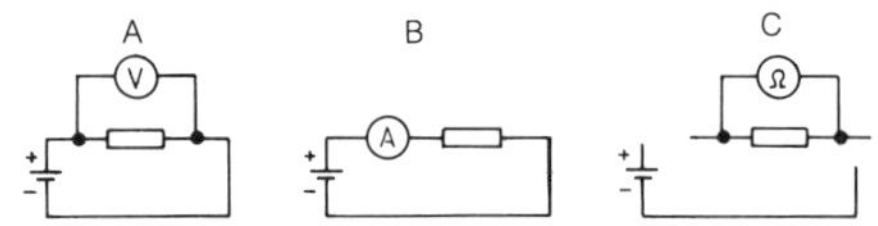


*201 Meßschaltungen:*
*A Spannungsmessung; B Strommessung;*
*C Widerstandmessung*

Dieses Verfahren ist ein einfaches und billiges Mittel zur Eingrenzung eines Fehlers.
Der Einsatz elektrischer Meßgeräte zur Fehlersuche ist von der Art einer Störung abhängig. Aufgrund genauer Meßwerte kann man sichere Rückschlüsse auf die Funktionstüchtigkeit der Anlage und seiner Geräte ziehen. Meist benötigt man eine Aussage über Spannung, Strom oder Widerstand. Anstelle von Einzelmeßgeräten kann auch ein Mehrfachinstrument mit Meßbereichumschaltung verwendet werden.
Beim Umgang mit Meßgeräten muß darauf geachtet werden, daß keine Beschädigung durch äußere Einwirkungen oder durch Anlegen falscher Meßgrößen vorkommt. In jedem Fall kann eine Zerstörung des empfindlichen Meßwerkes die Folge sein. Deshalb nur Meßgeräte mit einem ausreichenden Meßbereich einsetzen!
Bedient man sich eines Mehrfachinstrumentes mit Meßbereichumschaltung, ist grundsätzlich vor jeder Messung der größte Meßbereich einzustellen und erst während der Messung stufenweise soweit umzuschalten, bis sich ein ausreichender Zeigerausschlag einstellt. Die wesentlichen Meßschaltungen sind aus Abb. 201 ersichtlich.
Eine Spannungsmessung erfordert keinen Eingriff in den Stromkreis.
Ein Strommesser ist im stromlosen Zustand in den Stromkreis einzufügen bzw. auszubauen.
Vor Anschließen eines Widerstandsmessers ist der Verbraucher bzw. die Meßstrecke im stromlosen Zustand von den übrigen Teilen eines Stromkreises zu trennen.
Durch Oxydation, Verschmutzung, Abnutzung von Kontakten beziehungsweise durch schwachen Kontaktdruck ergibt sich eine Erhöhung des Übergangswiderstandes und als Folge ein erhöhter Spannungsverlust. Ferner tritt ein unzulässig großer Spannungsverlust bei zu kleiner Dimensionierung einer Leitung auf. In

jedem Fall funktionieren die angeschlossenen Verbraucher, je nach Ausmaß der Störung, nicht mehr einwandfrei oder sie fallen ganz aus. Gemessen wird der Spannungsverlust mit dem Spannungsmesser. Abb. 202 zeigt die wesentlichen Meßpunkte einer elektrischen Anlage. Einen Überblick der im Leitungsnetz vorhandenen Spannungen beziehungsweise zulässigen Spannungsverluste vermittelt nachstehende Zusammenstellung.

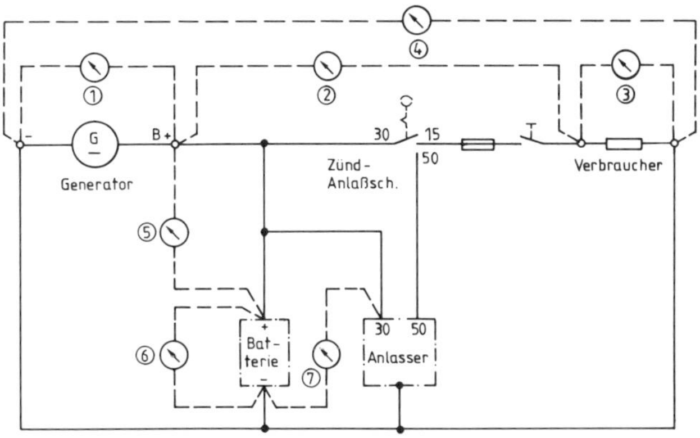


*202 Spannungsmessungen im Bordnetz*

**Spannungen im Bordnetz**

| Messung | Benennung | Bordnetz | Meßwert | Bemerkung |
|---|---|---|---|---|
| 1 | Ladespannung zur Lichtmaschine | 6 V<br>12 V | ≈ 7,2 V<br>≈ 14,5 V | Reglerspannung mit mittlerer Drehzahl und Normalbetrieb |
| 2 | Verbraucherleitungen | 6 V<br>12 V | 0,3 V<br>0,5 V | Bei eingeschaltetem Verbraucher |
| | Lichtleitung | 6/12 V | 0,2 V | |
| 3 | Spannung am Verbraucher | 6 V<br>12 V | 6 V<br>12 V | |
| 4 | Masse Lichtmaschine<br>Masse Verbraucher | 6 V<br>12 V | 0,4 V | |
| 5 | Batterie-Ladeleitung | 6 V<br>12 V | 0,2 V<br>0,4 V | Bei Nennleistung des Generators |
| 6 | Batterie-Spannung | 6 V<br>12 V | 6 V<br>12 V | Bei stehendem Motor |
| | | 6 V<br>12 V | ≈ 7 V<br>≈ 14 V | Bei laufendem Motor ab mittlerer Drehzahl |
| 7 | Am Anlasser | 6 V<br>12 V | ≧ 4 V<br>≧ 8 V | Beim Anlassen, 50 % Batteriekapazität und 20 °C |

## Do it yourself

Das Finden einer Störung setzt einige technische Kenntnisse voraus. Unabhängig vom Umfang einer Anlage sei die schrittweise Fehlereingrenzung empfohlen. Damit diese Arbeiten auch der Nichtfachmann ausführen kann, sind die Arbeitsgänge in der erforderlichen Schrittfolge gegliedert und gut illustriert. Generell geht es nicht allein darum, einen Fehler zu finden und zu beseitigen, z. B. eine defekte Sicherung, sondern es muß auch die Störungsursache festgestellt und ausgeschaltet werden, damit sich der Schaden nicht wiederholt. Die Schrittfolge der Arbeitsabläufe sollte aus technischen Gründen eingehalten werden.
Vorraussetzung bei der Suche einer Störquelle und deren Beseitigung ist genügend Raum, ausreichende Beleuchtung, geeignetes Werkzeug und sofern erforderlich – die richtigen Ersatzteile. Ferner sind Prüf- und Meßgeräte nötig, wenn eine systematische Fehlerortung durchzuführen ist, das heißt, wenn eine Grobbestimmung keinen Erfolg brachte. Auch sind folgende Maßnahmen zur Unfallverhütung zu treffen:

- Fahrzeug gegen unbeabsichtigtes Bewegen sichern.
- Angehobene Fahrzeuge nur besteigen, wenn ein Kippen oder Abgleiten von den Stützpunkten unmöglich ist.
- Keine Vergaserkraftstoffe zu Reinigungsarbeiten verwenden, da sie gesundheitsschädlich sind und Brand- bzw. Explosionsgefahr verursachen. Es wird Wasserdampf oder Kaltreiniger empfohlen.
- Vor Schweißarbeiten Brand- und Explosionsgefahr verhindern durch Beseitigen von Undichtheiten im Kraftstoffsystem, Abdecken des verschlossenen Kraftstoffbehälters bzw. der Kraftstoffleitungen und ausreichende Belüftung des Arbeitsbereichs.
- Kraftstoffbehälter mit einer Pumpe oder einem Saugheber entleeren bzw. Kraftstoff in einen Auffangbehälter abfließen lassen.
- Kraftstoffeinspritzdüsen nicht mit dem Finger testen, da dies zur Vergiftung führen kann.

Vor Beginn einer Reparatur sollte über folgende Punkte Klarheit bestehen:

- Schwierigkeitsgrad: Reichen die Fähigkeiten aus?
- Werkzeug: Steht das erforderliche Werkzeug bzw. Spezialwerkzeug zur Verfügung!
- Geräte: Sind Meß- bzw. Prüfgeräte erforderlich, sind sie greifbar und kann damit umgegangen werden?
- Ersatzteile: Werden Ersatzteile benötigt bzw. sind die erforderlichen Ersatzteile vorhanden (einschließlich Schrauben, Dichtungen usw.)?
- Zeitaufwand: Welcher Zeitaufwand ist erforderlich? Ist die zur Verfügung stehende Zeit ausreichend?
- Hilfskraft: Sind alle Arbeiten aus eigener Kraft ausführbar oder wird ein Helfer für bestimmte Arbeitsgänge benötigt?
- Verkehrssicherheit: Wird die Verkehrssicherheit betroffen? Wenn ja – oder in Zweifelsfällen – sollte eine Werkstatt mit der Ausführung beauftragt werden.

Ferner sollten nur Original-Ersatzteile verwendet werden. Entschließt man sich, Gebrauchtteile einzubauen, ist eine genaue Zustandskontrolle unerläßlich.

Da jedoch von einem Laien nicht ohne weiteres erkennbar ist, ob ein Ersatzteil in Ordnung ist oder nicht, da sich dessen Funktionstüchtigkeit meist erst nach dem Einbau zeigt, sollte beim Kauf teuerer Komponenten ein Fachmann hinzugezogen werden. Ferner ist eine schriftliche Gewährleistung für Ersatzteile anzustreben, wenn diese von einem Ausschlächter bezogen werden. Kann der Austausch nur von einer Werkstatt durchgeführt werden, so ist besonders die Kostenfrage zu überlegen, da der Lieferant von Gebrauchtteilen bei Reklamationen den Kaufbetrag meist nicht zurückgibt, sondern lediglich ein Ersatzteil zur Verfügung stellt oder eine Gutschrift vornimmt. In einem solchen Fall ergeben sich zum erneuten Risiko die meist weit über den Materialwert liegenden Arbeitskosten, das heißt, daß im Endeffekt ein von der Werkstatt eingebautes Neuteil billiger und die Gewährleistung für Material und Ausführung der Arbeit selbstverständlich ist.

Zur Vermeidung von Fahrzeugschäden und erhöhtem Kraftstoffverbrauch sind die Einstellvorschriften einzuhalten.

## Werkstatt-Auftrag

Wird eine Werkstatt mit einer Reparatur beauftragt, sollten folgende Punkte beachtet werden:

- Voraussichtliche Kosten erfragen. Handelt es sich um eine größere Raparatur, schriftlichen Kostenvoranschlag anfordern. Ein Kostenvoranschlag bis 500 DM darf maximal um 20 %, ab 500 DM um 15 % ohne Rückfrage überschritten werden. Ansonsten ist die Zustimmung des Auftraggebers einzuholen.
- Der für eine bestimmte Arbeit benötigte Zeitaufwand ist in Zeiteinheiten (ZE) festgelegt. 100 Zeiteinheiten entsprechen einer Arbeitsstunde.
- Terminvereinbarung.
- Mängelliste vorbereiten.
- Arbeitsauftrag vor der Unterschrift genau überprüfen. Sollte z. B. kein Öl- bzw. Zündkerzenwechsel vorgenommen werden, empfiehlt sich ein entsprechender Vermerk.
- Keine Wertgegenstände im Motorrad zurücklassen.
- Rückgabe ausgewechselter Teile vereinbaren.
- Bei Abholung, soweit möglich, ausgeführte Arbeiten überprüfen bzw. eine Funktionsprüfung durchführen. Etwaige Beanstandungen umgehend melden.
- Die branchenübliche Reparatur-Garantie beträgt 6 Monate ohne Kilometerbegrenzung.
- Bei unüberbrückbaren Differenzen mit der Werkstatt vermitteln die Kfz-Innungen, Handelskammern, der TÜV und Automobilclubs, die nächstgelegene Schiedsstelle. Die Tätigkeit der Schiedsstelle ist für Kfz-Reparaturreklamationen zuständig und kostenlos.
- Führte eine grobe Fahrlässigkeit der Werk-

statt zu einem Unfall, besteht die Verpflichtung zum Schadenersatz.

- Handelt es sich um einen größeren Motorschaden, ist abzuwägen, ob eine Reparatur, ein Teilmotor, Austauschmotor oder ein neuer Motor sinnvoll ist.

Eine größere Motorreparatur ist nur dann zu empfehlen, wenn die Fahrleistung weniger als 50 000 km beträgt. In diesem Fall kann z. B. bei einem Zylinderkopfschaden eine Reparatur vorgenommen oder ein neuer Zylinderkopf eingebaut werden, wenn der Kurbeltrieb und die Zylinder noch in Ordnung sind. Ist dies nicht sicher, kann bereits nach kurzer Zeit durch einen überholten oder neuen Zylinderkopf, aufgrund der nun höheren Kompression, ein Lagerschaden entstehen.
Bestehen diesbezügliche Zweifel, sollte man sich für einen Teilmotor oder Austauschmotor entscheiden. Bei einem Teilmotor ist der Zylinderblock neu ausgeschliffen, Kurbelwelle und Pleuel neu gelagert, neue Kolben eingebaut und die Ölpumpe überholt.
Ist das Motorrad noch relativ neu, ist meist ein Austauschmotor günstiger, da der gesamte Motor überholt ist.

*203*
*Sie sollte immer an Bord sein, die Betriebsanleitung. Sie enthält für Wartung und Reparatur wichtige Hinweise. Eine Werkstatt-Reparaturanleitung werden Sie nur in seltenen Fällen bekommen, ist aber auch entbehrlich, wenn Sie sich an die Anleitungen auf den folgenden Seiten halten*

**Gewährleistung**
Während der Gewährleistungszeit müssen berechtigte Garantiearbeiten von der zuständigen Vertragswerkstatt ausgeführt werden. Werden Garantieansprüche von der Vertragswerkstatt nicht bzw. nicht zufriedenstellend erledigt, besteht die Möglichkeit, sich schriftlich an die nächste Niederlassung oder direkt ans Herstellerwerk zu wenden. Dies ist auch zur Erzielung einer Kulanz ratsam, wenn nach Ablauf der Garantie ein größerer Schaden auftritt und die Fahrleistung unterm Jahresdurchschnitt liegt, kein Verschulden durch falsche Fahrweise vorliegt und sämtliche Wartungsarbeiten von der Vertragswerkstatt ausgeführt wurden.
Generell sollten alle Mängel, die während der Garantie nicht behoben werden konnten, zur Erhaltung der Garantie schriftlich erfaßt und als Einschreibbrief an die Vertragswerkstatt und an die Niederlassung oder ans Werk gemeldet werden.

## Nützliche Tips

- Festgerostete Schrauben bzw. Muttern lassen sich durch folgende Methoden lösen: Einsprühen mit rostlösendem Mittel z. B. Caramba; dieser Vorgang ist meist mehrmals zu wiederholen und kann Tage beanspruchen.
  Wenn räumlich möglich, Hebelarm des Schlüssels verlängern. In keinem Fall rohe Gewalt anwenden damit die Schraubverbindung nicht abbricht bzw. Schaden nimmt.
  Bei Schlitzschrauben führt der Einsatz eines Schlagschraubendrehers meist zum Erfolg. Oft genügt ein Schlag mit dem Hammer auf den Schaft des Schraubendrehers.
  Eine positive Auswirkung hat das Anwärmen (40 bis 50 °C) der Schraube oder Mutter mittels Flamme oder Lötkolben, wodurch eine Materialdehnung stattfindet. Das Trennen der Verbindung muß im warmen Zustand erfolgen.

- Die Schraube eines abgedrehten Schraubenkopfes muß aufgebohrt und anschließend das Gewinde neu geschnitten werden. Vor dem Bohren ist die Bohrstelle mit einem Körnerschlag zu versehen. Es ist zweckmäßig, mit einem kleinen Bohrer vorzubohren. Führt diese Maßnahme zu keinem einwandfreien Gewinde, muß das Gewindeloch auf den nächst größeren Kerndurchmesser aufgebohrt und ein dementsprechend neues Gewinde geschnitten werden. Ferner kann auch ein spezieller Gewindeeinsatz eingebaut werden, wobei der Originaldurchmesser erhalten bleibt. Diese Arbeit sollte einer Fachwerkstatt übertragen werden.

- Kontermuttern dienen nicht der Sicherheit, sondern lediglich zur Entlastung der darunter befindlichen Mutter. Aufgrund dessen sind zur Sicherung gegen Lockern Sprengringe, Sicherungsbleche (eine Lasche wird nach der Verschraubung umgebogen) oder Kronenmuttern mit Splint (die Enden des Splints werden nach Durchstecken durch die Krone der Mutter und einem dafür vorgesehenem Loch in der Schraube zurückgebogen) zu verwenden.
- Sicherheitstechnisch besonders wichtig sind alle Schrauben, durch die Bauteile mit dem Fahrzeugrahmen verbunden sind sowie Schrauben am Steuerkopf der Lenkung und die der Radbefestigung.
- Beim Einsatz von Werkzeug ist zu beachten, daß Schraubenschlüssel mit der Handinnenfläche und geöffneter Hand geführt werden sollen, um Verletzungen durch Abrutschen zu vermeiden. Ferner ist grundsätzlich das für den Arbeitsgang geeignetste Werkzeug zu verwenden und das Motorrad bei allen Arbeiten, die Kraftaufwand erfordern, gegen Kippen bzw. Umfallen zu sichern.
- Bei Demontagen muß grundsätzlich der ursprüngliche Zustand gemerkt bzw. registriert werden, oder die Bauteile sind der Reihe nach auf sauberen Untergrund abzulegen und soweit zweckmäßig, zu kennzeichnen. Ferner ist auf Keile, Stifte, Ringe, Scheiben, Federn, Hülsen und Dichtungen zu achten, da sie leicht verloren gehen.
- Bestimmte Teile sind mit Pfeilen, Zapfen, Kerben oder Strichen markiert, oder sie bestitzen eine Arretierung, in deren Stellung sie demontierbar sind bzw. in der Stellung der Zusammenbau zu erfolgen hat.
- Lage und Seite der Kolben sind vor dem Abnehmen zu kennzeichnen. Der eingedruckte Pfeil im Kolbenboden gibt die Einbaurichtung an.
- Wie die einzelnen Teile demontiert werden können bzw. in welcher Reihenfolge man am zweckmäßigsten vorgeht, ist meist bei genauer Untersuchung der Maschinenteile feststellbar.
- Zur Beachtung: Bei allen Arbeiten an der Kraftstoffanlage ist offenes Feuer zu vermeiden, da akute Brandgefahr.
- Eine gründliche und schonende Reinigung von Motorteilen wird erzielt, wenn man sie zum Aufweichen zuvor in Benzin oder Petroleum legt.
- Scharfe Kanten sind etwas abzurunden und abgeschnittene Schrauben anzuschrägen.
- Ist ein Seilzugnippel gerissen, sollten alle damit verbundenen Seilzüge und Seilzugteile gleichzeitig ausgewechselt werden.
- Lötwasser erleichtert meist die Lötung, fördert aber die Korrossion.
- Gegen Eisbildung in den Bowdenzügen hilft Abschmieren mit einem Frostschutzmittel.
- Wichtige Seilzüge sollten doppelt verlegt sein, damit bei einem Riß unterwegs nur ein Umhängen erforderlich ist.
- Seilzug der Kupplung sollte ein Spiel von 2 bis 3 mm aufweisen, da sonst die Kupplung schleift. Ein zu großes Kupplungsspiel führt zu Schaltschwierigkeiten.
- Seilzüge können vom Fachhandel komplett bezogen werden.
- Zum Abschmieren aller Schmierstellen mit Schmiernippel ist eine Abschmierpresse zu verwenden.
- Schmierintervalle mit Fett abgeschmierter Schmierstellen sind länger als bei Verwendung von Öl. Sie verlängern sich weiter bei Verwendung von Graphit- oder Molybdänzusätzen.

*Sicherheit ist oberstes Gebot. Eine vernünftige Kombi und Schutzhelm gehören zu den Selbstverständlichkeiten.*

# Motor ausbauen/einbauen

| S | A | E | T | Ausführung | Anmerkung |
|---|---|---|---|---|---|
| 1 | ● | | | Motorrad auf festen und ebenen Boden auf Mittelständer stellen | Es ist genügend Bewegungsfreiheit und gutes Licht erforderlich |
| 2 | ● | | | Sitzbank ausbauen | |
| 3 | ● | | | Kraftstofftank ausbauen | Siehe Seite 173 |
| 4 | ● | | | Motoröl ablassen | Siehe Seite 274 |
| 5 | ● | | ● | Kühlflüssigkeit ablassen | Siehe Seite 277 |
| 6 | ● | | ● | Anschlüsse von der Kühlmittelpumpe lösen | |
| 7 | ● | | ● | Servozylinder der Kupplung abbauen | Kupplungshebel nach Ausbau nicht mehr betätigen, ansonsten Probleme beim Einbau des Servozylinders |
| 8 | ● | | | Schaltpedal abschrauben | |
| 9 | ● | | | Lichtmaschinen-Kabelstecker trennen | Unter der Sitzbank |
| 10 | ● | | ● | Anschlüsse zum Ganganzeiger-schalter lösen | |
| 11 | ● | | | Massekabel vom Minuspol der Batterie lösen | Zur Vermeidung von Kurzschlüssen |
| 12 | ● | | | Massekabel vom Motorblock abschrauben | |
| 13 | ● | | | Kabel vom Öldruckschalter abziehen | |
| 14 | ● | | ● | Kabel vom Impulsgeber trennen | |
| 15 | ● | | | Zündkerzenstecker abziehen | Vor Abziehen der Kerzenstecker Lage durch Numerierung kenn-zeichnen |
| 16 | ● | | ● | Kabel vom Anlasser trennen | |
| 17 | ● | | | Abgasanlage ausbauen | |
| 18 | ● | | | Hinterrad ausbauen | Siehe Seite 221 |
| 19 | ● | | ● | Endantrieb ausbauen | Siehe Seite 213 |
| 20 | ● | | | Luftfiltergehäuse ausbauen | |
| 21 | ● | | ● | Vergaser ausbauen | |
| 22 | ● | | ● | Kühler ausbauen | Siehe Seite 171 |
| 23 | ● | | | Kurbelgehäuse-Entlüftungsschlauch entfernen | |
| S = Schrittfolge; A = Ausbau; E = Einbau; T = Typspezifisch | | | | | |

# Motor ausbauen/einbauen

| S | A | E | T | Ausführung | Anmerkung |
|---|---|---|---|---|---|
| 24 | ● | | | Fahrbaren Wagenheber unter den Motor so plazieren, daß die Motoraufhängung entlastet wird | |
| 25 | ● | | | Schraubverbindungen zwischen Motor und Rahmen lösen (auf etwaige Distanzhülsen achten), Aufhängebolzen entfernen und Motor aus Rahmen heben | Bevor der Motor aus dem Rahmen genommen wird, prüfen, ob alle Voraussetzungen erfüllt sind, d. h. ob nicht noch weitere Teile zu demontieren sind |
| 26 | | ● | | Einbau in umgekehrter Schrittfolge | Auf richtige Verlegung der Kabel und Seilzüge achten |
| 27 | | ● | | Abgasanlage einbauen | Neue Dichtungen verwenden |
| 28 | | ● | | Schmieranlage füllen | Siehe Seite 274 |
| 29 | | ● | ● | Kühlanlage füllen | Siehe Seite 277 |
| 30 | | ● | | Einstellung der Drosselklappe prüfen bzw. korrigieren | |
| 31 | | ● | | Einstellung der Kupplung prüfen bzw. korrigieren | |
| S = Schrittfolge; A = Ausbau; E = Einbau; T = Typspezifisch | | | | | |

# Inbetriebnahme

| Schritt | Ausführung | Anmerkung |
|---|---|---|
| 1 | Kraftstoffbehälter mit Kraftstoff füllen | |
| 2 | Kraftstoffhahn öffnen | |
| 3 | Dichtheitskontrolle der Kraftstoffanlage | |
| 4 | Kaltstarteinrichtung schließen | |
| 5 | Motor starten | Erlischt die Öldruckkontrollampe nicht, Motor umgehend stillsetzen und eine Fehlersuche bzw. Fehlerbehebung durchführen |
| 6 | Nach erreichtem Motorrundlauf Kaltstarteinrichtung öffnen | |
| 7 | Dichtheitskontrolle der Schmieranlage | |
| 8 | Funktionsprüfung der Gangschaltung | |
| 9 | Funktionsprüfung der Bremsanlage | |
| 10 | Motor abstellen | |

# Inbetriebnahme

| Schritt | Ausführung | Anmerkung |
|---|---|---|
| 11 | Ventilspiel überprüfen bzw. neu einstellen | Sind die Ventile bei warmem Motor einzustellen, dann Prüfung und Einstellung unmittelbar nach Abstellen des Motors vornehmen |
| 12 | Motor einfahren | Die ersten 1000 km bei unterschiedlicher Belastung und nicht bei Vollast. Nach 1000 km allmähliche Annäherung an das Belastungsmaximum |

## 4.1.2 Schmieranlage

# Ölsieb reinigen

| Schritt | Ausführung | Anmerkung |
|---|---|---|
| 1 | Schmiersystem entleeren | Siehe Seite 274 |
| 2 | Ölwanne abschrauben, Dichtung enfernen | |
| 3 | Ölsieb ausbauen<br>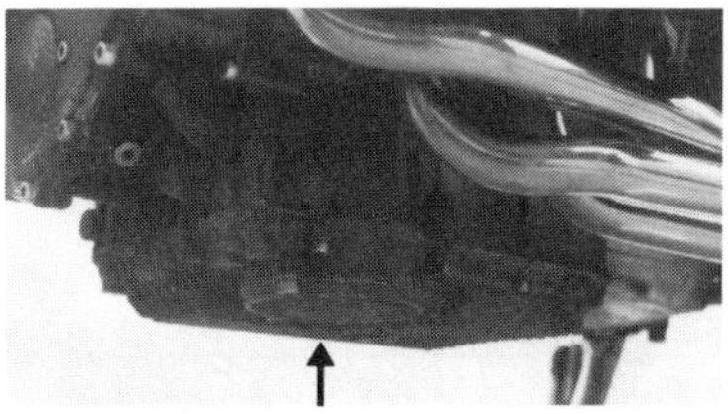<br>*204 Ölsieb* | Drahtbügel aushängen |
| 4 | Ölsieb und Ölwanne mit reinem Kraftstoff bzw. Kaltreiniger säubern und trocknen | |
| 5 | Ölsieb einbauen | |
| 6 | Ölwanne anschrauben | Neue Dichtung verwenden |
| 7 | Schmiersystem füllen | Siehe Seite 274 |
| 8 | Motor starten | |
| 9 | Ölwanne auf Dichtheit kontrollieren | Wenn Leckstelle, Befestigungsschrauben nachziehen |
| 10 | Motor abstellen | |

# Ölpumpe ausbauen/prüfen/einbauen

| S | A | P | E | Ausführung | Anmerkung |
|---|---|---|---|---|---|
| 1 | ● | | | Ölauffangbehälter unter Ölfilter plazieren und Ölfilterglocke entfernen<br>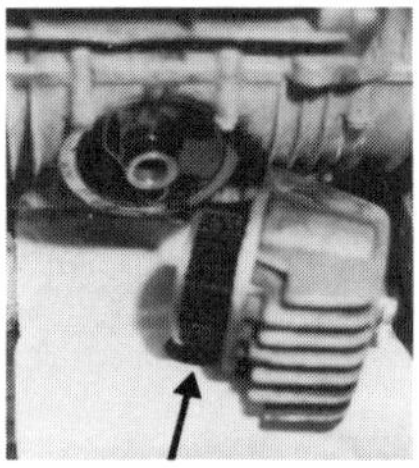<br>*205 Ölfilter* | Altöl gelegentlich an einer Öl-sammelstelle abliefern |
| 2 | ● | | | Ölauffangbehälter unter die Ölwanne stellen und Ölablaßschraube entfernen | |
| 3 | ● | | | Ölwanne abschrauben | Bei bestimmten Typen erreicht man die Ölpumpen erst nach Demontage des Getriebes und der Kupplung |
| 4 | ● | | | Abbau aller Bauteile die den Zugang zur Ölpumpe noch versperren | |
| 5 | ● | | | Ölpumpe abschrauben<br>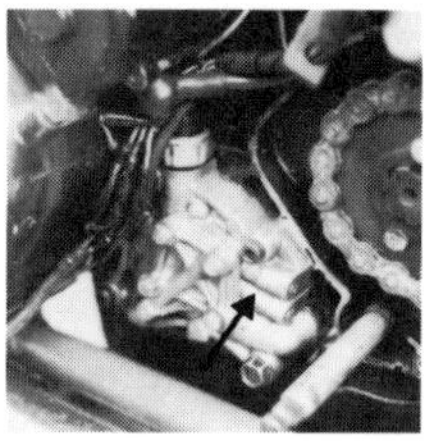<br>*206 Ölpumpe* | |
| 6 | | ● | | Zerlegen der Ölpumpe. Einzelteile in Benzin reinigen | Auf sauberen Untergrund legen |
| 7 | | ● | | Überprüfen der Einzelteile auf Verschleiß und Beschädigungen | Schlechte Teile durch neue ersetzen. Auf Schleifspuren an den Rotoren und am Gehäuse achten |
| 8 | | ● | | Ölpumpe in umgekehrter Reihenfolge wie beim Zerlegen zusammenbauen. Sämtliche Teile reichlich ölen. Ölpumpe vor Anbringen des Deckels mit Öl vollfüllen | Spiel zwischen Pumpenrotoren und Gehäuse $\leqq$ 0,35 mm mittels Fühler-lehre messen. Ist das Spiel $>$ der Toleranzbereich muß die Ölpumpe durch eine neue ersetzt werden. |
| 9 | | ● | | Ölpumpe auf leichten Lauf durch drehen am Antriebszahnrad kontrol-lieren | |
| S = Schrittfolge; A = Ausbau; P = Prüfen; E = Einbau | | | | | |

# Ölpumpe ausbauen/prüfen/einbauen

| S | A | P | E | Ausführung | Anmerkung |
|---|---|---|---|---|---|
| 10 | | | ● | Ölpumpe einbauen | Neue O-Ringe, Paßstifte und Splinte verwenden |
| 11 | | | ● | Anbau aller in Schritt 4 entfernten Bauteile | |
| 12 | | | ● | Ölwanne anschrauben | Neue Dichtung verwenden |
| 13 | | | ● | Einsetzen der Ölablaßschraube | |
| 14 | | | ● | Anbringen der Ölfilterglocke | |
| 15 | | | ● | Schmiersystem füllen | |
| S = Schrittfolge; A = Ausbau; P = Prüfen; E = Einbau | | | | | |

# Ölkühler ausbauen/einbauen

| Schritt | Ausführung | Anmerkung |
|---|---|---|
| 1 | Schmieranlage entleeren | Siehe Seite 274 |
| 2 | Teil der Motorverkleidung abnehmen | Soweit erforderlich |
| 3 | Verschraubungen am Ölfilterkopf lösen 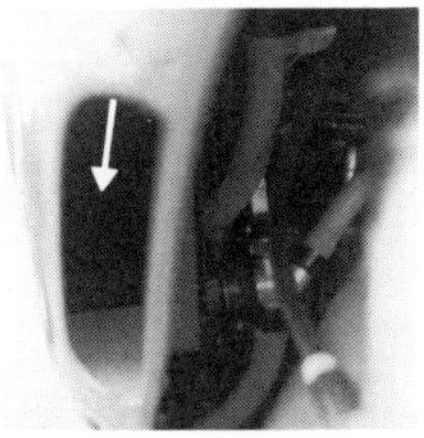 *207 Ölkühler* | |
| 4 | Ölkühler mit den Ölschläuchen entfernen | |
| 5 | Einbau des Ölkühlers in umgekehrter Schrittfolge | |
| 6 | Schmiersystem füllen | Siehe Seite 274 |
| 7 | Motor starten | |
| 8 | Ölkühler auf Dichtheit kontrollieren | |
| 9 | Motor abstellen | |

# Thermostat prüfen/austauschen

| S | P | A | Ausführung | Anmerkung |
|---|---|---|---|---|
| 1 | | ● | Kraftstoffhahn schließen | |
| 2 | | ● | Sitzbank abnehmen | |
| 3 | | ● | Kraftstofftank ausbauen | |
| 4 | | ● | Kühlanlage entleeren | Siehe Seite 277 |
| 5 | | ● | Luftfilter mit Gehäuse abnehmen | |
| 6 | | ● | Oberen Kühlmittelschlauch lösen | |
| 7 | | ● | Kühlmittelrohr ausbauen | |
| 8 | | ● | Kabel vom Temperaturgeber abnehmen | |
| 9 | | ● | Thermostat-Gehäusedeckel abschrauben |  208 *Thermostat-Gehäuse* |
| 10 | | ● | Kühlmittelrohr vom Thermostatgehäuse lösen | |
| 11 | | ● | Thermostatgehäusedeckel entfernen | |
| 12 | | ● | Thermostat aus Thermostatgehäuse nehmen | |
| 13 | ● | | Thermostatlänge messen | Maß im kalten Zustand |
| 14 | ● | | Thermostat und ein Wasserthermometer in einen mit Wasser gefüllten Kochtopf geben | |
| 15 | ● | | Aufheizen des Wassers. Der Kühlflüssigkeitsregler muß bei etwa 70 °C bis 80 °C beginnen sich zu öffnen und bei etwa 90 °C bis 95 °C voll geöffnet haben. | Kochplatte, Tauchsieder, elektrischer Heiztopf |
| 16 | ● | | Im geöffneten Zustand gemäß Schritt 13 Länge messen | Der Thermostat muß mindestens 7 mm länger sein |
| 17 | | ● | Thermostat einbauen | Neuen O-Ring verwenden |
| 18 | | ● | Kühlanlage in umgekehrter Reihenfolge zusammenbauen | |
| 19 | | ● | Kühlsystem mit Kühlmittel füllen | Siehe Seite 277 |
| 20 | | ● | Motor starten, bei Erreichen der Betriebstemperatur Dichtheitskontrolle durchführen | |

S = Schrittfolge; P = Prüfung; A = Austausch

# Thermoschalter prüfen/austauschen

| S | P | A | Ausführung | Anmerkung |
|---|---|---|---|---|
| 1 | ● | | Motor starten und laufen lassen bis die Kühlmitteltemperatur etwa 90 °C erreicht hat | Kühlergebläse muß laufen |
| 2 | ● | | Motor abstellen | Kühlergebläse muß bei etwa 85 °C abschalten |
| 3 | ● | ● | Beide Kabel vom Thermoschalter lösen  *209 Thermoschalter* | |
| 4 | ● | | Die in Schritt 3 getrennten Kabel kurzschließen | |
| 5 | ● | | Zündung einschalten | Läuft jetzt das Kühlergebläse ist der Thermoschalter defekt. Kühlergebläse prüfen (siehe Seite 172) |
| 6 | ● | | Zündung ausschalten | |
| 7 | ● | | Die in Schritt 4 hergestellte Kurzschlußbrücke beseitigen | |
| 8 | | ● | Thermoschalter ausbauen | Im Wasserkasten des Kühlers eingebaut |
| 9 | | ● | Thermoschalter einbauen | |
| 10 | | ● | Die in Schritt 3 gelösten Kabel anschließen | |
| 11 | | ● | Funktionsprüfung | |
| 12 | | ● | Dichtheit prüfen | |
| S = Schrittfolge; P = Prüfung; A = Austausch | | | | |

# Kühlmittelpumpe ausbauen/einbauen

| S | A | E | Ausführung | Anmerkung |
|---|---|---|---|---|
| 1 | ● | | Kurbelgehäusedeckel abschrauben | |
| 2 | ● | | Kühlerverschlußdeckel abnehmen | |
| 3 | ● | | Ablaßschraube am Kühler entfernen und Kühlflüssigkeit ablassen | Siehe Seite 277 |
| 4 | ● | | Ablaßschraube am Deckel, Kühlmittelpumpe und an den Zylinderköpfen entfernen und Kühlflüssigkeit aus den Kühlkanälen des Motors ablassen | |
| 5 | ● | | Schlauch vom Deckel der Kühlmittelpumpe abnehmen |  |
| 6 | ● | | Pumpendeckel abschrauben | |
| 7 | ● | | Schraube der Rohrklemme herausdrehen | |
| 8 | ● | | Schlauchschellen lösen | |
| 9 | ● | | Kühlmittelpumpe vom Kurbelgehäuse abnehmen | *210 Kühlmittelpumpe* |
| 10 | ● | | Rohr von der Kühlmittelpumpe trennen | |
| 11 | | ● | Neuen O-Ring mit Motoröl bestreichen und in die Nut der Kühlmittelpumpe legen | |
| 12 | | ● | Kühlmittelpumpe ins Kurbelgehäuse schieben | Schlitz der Kühlmittelpumpe beachten |
| 13 | | ● | Rohr mit Pumpenschlauchstutzen und Pumpendeckel verbinden | Neuen O-Ring am Rohrende anbringen |
| 14 | | ● | Paßstifte einsetzen | |
| 15 | | ● | Neuen O-Ring in die Nut des Pumpendeckels einlegen und Pumpendeckel festschrauben | |
| 16 | | ● | Kühlmittelschlauch anschließen und Schlauchschellen befestigen | |
| 17 | | ● | Kurbelgehäusedeckel anschrauben | |
| 18 | | ● | Ablaßschrauben einsetzen | |
| 19 | | ● | Kühlsystem mit Kühlflüssigkeit füllen (siehe Seite 277) | 50 % Wasser und<br>50 % Äthylen-Glykol |
| 20 | | ● | Probefahrt | |
| 21 | | ● | Dichtprüfung | |

S = Schrittfolge; A = Ausbau; E = Einbau

# Kühler ausbauen/einbauen

| S | A | E | Ausführung | Anmerkung |
|---|---|---|---|---|
| 1 | ● | | Sitzbank abbauen | |
| 2 | ● | | Kraftstofftank ausbauen | Siehe Seite 173 |
| 3 | ● | | Kühlmittel ablassen  *211 Kühlmittelablaßschraube* | Siehe Seite 277 |
| 4 | ● | | Kühlmittelüberlaufschlauch lösen | 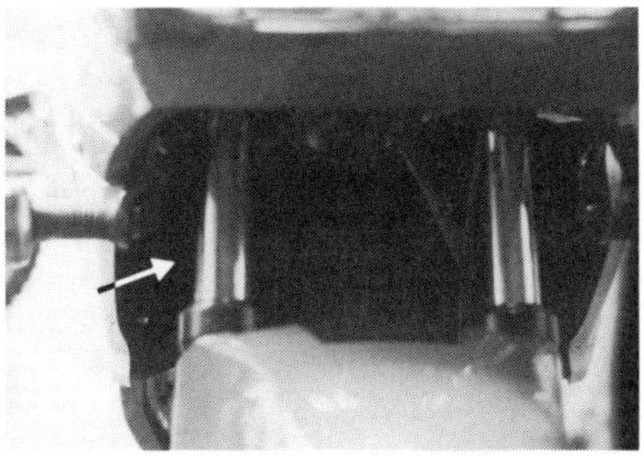 *212 Kühler* |
| 5 | ● | | Kabelsteckverbindung am Lüfter trennen | |
| 6 | ● | | Deckel des unteren Kühlerschlauches bzw. rechten Luftkammerdeckel sowie die beidseitigen Kühlerdeckel entfernen | |
| 7 | ● | | Kabel vom Thermoschalter trennen | |
| 8 | ● | | Schlauchschellen lösen | |
| 9 | ● | | Kühler abschrauben und mit den Schläuchen entnehmen | |
| 10 | | ● | Schläuche an Kühlerstutzen anschließen | |
| 11 | | ● | Kühler am Rahmen festschrauben | |
| 12 | | ● | Schläuche anschließen und mit Schellen befestigen | Nur einwandfreie Schläuche einbauen |
| 13 | | ● | Thermoschalter anschließen | Auf guten Kontakt achten |
| 14 | | ● | Lüftermotor anschließen | |
| 15 | | ● | Kühlsystem mit Kühlflüssigkeit füllen | Siehe Seite 277 |
| 16 | | ● | Kraftstofftank einbauen | Siehe Seite 173 |
| 17 | | ● | Sitzbank einbauen | |
| 18 | | ● | Probefahrt | |
| 19 | | ● | Dichtprüfung | |
| S = Schrittfolge; A = Ausbau; E = Einbau | | | | |

# Elektromotorisches Kühlergebläse prüfen

| Schritt | Ausführung | Anmerkung |
|---|---|---|
| 1 | Motor starten | 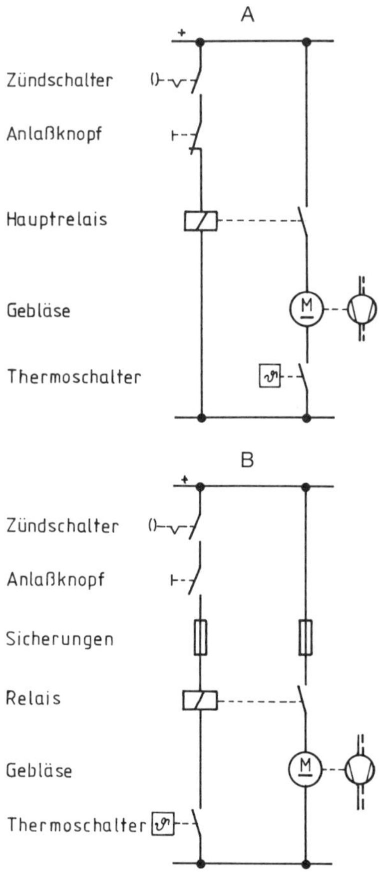<br>*213 Stromlaufplan eines Kühlergebläses:*<br>*A Thermoschalter im Hauptstromkreis*<br>*B Thermoschalter im Steuerstromkreis* |
| 2 | Elektrischen Anschluß des Thermoschalters abziehen und an Masse halten.<br>Kühlergebläse muß trotz kaltem Motor laufen, ansonsten Relais defekt, Stromunterbrechung oder Kühlergebläse defekt. | |
| 3 | Läuft das Kühlergebläse nicht, Relaiskontakt mit elektrischer Leitung provisorisch überbrücken. Kühlergebläse muß laufen, ansonsten Stromunterbrechung oder Kühlergebläse defekt. | |
| 4 | Die in Schritt 3 verlegte Leitung entfernen | |
| 5 | Die in Schritt 2 abgenommene Leitung mit Thermoschalter verbinden.<br>(Kontakt muß einwandfrei sein) | |
| 6 | Mit Prüflampe Steuerkreis überprüfen (siehe Seite 252) | |
| 7 | Mit Prüflampe Hauptstromkreis überprüfen (siehe Seite 252) | |
| 8 | Motor auf Betriebstemperatur bringen | |
| 9 | Schritt 2 wiederholen wenn Kühlergebläse nicht läuft | Läuft das Kühlergebläse ist der Thermoschalter defekt.<br>Wenn nicht, ist das Kühlergebläse defekt, vorausgesetzt, die bisher durchgeführten Prüfschritte brachten positive Ergebnisse |
| 10 | Motor stillsetzen | |

# Lüfter ausbauen/einbauen

| S | A | E | T | Ausführung | Anmerkung |
|---|---|---|---|---|---|
| 1 | ● | | | Kühler ausbauen | Siehe Seite 171 |
| 2 | ● | | ● | Rechten und linken Kühlerdeckel abschrauben und mit Kühlergrill abnehmen | |
| 3 | ● | | | Lüfterradmantel mit Lüfterrad abschrauben |  214 *Lüfter* |
| 4 | ● | | | Befestigung des Lüfterrades lösen und Lüfterrad vom Lüftermantel abnehmen | |
| 5 | ● | | | Lüfterrad losschrauben und vom Lüftermotor abziehen | |
| 6 | | ● | | Lüfterrad auf die Welle des Lüftermotors schieben und befestigen | Unterlag- und Sicherungsscheibe nicht vergessen |
| 7 | | ● | | Lüftermotor und Lüfterradmantel zusammenschrauben | Markierung muß nach oben zeigen |
| 8 | | ● | | Lüfterradmantel am Kühler festschrauben | |
| 9 | | ● | ● | Kühlergrill mit Kühlerdeckel einbauen | |
| 10 | | ● | | Kühler einbauen | |
| 11 | | ● | | Funktionsprüfung | |
| S = Schrittfolge; A = Ausbau; E = Einbau; T = Typspezifisch | | | | | |

## 4.1.4 Kraftstoffanlage

# Kraftstofftank ausbauen/reinigen/einbauen

| S | A | R | E | Ausführung | Anmerkung |
|---|---|---|---|---|---|
| 1 | ● | | | Sitzbank hochklappen, Gegenstände entfernen | |
| 2 | ● | | | Tankbefestigung lösen | |
| 3 | ● | | | Kraftstofftank leicht anheben und quer zur Fahrtrichtung bewegen | Kraftstofftank löst sich von den Gummidämpfern |
| S = Schrittfolge; A = Ausbau; R = Reinigung; E = Einbau | | | | | |

# Kraftstofftank ausbauen/reinigen/einbauen

| S | A | R | E | Ausführung | Anmerkung |
|---|---|---|---|---|---|
| 4 | ● | | | Kraftstoffhahn schließen<br><br>*215 Kraftstoffhahn* | |
| 5 | ● | | | Kraftstoffschlauch vom Kraftstoffhahn abziehen | |
| 6 | ● | | | Tanksicherungsbügel vom Rohrstück des Rahmens abziehen | Zuerst nach hinten, dann nach oben ziehen und gleichzeitig von oben auf das Tankende drücken |
| 7 | ● | | | Kraftstofftank hinten anheben, unter leichten Hin- und Herbewegungen hochheben | |
| 8 | | ● | | Kraftstoffhahn bzw. Kraftstoffhähne ausbauen | |
| 9 | | ● | | Kraftstoffhahn bzw. Kraftstoffhähne reinigen | |
| 10 | | ● | | Kraftstofftank mit Benzin ausspülen. Vorsicht: Kein offenes Feuer | Bei stärkerem Rost neuer Kraftstofftank erforderlich. Innen nicht mit Lack oder Farbe ausbessern |
| 11 | | | ● | Einbau in umgekehrter Schrittfolge | Sofern vorhanden, auf Entlüftungsschläuche der Tankbelüftung achten. Sie dürfen nicht eingeklemmt werden. |

S = Schrittfolge; A = Ausbau; R = Reinigung; E = Einbau

# Kraftstoffhahn ausbauen/reinigen/einbauen

| S | A | R | E | Ausführung | Anmerkung |
|---|---|---|---|---|---|
| 1 | ● | | | Kraftstoffhahn schließen | <br>*216 Kraftstoffhahn*<br>*Sind zwei manuell zu betätigende Kraftstoffhähne vorhanden, sind beide gleichzeitig zu öffnen bzw. zu schließen* |
| 2 | ● | | | Schlauch vom Kraftstoffhahn abziehen | |
| 3 | ● | | | Behälter unter Kraftstoffhahn halten, Kraftstoffhahn öffnen und warten, bis Kraftstofftank leer | |
| 4 | ● | | | Kraftstoffhahn vom Kraftstofftank abschrauben | |
| 5 | | ● | | Kraftstoffhahn zerlegen | |
| 6 | | ● | | Sämtliche Teile in Benzin reinigen | |
| 7 | | ● | | Kraftstoffhahn zusammenbauen | Neue Dichtungen verwenden |
| 8 | | | ● | Kraftstoffhahn in umgekehrter Schrittfolge einbauen | Neue Dichtung zwischen Überwurfmutter und Tankstutzen einsetzen. Schadhaften Schlauch erneuern |
| 9 | | | ● | Kraftstofftank mit Kraftstoff füllen | |
| 10 | | | ● | Kraftstoffhahn öffnen | |
| 11 | | | ● | Dichtprobe | |

S = Schrittfolge; A = Ausbau; R = Reinigung; E = Einbau

# Automatisches Kraftstoffventil prüfen/austauschen

| Schritt | Ausführung | Anmerkung |
|---|---|---|
| 1 | Kraftstoffhahn öffnen<br><br>*217 Kraftstoffhahn* | Manuell zu betätigen |
| 2 | Behälter unter Kraftstoffschlauch plazieren | Zum Auffangen von Kraftstoff |

# Automatisches Kraftstoffventil prüfen/austauschen

| Schritt | Ausführung | Anmerkung |
|---|---|---|
| 3 | Kraftstoffschlauch vom Vergaser abziehen und in den Behälter geben | Ist das Kraftstoffventil einwandfrei, ist es bei Motorstillstand geschlossen da kein Unterdruck wirksam |
| 4 | Unterdruckschlauch vom Ansaugkanal des Motors lösen und gemäß Bild 218 mit einer Vakuumpumpe verbinden | 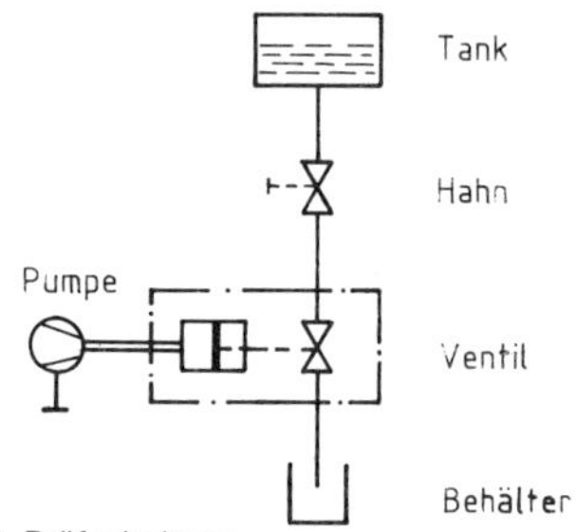  *218 Prüfschaltung* |
| 5 | Vakuumpumpe betätigen | Kraftstoffventil wird mit Unterdruck beaufschlagt und muß öffnen, d. h. es muß Kraftstoff in den Behälter fließen |
| 6 | Vakuumpumpe entfernen | Kraftstoffventil muß schließen da kein Unterdruck mehr wirksam |
| 7 | Kraftstoffventil und Unterdruckschlauch mit Luft durchblasen | Wenn Prüfergebnisse bisher negativ |
| 8 | Schritt 4 bis 6 wiederholen | |
| 9 | Kraftstoffventil bzw. Unterdruckschlauch austauschen | Wenn alle Prüfungen negativ |
| 10 | Kraftstoffleitung mit Vergaser verbinden | |
| 11 | Unterdruckschlauch mit Ansaugkanal verbinden | |
| 12 | Kraftstoffhahn schließen | |

# Elektro-Kraftstoffpumpe ausbauen/einbauen

| S | A | E | Ausführung | Anmerkung |
|---|---|---|---|---|
| 1 | ● | | Sitzbank ausbauen | |
| 2 | ● | | Kraftstofftank ausbauen | |
| 3 | ● | | Seitendeckel abschrauben | |
| 4 | ● | | Batterie ausbauen | Zuerst Minuskabel abklemmen |
| S = Schrittfolge; A = Ausbau; E = Einbau | | | | |

# Elektro-Kraftstoffpumpe ausbauen/einbauen

| S | A | E | Ausführung | Anmerkung |
|---|---|---|---|---|
| 5 | ● | | Batterieträger ausbauen | |
| 6 | ● | | Magnetschalter des Anlassers ausbauen | |
| 7 | ● | | Kraftstoffschläuche von der Kraftstoffpumpe trennen | Kraftstoffpumpe mit elektromagnetischem Antrieb |
| 8 | ● | | Kraftstoffpumpe abschrauben | |
| 9 | ● | | Kabelstecker von der Kraftstoffpumpe abziehen | |
| 10 | | ● | Einbau in umgekehrter Schrittfolge | Zuerst Pluskabel anklemmen |
| S = Schrittfolge; A = Ausbau; E = Einbau | | | | |

## 4.1.5 Vergaseranlage

# Gemischregulierschraube austauschen/einstellen

| S | A | E | Ausführung | Anmerkung |
|---|---|---|---|---|
| 1 | ● | ● | Gemischregulierschraube soweit im Uhrzeigersinn hineindrehen bis sie am Sitz schwach ansteht<br><br>*219 Gemischregulierschraube* | Umdrehungen bei jedem Vergaser zählen und notieren.<br>Wichtig für Einbau |
| 2 | ● | | Gemischregulierschraube ganz herausdrehen und Zustand überprüfen | Bei Verschleißerscheinungen neue Gemischregulierschraube einsetzen Ist der Austausch bei einem Vergaser erforderlich, sind auch die übrigen auszutauschen |
| 3 | ● | | Gemischregulierschraube bis in die Position vor dem Ausbau hineindrehen | Bei Verwendung neuer Schrauben ist eine Einstellung erforderlich |
| S = Schrittfolge; A = Austausch; E = Einstellung | | | | |

# Gemischregulierschraube austauschen/einstellen

| S | A | E | Ausführung | Anmerkung |
|---|---|---|---|---|
| 4 | | ● | Gemischregulierschraube auf Sollwert zurückdrehen | Richtwert: 2,5 bis 3 Umdrehungen |
| 5 | | ● | Motor starten und bis Erreichen der Betriebstemperatur fahren | Je nach Außentemperatur etwa 10 bis 12 Minuten |
| 6 | | ● | Drehzahlmesser anschließen | Wenn keiner eingebaut |
| 7 | | ● | Mit Leerlaufschraube Leerlauf-drehzahl einstellen | Richtwert 1000 1/min ± 50 |
| 8 | | ● | Gemischregulierschraube um eine halbe Umdrehung nach links drehen | |
| 9 | | ● | Steigt die Leerlaufdrehzahl um etwa 50 1/min, jede Gemisch-regulierschraube zusätzlich um eine halbe Umdrehung nach links drehen | Die Leerlaufdrehzahl muß um 50 1/min abfallen |
| 10 | | ● | Schritt 7 wiederholen | |
| 11 | | ● | Gemischregulierschraube des Vergasers 1 soweit nach rechts drehen, bis die Leerlaufdrehzahl um 50 1/min abfällt | |
| 12 | | ● | Gemischregulierschraube des Vergasers 1 eine Umdrehung nach links drehen | |
| 13 | | ● | Schritt 7 wiederholen | |
| 14 | | ● | Schritt 11 bis 13 bei den übrigen Vergasern durchführen | |
| S = Schrittfolge; A = Austausch; E = Einstellung | | | | |

# Schwimmerkammer prüfen

| Schritt | Ausführung | Anmerkung |
|---|---|---|
| 1 | Vergaser ausbauen | Siehe Seite 182 |
| 2 | Schwimmerkammer vom Vergaser abschrauben |  *220 Schwimmerkammer* |
| 3 | Vergaser etwa 30 ° aus der Senkrechten neigen, Schwimmerstand (Sollwert siehe Betriebsanleitung) messen | |
| 4 | Schwimmer, Schwimmerstift und Schwimmernadelventil ausbauen | |
| 5 | Die in Schritt 4 entfernten Teile auf Riefen und Kerben überprüfen | |
| 6 | Sämtliche Düsen aus Vergaser schrauben | |
| 7 | Schwimmerventilsitz ausbauen | |
| 8 | Filter ausbauen | |
| 9 | Sämtliche Teile überprüfen | Sie dürfen keine Rückstände aufweisen und müssen frei von Riefen und Kerben sein |
| 10 | Schwimmerkammer in umgekehrter Schrittfolge zusammenbauen | |
| 11 | Schwimmerkammer mit Vergaser verschrauben | |
| 12 | Vergaser einbauen | Siehe Seite 182 |

# Unterdruckkammer prüfen

| Schritt | Ausführung | Anmerkung |
|---|---|---|
| 1 | Vergaser ausbauen | Siehe Seite 182 |
| 2 | Unterdruckkammerdeckel abschrauben  *221 Unterdruckkammer* | Einzelteile der Vergaser beachten |

# Unterdruckkammer prüfen

| Schritt | Ausführung | Anmerkung |
|---|---|---|
| 3 | Druckfeder, Membran und Kolben entnehmen | |
| 4 | Kolben auf Verschleiß überprüfen | Der Kolben muß sich in der Kammer leicht bewegen lassen |
| 5 | Nadelhalter hineindrücken und mit Schlüssel um 60 ° drehen | |
| 6 | Nadelhalter, Feder und Nadel vom Kolben entnehmen | |
| 7 | Sämtliche Teile insbesondere die Nadelspitze auf Verschleiß überprüfen | Die Nadel darf weder abgenützt noch verbogen sein |
| 8 | Membran überprüfen | Die Membran darf keine Risse aufweisen und nicht porös sein |
| 9 | Unterdruckkammer in umgekehrter Schrittfolge zusammenbauen | Die Vertiefung im Unterdruckkammerdeckel muß sich mit dem in der Membran befindlichen Loch decken |

# Gasseilzug ausbauen/einbauen

| S | A | E | Ausführung | Anmerkung |
|---|---|---|---|---|
| 1 | ● | | Gummitülle vom Drehgriffgehäuse zurückschieben | 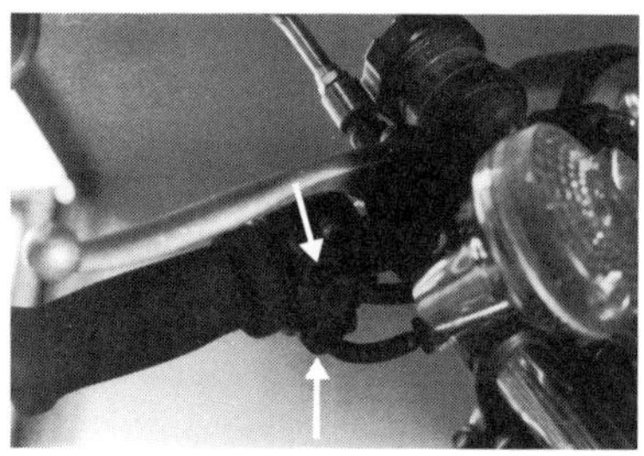 |
| 2 | ● | | Deckelschraube am Gasdrehgriff herausschrauben und Deckel abnehmen | |
| 3 | ● | | Nippel des Seilzugs aushängen | |
| 4 | ● | | Seilzugrolle nach oben ziehen und abnehmen | |
| 5 | ● | | Gasdrehgriff vom Lenker schieben | *222 Gasseilzug im Drehgriff* |
| 6 | ● | | Schrauben aus Drehgriffgehäuse schrauben | Zugang zu den Schaltern |
| 7 | ● | | Kraftstofftank ausbauen | Zugang zum Seilzug-Verteiler |
| 8 | ● | | Sicherungsmutter am Einsteller des Seilzugverteilers lösen und Einsteller ganz hineinschrauben | |
| 9 | ● | | Mutter am Seilzugverteiler lösen | |
| S = Schrittfolge; A = Ausbau; E = Einbau | | | | |

## Gasseilzug ausbauen/einbauen

| S | A | E | Ausführung | Anmerkung |
|---|---|---|---|---|
| 10 | ● | | Die zu den Vergasern führenden Seilzüge mit Nippel aus dem Gehäuse ziehen | |
| 11 | ● | | Nippel aushängen | |
| 12 | ● | | Nippel an den Vergasern aushängen | |
| 13 | ● | | Vergaserzug entfernen | |
| 14 | | ● | Sämtliche Seilzugnippel mit Seilzugverteiler verbinden | Neue Seilzüge sind bereits eingefettet. |
| 15 | | ● | Seilzugverteiler zusammenbauen | Gebrauchte oder selbst angefertigte Seilzüge sind einzufetten. |
| 16 | | ● | Nippel an den Vergasern einhängen | |
| 17 | | ● | Drehgriffeinheit zusammenbauen | Der Seilzug muß knickfrei verlegt werden und darf nicht scheuern. |
| 18 | | ● | Nippel einhängen und Gasdrehgriff auf Lenker schieben | Auf Zahnstellung achten |
| 19 | | ● | Vollgasstellung prüfen bzw. korrigieren | Drehgriff solange um einen oder mehrere Zähne vor- oder zurücknehmen bis Vollgasanschlag erreicht |
| 20 | | ● | Gehäusedeckel festschrauben | |
| 21 | | ● | Gummitülle überschieben | |
| 22 | | ● | Gaszug einstellen | |
| S = Schrittfolge; A = Ausbau; E = Einbau | | | | |

## Choke-Seilzug ausbauen/einbauen

| S | A | E | Ausführung | Anmerkung |
|---|---|---|---|---|
| 1 | ● | | Chokehebel abschrauben<br><br>*223 Chokehebel* | |
| 2 | ● | | Seilzug aushängen | |
| S = Schrittfolge; A = Ausbau; E = Einbau | | | | |

## Choke-Seilzug ausbauen/einbauen

| S | A | E | Ausführung | Anmerkung |
|---|---|---|---|---|
| 3 | ● | | Kraftstofftank ausbauen | Siehe Seite 173 |
| 4 | ● | | Sicherungsmutter am Einsteller des Seilzugverteilers lösen und Einsteller ganz hineinschrauben | |
| 5 | ● | | Mutter am Seilzugverteiler lösen | |
| 6 | ● | | Die zu den Startvorrichtungen der einzelnen Vergaser führenden Seilzüge mit Nippel aus dem Gehäuse ziehen | |
| 7 | ● | | Nippel aushängen | |
| 8 | ● | | Nippel an den Vergasern aushängen | |
| 9 | | ● | Der Einbau erfolgt in umgekehrter Schrittfolge | Neue Seilzüge sind bereits eingefettet.<br>Gebrauchte oder selbst angefertigte Seilzüge sind einzufetten.<br>Der Seilzug muß knickfrei verlegt werden und darf nicht scheuern. |
| 10 | | ● | Choke-Seilzug einstellen | Spiel am Chokehebel etwa 7 mm |
| S = Schrittfolge; A = Ausbau; E = Einbau | | | | |

## Vergaser ausbauen/einbauen

| S | A | E | T | Ausführung | Anmerkung |
|---|---|---|---|---|---|
| 1 | ● | | | Kraftstoffhahn schließen | |
| 2 | ● | | ● | Sitzbank ausbauen | |
| 3 | ● | | ● | Seitenrahmendeckel abschrauben | |
| 4 | ● | | ● | Kraftstofftank ausbauen | Siehe Seite 173 |
| 5 | ● | | | Luftfiltergehäuse abschrauben<br><br>*224 Luftfiltergehäuse* | |
| S = Schrittfolge; A = Ausbau; E = Einbau; T = Typspezifisch | | | | | |

## Vergaser ausbauen/einbauen

| S | A | E | T | Ausführung | Anmerkung |
|---|---|---|---|---|---|
| 6 | ● | | ● | Zündspule ausbauen | |
| 7 | ● | | ● | Wasserrohr abschrauben | |
| 8 | ● | | ● | Wasserschläuche abnehmen | |
| 9 | ● | | ● | Luftkammerdeckel abschrauben | |
| 10 | ● | | ● | Thermostatdeckel abschrauben | |
| 11 | ● | | ● | Massekabel lösen | |
| 12 | ● | | | Entlüftungsschlauch abnehmen | <br>*225 Vergaser* |
| 13 | ● | | | Kraftstoffleitungen von den Vergasern abnehmen | |
| 14 | ● | | | Vergaser abschrauben und entnehmen | |
| 15 | ● | | ● | Choke- und Gasseilzüge abklemmen | |
| 16 | | ● | | Einbau in umgekehrter Schrittfolge | |
| 17 | | ● | ● | Stellung der Luftklappe prüfen/ einstellen | Muß in Startstellung geschlossen sein |
| 18 | | ● | | Stellung der Drosselklappe prüfen/ einstellen | Siehe Betriebsanleitung |
| 19 | | ● | | Leerlaufdrehzahl einstellen | Siehe Seite 281 |
| 20 | | ● | ● | Vergaser synchronisieren | Siehe Seite 288 |

S = Schrittfolge; A = Ausbau; E = Einbau; T = Typspezifisch

### 4.1.6 Einspritzanlage

## Drosselklappe prüfen/einstellen

| S | P | E | Ausführung | Anmerkung |
|---|---|---|---|---|
| 1 | ● | ● | Motor abstellen | |
| 2 | ● | ● | Gaszug ganz betägigen | Von einem Helfer |
| 3 | ● | | Stellung der Drosselklappe überprüfen | Die Drosselklappe muß ganz geöffnet sein |

S = Schrittfolge; P = Prüfung; E = Einstellung

## Drosselklappe prüfen/einstellen

| S | P | E | Ausführung | Anmerkung |
|---|---|---|---|---|
| 4 | | ● | Gasgestänge einstellen<br>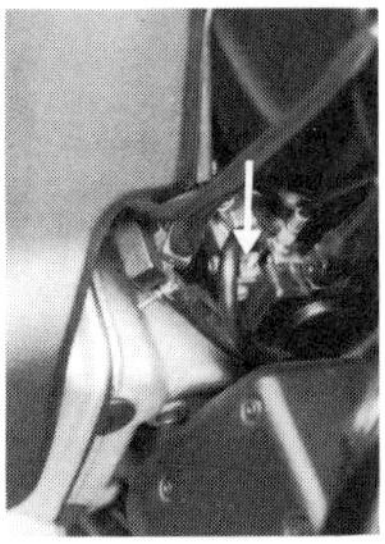<br>*226 Einstellschraube* | Wenn in Schritt 3 nicht ganz offen. Die Anschlagschraube der Drosselklappe ist gesichert und darf nicht verstellt werden. |
| 5 | ● | ● | Gashebel loslassen | |
| S = Schrittfolge; P = Prüfung; E = Einstellung | | | | |

## Drosselklappe ausbauen/einbauen

| S | A | E | T | Ausführung | Anmerkung |
|---|---|---|---|---|---|
| 1 | ● | | | Motorrad auf Mittelständer stellen | |
| 2 | ● | | ● | Motorradverkleidung abschrauben | Soweit erforderlich |
| 3 | ● | | | Kraftstofftank ausbauen | Siehe Seite 173 |
| 4 | ● | | | Luftleitung vom Luftsammler lösen | <br>*227 Luftsammler* |
| 5 | ● | | | Einspritzleiste mit den Einspritzventilen ausbauen | |
| 6 | ● | | | Alle Schlauchschellen am Luftsammler lösen | |
| 7 | ● | | | Motorgehäuseentlüftung vom Luftsammler abnehmen | |
| 8 | ● | | | Luftsammler entnehmen | |
| S = Schrittfolge; A = Ausbau; E = Einbau; T = Typspezifisch | | | | | |

# Drosselklappe ausbauen/einbauen

| S | A | E | T | Ausführung | Anmerkung |
|---|---|---|---|---|---|
| 9 | ● | | | Schlauchbinder an der Drosselklappeneinheit lösen | |
| 10 | ● | | | Seilzüge an der Drosselklappeneinheit aushängen | |
| 11 | ● | | | Sperrige Bauteile ausbauen | |
| 12 | ● | | | Drosselklappeneinheit entnehmen |  *228 Drosselklappeneinheit* |
| 13 | ● | | | Druckregler austauschen | Nur wenn defekt |
| 14 | ● | | | Unterdruckschalter austauschen | |
| 15 | | ● | | Einbau in umgekehrter Schrittfolge | |
| S = Schrittfolge; A = Ausbau; E = Einbau; T = Typspezifisch | | | | | |

# Drosselklappenschalter prüfen/einstellen

| S | P | E | Ausführung | Anmerkung |
|---|---|---|---|---|
| 1 | ● | ● | Drosselklappenschalter lockern<br><br>*229 Drosselklappenschalter* | |
| 2 | ● | ● | Stellung der Drosselklappe überprüfen bzw. in Ruhestellung bringen | Die Drosselklappe muß ganz geschlossen sein |
| 3 | ● | ● | Ohmmeter an die Klemmen 14 und 17 (Vollastkontakt) des Drosselklappenschalters anschließen | 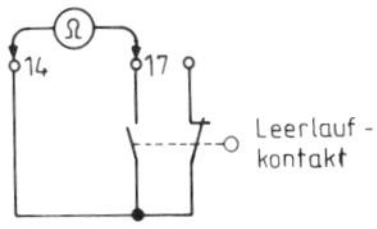<br>*230 Prüfschaltung* |
| 4 | ● | ● | Meßwert ablesen | Widerstand hoch, Schalter geöffnet |
| S = Schrittfolge; P = Prüfung; E = Einstellung | | | | |

# Drosselklappenschalter prüfen/einstellen

| S | P | E | Ausführung | Anmerkung |
|---|---|---|---|---|
| 5 | | ● | Drosselklappenschalter so weit drehen, bis Widerstand 0 Ohm | Drosselklappenschalter geschlossen |
| 6 | | ● | Drosselklappenschalter um einen halben Teilstrich der Befestigungsmarkierung weiterdrehen und festziehen | |
| 7 | ● | ● | Stellung der Drosselklappe und des Drosselklappenschalters überprüfen bzw. korrigieren | Drosselklappenschalter geschlossen Widerstand 0 Ohm und umgekehrt |
| 8 | ● | ● | Ohmmeter ausbauen | |
| S = Schrittfolge; P = Prüfung; E = Einstellung | | | | |

# Drosselklappenschalter ausbauen/einbauen

| S | A | E | Ausführung | Anmerkung |
|---|---|---|---|---|
| 1 | ● | | Motorrad auf Mittelständer stellen | |
| 2 | ● | | Drosselklappenschalter losschrauben |  231 *Drosselklappenschalter* |
| 3 | ● | | Drosselklappenschalter von der Drosselklappenwelle abziehen | |
| 4 | ● | | Mehrfachstecker trennen | |
| 5 | | ● | Drosselklappenschalter in umgekehrter Schrittfolge einbauen | |
| 6 | | ● | Gasdrehgriff betätigen und auf ein Klicken (Kontakt schließt in Leerlauf bzw. Vollaststellung) achten | Ist kein Klicken wahrnehmbar ist der Drosselklappenschalter zu verdrehen |
| S = Schrittfolge; A = Ausbau; E = Einbau | | | | |

# Luftmengenmesser ausbauen/einbauen

| S | A | E | Ausführung | Anmerkung |
|---|---|---|---|---|
| 1 | ● | | Motorrad auf Mittelständer stellen | |
| 2 | ● | | Luftfiltereinsatz ausbauen | Siehe Seite 290 |
| 3 | ● | | Teile der Motorradverkleidung abschrauben |  *232 Luftfiltergehäuse* |
| 4 | ● | | Luftansaugschnorchel vom Kühler trennen | |
| 5 | ● | | Luftleitung am Luftsammler lockern | |
| 6 | ● | | Luftfiltergehäuseoberteil entfernen | Es beinhaltet den Luftmengenmesser |
| 7 | ● | | Befestigungsschrauben herausschrauben | |
| 8 | ● | | Schlauchbinder der Luftleitung am Luftmengenmesser lockern | |
| 9 | ● | | Luftfiltergehäuseoberteil um 180 ° drehen | |
| 10 | ● | | Luftmengenmesser aus Luftfiltergehäuseoberteil entnehmen | |
| 11 | ● | | Mehrfachstecker trennen | |
| 12 | | ● | Luftmengenmesser in umgekehrter Schrittfolge einbauen | |
| S = Schrittfolge; A = Ausbau; E = Einbau | | | | |

# Zusatzluftschieber prüfen/austauschen

| S | P | A | Ausführung | Anmerkung |
|---|---|---|---|---|
| 1 | ● | | Prüfvoraussetzung herstellen | Motorstillstand und Motor kalt |
| 2 | ● | ● | Schläuche vom Zusatzluftschieber abziehen | 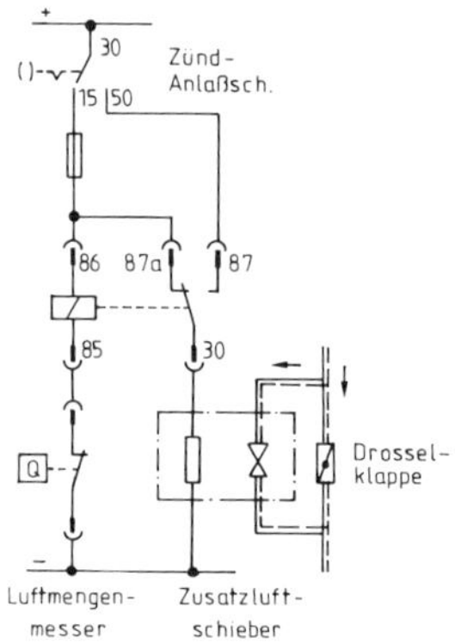<br>*233 Stromlaufplan* |
| 3 | ● | | Stellung des Zusatzluftschiebers prüfen | Eventuell mit Hilfe einer Lichtquelle. Der Zusatzluftschieber muß offen bzw. teilweise offen sein |
| 4 | ● | | Stecker vom Schalter des Luftmengenmessers abziehen | |
| 5 | ● | | Zündung einschalten | Bei wasserbeheizten Zusatzluftschiebern sind die in Schritt 2 abgezogenen Schläuche aufzustecken, der Motor bis Erreichen der Betriebstemperatur in Betrieb zu nehmen und die Schläuche wieder abzuziehen |
| 6 | ● | | Etwa 10 Minuten warten | |
| 7 | ● | | Stellung des Zusatzluftschiebers prüfen | Der Zusatzluftschieber muß geschlossen sein |
| 8 | ● | | Zündung ausschalten | |
| 9 | | ● | Zusatzluftschieber austauschen | Wenn Prüfung gemäß Schritt 3 bis 7 negativ |
| 10 | ● | | Den in Schritt 4 abgezogenen Stecker mit Luftmengenmesser verbinden | |
| 11 | ● | ● | Schläuche auf Zusatzluftschieber stecken | |

S = Schrittfolge; P = Prüfung; A = Austausch

# Luftfiltergehäuse ausbauen/einbauen

| S | A | E | T | Ausführung | Anmerkung |
|---|---|---|---|---|---|
| 1 | ● | | | Motorrad auf Mittelständer stellen | |
| 2 | ● | | ● | Motorradverkleidung abschrauben | |
| 3 | ● | | | Luftfiltereinsatz ausbauen | Siehe Seite 290 |
| 4 | ● | | ● | Kühlerverkleidung abschrauben |  |
| 5 | ● | | | Luftansaugschnorchel abmontieren | |
| 6 | ● | | | Luftleitung am Luftsammler lockern | |
| 7 | ● | | | Luftfiltergehäuseoberteil herausziehen | |
| 8 | ● | | | Luftfiltergehäuseunterteil abschrauben | |
| 9 | ● | | | Luftfiltergehäuse entfernen | *234 Luftfiltergehäuse* |
| 10 | | ● | | Einbau in umgekehrter Schrittfolge | Auf dichte Verbindungen achten damit keine Falschluft angesaugt wird |

S = Schrittfolge; A = Ausbau; E = Einbau; T = Typspezifisch

# Druckregler prüfen/einstellen

| S | P | E | Ausführung | Anmerkung |
|---|---|---|---|---|
| 1 | ● | ● | Motor betriebswarm fahren und abstellen | |
| 2 | ● | ● | Manometer an Kraftstoffleitung anschließen | Meßbereich 0 bis 3 bar |
| 3 | ● | ● | Motor starten und im Leerlauf betreiben | |
| 4 | ● | ● | Kraftstoffdruck ablesen | Sollwert: 2,5 ± 0,1 bar |
| 5 | | ● | Kontermutter am Druckregler lösen<br><br>*235 Druckregler* | |
| 6 | | ● | Kraftstoffdruck durch Verdrehen der Einstellschraube auf Sollwert einstellen | Rechtsdrehung bewirkt Druckerhöhung und umgekehrt |
| 7 | | ● | Einstellschraube durch Kontermutter sichern | |
| 8 | ● | | Motor abstellen | |
| 9 | ● | | Manometer ausbauen | |

S = Schrittfolge; P = Prüfung; E = Einstellung

# Druckregler ausbauen/einbauen

| S | A | E | Ausführung | Anmerkung |
|---|---|---|---|---|
| 1 | ● | | Motorrad auf Mittelständer stellen | |
| 2 | ● | | Luftfiltergehäuse ausbauen | Siehe Seite 189 |
| 3 | ● | | Kraftstoffleitungen vom Druckregler abnehmen | |
| 4 | ● | | Unterdruckschlauch vom Druckregler abziehen | |
| 5 | ● | | Druckregler abschrauben | <br>*236 Druckregler* |
| 6 | | ● | Einbau in umgekehrter Schrittfolge | |
| S = Schrittfolge; A = Ausbau; E = Einbau | | | | |

# Elektroeinspritzventil prüfen/austauschen

| S | P | A | Ausführung | Anmerkung |
|---|---|---|---|---|
| 1 | ● | ● | Zündung ausschalten | |
| 2 | ● | ● | Anschlußkabel abziehen<br>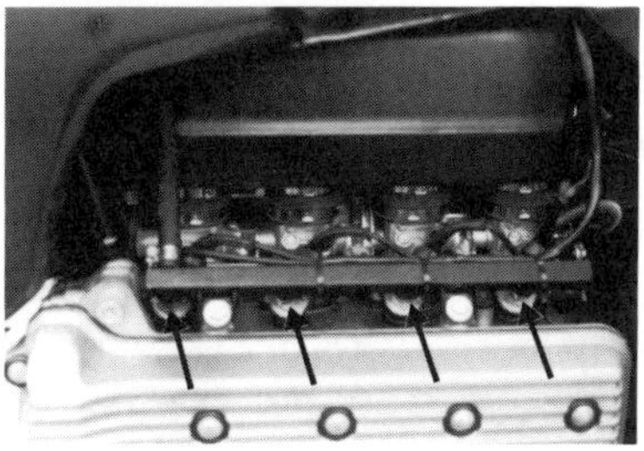<br>*237 Elektro-Einspritzventil* | Keine Gewalt anwenden um Beschädigungen zu vermeiden |
| 3 | ● | | Magnetwicklung auf Durchgang prüfen<br>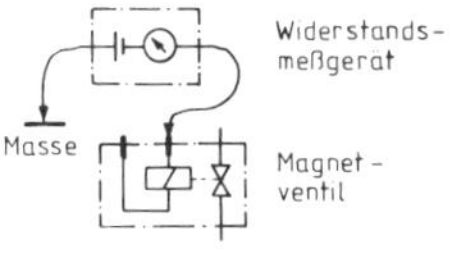<br><br>*238 Prüfschaltung* | Widerstandsmeßgerät muß Wicklungswiderstand des Magnetventils anzeigen<br>Sollwert: 15 bis 19 Ohm |
| S = Schrittfolge; P = Prüfung; A = Austausch | | | | |

# Elektroeinspritzventil prüfen/austauschen

| S | P | A | Ausführung | Anmerkung |
|---|---|---|---|---|
| 4 | ● | | Magnetwicklung auf Masseschluß prüfen<br>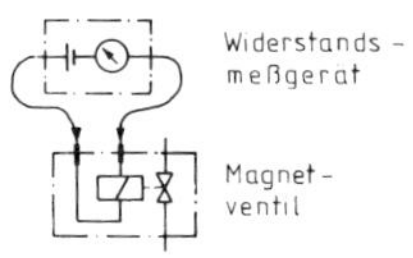<br><br>*239 Prüfschaltung* | Widerstandsmeßgerät muß null anzeigen |
| 5 | | ● | Mediumleitungen von Magnetventil trennen | |
| 6 | | ● | Magnetventil abschrauben | |
| 7 | | ● | Magnetventil einsetzen | |
| 8 | ● | ● | Anschlußkabel mit Magnetventil verbinden | |
| S = Schrittfolge; P = Prüfung; A = Austausch | | | | |

# Steuergerät prüfen

| Schritt | Ausführung | Anmerkung |
|---|---|---|
| 1 | Zündung einschalten | |
| 2 | Eingangsspannung am Steuergerät messen | Spannungsmesser muß 12 V anzeigen |
| 3 | Steckverbindung an einem der Einspritzventile trennen | Keine Gewalt anwenden, um eine Beschädigung des Steckers zu vermeiden |
| 4 | Spannung zwischen ankommenden Leitungen und Masse messen<br>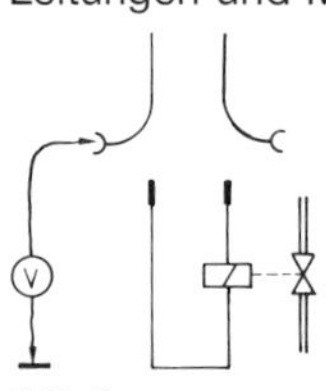<br><br>*240 Spannungsmessung am Stecker eines elektromagnetischen Einspritzventils* | Die gemessene Spannung muß an den Steckerkontakten gleich sein, ansonsten ist das Steuergerät defekt |
| 5 | Die in Schritt 3 getrennte Steckverbindung herstellen | |
| 6 | Schritt 3 bis 5 an den übrigen Einspritzventilen durchführen | |
| 7 | Zündung ausschalten | |

# Steuergerät ausbauen/einbauen

| S | A | E | Ausführung | Anmerkung |
|---|---|---|---|---|
| 1 | ● | | Motorrad auf Mittelständer stellen | |
| 2 | ● | | Zugang zum Steuergerät herstellen | z. B. Batterieblenden abnehmen |
| 3 | ● | | Sicherungsblech am Mehrfachstecker mit Schraubendreher abdrücken und Mehrfachstecker trennen |  *241 Steuergerät* |
| 4 | ● | | Sicherungsstift mit Hilfe einer Flachzange nach oben herausziehen | |
| 5 | ● | | Steuergerät herausziehen | |
| 6 | | ● | Einbau des Steuergerätes in umgekehrter Schrittfolge | |
| 7 | | ● | Die in Schritt 2 entfernten Teile anbringen | |
| S = Schrittfolge; A = Ausbau; E = Einbau | | | | |

## 4.1.7 Starteranlage

# Steuerung eines Anlassers prüfen

| Schritt | Ausführung | Anmerkung |
|---|---|---|
| 1 | Kabelanschlüsse am Anlasser bewegen  *242 Anlasser* | Schlechte Anschlüsse erhöhen den Übergangswiderstand und verringern die Stromaufnahme der Magnetschalterwicklungen bzw. der Feldwicklung des Anlassers<br>Oxydationserscheinungen durch Abschaben beseitigen, lose Verbindungen festziehen. Abgebrochene Kabel anschließen |
| 2 | Zündung einschalten | Leuchtet die Lade- und Öldrucklampe, ist die Stromzuführung zum Schalter (Klemme 30) und die Durchschaltung zur Klemme 15 in Ordnung |

# Steuerung eines Anlassers prüfen

| Schritt | Ausführung | Anmerkung |
|---|---|---|
| 3 | Prüflampe oder Spannungsmesser an Klemme 30 des Anlassers und Masse anschließen | 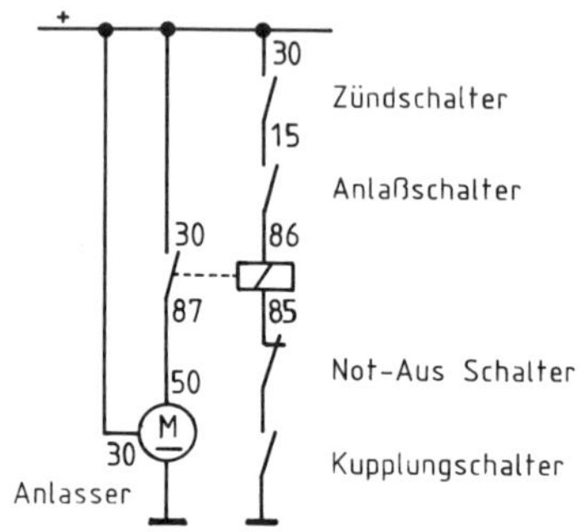<br><br>*243 Steuerung eines Anlassers* |
| 4 | Prüflampe oder Spannungsmesser an Klemme 30 des Anlaßrelais und Masse anschließen | |
| 5 | Prüflampe oder Spannungsmesser an Klemme 50 und an Masse des Anlassers anschließen. Motor kurz starten | |
| 6 | Kabel von Klemme 86 des Relais trennen und Prüflampe mit dem abgenommenen Kabel und Masse verbinden | Leuchtet die Prüflampe nicht bzw. der Spannungsmesser zeigt nichts oder zu wenig an, liegt eine Stromunterbrechung oder ein zu hoher Übergangswiderstand vor. |
| 7 | Das in Schritt 6 abgenommene Kabel wieder mit dem Relais verbinden | Läuft der Anlasser trotz positiver Meßergebnisse nicht, liegt eine Stromunterbrechung zwischen Abschluß 85 des Relais und Masse vor. Es kann der Notaus- oder Kupplungsschalter defekt sein. Ferner kann eine Masseverbindung schlecht oder der Anlasser defekt sein |

# Anlasser prüfen

| Schritt | Ausführung | Anmerkung |
|---|---|---|
| 1 | Zündung ausschalten | 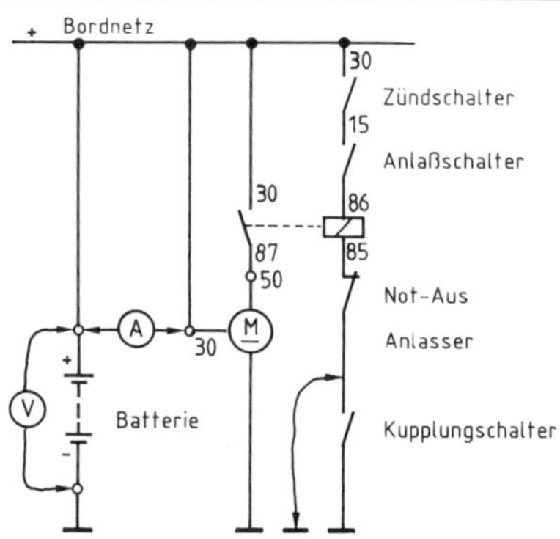<br><br>*244 Prüfschaltung* |
| 2 | Elektrische Verbindung von Klemme + der Batterie nach Klemme 30 des Anlassers abklemmen und gemäß Abb. 244 einen Strommesser (Meßbereich 0–400 A) anschließen | |
| 3 | Spannungsmesser (Meßbereich 0–15 V) gemäß Abb. 244 anschließen | |
| 4 | Kupplungsschalter gemäß Abb. 244 überbrücken | |
| 5 | 5. Gang einlegen und Hinterradbremse ganz betätigen | |

# Anlasser prüfen

| Schritt | Ausführung | Anmerkung |
|---|---|---|
| 6 | Motor starten, Meßwerte ablesen und Motorstart nach 2 bis 3 Sekunden abbrechen | Bei einwandfreier und voll geladener Batterie sollte die Spannung nicht unter 8 V absinken.<br>Der Kurzschlußstrom (Anlasser ist blockiert) sollte einen Wert von etwa 300 A erreichen.<br>Werden diese Werte nicht erreicht, kann die Masseverbindung an der Batterie oder am Motor schlecht sein oder der Anlasser ist defekt |
| 7 | Die in Schritt 2 bis 4 vorgenommene Schaltungsänderung rückgängig machen | |

# Anlasser ausbauen/einbauen

| S | A | E | B | Ausführung | Anmerkung |
|---|---|---|---|---|---|
| 1 | ● | | ● | Kraftstofftank ausbauen | Siehe Seite 173 |
| 2 | ● | | | Massekabel von der Batterie abklemmen | Zur Vermeidung eines Kurzschlusses |
| 3 | ● | | | Zündung ausschalten | |
| 4 | ● | | ● | Anlasserabdeckhaube abschrauben | |
| 5 | ● | | | Sämtliche Kabel vom Anlasser trennen<br><br>*245 Anlasser mit Magnetschalter* | |
| 6 | ● | | ● | Hintere Befestigungsmutter entfernen | Nur mit schlanker Stecknuß möglich |
| 7 | ● | | ● | Mittelteil der Motorradverkleidung abschrauben | Bei Motorräder mit Vollverkleidung |
| S = Schrittfolge; A = Ausbau; E = Einbau; B = BMW | | | | | |

# Anlasser ausbauen/einbauen

| S | A | E | B | Ausführung | Anmerkung |
|---|---|---|---|---|---|
| 8 | ● | | ● | Halterung des Ölkühlers ausbauen | |
| 9 | ● | | ● | Motorschutzhaube abschrauben | |
| 10 | ● | | | Anlasser abschrauben und entfernen | |
| 11 | | ● | | Einbau in umgekehrter Schrittfolge | |
| S = Schrittfolge; A = Ausbau; E = Einbau; B = BMW | | | | | |

# Magnetschalter austauschen

| Schritt | Ausführung | Anmerkung |
|---|---|---|
| 1 | Masseband von der Batterie abnehmen | |
| 2 | Anlasser ausbauen | |
| 3 | Elektrische Leitung vom Magnetschalter lösen  *246 Magnetschalter* | Plusleitung |
| 4 | Befestigungsschrauben des Magnetschalters entfernen | Geeignetes Werkzeug benützen, um Beschädigung der Schrauben zu vermeiden! |
| 5 | Magnetschalter aus Halterung nehmen | |
| 6 | Dichtstellen abdichten | |
| 7 | Magnetschalter in Halterung einhängen und festschrauben | |
| 8 | Elektrische Leitung an Magnetschalter anschließen | |
| 9 | Anlasser einbauen | |

# Zündfunkentest

| Schritt | Ausführung | Anmerkung |
|---|---|---|
| 1 | Zündkerzenstecker von Zündkerze abziehen | |
| 2 | Zündkabel vom Zündkerzenstecker trennen | |
| 3 | Zündung einschalten | |
| 4 | Zündkabel bis etwa 5 mm den Zylinderkopf nähern<br><br>*247 Prüfanordnung* | Zündspannng und Zündenergie können lebensgefährliche Werte erreichen.<br>Deshalb das Zündkabel mit einer isolierten Zange festhalten! |
| 5 | Motor kurz starten und auf Zündfunken achten | Im Zündzeitpunkt muß ein starker blauer Funke vom Zündkabel zum Zylinderkopf überspringen. Springt kein Funke über, Abstand verkleinern. Ist die Zündanlage in Ordnung, springt ein Zündfunke auch bei einem Abstand von 0,7 bis 1 mm über |
| 6 | Zündung ausschalten | |
| 7 | Zündkerzenstecker mit Zündkabel verbinden | |
| 8 | Zündkerzenstecker mit Zündkerze verbinden | |

# Zündspule prüfen/austauschen

| S | P | A | Ausführung | Anmerkung |
|---|---|---|---|---|
| 1 | ● | ● | Zündung ausschalten | |
| 2 | ● | ● | Kraftstofftank ausbauen | Siehe Seite 173 |
| 3 | ● | ● | Masseband von der Batterie abklemmen | Sonst Kurzschlußgefahr |
| 4 | ● | ● | Kabel lösen und Zündspulen ausbauen  248 Zündspulen | Die Werkstatt führt einen Zündfunkentest mittels Funkentester durch. Die Funkenlänge soll 0,8 mm betragen. |
| 5 | ● | | Widerstand der Primärspule messen 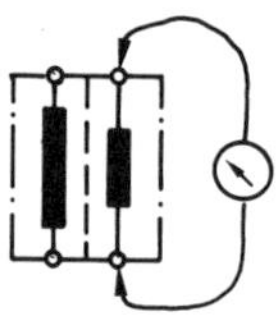 249 Prüfung der Primärspule | Richtwert: 1,5 bis 2,8 Ohm |
| 6 | ● | | Widerstand der Sekundärspule messen 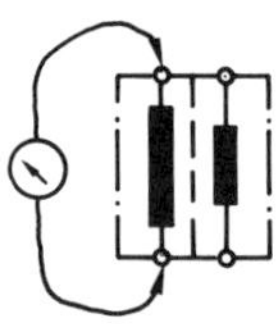 250 Prüfung der Sekundärspule | Sollwert: 13,5 bis 16,5 Ohm |

S = Schrittfolge; P = Prüfung; A = Austausch

# Zündspule prüfen/austauschen

| S | P | A | Ausführung | Anmerkung |
|---|---|---|---|---|
| 7 | ● | | Widerstandsmessung zwischen einem Primäranschluß und dem Spulenkern messen<br>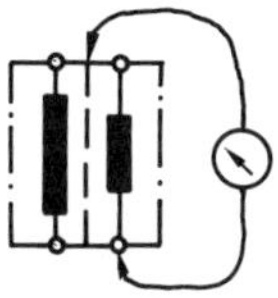<br>*251 Masseschlußprüfung der Primärspule* | Sollwert: Im Kiloohmbereich<br>Beträgt der Widerstand Null Ohm, ist die Zündspule defekt und muß ausgetauscht werden.<br>Ein Austausch ist auch erforderlich, wenn die Hochspannungskabel stark beschädigt sind. |
| 8 | ● | | Widerstandsmessung zwischen einem Sekundäranschluß und dem Spulenkern messen<br>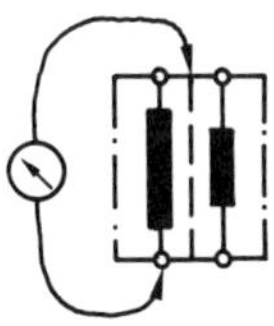<br>*252 Masseschlußprüfung der Sekundärwicklung* | |
| 9 | ● | ● | Zündspule einbauen und Zündspulenkabel anschließen | |
| 10 | ● | ● | Masseband mit Batterie verbinden | |
| 11 | ● | ● | Kraftstofftank einbauen | Siehe Seite 173 |
| S = Schrittfolge; P = Prüfung; A = Austausch | | | | |

# Vorwiderstand prüfen

| Schritt | Ausführung | Anmerkung |
|---|---|---|
| 1 | Zündung ausschalten | |
| 2 | Kraftstofftank ausbauen | |
| 3 | Kabel vom Vorwiderstand abklemmen | |
| 4 | Widerstandsmeßgerät an die Klemmen des Vorwiderstandes anschließen | |
| 5 | Widerstandswert ablesen | Sollwert 1,5 bis 2 Ohm.<br>Bei größeren Abweichungen ist der Vorwiderstand auszutauschen |
| 6 | Widerstandsmeßgerät entfernen | |
| 7 | Kabel mit Vorwiderstand verbinden | |
| 8 | Kraftstofftank einbauen | |

# Impulsgeber prüfen

| S | K | Ausführung | Anmerkung |
|---|---|---|---|
| 1 | ● | Abdeckung abschrauben<br><br><br>*253 Abdeckung* | |
| S = Schrittfolge; K = Kawasaki | | | |

# Impulsgeber prüfen

| S | K | Ausführung | Anmerkung |
|---|---|---|---|
| 2 | ● | Stecker an der Zündbox trennen<br><br>*254 Zündbox* | Stecker vierpolig |
| 3 | ● | Widerstandsmeßgerät mit den Spulenanschlüssen sw und bl (für Zylinder 1 und 4) verbinden und Meßwert ablesen | Richtwert: 400 bis 490 Ohm.<br>Bei größeren Abweichungen ist der Impulsgeber (bei Kawasaki eine feste Einheit mit der Grundplatte) auszutauschen |
| 4 | ● | Widerstandsmeßgerät mit den Spulenanschlüssen ge und rt (für Zylinder 2 und 3) verbinden und Meßwert ablesen | |
| 5 | ● | Widerstandsmeßgerät mit einen Spulenanschluß der Spule für Zylinder 1 und 4 und Masse verbinden | 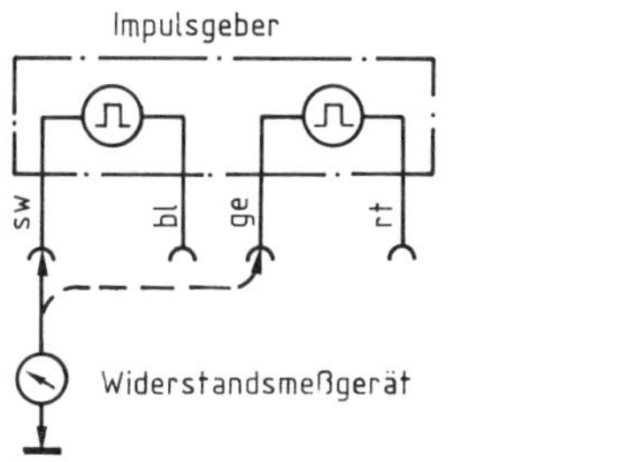<br><br>*255 Meßschaltung zur Masseschlußprüfung*<br>Sollwert: unendlich<br>Ist der Widerstand kleiner, hat die Spule des Impulsgebers Masseschluß |
| 6 | ● | Widerstandsmeßgerät mit einen Spulenanschluß der Spule für Zylinder 2 und 3 und Masse verbinden | |
| 7 | ● | Sichtkontrolle der Dauermagnete und des Zündverstellers | |
| 8 | ● | Stecker mit Zündbox verbinden | |
| 9 | ● | Abdeckung anschrauben | |

S = Schrittfolge; K = Kawasaki

# Impulsgeber austauschen

| S | A | E | Ausführung | Anmerkung |
|---|---|---|---|---|
| 1 | ● | | Kupplungsdeckel abschrauben | |
| 2 | ● | | Impulsgeber abschrauben | <br>*256 Impulsgeber* |
| 3 | | ● | Impulsgeber einbauen | |
| 4 | | ● | Kupplungsdeckel anschrauben | |
| 5 | | ● | Zündzeitpunkt prüfen | Siehe Seite 202 |
| S = Schrittfolge; A = Ausbau; E = Einbau | | | | |

# Zündzeitpunkt prüfen

| Schritt | Ausführung | Anmerkung |
|---|---|---|
| 1 | Zündkerzen überprüfen bzw. erneuern | Nach 5000 km reinigen, Elektrodenabstand (0,7 bis 0,8 mm) messen bzw. korrigieren.<br>Nach 10 000 km austauschen |
| 2 | Zündkerzenstecker überprüfen | Müssen sauber und dürfen nicht verschmort sein |
| 3 | Kabelverbindungen der Zündanlage überprüfen | Feste Verbindungen, nicht durchgescheuert |
| 4 | Stroboskop anschließen<br>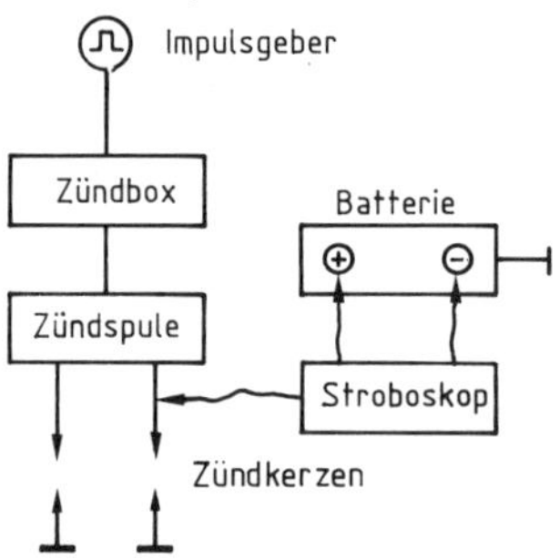<br><br>*257 Anschlußschaltung eines Stroboskops* | |
| 5 | Abdeckung der Impulsgeber und des Fliehkraftreglers abschrauben | Die Strichmarkierungen zur Einstellung des Zündzeitpunkts sind durch die Öffnung in der Impulsgeber-Grundplatte sichtbar |

# Zündzeitpunkt prüfen

| Schritt | Ausführung | Anmerkung |
|---|---|---|
| 6 | Motor starten und mit Leerlaufdrehzahl laufen lassen | Richtwert : 1000 1/min ± 50 |
| 7 | Mit Stroboskop die Strichmarkierungen anblitzen | Die F-Strichmarkierung muß sich in der Mitte der beiden Festmarkierungen befinden |
| 8 | Drehzahl auf etwa 3000 1/min erhöhen | Die beiden Strichmarkierungen müssen mit den beiden Festmarkierungen eine Linie bilden.<br>Abweichungen können durch Verdrehen der Impulsgeber-Grundplatte nicht korrigiert werden |
| 9 | Motordrehzahl, ausgehend von der Leerlaufdrehzahl, langsam bis 3600 1/min steigern und Strichmarkierungen beobachten | Die Fliehkraftverstellung muß sichtbar und reibungslos sein. Der Fliehkraftregler darf nicht klemmen. Liegt ein Defekt vor, Regler ausbauen, reinigen, abschmieren und wieder einbauen. |
| 10 | Rotorlauf beobachten<br><br>*258 Rotor* | Der Rotor muß rund und ruhig laufen |
| 11 | Motor abstellen | |
| 12 | Steuerrotor von Hand drehen | Er darf nicht klemmen |
| 13 | Fliehgewichte von Hand bewegen. Lagerstellen mit etwas Öl versehen<br><br>*259 Fliehgewichte* | Sie müssen leichtgängig sein |
| 14 | Zündzeitpunkt-Prüfung gemäß Schritt 4 bis 9 wiederholen | Stimmt der Zündzeitpunkt nicht, ist die Zünzeitpunkt-Verstelleinrichtung auszutauschen |

# Zündzeitpunkt einstellen

<table>
<tr><th>S</th><th>ST</th><th>DY</th><th>B</th><th>Ausführung</th><th>Anmerkung</th></tr>
<tr><td>1</td><td>●</td><td>●</td><td></td><td>Motorschutzhaube abschrauben</td><td></td></tr>
<tr><td>2</td><td>●</td><td></td><td>●</td><td>Steckverbindung am Zündauslöser trennen<br><br>260 Zündauslöser</td><td>Erfolgt bei einer kontaktgesteuerten elektronischen Zündanlage bzw. bei einer Schwungradzündung die Zündzeitpunkteinstellung mittels Prüflampe, fließt über den Unterbrecher ein so geringer Strom, daß eine batteriegespeißte Prüflampe zu verwenden ist (Abb. 200A), die dem Unterbrecher parallel geschaltet werden muß.</td></tr>
<tr><td>3</td><td>●</td><td></td><td></td><td>Zündeinstellgerät mit Zündauslöser verbinden</td><td>Drahtklammer der Steckverbindung entfernen</td></tr>
<tr><td>4</td><td>●</td><td></td><td></td><td>Zündkerzenstecker abziehen und Zündkerzen herausschrauben</td><td></td></tr>
<tr><td>5</td><td>●</td><td></td><td>●</td><td>Motor an der Innensechskantschraube mit Schlüssel im Uhrzeigersinn gegen die Fahrtrichtung durchdrehen</td><td>Leuchtet die Diode des Zündeinstellgerätes auf, muß die Schwungradmarkierung (mittlerer Strich »S«) mit der Schaulochmarkierung im Motorgehäuse übereinstimmen</td></tr>
<tr><td>6</td><td>●</td><td></td><td>●</td><td>Bei Bedarf Zündzeitpunkt durch Verdrehen des Zündauslösers korrigieren</td><td>Drehen im Uhrzeigersinn bewirkt Spätzündung und umgekehrt</td></tr>
<tr><td>7</td><td>●</td><td></td><td></td><td>Schlüssel entfernen, Zündkerzen einschrauben, Zündkerzenstecker mit Zündkerzen verbinden, Zündeinstellgerät entnehmen, Zündauslöser anschließen und Motorschutzhaube montieren</td><td></td></tr>
<tr><td>8</td><td></td><td>●</td><td></td><td>Stroboskop anschließen</td><td>Mit Batterie und einem Zündkabel verbinden<br>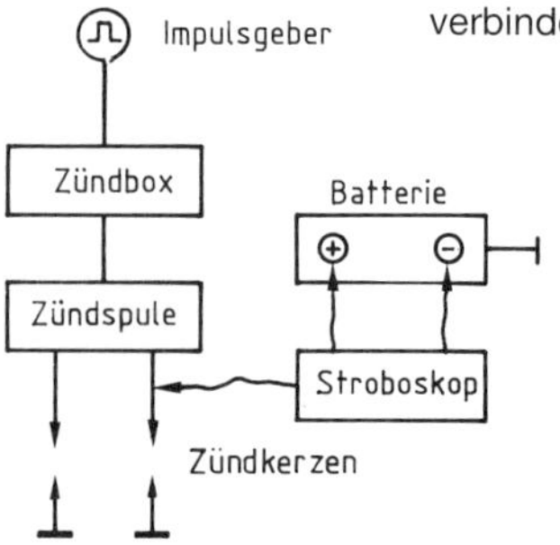<br><br>261 Anschlußschaltung eines Stroboskops</td></tr>
<tr><td colspan="6">S = Schrittfolge; ST = Statisch; DY = Dynamisch; B = BMW</td></tr>
</table>

## Zündzeitpunkt einstellen

| S | ST | DY | B | Ausführung | Anmerkung |
|---|---|---|---|---|---|
| 9 | | ● | | Motor starten und mit Leerlaufdrehzahl laufen lassen | Zündzeitpunkt 5 ° bis 10 ° vor OT |
| 10 | | ● | | Schwungrad durch das Schauloch anblitzen | Schwungradmarkierung (mittlerer Strich »S«) muß mit der Schaulochmarkierung übereinstimmen |
| 11 | | ● | ● | Motordrehzahl kurzzeitig auf etwa 3500 1/min erhöhen | Im Schauloch muß der weiße Punkt »F« (volle Frühzündung) erscheinen |
| 12 | | ● | | Einstellrad des Stroboskops bis zur Markierung »OT« verdrehen und Verstellwinkel ablesen | Zündzeitpunkt beim 2-Takter etwa 20 ° vor OT<br>beim 4-Takter etwa 39 ° vor OT |
| 13 | | ● | ● | Wenn Korrektur erforderlich, Befestigungsschrauben des Zündauslösers lockern, Zündauslöser auf Sollwert einstellen und wieder festschrauben | Drehen im Uhrzeigersinn bewirkt Spätzündung und umgekehrt |
| 14 | | ● | | Motor abstellen | |
| 15 | ● | ● | | Motorschutzhaube anschrauben | |

S = Schrittfolge; ST = Statisch; DY = Dynamisch; B = BMW

## Zündbox prüfen

| S | E | A | K | Ausführung | Anmerkung |
|---|---|---|---|---|---|
| 1 | ● | | | Zündung ausschalten | |
| 2 | ● | | | Spannungsmesser an Plus (schwarz oder grün) und Minus (Masse) der Zündbox anschließen | <br>*262 Zündbox* |
| 3 | ● | | | Zündung einschalten | Motor nicht starten |
| 4 | ● | | | Meßwert ablesen | Sollwert: Batteriespannung |
| 5 | ● | ● | | Zündung ausschalten | |
| 6 | ● | | | Spannungsmesser an Plus (schwarz, blau, gelb oder rot) und Minus der Zündbox anschließen | |

S = Schrittfolge; E = Eingebaut; A = Ausgebaut; K = Kawasaki

# Zündbox prüfen

| S | E | A | K | Ausführung | Anmerkung |
|---|---|---|---|---|---|
| 7 | ● | | | Zündung einschalten | |
| 8 | ● | | | Meßwert ablesen | Sollwert: 0,5 bis 1,0 V |
| 9 | ● | ● | | Zündung ausschalten | |
| 10 | | ● | | Sämtliche an der Zündbox angeschlossenen Leitungen trennen | |
| 11 | | ● | | Zündbox abschrauben | Zuleitungen |
| 12 | | ● | ● | Widerstandsmeßgerät an die Plusleitung sw/gn und sw/ge anschließen | Sollwert: 200 bis 250 Ohm |
| 13 | | ● | ● | Widerstandsmeßgerät an die Leitung rt und sw/ge anschließen | Zuleitungen<br>Sollwert: 200 bis 600 Ohm |
| 14 | | ● | ● | Widerstandsmeßgerät an die Leitung sw/ge und rt anschließen | Zuleitungen<br>Sollwert: 300 bis 700 Ohm |
| 15 | | ● | ● | Widerstandsmeßgerät an die Plusleitung sw/ge und Minusleitung sw (gn) anschließen | Zuleitungen<br>Sollwert: Widerstand unendlich |
| 16 | | ● | ● | Widerstandsmeßgerät an die Plusleitung bl (rt) und Minusleitung sw (ge) anschließen | Stecker<br>Sollwert: 25 bis 45 Kiloohm |
| 17 | | ● | ● | Widerstandsmeßgerät an sw (ge) und rt (bl) anschließen | Stecker<br>Sollwert: 20 bis 40 Kiloohm |
| 18 | | ● | | Zündbox einbauen | Weichen die Meßwerte von den Sollwerten ab, dürfte die Zündbox defekt sein |
| 19 | | ● | | Zündbox anschließen | |
| S = Schrittfolge; E = Eingebaut; A = Ausgebaut; K = Kawasaki | | | | | |

# Steuergerät und Kühlkörper austauschen

| S | B | Ausführung | Anmerkung |
|---|---|---|---|
| 1 | | Kraftstofftank ausbauen | Siehe Seite 173 |
| 2 | | Masseband von Batterie abklemmen | Sonst Kurzschlußgefahr |
| 3 | ● | Steuergerät ausbauen  *263 Steuergerät einer Transistorzündung* | Muttern unterm Kühlkörper mit Ringschlüssel festgehalten |
| 4 | ● | Kühlkörper ausbauen | Unterm Steuergerät angeordnet |
| 5 | | Einbau in umgekehrter Schrittfolge | |
| S = Schrittfolge; B = BMW | | | |

# Zündschalter prüfen/ausbauen/einbauen

| S | P | A | E | Ausführung | Anmerkung |
|---|---|---|---|---|---|
| 1 | ● | | | Funktionsprüfung | |
| 2 | ● | | | Kraftstofftank ausbauen | 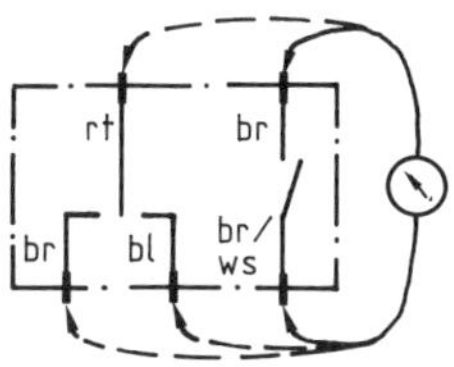  *264 Schaltung zur Durchgangsprüfung eines Zündschalters* |
| 3 | ● | | | Mehrfachstecker des Zündschalters trennen | |
| 4 | ● | | | Zündschalter gemäß Abb. 264 in sämtlichen Schaltstellungen auf Stromdurchgang prüfen | |
| 5 | ● | | | Mehrfachstecker des Zündschalters verbinden | |
| 6 | ● | | | Kraftstofftank einbauen | |
| 7 | | ● | | Scheinwerfer ausbauen |  *265 Zündschalter* |
| 8 | | ● | | Kabelstecker vom Zündschalter trennen | |
| 9 | | ● | | Zündschalter abschrauben | |
| 10 | | | ● | Einbau in umgekehrter Schrittfolge | |
| S = Schrittfolge; P = Prüfung; A = Ausbau; E = Einbau | | | | | |

# Kupplungsseilzug ausbauen/einbauen

| S | A | E | Ausführung | Anmerkung |
|---|---|---|---|---|
| 1 | ● | | Kupplungsseilzug vom Kupplungshandhebel trennen | 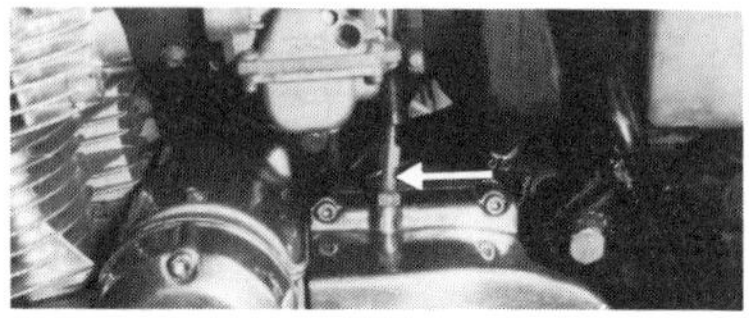 266 *Kupplungseinsteller* |
| 2 | ● | | Sicherungsmutter des Kupplungseinstellers lockern | |
| 3 | ● | | Kupplungseinsteller ins Gehäuse drehen | |
| 4 | ● | | Kupplungsseilzug am Ausrückhebel aushängen |  267 *Ausrückhebel* |
| 5 | ● | | Gummitülle am Getriebe-Widerlager beseitigen | |
| 6 | ● | | Kupplungsseilzug aus Getriebe-Widerlager ziehen | |
| 7 | | ● | Einbau in umgekehrter Schrittfolge | Neue Seilzüge sind bereits eingefettet. |
| 8 | | | Kupplungsspiel einstellen (siehe Seite 209) | Gebrauchte oder selbst angefertigte Seilzüge sind einzufetten. Der Seilzug muß knickfrei verlegt werden und darf nicht scheuern |
| S = Schrittfolge; A = Ausbau; E = Einbau | | | | |

# Kupplungsausrückhebel ausbauen/einbauen

| S | A | E | Ausführung | Anmerkung |
|---|---|---|---|---|
| 1 | ● | | Kupplungsseilzug am Ausrückhebel aushängen |  268 *Ausrückhebel* |
| 2 | ● | | Ausrückhebel vom Getriebelagerbock losschrauben | |
| 3 | ● | | Bolzen herausziehen | |
| 4 | ● | | Ausrückhebel entfernen | |
| 5 | | ● | Einbau in umgekehrter Schrittfolge | |
| 6 | | ● | Kupplungsspiel einstellen | Siehe Seite 209 |
| S = Schrittfolge; A = Ausbau; E = Einbau | | | | |

# Kupplungsspiel einstellen

| Schritt | Ausführung | Anmerkung |
|---|---|---|
| 1 | Kontermutter des Bowdenzugs am Kupplungshandhebel lockern | |
| 2 | Stellschraube am Kupplungshandhebel so verstellen bis sich am getriebeseitigen Kupplungshebel ein Maß von 210 mm ± 2 (typspezifisch) ergibt | 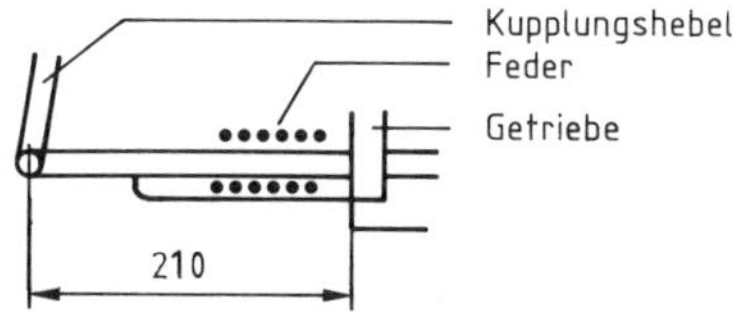  *269 Sollmaß am getriebeseitigen Kupplungshebel* |
| 3 | Kontermutter am Kupplungshandhebel festziehen | |
| 4 | Kontermutter der getriebeseitigen Stellschraube lockern | 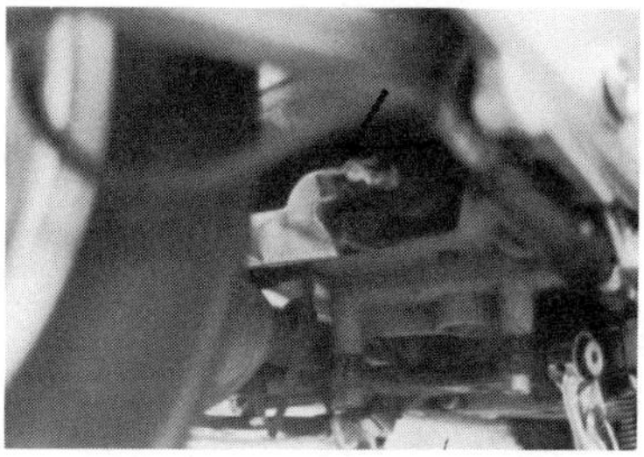 *270 Getriebeseitiger Kupplungshebel* |
| 5 | Getriebeseitige Stellschraube so verstellen bis sich am Kupplungshandhebel ein Spiel von 3 mm ± 0,5 ergibt | |
| 6 | Kontermutter der getriebeseitigen Stellschraube festziehen | |

# Kupplungs-Servozylinder ausbauen/einbauen

| S | A | E | H | Ausführung | Anmerkung |
|---|---|---|---|---|---|
| 1 | ● | | ● | Kurbelgehäusedeckel abschrauben | Links hinten |
| 2 | ● | | ● | Auffangbehälter unter Kupplungs-Servozylinder stellen 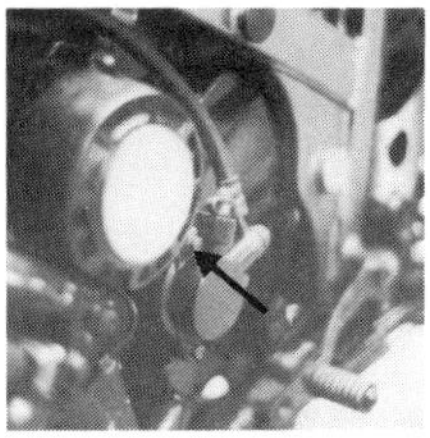 *271 Kupplungs-Servozylinder* | |
| S = Schrittfolge; A = Ausbau; E = Einbau, H = Honda | | | | | |

## Kupplungs-Servozylinder ausbauen/einbauen

| S | A | E | H | Ausführung | Anmerkung |
|---|---|---|---|---|---|
| 3 | ● | | | Ölschraube entfernen | Kupplungsflüssigkeit nicht mit lackierten Flächen in Berührung bringen |
| 4 | ● | | | Kupplungsschlauch vom Kupplungs-Servozylinder entfernen | |
| 5 | ● | | | Kupplungs-Servozylinder ausbauen | |
| 6 | | ● | | Kupplungs-Servozylinder einbauen | |
| 7 | | ● | | Kupplungsschlauch mit der Ölschraube anschließen | Neue Dichtungsscheiben verwenden |
| 8 | | ● | ● | Kurbelgehäusedeckel anschrauben | Links hinten |
| 9 | | ● | | Behälter mit Kupplungsflüssigkeit füllen und Kupplungshydraulik entlüften | Siehe Seite 211 |
| S = Schrittfolge; A = Ausbau; E = Einbau; H = Honda | | | | | |

## Kupplungs-Hauptzylinder ausbauen/einbauen

| S | A | E | Ausführung | Anmerkung |
|---|---|---|---|---|
| 1 | ● | | Kupplungsflüssigkeit ablassen | Siehe Seite 211 |
| 2 | ● | | Kupplungshebel abschrauben | Wenn erforderlich auch Rückspiegel abschrauben |
| 3 | ● | | Kabel vom Kupplungsschalter lösen und Kupplungsschlauch abnehmen | Wird die Ölschraube entfernt Schlauchende vor Schmutz schützen |
| 4 | ● | | Kupplungshauptzylinder abschrauben  *272 Kupplungshauptzylinder* | |
| 5 | | ● | Kupplungshauptzylinder auf Lenker befestigen | Zuerst die obere Schraube festziehen |
| 6 | | ● | Ölschlauch mit Ölschraube montieren | Neue Dichtungsscheiben verwenden |
| S = Schrittfolge; A = Ausbau; E = Einbau | | | | |

# Kupplungs-Hauptzylinder ausbauen/einbauen

| S | A | E | Ausführung | Anmerkung |
|---|---|---|---|---|
| 7 | | ● | Schubstange und Endstück in das Loch des Kupplungshebels geben und Kupplungshebel befestigen | |
| 8 | | ● | Kabel mit Kupplungsschalter verbinden | |
| 9 | | ● | Behälter mit Kupplungsflüssigkeit füllen und Hydrauliksystem entlüften | Siehe Seite 211 |
| S = Schrittfolge; A = Ausbau; E = Einbau | | | | |

# Hydrauliksystem entleeren/füllen/entlüften

| S | A | F | E | Ausführung | Anmerkung |
|---|---|---|---|---|---|
| 1 | ● | | ● | Entlüftungsschlauch an das Entlüftungsventil anschließen und in Auffangbehälter führen<br><br>*273 Entlüftungsventil* | |
| 2 | ● | | | Entlüftungsventil des Servozylinders öffnen | |
| 3 | ● | | | Mit Kupplungshebel solange pumpen, bis keine Flüssigkeit mehr aus Entlüftungsventil fließt | Membrane des Kupplungshebels muß auf Behälter montiert sein, ansonsten tritt Flüssigkeit während der Pumpbewegungen aus dem Behälter |
| 4 | ● | ● | | Entlüftungsventil schließen | |
| 5 | | ● | | Behälter bis zur Max-Markierung füllen | Nur vorgeschriebene Kupplungsflüssigkeit verwenden |
| 6 | | ● | | Membrane montieren | |
| 7 | | | ● | Ende des Entlüftungsschlauchs in einen Behälter (Flasche oder Glas von etwa 0,5 Liter, etwa 1/3 bis 1/2 mit Bremsflüssigkeit gefüllt) stecken | Dadurch wird das Ansaugen von Luft verhindert |
| S = Schrittfolge; A = Ablassen; F = Füllen; E = Entlüften | | | | | |

# Hydrauliksystem entleeren/füllen/entlüften

| S | A | F | E | Ausführung | Anmerkung |
|---|---|---|---|---|---|
| 8 | | | ● | Kupplungshebel anziehen, Entlüftungsventil etwa um 1/2 Umdrehung öffnen, umgehend wieder schließen | Zur Vermeidung von Leckagen Kupplungshebel nicht bis Lenkergriff durchziehen |
| 9 | | | ● | Kupplungshebel langsam loslassen | |
| 10 | | | ● | Schritt 7 und 8 nach einer Wartezeit von einige Sekunden so oft wiederholen, bis keine Luftbläschen am Schlauchende sichtbar sind | Bei Bedarf Kupplungsflüssigkeit jeweils bis Max-Markierung nachfüllen |
| 11 | | | ● | Entlüftungsschlauch mit Behälter entfernen | |
| 12 | | | ● | Schutzkappe auf Entlüftungsventil | |
| 13 | | | ● | Funktionsprüfung | |
| S = Schrittfolge; A = Ablassen; F = Füllen; E = Entlüften | | | | | |

# Hinterradkette austauschen

| Schritt | Ausführung | Anmerkung |
|---|---|---|
| 1 | Motorrad aufbocken | Hinterrad muß sich frei drehen lassen |
| 2 | Kettenabdeckung abschrauben | |
| 3 | Bremsstrebe lösen | |
| 4 | Achsmutter abschrauben |  *274 Kettenspanner* |
| 5 | Kettenspanner beidseitig ganz zurückdrehen | |
| 6 | Rad nach vorne schieben | |
| 7 | Hinterradkette abnehmen | |
| 8 | Achse herausziehen und Rad abnehmen | |
| 9 | Hinterradschwinge ausbauen | |
| 10 | Getrieberitzel ausbauen | |
| 11 | Kettenrad abschrauben |  *275 Hinterradschwinge* |

# Hinterradkette austauschen

| Schritt | Ausführung | Anmerkung |
|---|---|---|
| 12 | Zusammenbau in umgekehrter Schrittfolge | Kette und Kettenräder sind gleichzeitig zu ersetzen.<br>Der Austausch einer Kette ist erforderlich, wenn sie sich um etwa 2 % verlängert hat. Zum Ausmessen ist die Kette mit einem Gewicht von etwa 10 kg zu belasten. |
| 13 | Hinterradkette spannen | |

# Endantrieb ausbauen/einbauen

| S | A | E | T | Ausführung | Anmerkung |
|---|---|---|---|---|---|
| 1 | ● | | | Motorrad auf Mittelständer stellen | Motorrad so unterbauen, daß sich Hinterrad frei drehen kann |
| 2 | ● | | | Endantriebsöl ablassen | |
| 3 | ● | | | Hinterrad ausbauen | Siehe Seite 221 |
| 4 | ● | | ● | Linkes Federbein ausbauen | <br>*276 Federbein*<br>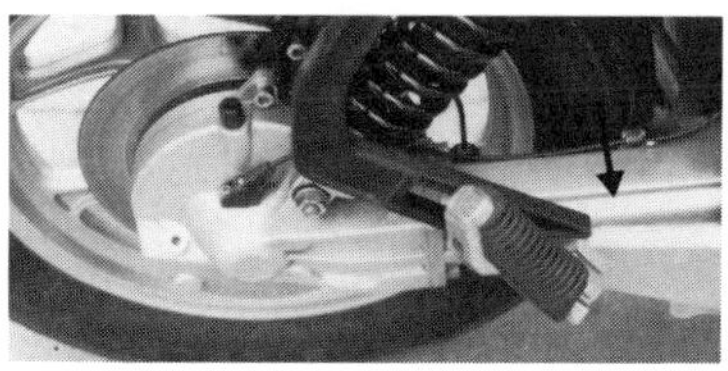<br>*277 Schwinge* |
| 5 | ● | | ● | Bremsgestänge losschrauben und Bremsstange aus Hebelbolzen ziehen | |
| 6 | ● | | ● | Obere Schraube der Federbeinbefestigung lockern | |
| 7 | ● | | | Muttern der rechten Schwingenarmbefestigung abschrauben | |

S = Schrittfolge; A = Ausbau; E = Einbau; T = Typspezifisch

# Endantrieb ausbauen/einbauen

| S | A | E | T | Ausführung | Anmerkung |
|---|---|---|---|---|---|
| 8<br>8.1 | ●<br>● | | ●<br>● | Endantriebsgehäuse vom Schwingenarm abnehmen bzw. Endantriebsgehäuse und Kardanwelleneinheit ausbauen | |
| 9 | ● | | ● | Kardanwelle so in einen Schraubstock spannen, daß die Endantriebseinheit nach oben abgezogen werden kann | 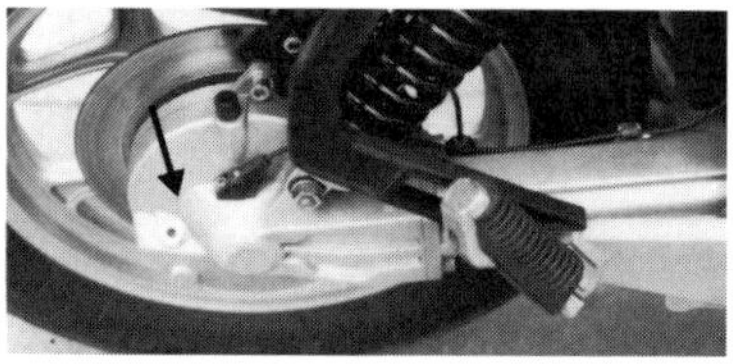 |
| 10 | ● | | ● | Endantriebseinheit von der Kardanwelle abziehen | *278 Endantrieb* |
| 11 | | ● | | Einbau in umgekehrter Schrittfolge. Typbedingte Einzelheiten gemäß Schritt 12 bis 18 | |
| 12 | | ● | ● | Dämpfergehäuse mit Öl füllen | |
| 13 | | ● | ● | Anschlagring in die Nut des Dämpfernockens geben und Dämpferfeder einsetzen | |
| 14 | | ● | ● | Endantriebsgehäuse über Dämpfernocken stülpen und so weit nach unten drücken, bis der Anschlagring richtig in der Nut der Ritzelverbindungs-Verzahnung sitzt | |
| 15 | | ● | ● | Kardanwelleneinheit in den Schwingenholm schieben und ausrichten | |
| 16 | | ● | ● | Endantriebsgehäuse festschrauben | Anzugsmomente:<br>Pos. 8 20 Nm<br>Pos. 8.1 65 Nm |
| 17 | | ● | ● | Hinterrad einbauen | Siehe Seite 221 |
| 18 | | ● | ● | Federbein montieren | |
| 19 | | ● | | Endantrieb mit Öl füllen | Vorgeschriebenes Getriebeöl verwenden |

S = Schrittfolge; A = Ausbau; E = Einbau; T = Typspezifisch

# Leerlaufschalter ausbauen/einbauen

| S | A | E | Ausführung | Anmerkung |
|---|---|---|---|---|
| 1 | ● | | Getriebeöl ablassen | |
| 2 | ● | | Hinteren Motorbolzen nach Abschrauben der Muttern herausziehen<br>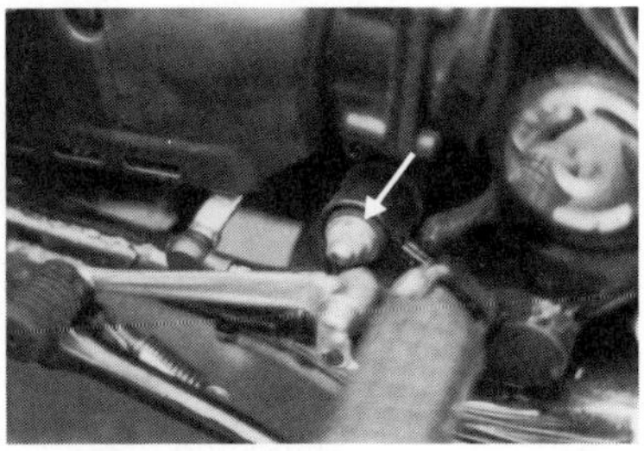<br>*279 Einbaustelle des hinteren Motorbolzens (typspezifisch)* | 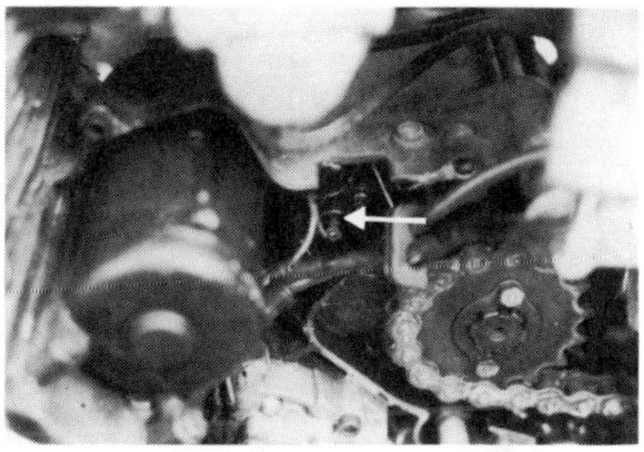<br>*280 Leerlaufschalter* |
| 3 | ● | | Abstandshülse aus Motorgehäuse schlagen | |
| 4 | ● | | Kabel vom Leerlaufschalter abziehen | |
| 5 | ● | | Leerlaufschalter herausschrauben | |
| 6 | | ● | Einbau in umgekehrter Schrittfolge | |
| S = Schrittfolge; A = Ausbau; E = Einbau | | | | |

## 4.1.10 Fahrwerk

# Vorderrad ausbauen/einbauen

| S | A | E | T | Ausführung | Anmerkung |
|---|---|---|---|---|---|
| 1 | ● | | ● | Geschwindigkeitsgeber abschrauben | |
| 2 | ● | | ● | Tachometerwelle abschrauben | |
| 3 | ● | | | Rechten Bremssattel losschrauben und entfernen | Vorderrad-Bremshebel nicht mehr betätigen, ansonsten gibt es Einbauprobleme |
| S = Schrittfolge; A = Ausbau; E = Einbau; T = Typspezifisch | | | | | |

# Vorderrad ausbauen/einbauen

| S | A | E | T | Ausführung | Anmerkung |
|---|---|---|---|---|---|
| 4 | ● | | ● | Achshaltemuttern abschrauben und Halter entfernen |  281 *Befestigung eines Vorderrads* |
| 5 | ● | | ● | Achsklemmschraube lösen | |
| 6 | ● | | | Vorderachse ausbauen | |
| 7 | ● | | | Vorderrad entfernen (Laufrichtung kennzeichnen) | |
| 8 | | ● | | Bremssattel einbauen | Befestigungsschrauben mit etwa 35 Nm festziehen |
| 9 | | ● | | Vorderrad zwischen die Gabel schieben | Laufrichtung beachten |
| 10 | | ● | ● | Achshalter anschrauben | |
| 11 | | ● | ● | Achshaltermuttern leicht anziehen | |
| 12 | | ● | | Vorderradachse einführen | |
| 13 | | ● | ● | Tachogetriebe einrichten | |
| 14 | | ● | | Vorderradachse festschrauben | Anzugsmoment 60 Nm |
| 15 | | ● | | Spalt zwischen der Außenfläche der rechten Bremsscheibe und der Innenkante des rechten Bremssattels mittels Fühlerlehre messen (Sollwert 0,7 mm) |  282 *Einbaulage der Vorderradbremse* |
| 16 | | ● | | Rechtes Gabelbein soweit herausziehen, bis der Sollwert gemäß Schritt 15 erreicht ist | |
| 17 | | ● | ● | Achshaltemuttern (mit Vorderen beginnen) festziehen | Anzugsmoment 20 Nm |
| 18 | | ● | ● | Achsklemmschraube festziehen | |
| 19 | | ● | ● | Geschwindigkeitsgeber anschrauben | |
| 20 | | ● | ● | Tachometerwelle anschrauben | |
| 21 | | ● | | Vorderradbremse einige Male betätigen und gemäß Schritt 15 beidseitigen Spalt messen bzw. einstellen | |

S = Schrittfolge; A = Ausbau; E = Einbau; T = Typspezifisch

# Vorderradgabel ausbauen/einbauen

| S | A | E | T | Ausführung | Anmerkung |
|---|---|---|---|---|---|
| 1 | ● | | | Vorderrad ausbauen | Siehe Seite 215 |
| 2 | ● | | ● | Vorderrad-Kotflügel ausbauen | Wenn an Tauchgabel befestigt |
| 3 | ● | | ● | Lenkungsdämpfer ausbauen | Siehe Seite 219 |
| 4 | ● | | ● | Motorverkleidung abschrauben | |
| 5 | ● | | ● | Cockpitverkleidung abschrauben | |
| 6 | ● | | | Massekabel von der Batterie abklemmen | Zur Vermeidung von Kurzschlüssen |
| 7 | ● | | | Schalter von den Lenkergriffen ausbauen | |
| 8 | ● | | | Scheinwerfer ausbauen | |
| 9 | ● | | ● | Lenker ausbauen | Siehe Seite 220 |
| 10 | ● | | | Abbau des Gabeljochs durch Lösen der Befestigungsschrauben und der Hutmutter in der Gabelmitte | |
| 11 | ● | | ● | Lichtscheibe der Blinkleuchten abschrauben und Kabel abklemmen |  |
| 12 | ● | | | Blinkergehäuse abschrauben | *283 Gabeljoch* |
| 13 | ● | | | Bremszange vom Gabelgleitrohr nach Lösen der Schraubverbindungen und Zurückdrehen der Einstellmutter entfernen | Stellung der Einstellmutter merken. Das Hydrauliksystem ist nicht zu zerlegen. Die Bremse darf nicht betätigt werden, da sonst Bremsflüssigkeit auslaufen würde |
| 14 | ● | | | Lösen der Hutmutter am oberen Ende des Gabelführungsrohres, Gabeljoch und Gabelführungsrohr entfernen | Herausfallende Kügelchen der Lagerung mit Lappen auffangen |
| 15 | | ● | | Kügelchen in Lagerung einlegen und Gabeljoch mit Gabelführungsrohr mittels Hutmutter am Rahmen festschrauben | Motorrad ruht auf Unterbau |
| 16 | | ● | | Federbeine in die Gabelführungsrohre schieben und Gummibalge befestigen. Dämpferöl einfüllen | |

S = Schrittfolge; A = Ausbau; E = Einbau; T = Typspezifisch

# Vorderradgabel ausbauen/einbauen

| S | A | E | T | Ausführung | Anmerkung |
|---|---|---|---|---|---|
| 17 | | ● | | Die weiteren Schritte in umgekehrter Schrittfolge | Laufringe und Lager mit Fett versehen |
| 18 | | ● | | Einstellung der Lenkkopflager überprüfen bzw. berichtigen | Beim Vor- oder Rückwärststoßen bzw. beim Bremsen darf sich kein Spiel im Lenkkopflager bemerkbar machen. Eine zu feste Lagerung verursacht bei langsamer Fahrt ein Schlingern, ein zu großes Spiel Vibrationen |
| S = Schrittfolge; A = Ausbau; E = Einbau; T = Typspezifisch | | | | | |

# Lenkkopflager prüfen/nachstellen

| S | P | N | T | Ausführung | Anmerkung |
|---|---|---|---|---|---|
| 1 | ● | ● | | Motorrad aufbocken | Vorderrad muß sich frei drehen lassen |
| 2 | ● | | | Gabelholme an den Enden erfassen und gleichzeitig in Fahrtrichtung schlagartig ziehen und drücken | Es darf kein Spiel spürbar sein. Gegebenenfalls Lenkkopflager nachstellen |
| 3 | | ● | | Griff des Lenkungsdämpfers und die Prellplatte ausbauen | |
| 4 | | ● | ● | Dichtmanschetten der Gabel nach unten schieben | |
| 5 | | ● | ● | Kraftstofftank ausbauen | Zweckmäßig wenn wenig Platz |
| 6 | | ● | | Lenkkopfmutter lösen | Zentriermutter |
| 7 | | ● | | Lenkkopflager durch Hammerschlag auf die Lenkkopfmutter entspannen | Weiche Auflage verwenden |
| 8 | | ● | | Halteschrauben des Lenkers lösen | Dadurch Zugriff zur Einstellmutter verbessert |
| 9 | | ● | | Lenkkopflager-Einstellmutter nachziehen  *284 Einstellmutter eines Lenkkopflagers* | Das Lenkkopflager ist richtig eingestellt, wenn sich der Lenker ohne äußere Einwirkung langsam bis zum Anschlag bewegt. Ein zu fest vorgespanntes Lenkkopflager erhöht den Verschleiß |
| S = Schrittfolge; P = Prüfung; N = Nachstellung; T = Typspezifisch | | | | | |

## Lenkkopflager prüfen/nachstellen

| S | P | N | T | Ausführung | Anmerkung |
|---|---|---|---|---|---|
| 10 | | ● | | Lenkkopfmutter festziehen, dabei Einstellmutter festhalten | Anzugsmoment etwa 120 Nm |
| 11 | | ● | | Lenkungsspiel überprüfen | Wenn nötig korrigieren |
| 12 | | ● | | Schritt 3 bis 5 in umgekehrter Schrittfolge ausführen | |

S = Schrittfolge; P = Prüfung; N = Nachstellung; T = Typspezifisch

## Lenkungsdämpfer ausbauen/einbauen

| S | A | E | T | Ausführung | Anmerkung |
|---|---|---|---|---|---|
| 1 | ● | | | Sterngriff abbauen | Auf Gummi achten |
| 2 | ● | | ● | Beidseitige Motorverkleidung abnehmen | |
| 3 | ● | | ● | Kraftstofftank ausbauen | |
| 4 | ● | | | Sicherungsbügel abziehen |  |
| 5 | ● | | | Dämpfer aus den Gelenken drücken | |
| 6 | ● | | | Platte losschrauben | |
| 7 | ● | | | Platte, Schieberstück und Riegel entnehmen | |
| 8 | ● | | | Zahnrad nach unten abnehmen | *285 Lenkungsdämpfer* |
| 9 | | ● | | Einbau in umgekehrter Schrittfolge | |

S = Schrittfolge; A = Ausbau; E = Einbau; T = Typspezifisch

# Lenker ausbauen/einbauen

| S | A | E | T | Ausführung | Anmerkung |
|---|---|---|---|---|---|
| 1 | ● | | | Massekabel von der Batterie abklemmen | |
| 2 | ● | | ● | Kabel vom Kupplungsschalter trennen | |
| 3 | ● | | ● | Lenkerschalter abschrauben | |
| 4 | ● | | ● | Kupplungs-Hauptzylinder abschrauben | |
| 5 | ● | | ● | Chokeseilzug vom Chokehebel trennen | |
| 6 | ● | | ● | Kabel vom Vorderrad-Bremslichtschalter trennen | |
| 7 | ● | | ● | Bremshauptzylinder abschrauben |  *286 Lenker mit angebauten Komponenten* |
| 8 | ● | | | Lenker abschrauben | |
| 9 | ● | | | Lenkergriffe abschrauben bzw. abziehen | |
| 10 | | ● | | Einbau in umgekehrter Schrittfolge | |

S = Schrittfolge; A = Ausbau; E = Einbau; T = Typspezifisch

# Lenksäule ausbauen/einbauen

| S | A | E | Ausführung | Anmerkung |
|---|---|---|---|---|
| 1 | ● | | Scheinwerfer komplett ausbauen | |
| 2 | ● | | Instrumente abschrauben | |
| 3 | ● | | Zündschalter ausbauen | |
| 4 | ● | | Lenker ausbauen | Siehe Seite 220 |
| 5 | ● | | Vorderrad ausbauen | Siehe Seite 215 |
| 6 | ● | | Lenksäulenmutter abschrauben | |
| 7 | ● | | Obere Gabelbrücke abschrauben | |
| 8 | ● | | Kontermutter entfernen | |
| 9 | ● | | Lagereinstellmuter lösen und Lenksäule entfernen | |
| 10 | ● | | Lenksäulenlager überprüfen. Wenn verschlissen oder beschädigt, austauschen |  *287 Lenksäule* |

S = Schrittfolge; A = Ausbau; E = Einbau

# Lenksäule ausbauen/einbauen

| S | A | E | Ausführung | Anmerkung |
|---|---|---|---|---|
| 11 | | ● | Lenksäulenlager mit Lagerfett versehen | |
| 12 | | ● | Lenksäule einbauen | |
| 13 | | ● | Lager-Einstellmutter einbauen und mit Kontermutter sichern | Anzugsmoment etwa 15 Nm |
| 14 | | ● | Obere Gabelbrücke einbauen | Anzugsmoment der Lenksäulenmutter etwa 100 Nm |
| 15 | | ● | Vorderrad einbauen | Siehe Seite 215 |
| 16 | | ● | Schritt 1 bis 4 in umgekehrter Schrittfolge ausführen | |
| S = Schrittfolge; A = Ausbau; E = Einbau | | | | |

# Lenkschloß ausbauen/einbauen

| S | A | E | T | Ausführung | Anmerkung |
|---|---|---|---|---|---|
| 1 | ● | | ● | Abdeckplatte mittels Schraubendreher abheben |  *288 Lenkschloß* |
| 2 | ● | | ● | Zündschlüssel ins Lenkschloß stecken und nach links (entgegen dem Uhrzeigersinn) bis zum Anschlag drehen | |
| 3 | ● | | ● | Stiftschraube entfernen | |
| 4 | ● | | | Schließzylinder herausziehen | |
| 5 | | ● | ● | Einbau in umgekehrter Schrittfolge | Vor Einbau den Zylinder, jedoch nicht das Schlüsselloch leicht ölen |
| S = Schrittfolge; A = Ausbau; E = Einbau; T = Typspezifisch | | | | | |

# Hinterrad ausbauen/einbauen

| S | A | E | T | Ausführung | Anmerkung |
|---|---|---|---|---|---|
| 1 | ● | | | Motorrad auf Mittelständer stellen | Gegen Kippen sichern |
| 2 | ● | | ● | Federbein-Verstellung auf die härteste Stufe einstellen (Rad wird nach unten gedrückt) | |
| S = Schrittfolge; A = Ausbau; E = Einbau; T = Typspezifisch | | | | | |

# Hinterrad ausbauen/einbauen

| S | A | E | T | Ausführung | Anmerkung |
|---|---|---|---|---|---|
| 3 | ● | | ● | Kappe der Bremsankerplatten-anschlagschraube abnehmen und Schraube herausdrehen | |
| 4 | ● | | ● | Bremseinstellmutter und Bremsstange entfernen | |
| 5 | ● | | | Achsmutter herausschrauben und mit Beilagscheibe entfernen | |
| 6 | ● | | | Achsklemmschraube lösen (mit zweiten Schlüssel gegenhalten) | |
| 7 | ● | | | Hinterradachse herausziehen bzw. mittels Dorn und Hammer heraustreiben | |
| 8 | ● | | | Hinterrad vom Endantriebsgehäuse lösen | |
| 9 | ● | | | Hinterrad abnehmen | 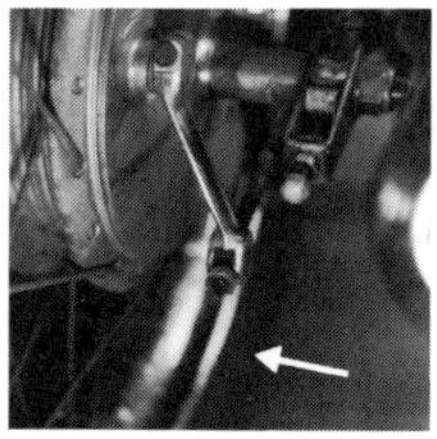 *289 Hinterrad* |
| 10 | | ● | | Mitnehmerverzahnung im Antrieb und in der Radaufnahme mit Mehrzweckfett einfetten | |
| 11 | | ● | ● | Hinterrad in die Schwinge einführen | Motorrad von einem Helfer etwas kippen |
| 12 | | ● | | Hinterrad mit Endantriebsgehäuse verbinden | Verzahnung muß exakt kämmen |
| 13 | | ● | | Hinterachse einfetten | |
| 14 | | ● | ● | Hinterachse durch Schwingenholm, Seitenhülse, Bremsankerplatte, Nabe und Endantriebsgehäuse schieben | |
| 15 | | ● | | Achsmutter anziehen | Anzugsmoment etwa 55 Nm |
| 16 | | ● | | Motorrad auf die Räder stellen und einige Male voll durchfedern | Zwecks Beseitigung von Verspannungen |
| 17 | | ● | | Motorrad auf Mittelständer stellen | |
| 18 | | ● | | Achsklemmschraube anziehen | Anzugsmoment etwa, je nach Typ, 18 bis 30 Nm |
| 19 | | ● | ● | Bremsstange durch Bremshebelstift stecken und mit Bremseinstellmutter halten | |
| 20 | | ● | ● | Bremsankerplatten-Anschlagschraube festziehen | Anzugsmoment etwa 60 Nm |
| 21 | | ● | ● | Hinterradbremse einstellen | Siehe Seite 314 |

S = Schrittfolge; A = Ausbau; E = Einbau; T = Typspezifisch

# Hinterradschwinge ausbauen/einbauen

| S | A | E | T | Ausführung | Anmerkung |
|---|---|---|---|---|---|
| 1 | ● | | | Hinterrad ausbauen | Siehe Seite 221 |
| 2 | ● | | ● | Endantriebsgehäuse ausbauen | 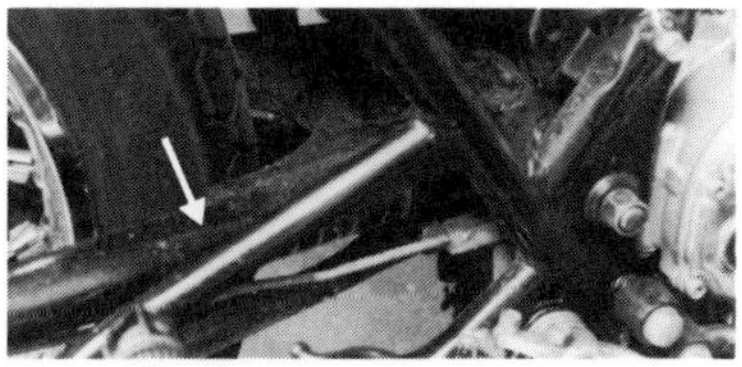<br>*290 Hinterradschwinge* |
| 3 | ● | | ● | Unteren Aufhängungsbolzen des Stoßdämpfers entfernen | |
| 4 | ● | | ● | Verbindungsschrauben von Schwinge und Gelenkhebel entfernen | |
| 5 | ● | | ● | Federbeine ausbauen | |
| 6 | ● | | | Schwingenlagerzapfen ausbauen | |
| 7 | ● | | | Rechten Lagerzapfen ausbauen | |
| 8 | ● | | | Linken Lagerzapfen ausbauen | |
| 9 | ● | | | Schwinge entfernen | |
| 10 | ● | | | Manschette vom Schwingenholm entfernen | |
| 11 | | ● | | Lager und Staubdichtungen einfetten und einsetzen | |
| 12 | | ● | | Hinterradschwinge einbauen | Anzugsmomente:<br>Linker Lagerzapfen 100 bis 110 Nm<br>Rechter Lagerzapfen mit 40 Nm anziehen, anschließend lösen und mit 20 Nm festziehen |
| 13 | | ● | | Schwinge einige Male belasten | |
| 14 | | ● | | Rechten Lagerzapfen nachziehen | Anzugsmoment: 110 bis 130 Nm |
| 15 | | ● | | Kontermutter festziehen, dabei rechten Lagerzapfen blockieren | |
| 16 | | ● | | Endantriebsgehäuse einbauen | |
| 17 | | ● | ● | Stoßdämpfergestänge montieren | |
| 18 | | ● | ● | Hinterrad einbauen | Siehe Seite 221 |

S = Schrittfolge; A = Ausbau; E = Einbau; T = Typspezifisch

## Hinterradschwinge überholen

| S | A | E | Ausführung | Anmerkung |
|---|---|---|---|---|
| 1 | ● | | Hinterradschwinge ausbauen | Siehe Seite 223 |
| 2 | ● | | Gelenkwelle ausbauen | Siehe Seite 224 |
| 3 | ● | | Abstandsbuchse abnehmen | |
| 4 | ● | | Dichtring herausziehen | Spezialwerkzeug erforderlich |
| 5 | ● | | Kugellager-Innenring aus Schwinge nehmen | |
| 6 | ● | | Äußeren Lagerring herausziehen | Spezialwerkzeug erforderlich |
| 7 | | | Sämtliche Teile in Benzin reinigen | |
| 8 | | ● | Lagerbuchsen und Welle einfetten | Verschlissene Teile sind durch neue zu ersetzen |
| 9 | | ● | Hinterradschwinge in umgekehrter Schrittfolge zusammenbauen | Außenlaufringe mit Schlagdorn in die Schwinge eintreiben |
| 10 | | ● | Gelenkwelle einbauen | Siehe Seite 224 |
| 11 | | ● | Hinterradschwinge einbauen | Siehe Seite 223 |
| 12 | | ● | Hinterradschwingenlager einstellen | Siehe Seite 309 |
| S = Schrittfolge; A = Ausbau; E = Einbau | | | | |

## Gelenkwelle ausbauen/einbauen

| S | A | E | Ausführung | Anmerkung |
|---|---|---|---|---|
| 1 | ● | | Hinterradschwinge ausbauen | Siehe Seite 223 |
| 2 | ● | | Hinterradschwinge in Montagevorrichtung einbauen | Spezialvorrichtung die in einen Schraubstock gespannt ist |
| 3 | ● | | Sprengring mittels Dorn aus der Nut entfernen | |
| 4 | ● | | Montagevorrichtung entspannen | |
| 5 | ● | | Hinterradschwinge aus Montagevorrichtung ziehen | |
| 6 | ● | | Einzelteile der Gelenkwelle entnehmen und reinigen | Der Reihe nach auf sauberen Untergrund ablegen |
| 7 | | ● | Einzelteile der Gelenkwelle auf Verschleiß überprüfen | Verschlissene Teile durch neue ersetzen |
| 8 | | ● | Einzelteile der Gelenkwelle in die radschwinge einsetzen | |
| S = Schrittfolge; A = Ausbau; E = Einbau | | | | |

# Gelenkwelle ausbauen/einbauen

| S | A | E | Ausführung | Anmerkung |
|---|---|---|---|---|
| 9 | | ● | Hinterradschwinge in die Montagevorrichtung einsetzen | |
| 10 | | ● | Montagevorrichtung spannen | |
| 11 | | ● | Sprengring in die Nut der Gelenkwelle drücken | Schlaghülse und Hammer erforderlich |
| 12 | | ● | Montagevorrichtung entspannen | |
| 13 | | ● | Hinterradschwinge einbauen | Siehe Seite 223 |
| 14 | | ● | Hinterradschwinge einstellen | Siehe Seite 309 |
| S = Schrittfolge; A = Ausbau; E = Einbau | | | | |

# Stoßdämpfer ausbauen/einbauen

| S | A | E | T | Ausführung | Anmerkung |
|---|---|---|---|---|---|
| 1 | ● | | ● | Seitendeckel abnehmen | |
| 2 | ● | | ● | Sitzbank ausbauen | Werkzeugkasten entfernen |
| 3 | ● | | | Stoßdämpfer in die schwächste Stellung einstellen |  *291 Stoßdämpfer* |
| 4 | ● | | | Stoßdämpfer unten abschrauben | |
| 5 | ● | | | Stoßdämpfer oben abschrauben | |
| 6 | ● | | | Stoßdämpfer entfernen | |
| 7 | | ● | | Obere und untere Lagerbuchse mit Fettpaste versehen | |
| 8 | | ● | | Stoßdämpfer einbauen | Anzugsmoment etwa 40 Nm |
| 9 | | ● | ● | Stoßdämpfer einstellen | |
| 10 | | ● | ● | Sitzbank einbauen | Werkzeugkasten unterbringen |
| 11 | | ● | ● | Rahmenseitendeckel anbringen | |
| 12 | | ● | ● | Luftdruck korrigieren | |
| S = Schrittfolge; A = Ausbau; E = Einbau; T = Typspezifisch | | | | | |

# Federbein zerlegen

| Schritt | Ausführung | Anmerkung |
|---|---|---|
| 1 | Schraube am oberen Ende des Federbeins entfernen  *292 Federbein* | Zutritt des atmosphärischen Luftdrucks und somit Vermeidung eines Vakuums, das ein Auslaufen des Dämpferöls verhindern würde |
| 2 | Dämpferöl durch Öffnen des Ablaßzapfens auslaufen lassen  *293 Ölablaßzapfen eines Federbeins* | Öl in einem Behälter auffangen |
| 3 | Untere Hälfte des Federbeins in einen Schraubstock spannen und lösen der in der Achslagerung befindlichen Schraube | Um eine Beschädigung des Federbeins zu verhindern, ist der Schraubstock mit Weichmetallbacken zu versehen |
| 4 | Entfernen der Sicherung mittels Spezialzange | |
| 5 | Wellendichtring entfernen | Befindet sich oben am unteren Teil des Federbeins |
| 6 | Obere Hälfte des Federbeins entfernen | |
| 7 | Dämpfer, Feder und Federsitz auseinanderziehen | |
| 8 | Nach Lösen der Federbefestigungsmutter Feder entfernen | Dämpfer in Schraubstock spannen |

# Federbein überholen

| Schritt | Ausführung | Anmerkung |
|---|---|---|
| 1 | Überprüfen des Spiels der unteren zur oberen Federbeinhälfte | Federbein muß ausgebaut sein |
| 2 | Überprüfen des Spiels zwischen Dämpferkolben und unterer Federbeinhälfte. Bei zu großem Spiel ist das Federbein bzw. der Dämpfer auszutauschen | Verschleiß zeigt sich durch ungenügende Dämpfung |
| 3 | Überprüfen der Federlänge | Sollwert siehe technische Daten. Materialermüdung bewirkt eine Verkürzung der Feder und zu weiche Federung. Bei Bedarf Feder austauschen |
| 4 | Dichtringe austauschen | |
| 5 | Gummifaltbalge untersuchen, bei Verschleißerscheinungen oder Beschädigung durch neue ersetzen | Der Gummi muß elastisch sein und darf keine Risse aufweisen |

# Feder-Dämpfereinheit überprüfen

| Schritt | Ausführung | Anmerkung |
|---|---|---|
| 1 | Feder-Dämpfereinheit ausbauen<br><br>*294 Feder-Dämpfereinheit* | |
| 2 | Entfernen der Feder. Hierzu Feder-Dämpfereinheit senkrecht stellen, Schutzrohr entgegen der Federkraft nach unten drücken, und die Keile am oberen Ende des Schutzrohres entfernen | Eine zweite Person erforderlich |
| 3 | Schutzrohr und Feder trennen | |
| 4 | Messen der Federlänge | Sollwert siehe technische Daten. Überschreitet die Federlänge den Toleranzbereich, ist eine neue Feder einzubauen |

# Feder-Dämpfereinheit überprüfen

| Schritt | Ausführung | Anmerkung |
|---|---|---|
| 5 | Visuelle Zustandskontrolle des Dämpfers | Bei ersichtlichem Ölverlust ist ein neuer Dämpfer einzusetzen |
| 6 | Zusammenbau der Feder-Dämpfereinheit | Mußte ein Teil ausgewechselt werden, ist dasselbe Teil auch bei der zweiten Feder-Dämpfereinheit durch ein neues zu ersetzen, damit eine einwandfreie Straßenlage gewährleistet ist |
| 7 | Federn mittels Nutmutternschlüssel einstellen<br><br>*295 Feder-Einstellmutter* | Die Feder ist der Belastung entsprechend einzustellen, d. h. Solo und langsame Fahrt: Feder entspannt; Solo und schnelle Fahrt: Feder halb gespannt; mit Beifahrer oder schwerem Gepäck: Feder gespannt. |

# Reifenwechsel

| Schritt | Ausführung | Anmerkung |
|---|---|---|
| 1 | Rad ausbauen | Vorderrad siehe 215<br>Hinterrad siehe 221 |
| 2 | Luft durch Öffnen des Ventils ausströmen lassen | |
| 3 | Reifenflanken von den Felgenhörnern drücken | Nach innen drücken |
| 4 | Rändelmutter des Ventils entfernen und Ventil nach innen drücken | |
| 5 | Mit zwei Montiereisen am Ventil eine der Reifenflanken über das anliegende Felgenhorn heben | Reifenflanken müssen sich zu Beginn im Felgenbett befinden |
| 6 | Mit Montiereisen Stück um Stück der Reifenflanke, der in Schritt 5 begonnenen Demontage, über das Felgenhorn heben | |
| 7 | Schlauch herausziehen | |

## Reifenwechsel

| Schritt | Ausführung | Anmerkung |
|---|---|---|
| 8 | Zweite Reifenflanke gemäß Schritt 5 und 6 über das gleiche Felgenhorn heben | Nicht erforderlich, wenn nur der Schlauch geflickt werden muß. Nach etwa 1/3 des Umfangs können die restlichen 2/3 von Hand von der Felge gezogen werden |
| 9 | Schlauch leicht aufpumpen und in den Reifen legen | Bei Verwendung eines gebrauchten Reifens ist die Reifenlauffläche auf Beschädigung und Fremdkörper zu untersuchen |
| 10 | Reifen in Schräglage so auf die Felge drücken, damit das Ventil durch Felgenband und Felge gesteckt werden kann, und Rändelmutter soweit zuschrauben, daß die Ventilfixierung gewährleistet ist | Vergewissern, ob das Felgenband eingelegt ist |
| 11 | Erste Reifenflanke auf die Felge ziehen | Zum letzten Drittel wird ein Montiereisen benötigt. Eine Montageerleichterung verschafft das Einstreichen der Reifenflanken mit Talkum |
| 12 | Zweite Reifenflanke, beginnend beim Ventil, gemäß Schritt 11 auf die Felge zu ziehen | Schlauch nicht einklemmen |
| 13 | Prüfen ob Ventil in richtiger Lage und Schlauch nicht eingeklemmt | Unstimmigkeiten sind zu beheben. Auf Markierungslinie der Reifenflanke achten |
| 14 | Schlauch auf Sollwert aufpumpen. Dabei Lage des Ventils und Lage des Reifens zur Felge überprüfen sowie das Rad mehrmals an verschiedenen Stellen am Boden aufspringen lassen. | |
| 15 | Rändelmutter des Ventils festziehen und Staubkappe anbringen | |
| 16 | Rad einbauen | |

# Flicken eines Schlauches

| Schritt | Ausführung | Anmerkung |
|---|---|---|
| 1 | Schlauch aufpumpen | |
| 2 | Orten der undichten Stelle, indem der Schlauch Stück um Stück in einen Behälter mit Wasser gehalten wird | Eine undichte Stelle zeigt sich durch aufsteigende Luftbläschen |
| 3 | Ventil öffnen und Luft aus Schlauch ablassen | |
| 4 | Schlauch abtrocknen | |
| 5 | Undichte Stelle mit Waschbenzin reinigen und Trocknen lassen | |
| 6 | Zu flickende Stelle mit Gummilösung bestreichen und warten, bis sie angetrocknet ist | Siehe Gebrauchsanweisung |
| 7 | Schutzfolie vom Flicken abziehen und Flicken auf die zu verschließende Stelle drücken | Die Größe des Flickens muß der Lochgröße angepaßt werden |
| 8 | Dichtheitskontrolle gemäß Schritt 1 und 2 | |

## 4.1.11 Bremsanlage

# Scheibenbremsklötze austauschen

| S | A | E | Ausführung | Anmerkung |
|---|---|---|---|---|
| 1 | ● | | Bremszange vom Gabelgleitrohr abschrauben 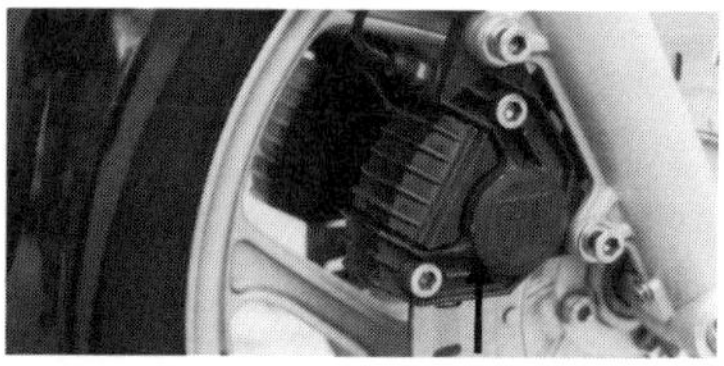 *296 Bremszange* | Federrringe und Unterlegscheiben beachten |
| 2 | ● | | Bremszange mit Halter von der Bremsscheibe trennen | |
| 3 | ● | | Fest angeordnete Belagplatte abschrauben und mit Metallplatte abnehmen | Auf Federring achten |
| S = Schrittfolge; A = Ausbau; E = Einbau | | | | |

# Scheibenbremsklötze austauschen

| S | A | E | Ausführung | Anmerkung |
|---|---|---|---|---|
| 4 | ● | | Bremszangenhalter gegen den Kolben drücken und bewegliche Belagplatte abnehmen | |
| 5 | | | Sämtliche Teile der Bremszange reinigen | Defekte Teile sind auszutauschen |
| 6 | | | Kolben auf Dichtheit prüfen | |
| 7 | | | Visuelle Kontrolle der Schutzmanschette | |
| 8 | | ● | Gummikappe der Entlüftungsschraube abnehmen<br>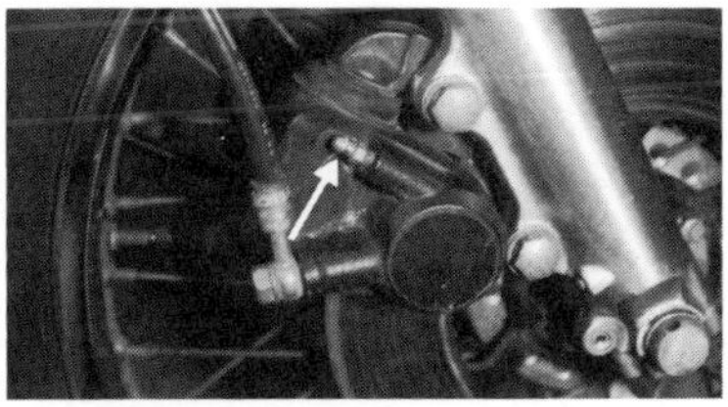<br>*297 Entlüftungsschraube* | 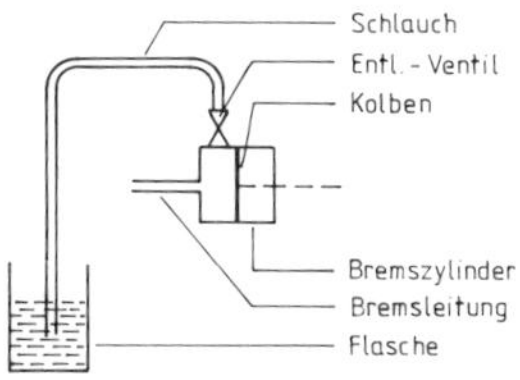<br><br>*298 Anschluß einer Flasche* |
| 9 | | ● | Entlüftungsschraube über einen Schlauch mit einer Flasche verbinden die zu 1/3 mit Bremsflüssigkeit gefüllt ist | |
| 10 | | ● | Entlüftungsschraube öffnen, Kolben möglichst weit in die Bremszange schieben und Entlüftungsschraube schließen | |
| 11 | | ● | Flasche mit Schlauch entfernen | |
| 12 | | ● | Beide Bremsklötze einbauen | Der feste Belag weist eine Führungszunge auf |
| 13 | | ● | Bremszange am Gleitrohr festschrauben | Unterlegscheibe und Federung verwenden |
| 14 | | ● | Höhenstand der Bremsflüssigkeit überprüfen, bei Bedarf nachfüllen | |
| 15 | | ● | Bremstest | |

S = Schrittfolge; A = Ausbau; E = Einbau

# Bremsscheibe ausbauen/einbauen

| S | V | H | Ausführung | Anmerkung |
|---|---|---|---|---|
| 1 | ● | | Vorderrad ausbauen | Siehe Seite 215 |
| 2 | ● | | Schraubensicherungen der Bremsscheibenbefestigung aufheben<br><br>*299 Befestigungsschrauben der Bremsscheibe* | |
| 3 | ● | | Befestigungsschrauben der Bremsscheibe entfernen | |
| 4 | | ● | Hinterrad ausbauen | Siehe Seite 221 |
| 5 | | ● | Schraubensicherungen der Bremsscheibenbefestigung aufheben<br><br>*300 Befestigungsschrauben der Bremsscheibe* | |
| 6 | | ● | Befestigungsschrauben der Bremsscheibe entfernen | |
| 7 | ● | ● | Bremsscheibe abnehmen | |
| 8 | ● | ● | Visuelle Kontrolle der Bremsscheibe | Die Bremsscheibe darf keine Risse und keine tiefen Riefen aufweisen |
| 9 | ● | ● | Stärke der Bremsscheibe messen | Verschleißgrenze 4,0 mm |
| 10 | ● | ● | Seitenschlag messen | Verschleißgrenze 0,3 mm<br>Werkstattsache |
| S = Schrittfolge; V = Vorderrad; H = Hinterrad | | | | |

# Bremsscheibe ausbauen/einbauen

| S | V | H | Ausführung | Anmerkung |
|---|---|---|---|---|
| 11 | ● | ● | Einbau der Bremsscheibe in umgekehrter Schrittfolge | Neue Sicherungsbleche verwenden |
| 12 | ● | | Vorderrad einbauen | Siehe Seite 215 |
| 13 | | ● | Hinterrad einbauen | Siehe Seite 221 |
| 14 | ● | ● | Bremstest | |
| S = Schrittfolge; V = Vorderrad; H = Hinterrad | | | | |

# Bremssattel ausbauen/einbauen

| S | A | E | Ausführung | Anmerkung |
|---|---|---|---|---|
| 1 | ● | | Sauberen Behälter unter Bremssattel stellen  *301 Bremssattel* | Zum Auffangen von Bremsflüssigkeit |
| 2 | ● | | Bremsschlauch vom Bremssattel lösen | Zur Vermeidung von Schäden an lackierten Teilen, auslaufende Bremsflüssigkeit umgehend beseitigen |
| 3 | ● | | Bremssattel losschrauben und abnehmen | |
| 4 | | ● | Bremsklotzfeder auf Bremssattelbügel montieren | |
| 5 | | ● | Bremssatteldrehbolzen schmieren | Mit Bremsflüssigkeit oder Silikonfett |
| 6 | | ● | Bremssattel einsetzen | Bremsklötze nicht beschädigen |
| 7 | | ● | Bremssattel festschrauben | Drehmoment 25 bis 30 Nm |
| 8 | | ● | Bremsschlauch mit Bremssattel verbinden | |
| 9 | | ● | Bremsflüssigkeitsbehälter bis Max-Markierung füllen | |
| 10 | | ● | Bremssystem entlüften | Siehe Seite 237 |
| 11 | | ● | Bremstest | |
| S = Schrittfolge; A = Ausbau; E = Einbau | | | | |

# Trommelbremsbeläge austauschen

| S | A | R | E | Ausführung | Anmerkung |
|---|---|---|---|---|---|
| 1 | ● | ● | | Hinterrad ausbauen | Siehe Seite 221 |
| 2 | ● | ● | | Befestigung des Bremsbackens lösen<br><br>*302 Bremsbacken-Befestigungsschraube* | |
| 3 | ● | ● | | Oberen Bremsbacken mittels Schraubendreher von der Ankerplatte drücken | |
| 4 | ● | ● | | Rückzugsfedern aushängen und unteren Bremsbacken entfernen | |
| 5 | | ● | | Markierung am Bremshebel und an der Nockenwelle anbringen<br><br>*303 Nockenwelle* | Wichtig für richtigen Zusammenbau |
| 6 | | ● | | Bremsnocken aus Ankerplatte ziehen | |
| 7 | | ● | | Schmutz und Rost beseitigen | |
| 8 | | ● | | Bremsnocken und Nockenwelle einfetten | |
| 9 | | ● | | Nocken einbauen und Bremshebel befestigen | Die in Schritt 5 vorgenommene Markierung beachten |
| 10 | | ● | | Bremstrommel reinigen | Mit benzingetränktem Lappen.<br>Eine stark riefige Bremstrommel ist zu überdrehen bzw. auszutauschen |
| S = Schrittfolge; A = Ausbau; R = Reinigung; E = Einbau | | | | | |

# Trommelbremsbeläge austauschen

| S | A | R | E | Ausführung | Anmerkung |
|---|---|---|---|---|---|
| 11 | | | ● | Zusammenbau der Bremse in umgekehrter Schrittfolge | Die Bremsbeläge sind auf die Bremsbacken geklebt |
| 12 | | | ● | Hinterrad einbauen | Siehe Seite 221 |
| 13 | | | ● | Trommelbremse einstellen | Siehe Seite 235 |
| 14 | | | ● | Bremstest | |

S = Schrittfolge; A = Ausbau; R = Reinigung; E = Einbau

# Trommelbremse einstellen

| Schritt | Ausführung | Anmerkung |
|---|---|---|
| 1 | Kontermutter des Bremslichtschalters lösen, Einstellschraube des Bremslichtschalters so verdrehen bis der Fußbremshebel die gewünschte Stellung erreicht hat<br><br>*304 Mutter und Bremslichtschalter* | Bremslichtschalter mechanisch betätigt (z. B. BMW R 100) |
| 2 | Mutter (am Ende der Bremsstange im Uhrzeigersinn soweit drehen, bis die Bremsbacken an den Bremstrommeln schleifen | Das Hinterrad ist von Hand zu drehen |
| 3 | Mutter um 3 bis 4 Umdrehungen gegen den Uhrzeigersinn drehen | 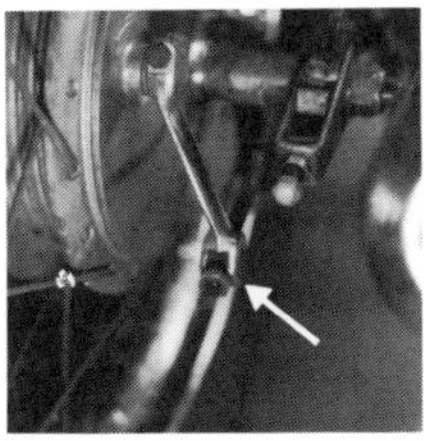<br>*305 Mutter am Bremsstangenende* |
| 4 | Leerweg am Fußbremshebel messen | Sollwert 25 mm |
| 5 | Wenn nötig Schritt 2 bis 4 wiederholen | |

# Hauptbremszylinder ausbauen/einbauen

| S | A | E | Ausführung | Anmerkung |
|---|---|---|---|---|
| 1 | ● | | Bremssystem entleeren | Siehe Seite 315 |
| 2 | ● | | Handbremshebel abschrauben | Gegebenenfalls auch Rückspiegel |
| 3 | ● | | Bremsschlauch vom Hauptbremszylinder trennen<br>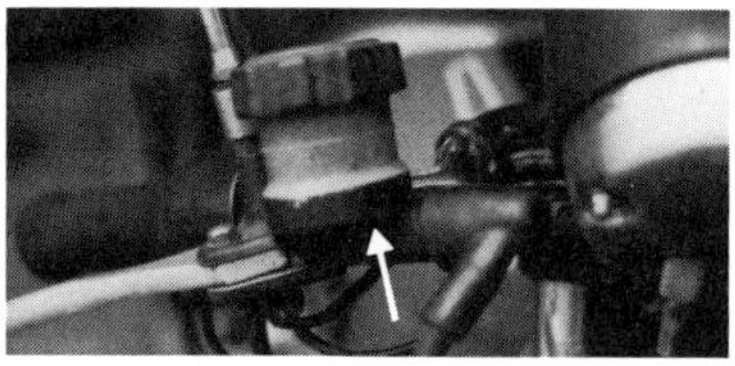<br>*306 Hauptbremszylinder* | Zur Vermeidung von Schäden an lackierten bzw. Kunststoffteilen ist auslaufende Bremsflüssigkeit umgehend zu beseitigen |
| 4 | ● | | Schlauchende zustopfen | Damit keine Bremsflüssigkeit ausläuft und eine Verschmutzung ausgeschlossen ist |
| 5 | ● | | Hauptbremszylinder abschrauben | |
| 6 | | ● | Hauptbremszylinder anschrauben | Zuerst die obere dann die untere Klemmschraube festziehen |
| 7 | | ● | Bremsschlauch mit Ölschraube und Dichtungsscheiben anschließen | Neue Dichtungsscheiben verwenden |
| 8 | | ● | Handbremshebel befestigen | |
| 9 | | ● | Bremssystem mit Bremsflüssigkeit füllen | Siehe Seite 315 |
| 10 | | ● | Bremssystem entlüften | Siehe Seite 237 |
| 11 | | ● | Bremstest | |
| 12 | | ● | Bremssystem auf Dichtheit überprüfen | |

S = Schrittfolge; A = Ausbau; E = Einbau

# Bremssystem entlüften

| S | T | Ausführung | Anmerkung |
|---|---|---|---|
| 1 | | Motorrad auf Mittelständer abstellen | |
| 2 | ● | Kraftstofftank abbauen<br>(siehe Seite 173) | Wenn Bremsflüssigkeitsbehälter unterm Kraftstofftank plaziert |
| 3 | | Deckel des Bremsflüssigkeitsbehälters abnehmen<br>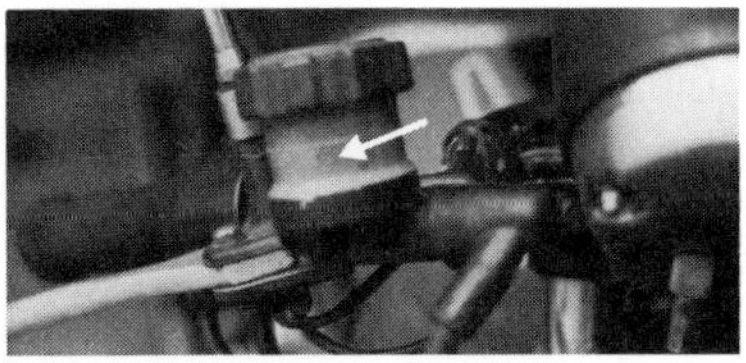<br>*307 Bremsflüsssigkeitsbehälter* | |
| 4 | | Bremsflüssigkeitsbehälter bis Max-Markierung auffüllen | Nur vorgeschriebene Bremsflüssigkeit verwenden |
| 5 | | Gummikappe der Entlüftungsschraube des Bremssattels abnehmen<br>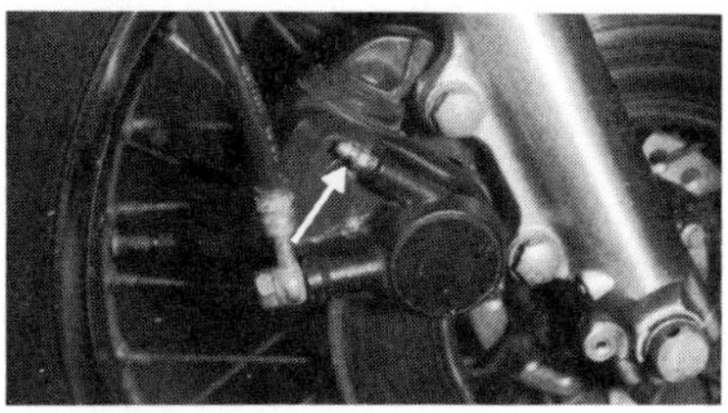<br>*308 Entlüftungsschraube des Bremssattels* | |
| 6 | | Ein Ende des Entlüftungsschlauches (etwa 5 mm Innendurchmesser) auf Entlüftungsschraube stecken, das andere in ein Gefäß führen das zur Hälfte mit Bremsflüssigkeit gefüllt ist<br>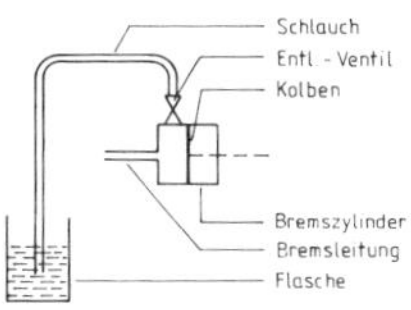<br><br>*309 Anschluß einer Flasche* | Das Eintauchen des Entlüftungsschlauches in ein mit Bremsflüssigkeit gefülltes Gefäß ist erforderlich, damit keine Luft über das Entlüftungsventil in die Bremsanlage gelangt |
| 7 | | Handbremshebel so oft betätigen, bis Bremsdruck spürbar, und bei angezogenem Handbremshebel Entlüftungsschraube kurzzeitig öffnen | Hierzu ist eine Hilfskraft erforderlich. Handbremshebel nur bei geschlossenem Ventil loslassen |
| S = Schrittfolge; T = Typspezifisch | | | |

# Bremssystem entlüften

| S | T | Ausführung | Anmerkung |
|---|---|---|---|
| 8 | | Schritt 7 so lange wiederholen bis keine Luftblasen mehr im Gefäß aufsteigen | Der Bremflüssigkeitshöhenstand im Bremsflüssigkeitsbehälter ist durch Nachfüllen im Sollbereich zu halten, damit keine Luft in die Bremsanlage gelangt |
| 9 | | Entlüftungsschlauch von Entlüftungsschraube abnehmen und Entlüftungsschraube mit Gummikappe versehen | |
| 10 | | Schritt 5 bis 9 bei einem weiteren Bremskreis durchführen | |
| 11 | | Bremsflüssigkeitsbehälter schließen | |
| 12 | ● | Kraftstofftank einbauen | Siehe Seite 173 |
| 13 | | Bremstest | |
| 14 | | Dichtheitskontrolle | |
| S = Schrittfolge; T = Typspezifisch | | | |

# Bremslichtschalter prüfen/austauschen

| S | P | A | Ausführung | Anmerkung |
|---|---|---|---|---|
| 1 | ● | | Zündung einschalten | |
| 2 | ● | ● | Beide Kabel vom Handbremslichtschalter abziehen 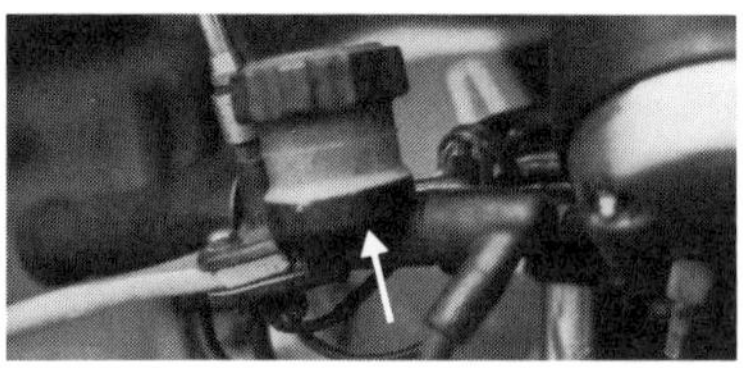 *310 Bremslichtschalter am Hauptbremszylinder* | Blank schmirgeln, wenn Steckverbindungen verschmutzt oder oxydiert 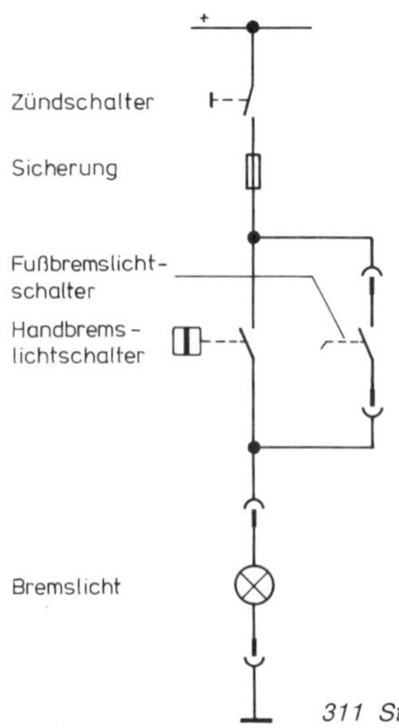  *311 Stromlaufplan* |
| S = Schrittfolge; P = Prüfung; A = Austausch | | | | |

# Bremslichtschalter prüfen/austauschen

| S | P | A | Ausführung | Anmerkung |
|---|---|---|---|---|
| 3 | ● | | Die Enden der in Schritt 2 abgezogenen Kabel verbinden und Bremslicht beobachten | Leuchten die Bremslichter nicht, ist der Hand-Bremslichtschalter in Ordnung. Wird die Bremse nicht betätigt, ist der Kontakt des Hand-Bremslichtschalters offen |
| 4 | ● | | Die in Schritt 3 hergestellte Verbindung trennen | |
| 5 | | ● | Hand-Bremslichtschalter herausschrauben | Es läuft etwas Bremsflüssigkeit aus, wenn am Hauptbremszylinder befestigt |
| 6 | | ● | Neuen Hand-Bremslichtschalter einschrauben | Bremssystem muß nicht entlüftet werden |
| 7 | ● | ● | Kabelstecker mit Hand-Bremslichtschalter verbinden | |
| 8 | | ● | Handbremshebel mehrmals betätigen | Es darf keine Bremsflüssigkeit austreten |
| 9 | | ● | Dichtheitskontrolle | |
| 10 | ● | | Fußbremslichtschalter gemäß Schritt 2 bis 9 prüfen bzw. austauschen  *312 Fußbremslichtschalter* | |
| 11 | | ● | Funktionsprüfung Nacheinander Fuß- und Handbremse betätigen | Bremsleuchte muß bereits bei leichtem Bremsdruck aufleuchten |
| 12 | ● | ● | Zündung ausschalten | |

S = Schrittfolge; P = Prüfung; A = Austausch

# Scheinwerferlampe auswechseln

| Schritt | Ausführung | Anmerkung |
|---|---|---|
| 1 | Ausschalten der Lampenstromkreise bzw. Abklemmen des Massekabels vom Minuspol der Batterie | Zur Vermeidung von Kurzschlüssen |
| 2 | Lampenabdeckung entfernen. Bei Scheinwerfer, Frontring mittels Schraubendreher vom Scheinwerfergehäuse abdrücken | |
| 3 | Kabelstecker abnehmen | Sofern vorhanden |
| 4 | Lampe entfernen<br>Bei H4-Lampen Federdrahtbügel ausklinken und Lampe aus Reflektor nehmen.<br>Glühlampen mit Bajonettverschluß in die Lampenfassung drücken und gleichzeitig nach links drehen | Die Standlichtlampe kann erst entfernt werden, nachdem sie aus ihrer Steckaufnahme gezogen wurde.<br>Das Auswechseln einer Kontroll- bzw. Instrumentenlampe erfordert den Abbau des Kombinstruments |
| 5 | Scheinwerferglas reinigen | |
| 6 | Neue Lampe einsetzen<br>Bei H4-Lampen Federdrahtbügel einklinken<br>Glühlampen mit Bajonettverschluß in die Lampenfassung drücken und gleichzeitig nach rechts drehen | Neue Scheinwerfer-Lampen am Glaskolben mit sauberem Tuch oder weichem Papier anfassen (nicht mit bloßen Händen), da sonst die Reflektoroberfläche durch entstehende Dämpfe angegriffen wird |
| 7 | Lampenabdeckung anbringen | Scheinwerfereinsatz oben in den Bördelrand des Scheinwerfergehäuses einhängen und unten gegen das Scheinwerfergehäuse drücken |
| 8 | Massekabel an den Minuspol der Batterie anschließen | |
| 9 | Funktionsprüfung | |

# Scheinwerfer ausbauen/einbauen

| S | A | E | Ausführung | Anmerkung |
|---|---|---|---|---|
| 1 | ● | | Befestigungsschrauben des Scheinwerfers herausschrauben | |
| 2 | ● | | Kabelstecker trennen | |
| 3 | ● | | Scheinwerfer entnehmen | |
| 4 | ● | | Sicherungsmutter der Vertikaleinstellung abschrauben | Typspezifisch |
| 5 | ● | | Halterung abbauen und mit Scheinwerfergehäuse abnehmen | |
| 6 | | ● | Einbau in umgekehrter Schrittfolge | |
| 7 | | ● | Scheinwerfer einstellen | Siehe Seite 317 |
| S = Schrittfolge; A = Ausbau; E = Einbau | | | | |

## 4.1.13 Blinkanlage

# Blinkgeber ausbauen/einbauen

| S | A | E | Ausführung | Anmerkung |
|---|---|---|---|---|
| 1 | ● | | Massekabel von der Batterie abklemmen | Zur Vermeidung eines Kurzschlusses |
| 2 | ● | | Scheinwerfergehäuse öffnen | Wenn der Blinkgeber im Scheinwerfergehäuse eingebaut (z. B. bei BMW)<br>Bei bestimmten Typen befindet er sich im Schaltkasten |
| 3 | ● | | Reflektor und Abdeckscheibe abnehmen | Wenn Blinkgeber im Scheinwerfergehäuse eingebaut und Motorrad verkleidet |
| 4 | ● | | Blinkgeber ausbauen<br>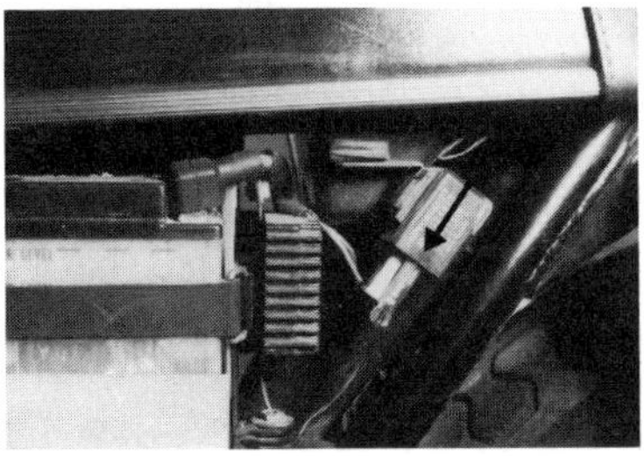<br>*313 Blinkgeber* | |
| S = Schrittfolge; A = Ausbau; E = Einbau | | | | |

# Blinkgeber ausbauen/einbauen

| S | A | E | Ausführung | Anmerkung |
|---|---|---|---|---|
| 5 | ● | | Steckverbindung trennen und eine Zustandsprüfung durchführen | Feste Verbindung, keine Korrosion, kein Schmutz |
| 6 | | ● | Der Einbau erfolgt in umgekehrter Schrittfolge | |
| 7 | | ● | Funktionsprüfung | Die Blinkfrequenz sollte 60 bis 120 Impulse/Minute betragen. Bei Abweichungen sind sämtliche Anschlüsse, vor allem der Masseanschluß, Kabel, Glühlampen und die Lampenkontakte zu überprüfen |
| S = Schrittfolge; A = Ausbau; E = Einbau | | | | |

## 4.1.14 Signalanlage

# Signalanlage prüfen

| Schritt | Ausführung | Anmerkung |
|---|---|---|
| 1 | Zündung einschalten | |
| 2 | Signaltaste betätigen | Signal muß ertönen |
| 3 | Anschlüsse an der Fanfare überprüfen | Fester Anschluß<br>Kein Kabelbruch<br>Keine Oxydation |
| 4 | Sicherung und Sicherungssockel überprüfen | Wenn kein Signalton |
| 5 | Spannungsprüfung mittels Prüflampe gemäß Bild 314 A bzw. B<br>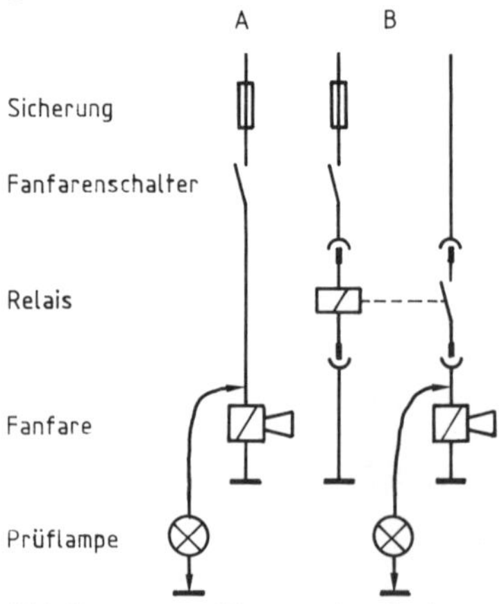<br><br>*314 Spannungsprüfung an einer Fanfare:*<br>*A Direktsteuerung*<br>*B Relaissteuerung* | Erforderlich, wenn bei Signalgabe und einwandfreier Sicherung kein Signalton. Ist keine Spannung vorhanden, liegt eine Unterbrechung zum Signalhorn oder Masseschluß vor. Leuchtet die Prüflampe, ist die Fanfare defekt oder es liegt an der Masseverbindung |

## Signalanlage prüfen

| Schritt | Ausführung | Anmerkung |
|---|---|---|
| 6 | Relais überprüfen | Siehe Seite 254<br>Zugriff nach Ausbau des Kraftstoff-tanks.<br>Das Relais kann mittels Schrauben-dreher abgehebelt werden |
| 7 | Signaltaste überprüfen | Durchgangsprüfung |
| 8 | Zündung ausschalten | |

## Signalhorn ausbauen/einbauen/justieren

| S | A | E | J | Ausführung | Anmerkung |
|---|---|---|---|---|---|
| 1 | ● | | | Massekabel von der Batterie abklemmen | Zur Vermeidung eines Kurzschlusses |
| 2 | ● | | | Kabel vom Signalhorn lösen | <br>*315 Signalhorn* |
| 3 | ● | | | Signalhorn abschrauben | |
| 4 | | ● | | Einbau in umgekehrter Schrittfolge | |
| 5 | | | ● | Tonhöhe und Lautstärke durch Ver-stellen der Einstellschraube (auf der Rückseite) einstellen | |
| S = Schrittfolge; A = Ausbau; E = Einbau; J = Justierung | | | | | |

# Tachometer prüfen

| Schritt | Ausführung | Anmerkung |
|---|---|---|
| 1 | Kabelanschlüsse überprüfen | Die Anschlüsse müssen blank und fest sein |
| 2 | Spannungsmesser gemäß Abb. 316 zwischen Tachometer und Kilometerzähler am Stecker anschließen | 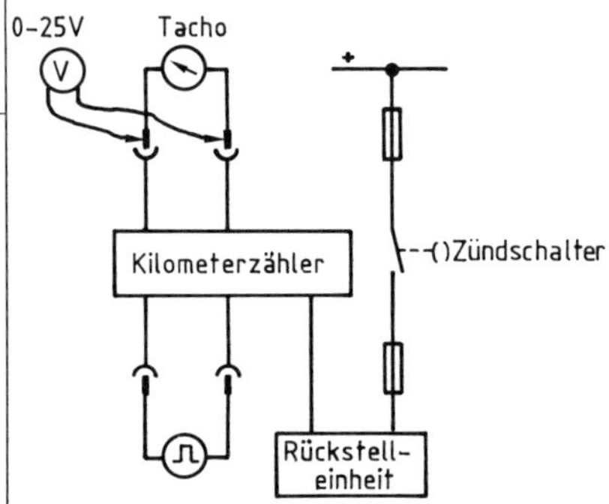  316 *Meßschaltung* |
| 3 | Zündung einschalten | |
| 4 | Vorderrad langsam drehen, gleichzeitig Meßwert ablesen | Meßwerte:<br>0 V im Stillstand<br>4–8 V schwankend während der Raddrehung<br>Stimmen die Meßwerte ist der Tacho defekt |
| 5 | Kabel und Kabelanschlüsse überprüfen | Wenn der Meßwert unter 4 V |
| 6 | Schritt 4 wiederholen | |
| 7 | Zündung ausschalten | |
| 8 | Spannungsmesser entfernen | |
| 9 | Einwandfreie Steckverbindung herstellen | |

# Kilometerzähleinrichtung überholen

| Schritt | Ausführung | Anmerkung |
|---|---|---|
| 1 | Kilometerzähler nach Lösen der Befestigung und Entfernen der Scheiben, Distanzhülsen und Dämpfergummi von Halteplatte nehmen | Ein defekter Kilometerzähler ist komplett auszutauschen |
| 2 | Überwurfmutter der Wellenhülle lösen | |
| 3 | Lampenfassung aus Grundplatte des Kilometerzählers ziehen | |

# Kilometerzähleinrichtung überholen

| Schritt | Ausführung | Anmerkung |
|---|---|---|
| 4 | Antriebswelle ausbauen  *317 Einbauort des Kilometerzählerantriebs* | Der Antrieb befindet sich in der Nabe des Vorderrades. Die Schmierung des Antriebs ist beim Ausbau des Radlagers vorzunehmen |
| 5 | Antriebswelle ausziehen, mit benzingetränkten Lappen reinigen, neu einfetten und wieder in die Hülle schieben | Antriebswelle auf der Instrumentenseite nicht bis zum Ende mit Fett versehen, damit es nicht in den Zähler gelangen kann. Eine beschädigte Welle oder Hülle ist auszutauschen |
| 6 | Zusammenbau der Kilometerzähleinrichtung in umgekehrter Schrittfolge | |

# Tachowelle ausbauen/einbauen

| S | A | E | Ausführung | Anmerkung |
|---|---|---|---|---|
| 1 | ● | | Tachowelle am Tacho abschrauben | Wenn erforderlich Kombizange verwenden |
| 2 | ● | | Tachowelle vom Getriebe losschrauben |  *318 Einbau der Tachowelle am Getriebe* |
| 3 | ● | | Gummitülle abziehen | |
| 4 | ● | | Tachowelle entnehmen | |
| 5 | | ● | Tachowelle mit Tachowellenanschluß am Getriebe verschrauben | |
| 6 | | ● | Neue Gummitülle anbringen | |
| 7 | | ● | Tachowelle mit Tacho verbinden | Die Tachowelle darf nicht geknickt werden.<br>Ferner muß die Verlegung so erfolgen, daß ein Aufscheuern ausgeschlossen ist |
| S = Schrittfolge; A = Ausbau; E = Einbau | | | | |

## Drehzahlmesserwelle ausbauen/einbauen

| S | A | E | Ausführung | Anmerkung |
|---|---|---|---|---|
| 1 | ● | | Drehzahlmesserwelle am Drehzahlmesser abschrauben | |
| 2 | ● | | Motorschutzhaube abschrauben |  319 *Einbauort der Drehzahlmesserwelle* |
| 3 | ● | | Drehzahlmesserwelle losschrauben und herausziehen | |
| 4 | | ● | Einbau der Drehzahlmesserwelle in umgekehrter Schrittfolge | |
| S = Schrittfolge; A = Ausbau; E = Einbau | | | | |

## Drehzahlmeßeinrichtung überholen

| Schritt | Ausführung | Anmerkung |
|---|---|---|
| 1 | Drehzahlmesser nach Lösen der Befestigung und Entfernen der Scheiben Distanzhülsen und Dämpfergummi von Halteplatte nehmen | Ein defekter Drehzahlmesser ist komplett auszutauschen |
| 2 | Überwurfmutter der Wellenhülle lösen | |
| 3 | Lampenfassung aus Grundplatte des Anzeigers ziehen | |
| 4 | Antriebswelle ausbauen  320 *Einbauort des Drehzahlmesserantriebs* | Der Antrieb befindet sich meist hinterm Zylinderkopfdeckel und wird von der Nockenwelle angetrieben. Er muß nicht gewartet werden und wird von der Motorschmierung geschmiert |
| 5 | Antriebswelle ausziehen, mit benzingetränkten Lappen reinigen, neu einfetten und wieder in Hülle schieben | Antriebswelle auf der Instrumentenseite nicht bis zum Ende mit Fett versehen, damit es nicht ins Instrument gelangen kann. Eine beschädigte Welle oder Hülle ist auszutauschen |
| 6 | Zusammenbau der Drehzahlmeßeinrichtung in umgekehrter Schrittfolge | |

# Kraftstoff-Niveaugeber prüfen/ausbauen/einbauen

| S | P | A | E | Ausführung | Anmerkung |
|---|---|---|---|---|---|
| 1 | ● | ● | | Kabel vom Kraftstoff-Niveaugeber abziehen | 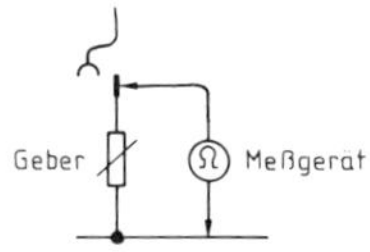<br> |
| 2 | ● | | | Widerstandsmeßgerät gemäß Abb. 321 anschließen | *321 Meßschaltung* |
| 3 | ● | | | Widerstand bei vollem Kraftstofftank messen | Sollwert 5 bis 10 Ohm |
| 4 | ● | ● | | Kraftstofftank entleeren | |
| 5 | ● | | | Widerstand bei leerem Kraftstofftank messen | Sollwert 95 bis 100 Ohm |
| 6 | ● | | | Widerstandsmeßgerät entfernen | |
| 7 | | ● | | Kraftstofftank ausbauen | |
| 8 | | ● | | Kraftstoff-Niveaugeber ausbauen | Erforderlich, wenn die Sollwerte in Schritt 3 und 5 nicht erreicht wurden |
| 9 | | | ● | Kraftstoff-Niveaugeber einbauen | |
| 10 | | | ● | Kraftstofftank einbauen | |
| 11 | ● | | ● | Kabel mit Kraftstoff-Niveaugeber verbinden | |
| 12 | ● | | ● | Zündung einschalten | |
| 13 | ● | | ● | Kraftstofftank füllen und dabei Kraftstoffanzeige beobachten | Bei keinem oder falschem Meßwert Meßleitungen und Anschlüsse überprüfen bzw. Anzeiger austauschen |

S = Schrittfolge; P = Prüfung; A = Ausbau; E = Einbau

# Reservekraftstoff-Kontrollampe prüfen

| Schritt | Ausführung | Anmerkung |
|---|---|---|
| 1 | Reservetank füllen | |
| 2 | Zündung einschalten | Kontrollampe darf nicht leuchten |
| 3 | Zündung ausschalten | 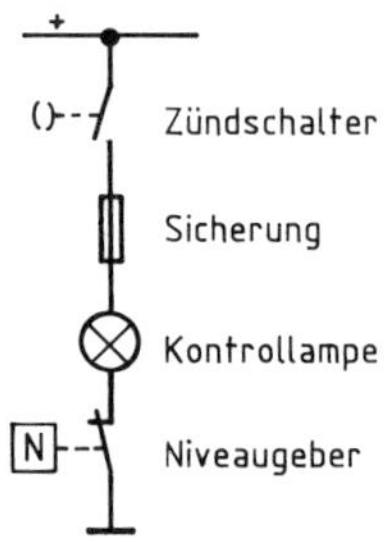  *322 Stromlaufplan* |
| 4 | Reservetank bis auf etwa 3 Liter entleeren | |
| 5 | Zündung einschalten | Kontrollampe muß abhängig vom Sensortyp, sofort oder nach etwa einer Minute leuchten |
| 6 | Sicherung überprüfen | Falls die Meldung nicht funktioniert.<br>Defekte Komponenten sind auszutauschen |
| 7 | Leitungen und Steckverbindung überprüfen | |
| 8 | Kontrollampe überprüfen | |

# Anzeiger ausbauen/einbauen

| S | A | E | Ausführung | Anmerkung |
|---|---|---|---|---|
| 1 | ● | | Scheinwerfer und Scheinwerfergehäuse ausbauen | |
| 2 | ● | | Tachowelle vom Tacho trennen | |
| 3 | ● | | Stecker von den Anzeigern abziehen | |
| 4 | ● | | Anzeiger abschrauben | |
| 5 | | ● | Einbau in umgekehrter Schrittfolge | Einwandfreie Steckverbindung herstellen |
| S = Schrittfolge; A = Ausbau; E = Einbau | | | | |

# Öldruckschalter prüfen/austauschen

| S | P | A | Ausführung | Anmerkung |
|---|---|---|---|---|
| 1 | ● | ● | Zündung ausschalten | |
| 2 | ● | ● | Kabel vom Öldruckschalter abziehen<br><br>*323 Öldruckschalter* | 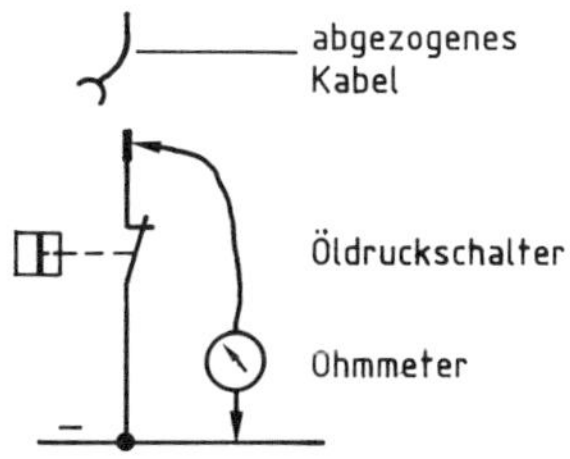<br>*324 Prüfschaltung* |
| 3 | ● | | Ohmmeter gemäß Abb. 324 anschließen | |
| 4 | ● | | Widerstand ablesen | Meßwert: Null Ohm (Kontakt des Öldruckschalters geschlossen) |
| 5 | ● | | Motor starten und mit einer Drehzahl von etwa 2000 1/min betreiben | Meßwert: unendlich (Kontakt des Öldruckschalters offen) |
| 6 | ● | | Motor stillsetzen | |
| 7 | ● | | Ohmmeter entfernen | |
| 8 | ● | | Öldruck messen | Siehe Seite 275 |
| 9 | | ● | Öldruckschalter herausschrauben | Wenn die Meßwerte gemäß Schritt 4 und 5 nicht erreicht wurden und der Öldruck stimmt |
| 10 | | ● | Neuen Öldruckschalter einschrauben | Anzugsmoment 0,5 bis 0,7 Nm |
| 11 | ● | ● | Kabel mit Öldruckschalter verbinden | |
| 12 | | ● | Motor starten | Öldruckkontrollampe muß erlöschen |
| 13 | | ● | Dichtheitskontrolle | Es darf kein Motoröl austreten |
| 14 | | ● | Motor stillsetzen | |
| S = Schrittfolge; P = Prüfung; A = Austausch | | | | |

# Gangpositionsschalter prüfen

| S | H | Ausführung | Anmerkung |
|---|---|---|---|
| 1 | | Sitzbank abnehmen | |
| 2 | ● | Mehrfachstecker des Gangpositionsschalters trennen<br><br>*325 Mehrfachstecker des Gangpositionsschalters (ausgebaut)* | <br>*326 Gangpositionsschalter (ausgebaut)* |
| 3 | ● | Durchgangsprüfung gemäß Abb. 327 vornehmen<br>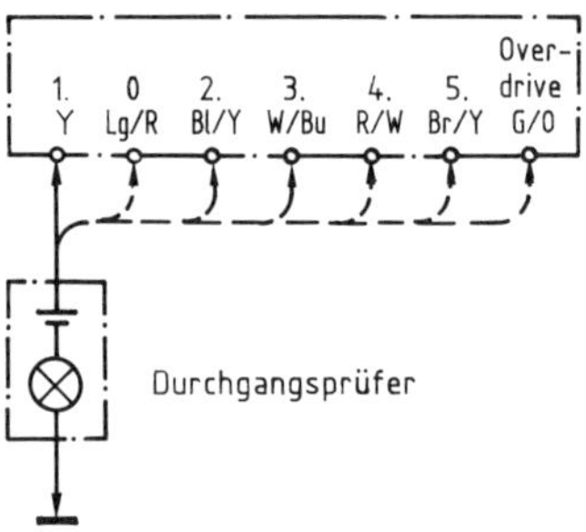<br><br>*327 Prüfschaltung zur Prüfung des Gangpositionsschalters* | Batteriegespeister Durchgangsprüfer erforderlich.<br>Die Prüflampe des Durchgangsprüfers muß in der entsprechenden Gangposition leuchten |
| 4 | ● | Die in Schritt 2 getrennte Steckverbindung wieder herstellen | |
| 5 | | Sitzbank montieren | |
| S = Schrittfolge; H = Honda | | | |

# Batterie laden/austauschen

| S | A | L | Ausführung | Anmerkung |
|---|---|---|---|---|
| 1 | ● | ● | Minusklemme (Masseband) vom Minuspol der Batterie abklemmen |  328 *Batterieanschlüsse* |
| 2 | ● | ● | Plusklemme vom Pluspol der Batterie abklemmen | |
| 3 | ● | ● | Halterahmen abschrauben und abnehmen | |
| 4 | ● | ● | Batterie nach oben herausnehmen | Vorsicht!<br>Batteriesäure zerstört Textilien |
| 5 | | ● | Zellenverschlüsse abschrauben | Zum Entweichen der Gase |
| 6 | | ● | Überprüfen des Säurespiegels und bei Bedarf auf Sollwert durch Nachfüllen von destilliertem Wasser bringen | Säurespiegel ca. 5 mm über Plattenoberkante |
| 7 | | ● | Ladegerät anschließen<br>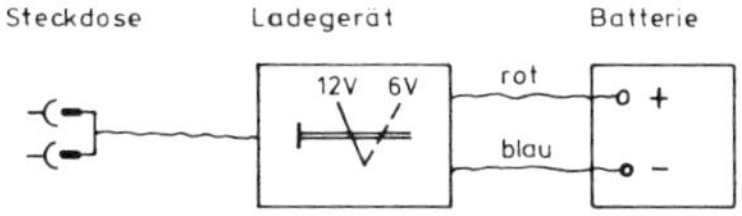<br>*329 Anschlußschaltung eines Batterieladegerätes* | Plus der Batterie mit plus des Ladegerätes. Desgleichen mit minus |
| 8 | | ● | Einschalten des Ladegerätes und Einstellen der Ladestromstärke | Ladestromstärke $\leqq 5 \times 5\,\%$ der Nennkapazität |
| 9 | | ● | Ausschalten und Abklemmen des Ladegerätes | Volladung ist bei einer Batteriespannung von 7,5 bis 8,1 V bzw. 15 bis 16,7 V bei einer 6- bzw. 12 V-Batterie erreicht |
| 10 | | ● | Flüssigkeitsstand durch Nachfüllen von destilliertem Wasser auf Sollwert (ca. 5 mm über Plattenoberkante) bringen | Sofern erforderlich |
| 11 | | ● | Verschlüsse einschrauben | Löcher der Verschlüsse dürfen nicht verstopft sein, damit Gase entweichen können |
| 12 | ● | ● | Batterie in umgekehrter Schrittfolge einbauen | Polköpfe der Batterie vor Anschließen der Leitungen zur Vermeidung von Oxydation mit Polfett versehen. Zur Vermeidung eines Kurzschlusses zuerst Plusleitung, dann Minusleitung anschließen |
| S = Schrittfolge; A = Ausbau; L = Laden | | | | |

# Elektrische Leitung prüfen

| Schritt | Ausführung | Anmerkung |
|---|---|---|
| 1 | Kabelanschlüsse am Stromverbraucher durch Bewegen der Kabel auf festen Sitz überprüfen.<br>Lose Verbindungen festziehen. Oxydationserscheinungen durch Abschaben beseitigen. Hierzu ist die Verbindung kurzzeitig zu lösen | Elektrische Leitungen müssen mit den Klemmen der Verbraucher und Schaltgeräte metallisch blank und fest verbunden sein, damit der Übergangswiderstand gering und kein Wackelkontakt möglich ist |
| 2 | Spannung am Stromverbraucher prüfen<br>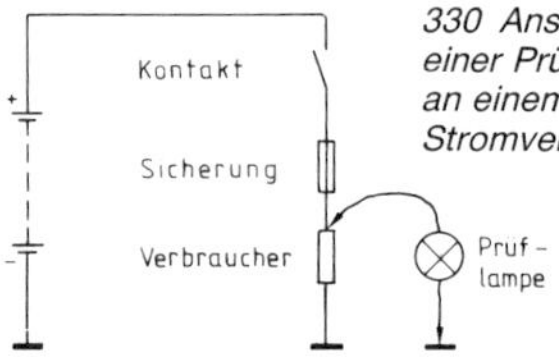<br><br>*330 Anschluß einer Prüflampe an einem Stromverbraucher* | Ist an einem eingeschalteten Stromverbraucher keine Spannung, liegt eine Stromkreisunterbrechung zwischen Stromquelle und Stromverbraucher vor. Bei vorhandener Spannung ist der Stromverbraucher defekt oder die Masseverbindung unterbrochen |
| 3 | Spannung an der Sicherung prüfen<br>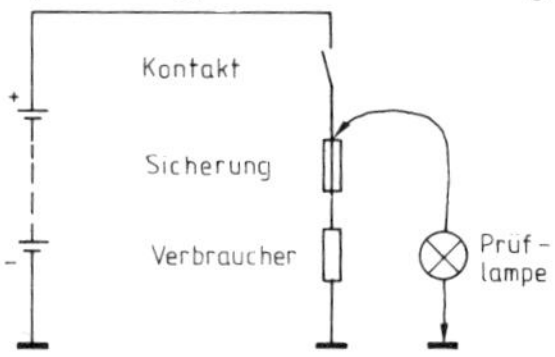<br><br>A<br>*331 Anschluß einer Prüflampe:<br>A Vor einer Sicherung<br>B Nach einer Sicherung*<br>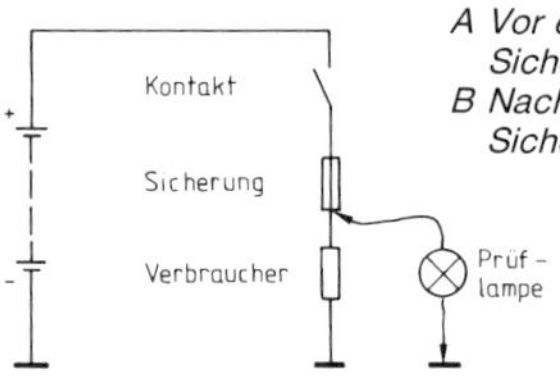<br><br>B | Leuchtet die Prüflampe vor der Sicherung eines Stromkreises auf und nach der Sicherung nicht mehr, ist die Sicherung defekt oder der Kontakt zwischen Sicherung und Sicherungselement unterbrochen |
| 4 | Spannung am Betätigungsglied (Schalter, Taster) prüfen<br>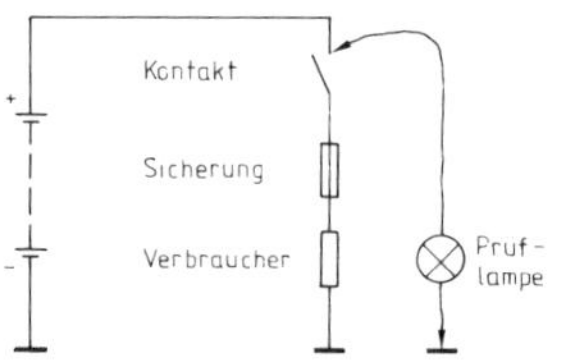<br><br>A<br>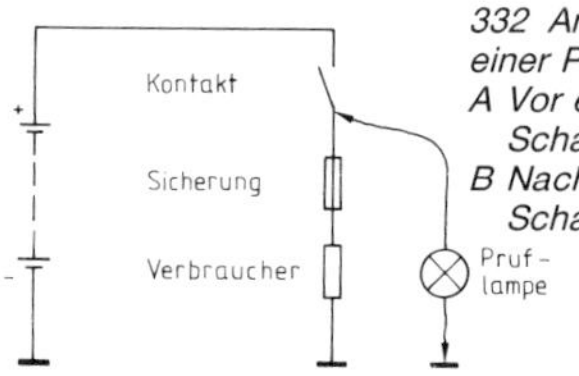<br><br>*332 Anschluß einer Prüflampe:<br>A Vor einem Schaltelement<br>B Nach einem Schaltelement*<br>B | Leuchtet die Prüflampe vor einem Schaltelement nicht, ist die Stromzuführung von der Batterie unterbrochen. Leuchtet sie dagegen vor einem Schaltelement und nach dem Schaltelement nicht, ist das Schaltelement defekt |

# Masseschluß-Prüfung

<table>
<tr><th>Schritt</th><th>Ausführung</th><th>Anmerkung</th></tr>
<tr><td>1</td><td>Verbraucher ausschalten</td><td></td></tr>
<tr><td>2</td><td>Sicherung entfernen</td><td>Bei abgesichertem Stromkreis</td></tr>
<tr><td>3</td><td>Verbraucher abklemmen bzw. Gerätestecker abziehen</td><td></td></tr>
<tr><td>4</td><td>Widerstandsmeßgerät bzw. batteriegespeistes Prüfgerät mit freiem Verbraucheranschluß und Masse verbinden<br>
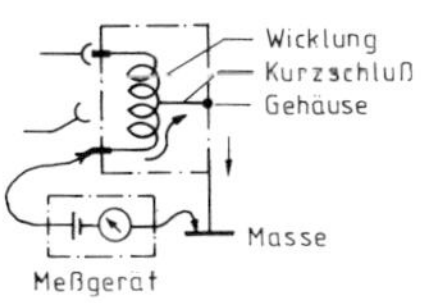

<br>*333 Anschlußschaltung zur Prüfung eines Verbrauchers auf Masseschluß*</td><td rowspan="2">Zeigt das Meßgerät einen Widerstandswert im Kiloohm- oder Ohmbereich bzw. spricht das Prüfgerät an, so besteht Masseschluß<br><br>In diesem Fall ist der Verbraucher zu reparieren oder auszuwechseln</td></tr>
<tr><td>5</td><td>Widerstandsmeßgerät bzw. batteriegespeistes Prüfgerät an ein Leitungsende und Masse anschließen<br>
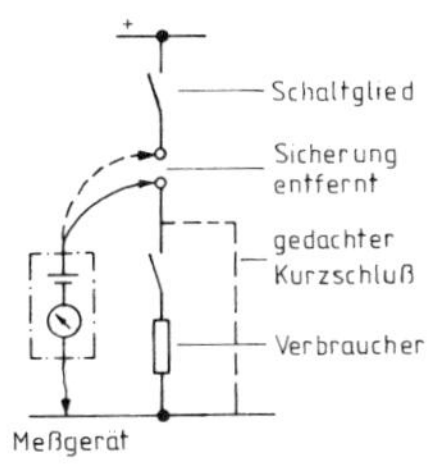

<br>*334 Schaltung zur Ermittlung eines Leitungsmasseschlusses*</td></tr>
<tr><td>6</td><td>Verbraucher anschließen</td><td>Auf gute Verbindungen achten</td></tr>
<tr><td>7</td><td>Sicherung einsetzen</td><td></td></tr>
<tr><td>8</td><td>Verbraucher zwecks Funktionsprüfung einschalten</td><td>Sicherung darf nicht durchbrennen</td></tr>
</table>

# Relais prüfen

| S | P | E | A | Ausführung | Anmerkung |
|---|---|---|---|---|---|
| 1 | ● | ● | | Stromkreis einschalten | |
| 3 | ● | ● | | Prüflampe an Relaisklemme 30 und Masse anschließen<br>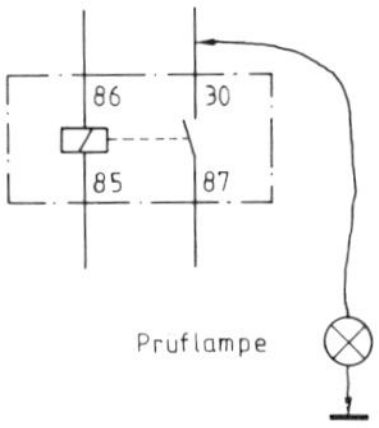<br><br>*335 Anschluß der Prüflampe an Klemme 30 eines Relais* | <br>*336 Relais*<br>Prüflampe muß leuchten, ansonsten Stromzuführung zum Relaiskontakt bzw. zur Relaisspule unterbrochen |
| 3 | ● | ● | | Prüflampe an Relaisklemme 87 und Masse anschließen<br>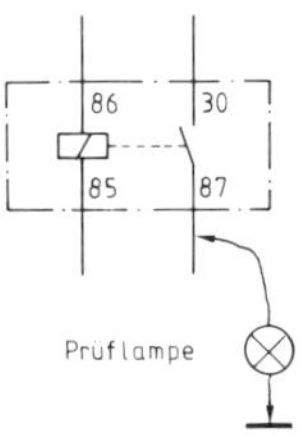<br><br>*337 Anschluß der Prüflampe an Klemme 87 eines Relais und Masse* | War die Prüfung gemäß Schritt 2 positiv, muß Prüflampe leuchten, ansonsten Relais defekt<br>Handelt es sich um ein Relais mit Öffner, muß Prüflampe erlöschen<br>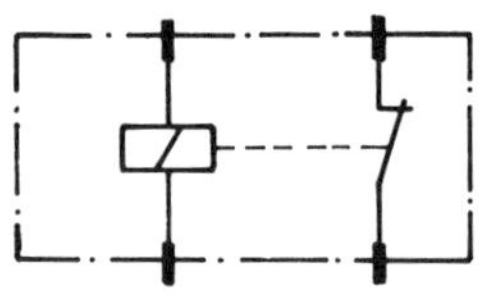<br>*338 Relais mit Öffner* |
| 4 | ● | | ● | Relais ausbauen | |
| 5 | ● | | ● | Prüflampe an Klemme 30 und 87, Batterie an Klemme 85 und 86 anschließen<br>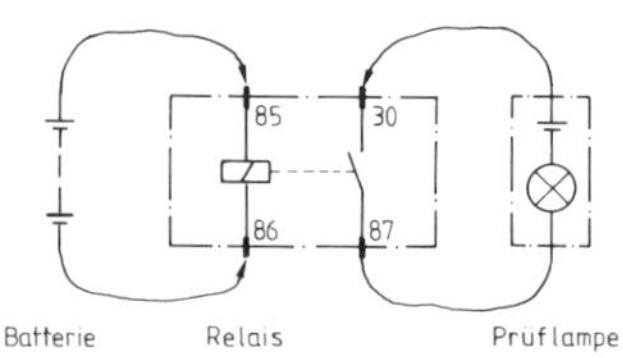<br><br>*339 Prüfschaltung eines Relais mit Schließer* | Prüflampe leuchtet, wenn Relais in Ordnung<br>Prüflampe erlischt, wenn Relaiskontakt ein Öffner |
| 6 | ● | | ● | Relais einbauen | |
| | | | | S = Schrittfolge; P = Prüfung; E = Eingebaut; A = Ausgebaut | |

# Drehstrom-Generator und Regler prüfen

| Schritt | Ausführung | Anmerkung |
|---|---|---|
| 1 | Motor starten, warmfahren und ausschalten | |
| 2 | Zündung ausschalten | |
| 3 | Generator-Abdeckung entfernen | Seitendeckel |
| 4 | Spannungsmesser gemäß Abb. 340 anschließen<br>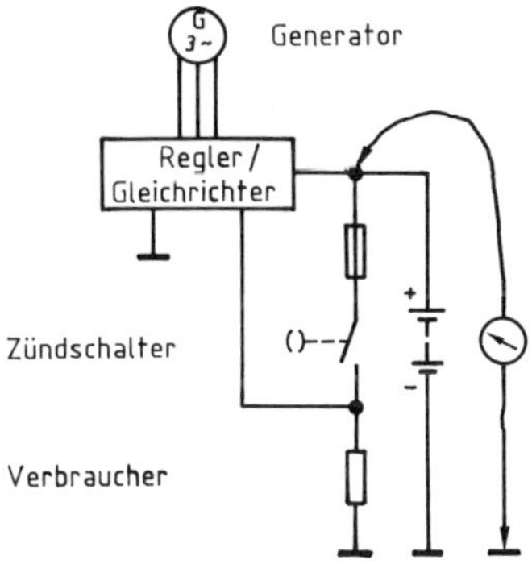<br><br>*340 Meßschaltung* | Meßbereich 0–30 V |
| 5 | Motor starten und im Leerlauf laufen lassen | |
| 6 | Spannung ablesen | Sollwert etwa 14 V |
| 7 | Motordrehzahl stetig erhöhen und Spannung ablesen | Sollwert bis auf etwa 15 V ansteigend.<br>Steigt die Spannung nicht an oder der Sollwert wird überschritten, ist die Regler/Gleichrichtereinheit defekt |
| 8 | Scheinwerfer einschalten und Spannung ablesen | Meßwert muß um einige Zehntel sinken |
| 9 | Scheinwerfer ausschalten und Motor stillsetzen | |
| 10 | Zündung ausschalten | |
| 11 | Spannungsmesser abklemmen | |

# Regler eines Drehstrom-Generators prüfen

| S | GS | Ausführung | Anmerkung |
|---|---|---|---|
| 1 | | Schutzhaube abschrauben | |
| 2 | ● | Spannungsmesser an »B +« des Diodenträgers und an »D –« des Reglers anschließen<br>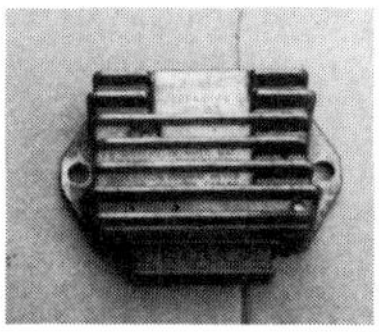<br>*341 Diodenträger*<br>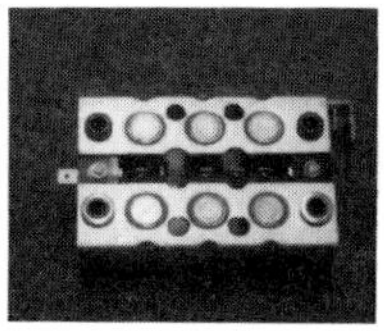<br>*342 Regler* | 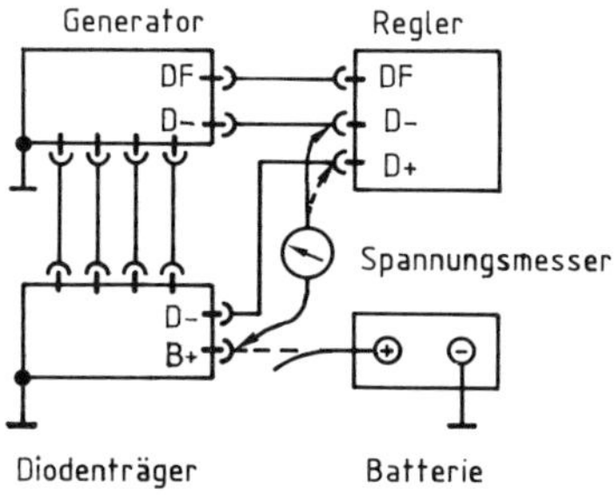<br><br>*343 Meßschaltung* |
| 3 | ● | Kabel vom Anschluß B + des Diodenträgers abziehen. Spannungsmesser bleibt mit B + verbunden | Pluspol der Batterie wird vom Diodenträger getrennt.<br>Eingriff nur bei Motorstillstand |
| 4 | | Motor starten | |
| 5 | | Meßwert ablesen | Sollwert 13,5 bis 14,2 V |
| 6 | ● | Das in Schritt 3 abgezogene Kabel wieder mit B + des Diodenträgers verbinden | |
| 7 | ● | Spannungsmesser an B + des Diodenträgers und D + des Reglers anschließen | Meßwert bis 0,5 V Regler defekt.<br>Meßwert 1,5 bis 4,0 V. Diodenträger defekt |
| 8 | | Motor abstellen | |
| 9 | | Spannungsmesser entfernen | |
| 10 | | Motorschutzhaube anschrauben | |

S = Schrittfolge; GS = Generator mit Schleifringe und Regler

# Drehstrom-Generator prüfen

| S | GT | Ausführung | Anmerkung |
|---|---|---|---|
| 1 | | Deckel über Getrieberitzel abbauen | |
| 2 | ● | Die drei zum Generator führenden Kabel abklemmen<br><br>*344 Generator* | |
| 3 | | Motor starten und mit etwa 4000 1/min im Stand laufen lassen | |
| 4 | ● | Messung der Wechselspannung gemäß Abb. 345 durchführen<br>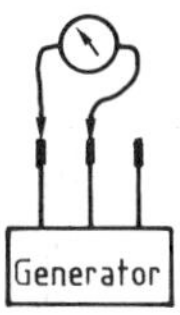<br><br>*345 Spannungsmessung der Stator-Wicklung 1* | Meßbereich des Spannungsmessers 0–250 V<br><br>Sollwert über 50 V<br>Liegt die Spannung unter 50 V, ist die Statorwicklung defekt und muß erneuert werden. Sind die Statorwicklungen in Ordnung, dürfte bei schadhaftem Ladesystem die Regler-/Gleichrichtereinheit defekt sein |
| 5 | ● | Messung der Wechselspannung gemäß Abb. 346 durchführen<br><br><br>*346 Spannungsmessung der Stator-Wicklung 2* | |
| 6 | ● | Messung der Wechselspannung gemäß Abb. 347 durchführen<br>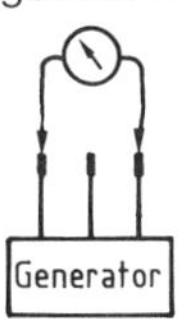<br><br>*347 Spannungsmessung der Stator-Wicklung 3* | |

S = Schrittfolge; GT = Generator ohne Schleifringe mit Transistorregler

## Drehstrom-Generator prüfen

| S | GT | Ausführung | Anmerkung |
|---|---|---|---|
| 7 | | Motor abstellen | |
| 8 | | Spannungsmesser entfernen | |
| 9 | ● | Die in Schritt 2 getrennte Verbindung herstellen | |
| 10 | | Schutzhaube anschrauben | |
| S = Schrittfolge; GT = Generator ohne Schleifringe mit Transistorregler | | | |

## Drehstrom-Generator ausbauen/einbauen

| S | A | E | Ausführung | Anmerkung |
|---|---|---|---|---|
| 1 | ● | | Motorschutzhaube abschrauben BMW | Auf Belüftungsschlauch achten |
| 2 | ● | | Stecker vom Stator abziehen  *348 Stecker am Stator* | Das Statorgehäuse trägt die Statorwicklung. Bei bestimmten Motorradtypen ist die Sitzbank und ein Rahmenseitendeckel zu entfernen |
| 3 | ● | | Elektrische Leitung abklemmen | |
| 4 | ● | | Innensechskantschrauben aus Stator drehen | |
| 5 | ● | | Schleifkohlen mit Druckfedern aus Führung heben | |
| 6 | ● | | Stator entnehmen | |
| 7 | ● | | Befestigungsschraube des Rotors herausdrehen und mit Abdrückschraube vom Kurbelwellenende abdrücken | Sitzt der Rotor fest, kann ein Lösen durch einen Hammerschlag auf die Abdrückschraube (Spezialwerkzeug) erreicht werden |
| 8 | | ● | Rotor auf Kurbelwelle montieren | Kurbelwellenkonus und die konische Bohrung im Läufer müssen sauber sein |
| 9 | | ● | Stator auf Motorgehäuse montieren | Drei Innensechskantschrauben |
| S = Schrittfolge; A = Ausbau; E = Einbau | | | | |

# Drehstrom-Generator ausbauen/einbauen

| S | A | E | Ausführung | Anmerkung |
|---|---|---|---|---|
| 10 | | ● | Steckverbindung herstellen | |
| 11 | | ● | Belüftungsschlauch in die Motorschutzhaube einsetzen | |
| 12 | | ● | Motorschutzhaube festschrauben | |
| S = Schrittfolge; A = Ausbau; E = Einbau | | | | |

# Diodenträger und Regler ausbauen/einbauen

| S | D | R | Ausführung | Anmerkung |
|---|---|---|---|---|
| 1 | | ● | Kraftstofftank ausbauen | Siehe Seite 173 |
| 2 | ● | | Sitzbank abnehmen | |
| 3 | ● | ● | Massekabel von der Batterie abklemmen | |
| 4 | ● | | Motorschutzhaube abschrauben | |
| 5 | ● | | Diodenträger vom Motorgehäuse abschrauben  *349 Diodenträger* | |
| 6 | ● | | Die mit dem Diodenträger verbundenen Kabel kennzeichnen und abziehen | Damit beim Anschluß eine Verwechslung ausgeschlossen ist |
| 7 | | ● | Steckverbindung am Regler trennen  *350 Regler* | |
| 8 | | ● | Regler abschrauben | |
| 9 | ● | ● | Einbau in umgekehrter Schrittfolge | |
| S = Schrittfolge; D = Diodenträger; R = Regler | | | | |

# Stator eines Drehstrom-Generators ausbauen/einbauen

| S | GT | A | E | Ausführung | Anmerkung |
|---|---|---|---|---|---|
| 1 | ● | ● | | Deckel über Getrieberitzel abbauen | |
| 2 | ● | ● | | Die drei zum Generator führenden Kabel abklemmen  *351 Generator* | Auf Kabelschellen achten |
| 3 | ● | ● | | Ölauffangbehälter unter Generatordeckel stellen | |
| 4 | ● | ● | | Generatordeckel abschrauben und Deckel mit Dichtung vom Motorgehäuse abziehen | |
| 5 | ● | ● | | Kabelbefestigung abschrauben | Auf Federringe achten |
| 6 | ● | ● | | Stator vom Generatordeckel abschrauben | Auf Kabel-Gummitülle achten |
| 7 | ● | | ● | Stator mit Generatordeckel verschrauben und Schrauben mit Sicherungslack gegen Lösen sichern | Gummitülle vor Einbau mit Dichtmasse versehen |
| 8 | ● | | ● | Generatorkabel befestigen | Schrauben mit Federringe |
| 9 | ● | | ● | Generatordeckel am Motorgehäuse festschrauben | Neue Dichtung verwenden, auf Paßhülsen achten |
| 10 | ● | | ● | Generator mit den in Schritt 2 abgeklemmten Kabel verbinden und mit den Schellen sichern | |
| 11 | ● | | ● | Deckel über Getrieberitzel befestigen | |
| 12 | ● | | ● | Ölstand überprüfen, gegebenenfalls nachfüllen | |

S = Schrittfolge; GT = Generator ohne Schleifringe mit Transistorregler; A = Ausbau; E = Einbau

# Reglerspannung eines Gleichstromgenerators messen

<table>
<tr><th>Schritt</th><th>Ausführung</th><th>Anmerkung</th></tr>
<tr><td>1</td><td>Massekabel von der Batterie abklemmen</td><td></td></tr>
<tr><td>2</td><td>Kabel an der Reglerklemme B+ entfernen</td><td rowspan="2">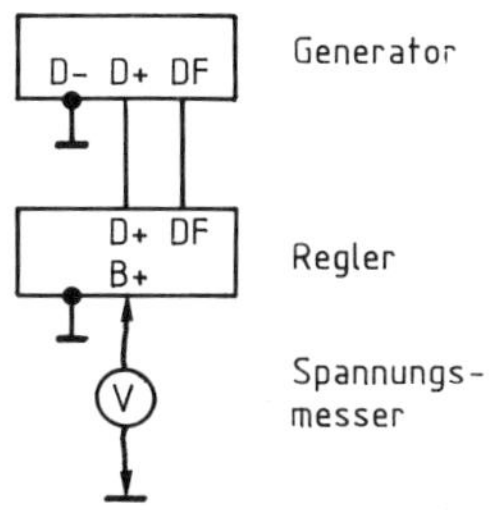

352 *Prüfschaltung*</td></tr>
<tr><td>3</td><td>Spannungsmesser anschließen (Abb. 352)</td></tr>
<tr><td>4</td><td>Drehzahlmesser an Klemmen 15 und 1 der Zündspule anschließen</td><td>Notfalls kann die Überprüfung ohne Drehzahlmesser durchgeführt werden</td></tr>
<tr><td>5</td><td>Motor starten</td><td>Spannungsmesser zeigt 0 V, da der Rückstromschalter noch offen ist</td></tr>
<tr><td>6</td><td>Drehzahl soweit stetig erhöhen, bis Spannungsmesser sprungartig ausschlägt</td><td>Bei einer 6-V-Batterie 6–7 V;<br>Bei einer 12-V-Batterie 12–14 V.<br>Der Rückstromschalter hat die Verbindung Generator – Batterie hergestellt</td></tr>
<tr><td>7</td><td>Erhöhung der Drehzahl auf etwa 3000 1/min</td><td>Der Spannungswert liegt zwischen 6,5 V und 7,4 V bzw. 13 V und 14,7 V</td></tr>
<tr><td>8</td><td>Allmähliche Drehzahlreduzierung bis zur Leerlaufdrehzahl<br>(Richtwert: 1000 1/min ± 50)</td><td>Kurz vor Erreichen der Leerlaufdrehzahl muß die Spannung schlagartig auf 0 V zurückgehen. Die Verbindung Generator – Regler ist wieder unterbrochen</td></tr>
<tr><td>9</td><td>Motor stillsetzen</td><td></td></tr>
<tr><td>10</td><td>Ausgangszustand herstellen</td><td></td></tr>
</table>

# Lade- und Rückstrom eines Gleichstromgenerators messen

| Schritt | Ausführung | Anmerkung |
|---|---|---|
| 1 | Kabel an der Reglerklemme B+ entfernen | 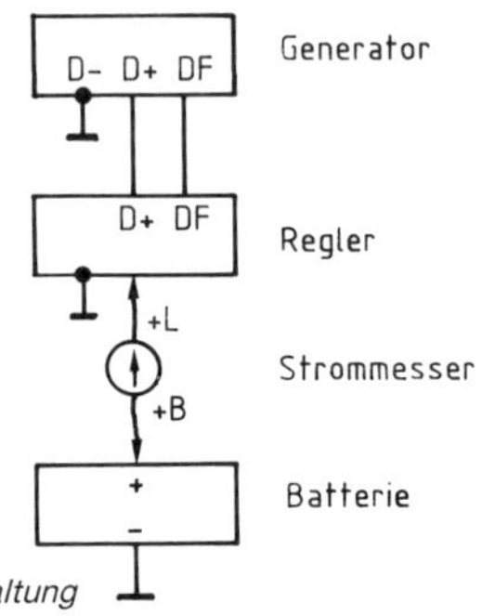 353 *Prüfschaltung* |
| 2 | Strommesser, mit Nullstellung in der Skalenmitte, gemäß Abb. 353 anschließen | |
| 3 | Motor starten | |
| 4 | Drehzahl soweit stetig erhöhen, bis die Stromstärke nicht mehr weiter steigt | Der Strommesser zeigt die Stärke des Batterieladestromes an |
| 5 | Drehzahl langsam bis Erreichen der Leerlaufdrehzahl reduzieren | Der Zeiger des Strommessers bewegt sich vom Ladebereich über die Nullstellung in den Entladebereich. Der Meßwert des Entladebereichs ist der Rückstrom, d. h. der Strom, der von der Batterie zum Generator fließt |
| 6 | Motor stillsetzen | |
| 7 | Ausgangswiderstand herstellen | |

### 4.1.17 Sonstiges

# Seilzug anfertigen

| Schritt | Ausführung | Anmerkung |
|---|---|---|
| 1 | Seil mit Seitenschneider auf passende Länge abschneiden | Meterware |
| 2 | Nippel auf Seil schieben, Seildrähte etwas zurückbiegen, Seil senkrecht halten und den daranhängenden Nippel ausrichten | Nippel wird von den Seildrahtenden gehalten |
| 3 | Nippel und Seil mit Benzin von Fett reinigen | In der Hülle befindet sich Fett |

## Seilzug anfertigen

| Schritt | Ausführung | Anmerkung |
|---|---|---|
| 4 | Nippel anlöten (Lötkolben 150 W). Heißen Lötkolben an den Nippel halten und der Lötstelle Lötzinn zuführen. Seil solange ruhig halten bis Lötzinn erstarrt | Seil und Nippel müssen blank und frei von Öl und Fett sein. Verzinnung des Seils nicht 2 mm über Nippel, sonst wird das Seil steif und bricht bei Belastung an dieser Stelle |
| 5 | Überschüssiges Zinn abfeilen bzw. abschleifen | |
| 6 | Seil durch Hülle schieben | |
| 7 | Zweiten Nippel gemäß Schritt 2 bis 5 anlöten | |

## Vorderrad-Kotflügel ausbauen/einbauen

| S | A | E | Ausführung | Anmerkung |
|---|---|---|---|---|
| 1 | ● | | Vorderrad ausbauen | Siehe Seite 215 |
| 2 | ● | | Kotflügel von der Vorderradgabel abschrauben | Beim Lösen der Muttern Bolzen mit Schlüssel festhalten |
| 3 | ● | | Übrige Schrauben entfernen und Kotflügel abnehmen | |
| 4 | | ● | Kotflügel in umgekehrter Schrittfolge anschrauben | |
| 5 | | ● | Vorderrad einbauen | Siehe Seite 215 |
| S = Schrittfolge; A = Ausbau; E = Einbau | | | | |

## Hinterrad-Kotflügel ausbauen/einbauen

| S | A | E | Ausführung | Anmerkung |
|---|---|---|---|---|
| 1 | ● | | Sitzbank ausbauen | |
| 2 | ● | | Heckleuchtenglas abschrauben | |
| 3 | ● | | Heckleuchtenreflektor aus Gehäuse nehmen | |
| 4 | ● | | Heckleuchtengehäuse vom Kotflügel abschrauben | |
| 5 | ● | | Halter der Blinker entfernen | |
| S = Schrittfolge; A = Ausbau; E = Einbau | | | | |

# Hinterrad-Kotflügel ausbauen/einbauen

| S | A | E | Ausführung | Anmerkung |
|---|---|---|---|---|
| 6 | ● | | Kabel trennen und aus Kotflügel ziehen | |
| 7 | ● | | Kotflügel abschrauben und herausheben | Auf Sprengring und Gummischeiben achten |
| 8 | | ● | Einbau in umgekehrter Schrittfolge | |
| S = Schrittfolge; A = Ausbau; E = Einbau | | | | |

## Blechschäden ausbessern

Zum Ausbessern einer Beule ist ein Gummi- oder Eisenhammer, zum Gegenhalten ein aus Metall bestehendes Fauststück erforderlich. Mit den Schlägen ist am äußeren Rand der Beule zu beginnen und spiralförmig zum Kern der Beule vorzudringen. Führt diese Methode nicht zum gewünschten Erfolg, das heißt die Spannungen konnten nicht vollkommen beseitigt werden, so ist der beschädigte Bereich mit einem Schweißbrenner auf Rotglut zu bringen. In diesem Zustand läßt sich das glühende Blechteil durch Hammerschläge bei Gegenhalten des Fauststückes leicht glätten. Beim Abkühlen findet ein Schrumpfvorgang des Bleches statt, wobei die erforderliche Spannung eintritt.
Verbleibende Unebenheiten gleicht man am zweckmäßigsten durch Auftragen einer aus selbsthärtendem Kunstharz bestehenden Spachtelmasse aus. Die Spachtelmasse wird durch Mischen eines Pulvers mit einer Spezialflüssigkeit hergestellt und ist in einer Zeitspanne von 15 Minuten zu verarbeiten. Um eine gute Verbindung mit dem Blech zu erreichen, sind die zu bearbeitenden Flächen von Schmutz und Lack zu befreien. Es muß eine rauhe Oberfläche hergestellt werden. Da der chemische Härtungsprozeß nur ab einer bestimmten Temperatur vor sich gehen kann, sollten derartige Arbeiten nicht unter 20 °C ausgeführt werden. Das Anbringen der Spachtelmasse kann in mehreren Schichten erfolgen. Nach dem Härtungsprozeß (bei einer Umgebungstemperatur von 20 °C ca. 30 Minuten) ist die Fläche durch Feilen, Schleifen oder Schmirgeln zu glätten.
Roststellen sind bis aufs blanke Blech abzuschaben, abzuschmirgeln oder abzuschleifen (Rostumwandler ist nutzlos). Anschließend, also vor dem Lackieren, Auftragen einer Grundierung (z. B. eine zinkhaltige Grundierfarbe). Zur Bearbeitung größerer Roststellen ist der Einsatz einer Bohrmaschine in Verbindung mit Gummiteller und Schleifpapier oder Drahtbürste vorteilhaft.
Bei kleinen oberflächlichen Schäden genügt eine Wachskonservierung. Ansonsten sind oberflächliche Schadstellen von Wachs- und Politurrückständen gründlich zu reinigen und mit klarem Wasser abzuwaschen. Im abgetrockneten Zustand ist aus einer Lacksprühdose etwas Lack auf einen sauberen Gegenstand zu sprühen, und davon mit einem kleinen Pinsel etwas auf die Schadstelle zu streichen. Sollte der Lack bis zum Blech beschädigt sein, so ist die Schadstelle mit einem scharfen Gegenstand blank zu schaben und anschließend mit Lack zu versehen.
Was beim Lackieren zu beachten ist, kann aus folgender Übersicht übernommen werden.

| Hinweise | Ergänzungen |
|---|---|
| Genügende Helligkeit | Dadurch können Mängel bereits in der Entstehung erkannt werden |
| Im Freien bei Windstille lackieren | Luft ist freier von Schmutzpartikel |
| In einem Raum nur bei ausreichender Entlüftung lackieren | Vermeidung gesundheitlicher Schäden, die durch Verdunsten von Lösungsmitteln verursacht werden |

| Hinweise | Ergänzungen |
|---|---|
| Lack nur auf einwandfreiem Untergrund auftragen | Untergrund:<br>– Richtig gespachtelt<br>– Weder zu grob noch zu fein schleifen (Schleifpapierkörnung »P« geeignet)<br>– Vollkommen entfettet und trocken<br>– Mit Grundierfarbe versehen<br>– Bei welligem Untergrund entstehen Lauftränen<br>– Lack deckt nicht wenn Farbunterschied zum Untergrund zu groß |
| Lackierung nur bei der dem Lack entsprechenden Temperatur ausführen (Sprühdosentemperatur ≈ bis 30 °C) | – Bei zu hoher Temperatur erfolgt die Trocknung zu schnell und der Lack wird matt<br>– Bei zu niedriger Temperatur verdunsten die Lösungsmittel zu langsam, der Lack und die Schmutzaufnahme aus der Luft erhöht sich<br>– Eine der Außentemperatur entsprechende Lackart verwenden |
| Vor einer Lackierung Lack durch längeres Schütteln der Sprühdose mischen | Die Folge einer ungenügenden Lackmischung sind Farbtonunterschiede |
| Lackschicht nicht zu dick auftragen | – Der Lack läuft<br>– Die Trockenzeit verlängert und die Schmutzaufnahme erhöht sich |
| Mehrere Lackschichten nicht zu kurz hintereinander auftragen | Werden mehrere Lackschichten aufgesprüht bevor die vorhergehende ausreichend getrocknet ist, ergibt sich eine wellige Oberfläche |
| Passenden Sprühabstand wählen | Ist der Sprühabstand zu klein, kann Treibgas in den Lack gelangen, was zur Bläschenbildung führt |

## 4.2 Wartung

Unter Wartung sind alle Inspektionen und Arbeiten zu verstehen, die in bestimmten Zeitabständen ausgeführt werden sollen, damit das einwandfreie Funktionieren des Motors und seiner Hilfssysteme sichergestellt ist und demzufolge die erforderliche Betriebssicherheit und die erwartete Lebensdauer erreicht werden. Voraussetzung über eine ordnungsgemäße Wartung sind Kenntnisse über Umfang, Intervalle, Motortyp und Fahrzeugaufbau.
Besondere Bedeutung hat die Qualitätssicherung, die jedoch nur durch sorgfältiges Registrieren der wesentlichen Arbeiten und Austauschteile gemäß untenstehendem Beispiel gewährleistet ist:

Die angegebenen Wartungsintervalle basieren auf Empfehlungen bzw. Vorschriften der Motorradhersteller. Im Hinblick auf die verschiedenen Fabrikate und Typen sollte jedoch grundsätzlich die entsprechende Betriebsanleitung berücksichtigt werden.
Alle von Laien ausführbaren Wartungsarbeiten sind ab einem bestimmten Umfang (oder Schwierigkeitsgrad) in der erforderlichen bzw. zweckmäßigsten Schrittfolge beschrieben und als Orientierungshilfe zum Teil illustriert.
Alle Arbeiten, die die Verkehrssicherheit betreffen, sind in nachfolgender Übersicht (S. 266, Spalte »Vor jeder Fahrt«) gekennzeichnet und sollten vor Antritt der Fahrt ausgeführt werden.

| Datum | Tachostand | Tätigkeit | Bemerkung |
|---|---|---|---|
| 11.3. . . . . | 15 000 | Zündkerzen gereinigt<br>Elektrodenabstand eingestellt | |
| 7.4. . . . . | 20 000 | Luftfilter ausgetauscht | |
| 21.5. . . . . | 25 000 | Zündkerzen ausgetauscht | Bosch W5D/W225 T30 |

## Übersicht

| Typspezifisch | Arbeiten / Intervalle | Vor jeder Fahrt | Nach 1 000 km | Nach 5 000 km | Alle 5 000 km | Alle 7 500 km | Alle 10 000 km | Alle 15 000 km | Jährlich | Alle 2 Jahre | Richtwert | Werksangabe | Seite des Arbeitsablaufs | Werkstattsache |
|---|---|---|---|---|---|---|---|---|---|---|---|---|---|---|
| | **Motor** | | | | | | | | | | | | | |
| ● | Ventilspiel kontrollieren/einstellen | | ● | | | ● | | | | | ● | | 270 | ● |
| | Kompression messen | | ● | | ● | | | | | | | ● | 271 | |
| | Kurbelgehäuseentlüftung entleeren | | | | | ● | | | | | ● | | 272 | |
| ● | Zylinderkopfmuttern nachziehen | | ● | ● | ● | | | | | | | ● | — | ● |
| ● | Steuerkettenspannung prüfen | | ● | ● | ● | | | | | | | ● | — | ● |
| ● | Zweitakter entkohlen | | | | | | | | | | | ● | 273 | |
| | **Schmieranlage** | | | | | | | | | | | | | |
| ● | Motoröl und Ölfilter wechseln | | ● | | | ● | | | | | ● | | 274 | |
| ● | Motorölstand prüfen | ● | | | | | | | | | | | — | |
| ● | Öldruck messen | | ● | ● | ● | | | | | | | ● | 275 | |
| ● | Ölsumpffilter überprüfen/reinigen | | | | | | ● | | | | | ● | 276 | |
| | **Kühlanlage** | | | | | | | | | | | | | |
| ● | Kühlflüssigkeitsstand kontrollieren/korrigieren | ● | | | | | | | | | | | 277 | |
| ● | Frostschutz der Kühlflüssigkeit prüfen | | | | | | | ● | | | | | — | ● |
| ● | Kühlflüssigkeit austauschen | | | | | | | | | ● | ● | | 277 | |
| ● | Kühlanlage auf Dichtheit überprüfen | | ● | | | ● | | | | | | ● | 278 | |
| ● | Kühler überprüfen/reinigen | | | | | | ● | | | | ● | | 279 | |
| ● | Schläuche des Kühlsystems überprüfen | | ● | | | | | ● | | | ● | | 279 | |
| | **Kraftstoffanlage** | | | | | | | | | | | | | |
| | Kraftstoffhahnsieb reinigen | | | | | | | ● | | | | ● | 280 | |
| ● | Kraftstoffsieb reinigen | | | | | | | ● | | | ● | | 280 | |
| | Kraftstoffleitungen überprüfen | | ● | | | | | ● | | | ● | | 281 | |
| | Kraftstoffvorrat überprüfen | ● | | | | | | | | | | | — | |
| | **Vergaseranlage** | | | | | | | | | | | | | |
| ● | Schwimmerkammer reinigen | | ● | | | ● | | | | | ● | | 281 | |
| ● | Drosselklappenvergaser einstellen | | | | | ● | | | | | ● | | 281 | ● |
| ● | Schiebervergaser reinigen | | | | | | | ● | | | ● | | 283 | |
| ● | Schiebervergaser einstellen | | | | | ● | | | | | ● | | 284 | ● |
| ● | Luftfilter reinigen/austauschen | | | | | | ● | | | | ● | | 285 | |
| ● | Starterklappe prüfen/einstellen | | | | | | | ● | | | ● | | 286 | ● |
| ● | Gasseilzüge prüfen/einstellen | | ● | | | | ● | | | | ● | | 287 | |

## Übersicht

| Typspezifisch | Arbeiten / Intervalle | Vor jeder Fahrt | Nach 1 000 km | Nach 5 000 km | Alle 5 000 km | Alle 7 500 km | Alle 10 000 km | Alle 15 000 km | Jährlich | Alle 2 Jahre | Richtwert | Werksangabe | Seite des Arbeitsablaufs | Werkstattsache |
|---|---|---|---|---|---|---|---|---|---|---|---|---|---|---|
| ● | Leerlaufdrehzahl einstellen | | ● | | | ● | | | | | ● | | — | ● |
| ● | Vergaser synchronisieren | | | | | ● | | | | | | ● | 288 | ● |
| | Gasdrehgriff abschmieren | | | | | | ● | | | | | ● | — | |
| ● | Vergaserzug ölen | | ● | | | ● | | | | | ● | | 322 | |
| ● | Chokeseilzug ölen | | ● | | ● | | | | | | ● | | 322 | |
| ● | CO-Wert einstellen | | | | | | | | ● | | | | — | ● |
| | **Einspritzanlage** | | | | | | | | | | | | | |
| ● | Luftfiltereinsatz austauschen | | | | | | | ● | | | | ● | 290 | |
| ● | Motorleerlauf einstellen | | | | | ● | | | | | | ● | 291 | ● |
| ● | Kraftstoffilter austauschen | | | | | | | ● | | | | ● | 292 | |
| ● | Startdrehzahl einstellen | | | | | ● | | | | | | ● | 293 | ● |
| | **Zündanlage** | | | | | | | | | | | | | |
| | Zündanlage überprüfen | | ● | ● | ● | | | | | | ● | | 294 | |
| | Zündkerze prüfen/austauschen | | | | | | ● | | | | | ● | 295 | |
| ● | Zündzeitpunkt einer unterbrechergesteuerten Batteriezündung prüfen/einstellen | | ● | | | | | ● | | | ● | | 296 | ● |
| ● | Zündzeitpunkt einer Magnetzündung prüfen/einstellen | | | | ● | | | | | | ● | | 297 | ● |
| ● | Unterbrecherkontakt austauschen/einstellen | | | | ● | | | | | — | ● | | 298 | |
| ● | Fliehkraftregler schmieren | | | | ● | | | | | | | ● | — | |
| | **Abgasanlage** | | | | | | | | | | | | | |
| | Sichtprüfung der Abgasanlage | | | | | ● | | | | | ● | | — | |
| ● | Abgasanlage eines Zweitakters entkohlen | | | | ● | | | | | | | ● | — | ● |
| | **Kraftübertragung** | | | | | | | | | | | | | |
| | Getriebeöl wechseln | | ● | | | | | ● | | | | ● | 299 | |
| | Getriebeölstand kontrollieren | | | | | | | | | | | ● | 300 | |
| ● | Öl im Hinterradantrieb kontrollieren/austauschen | | ● | | | | | ● | | | | ● | 300 | |
| ● | Zahnräder und Kette des Sekundärantriebs überprüfen | | ● | | | ● | | | | | ● | | — | |
| ● | Lamellenkupplung nachstellen | | | | | ● | | | | | ● | | 301 | ● |
| ● | Trockenkupplung nachstellen | | | | | | ● | | | | ● | | 302 | ● |
| ● | Antriebskette ölen | | ● | | | | | | | | ● | | 302 | |
| ● | Antriebskette nachspannen | | ● | | | | | | | | | ● | 303 | |

## Übersicht

| Typspezifisch | Arbeiten / Intervalle | Vor jeder Fahrt | Nach 1 000 km | Nach 5 000 km | Alle 5 000 km | Alle 7 500 km | Alle 10 000 km | Alle 15 000 km | Jährlich | Alle 2 Jahre | Richtwert | Werksangabe | Seite des Arbeitsablaufs | Werkstattsache |
|---|---|---|---|---|---|---|---|---|---|---|---|---|---|---|
| ● | Kupplungsflüssigkeitsstand kontrollieren/nachfüllen | | ● | | | ● | | | | | ● | | 303 | |
| | Seilzug der Kupplung ölen | | ● | ● | ● | | | | | | | ● | 322 | |
| | Nippel des Kupplungsseilzuges schmieren | | | | | ● | | | | | | ● | — | |
| | Kupplungshebelgelenke schmieren | | | | | ● | | | | | | ● | — | |
| | **Fahrwerk** | | | | | | | | | | | | | |
| | Sichtprüfung des Rahmens | | | | | ● | | | | | ● | | — | |
| | Radfederung überprüfen | | | | | | | ● | | | ● | | 304 | ● |
| | Zustandsprüfung der Räder | ● | | | | | | | | | ● | | 305 | |
| | Reifenluftdruck prüfen/korrigieren | | ● | | | | | | | | | ● | 305 | |
| ● | Radspeichen überprüfen/nachspannen | | | | ● | | | | | | ● | | 306 | |
| | Radlagerspiel prüfen | | | | | ● | | | | | | ● | 306 | |
| ● | Lenkschloß ölen | | | | | | | | ● | | ● | | 306 | |
| | Öl einer Vorderradgabel wechseln | | ● | | | | | | ● | | | ● | 307 | |
| ● | Radlager abschmieren | | | | | | ● | | | | ● | | — | |
| | Räder auf Unwucht überprüfen | | ● | ● | ● | | | | | | | ● | — | ● |
| | Lenkkopflagerspiel prüfen/nachstellen | | ● | | | | ● | | | | ● | | 307 | |
| | Lenkkopflager abschmieren | | | | | | | ● | ● | | ● | | — | |
| ● | Schmierstellen abschmieren | | ● | ● | ● | | | | | | | ● | — | |
| | Öl einer Schwinge wechseln | | ● | | | | | ● | ● | | | ● | 308 | |
| ● | Hinterradstoßdämpfer prüfen | | | | | | ● | | ● | | | ● | — | ● |
| ● | Hinterrad-Schwingenlagerspiel prüfen/nachstellen | | ● | | | ● | | | | | | ● | 309 | |
| ● | Lager der Hinterradschwinge abschmieren | | | | | ● | | | | | | ● | — | |
| | Schraubverbindungen nachziehen | | ● | ● | | ● | | | | | ● | | — | |
| | Seitenständer überprüfen | | | | | | | ● | | | ● | | — | |
| | **Bremsanlage** | | | | | | | | | | | | | |
| | Bremsflüssigkeitsstand kontrollieren/nachfüllen | ● | | | | | | | | | ● | | 310 | |
| | Bremspedalhöhe prüfen/einstellen | | ● | | | | ● | | | | ● | | 310 | |
| | Bremsleitungen prüfen/austauschen | | ● | | ● | | | | | | | ● | 311 | |
| | Bremsanlage auf Dichtheit überprüfen | | ● | | | ● | | | | | | ● | 311 | |
| | Bremslicht prüfen/einstellen | | ● | | | | ● | | | | ● | | 312 | |
| | Scheibenbremsklötze kontrollieren | | | | ● | | | | | | ● | | 313 | |

## Übersicht

| Typspezifisch | Arbeiten / Intervalle | Vor jeder Fahrt | Nach 1 000 km | Nach 5 000 km | Alle 5 000 km | Alle 7 500 km | Alle 10 000 km | Alle 15 000 km | Jährlich | Alle 2 Jahre | Richtwert | Werksangabe | Seite des Arbeitsablaufs | Werkstattsache |
|---|---|---|---|---|---|---|---|---|---|---|---|---|---|---|
| | Trommelbremsbeläge kontrollieren | | | | | ● | | | | | ● | | 313 | |
| ● | Seilzug einer Vorderrad-Scheibenbremse einstellen | | ● | | | ● | | | | | ● | | 312 | |
| ● | Hinterradbremse einstellen | | ● | | | ● | | | | | ● | | 314 | |
| | Bremsflüssigkeit austauschen | | | | | | | | ● | | | ● | 315 | |
| ● | Geber für Tachometer (am Hinterradantrieb) reinigen | | ● | | | | | ● | | | | ● | — | |
| | Bremsschlauch austauschen | | | | | | | | | ● | | ● | — | |
| | Bremsgestänge bzw. Bremspedalachse abschmieren | | | | | ● | | | | | | ● | — | |
| | Funktionsprüfung der Bremsanlage | ● | | | | | | | | | | | — | |
| | Funktionsprüfung des Bremslichts | ● | | | | | | | | | | | — | |
| | **Beleuchtungsanlage** | | | | | | | | | | | | | |
| | Funktionsprüfung einer Beleuchtung | ● | | | | | | | | | | | 316 | |
| | Scheinwerfer einstellen | | ● | | | | | ● | | | | | 317 | |
| | **Blink- und Signalanlage** | | | | | | | | | | | | | |
| | Funktionsprüfung der Blinkanlage | ● | | | | | | | | | | | 317 | |
| | Funktionsprüfung der Signalanlage | ● | | | | | | | | | | | 317 | |
| | **Elektrik** | | | | | | | | | | | | | |
| | Batterie prüfen | | ● | | | ● | | | | | | ● | 318 | |
| | Batteriesäure prüfen/nachfüllen | | | | | ● | | | | | ● | | 319 | |
| | Batterieanschlüsse überprüfen/reinigen | | ● | | | ● | | | | | | ● | 319 | |
| ● | Tachoantriebswelle abschmieren | | | | | | | ● | ● | | | ● | — | |
| ● | Drehzahlmesser-Antriebswelle abschmieren | | | | | | | ● | ● | | | ● | — | |
| | Alle elektrischen Leitungen und Anschlüsse überprüfen | | | | | | | ● | | | ● | | — | |

# Ventilspiel kontrollieren/einstellen

| Schritt | Ausführung | Anmerkung |
|---|---|---|
| 1 | Zündkerzenstecker abziehen und Zündkerzen herausschrauben | Leichtes Durchdrehen des Motors durch fehlende Kompression |
| 2 | Ventilabdeckung nach Lösen der Schraubverbindungen entfernen | Ventilspiel nur bei stehendem und kaltem Motor einstellen |
| 3 | Motor soweit im Uhrzeigersinn durchdrehen bis beide Ventile vollkommen geschlossen (Kipphebel müssen den Nockengrundkreis berühren) | Markierungen müssen sich decken. Beim Mehrzylinder-Reihenmotor mit Zylinder 1 (von vorne gesehen links außen) beginnen |
| 4 | Ventilspiel durch Einführen der Fühlerlehre zwischen Ventilschaft und Kipphebel ermitteln<br><br>*354 Messen des Ventilspiels* | Sollwert für Ein- und Auslaßventil siehe Betriebsanleitung.<br>Fühlerlehre muß sich mit spürbarem Widerstand durchziehen lassen |
| 5 | Gegenmutter der Einstellschraube lockern und Einstellschraube so verdrehen bis das Ventilspiel stimmt<br><br>*355 Ventileinstellschrauben* | Nur erforderlich bei Sollwertabweichung.<br>Vielfach ist das Ventilspiel durch Ventilplättchen einzustellen. |
| 6 | Gegenmutter anziehen und Schritt 4 wiederholen. Bei einer Abweichung vom Sollwert Schritt 5 und anschließend Schritt 4 wiederholen | Das Ventilspiel muß immer etwas größer als der Sollwert sein.<br>Bei zu kleinem Ventilspiel schließen die Ventile nicht vollkommen. Die Folge ist eine Motorüberhitzung. |

# Ventilspiel kontrollieren/einstellen

| Schritt | Ausführung | Anmerkung |
|---|---|---|
| 7 | Ventilabdeckung befestigen | Alte Dichtung nur verwenden wenn sie unbeschädigt und nicht verhärtet ist |
| 8 | Zündkerzen einsetzen und mit Zündkerzenstecker verbinden | |
| 9 | Probelauf | Bei richtiger Einstellung des Ventilspiels läuft der Ventiltrieb leise |

# Kompression messen

| Schritt | Ausführung | Anmerkung |
|---|---|---|
| 1 | Motor bis Erreichen der Betriebstemperatur laufen lassen | Prüfvoraussetzung: Einwandfreies Ventilspiel |
| 2 | Motor abstellen | |
| 3 | Sämtliche Zündkerzenstecker von den Zündkerzen abziehen | Zuordnung kennzeichnen<br>Kerzenstecker so plazieren, d. h. weit genug von Masse entfernt, damit keine Funken überspringen können bzw. Steckverbindung an der Zündbox trennen |
| 4 | Sämtliche Zündkerzen herausschrauben | |
| 5 | Kompressionsdruckprüfer mit Gummikonus auf das Kerzenloch des zu prüfenden Zylinders dicht andrücken<br><br>*356 Andrücken eines Kompressionsdruckprüfers auf das Kerzenloch* | Es finden auch Druckaufnehmer Anwendung, die in das Kerzenloch geschraubt werden |
| 6 | Leerlauf einlegen | |

## Kompression messen

| Schritt | Ausführung | Anmerkung |
|---|---|---|
| 7 | Motor mit Hilfe des Anlassers bei Vollgas (maximale Zylinderfüllung) einige Male durchdrehen lassen | Druckunterschiede von 2 bar sind beim Ottomotor normal.<br>Langsamer Druckanstieg läßt auf undichte Ventile, Kolben- und Zylinderverschleiß oder auf eine undichte Zylinderkopfdichtung schließen |
| 8 | Zeigerrückstellung auf null vornehmen | |
| 9 | Kompressionsdruckprüfung an den restlichen Zylindern | |
| 10 | Zündkerzen einsetzen | |
| 11 | Zündkerzenstecker auf Zündkerzen stecken | Beim Aufstecken der Zündkabel auf Zündfolge achten |
| 12 | Steckverbindung an der Zündbox herstellen | |

## Kurbelgehäuseentlüftung entleeren

Haben sich im durchsichtigen Teil eines Ablaßschlauches Rückstände angesammelt, ist eine Entleerung erforderlich. Hierzu ist der Verschlußstopfen kurzzeitig zu entfernen

*Bevor es ans Schrauben geht, eine Checkliste aller beabsichtigten Arbeiten aufstellen!*

# Zweitakter entkohlen

| Schritt | Ausführung | Anmerkung |
|---|---|---|
| 1 | Motorrad auf Mittelständer stellen | |
| 2 | Auspuff ausbauen | |
| 3 | Alle Teile, die den Zugriff zum Zylinderkopf versperren, demontieren | |
| 4 | Zylinderkopf abschrauben und abnehmen | Muttern auf Stehbolzen oder Schrauben |
| 5 | Kurbelbetrieb soweit drehen bis Kolben im OT | 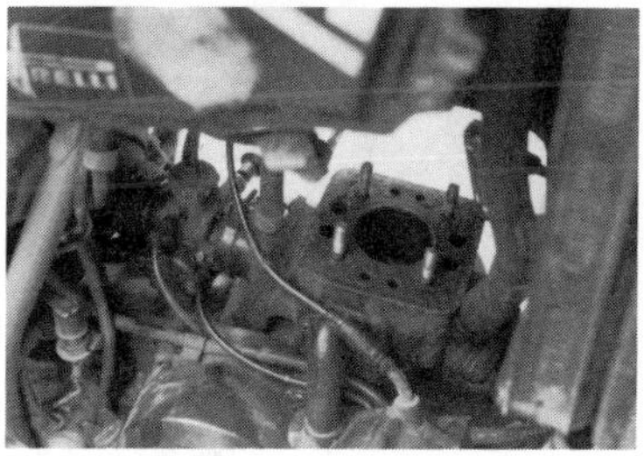 *357 Zweitakter mit abgenommenem Zylinderkopf* |
| 6 | Ölkohle vom Kolbenboden abschaben | |
| 7 | Kolbenboden mit Stahlwolle polieren | |
| 8 | Kolbenboden mit Petroleum reinigen | |
| 9 | Kurbeltrieb soweit drehen bis Kolben im UT | |
| 10 | Ölkohle vom Auslaßkanal von außen aus abschaben, polieren und reinigen | |
| 11 | Zylinderlauffläche leicht einfetten | |
| 12 | Kurbeltrieb soweit drehen bis Kolben im OT | |
| 13 | Kolbenboden reinigen | |
| 14 | Zylinderkopf entkohlen | Starke Verkohlung mit Schaber beseitigen |
| 15 | Zylinderkopf polieren und reinigen | |
| 16 | Weitere Kolben gemäß Schritt 5 bis 13 entkohlen | Nur bei Mehrzylinder-Motoren |
| 17 | Schalldämpfer-Endstück entkohlen | Prallplatte mit Drahtbürste von Ölkohle befreien |
| 18 | Zylinderkopf einbauen | Neue Zylinderkopfdichtung verwenden<br>Mit vorgeschriebenem Drehmoment über Kreuz festziehen |
| 19 | Auspuff einbauen | |
| 20 | Die in Schritt 3 ausgebauten Teile in umgekehrter Schrittfolge einbauen | |

# Motoröl und Ölfilter wechseln

| Schritt | Ausführung | Anmerkung |
|---|---|---|
| 1 | Motor warm fahren | Damit Öl dünnflüssig |
| 2 | Abschlußdeckel des Ölfilters abschrauben 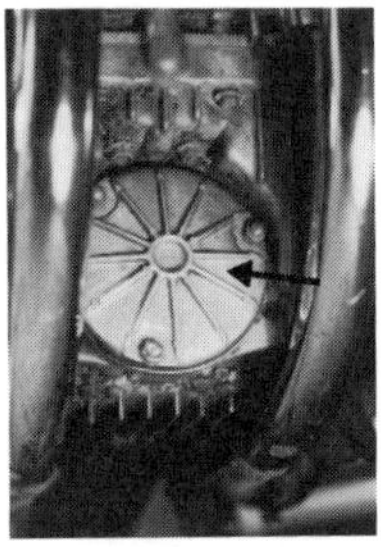 358 *Ölfilter* | |
| 3 | Deckel des Ölfilters lösen und mit Dichtring entfernen | Auslaufendes Öl mit Gefäß auffangen |
| 4 | Filtereinsatz herausziehen | Mit Drahthaken |
| 5 | Neuen Filtereinsatz einsetzen | Neue Dichtungen verwenden |
| 6 | Gefäß zum Auffangen des Altöls unter die Ölablaßschraube stellen | Unter Ölwanne |
| 7 | Ölablaßschraube öffnen und Öl auslaufen lassen | |
| 8 | Ölablaßschraube reinigen und fest einschrauben | |
| 9 | Ölgefäß entfernen und zum Transport in einen Kanister füllen | Altöl an einer Sammelstelle, z. B. Tankstelle, abliefern |
| 10 | Verschluß des Ölbehälters öffnen  359 *Verschluß eines Ölbehälters* | Ist kein Ölbehälter vorhanden, Nachfüllverschraubung öffnen |
| 11 | Richtige Menge der vorgeschriebenen Ölmarke einfüllen | Siehe Betriebsanleitung. Mehrbereichsöl oder Winter- bzw. Sommeröl |
| 12 | Ölnachfüllöffnung schließen | Mineralöl nicht mit Synthetik-Öl mischen |
| 13 | Motor kurzzeitig laufen lassen und Dichtheitskontrolle | |

# Öldruck messen

| Schritt | Ausführung | Anmerkung |
|---|---|---|
| 1 | Motor starten und nach Erreichen der Betriebstemperatur stillsetzen | Öltemperatur ca. 80 °C<br>Hat die Kühlmitteltemperatur den Betriebswert erreicht, muß der Motor noch ca. 3 Minuten weiterlaufen |
| 2 | Elektrische Leitung vom Öldruckschalter abziehen<br>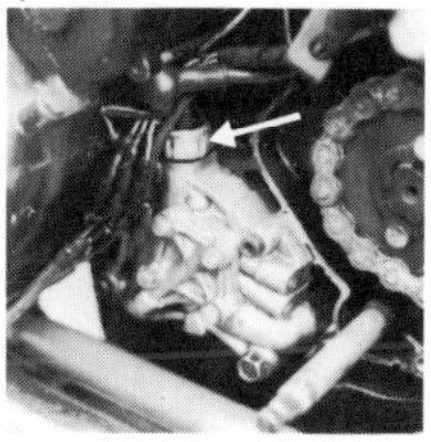<br>*360 Öldruckschalter* | Hat ein Öldruckschalter mehrere Anschlüsse, ist ein Anschlußbild mit den Leitungsfarben anzufertigen |
| 3 | Öldruckschalter herausschrauben | |
| 4 | Druckmesser in Gewindeloch des Öldruckschalters einschrauben | Meßbereich: Siehe Betriebsanleitung<br>Richtwert 0–5 bar |
| 5 | Drehzahlmesser an Klemme 15 und 1 der Zündspule und Masse anschließen | Nicht erforderlich, wenn Drehzahlmesser eingebaut |
| 6 | Motor starten und auf eine Drehzahl von 3000 bzw. 5000 1/min bringen und Meßwert ablesen | Sollwert: Siehe Betriebsanleitung<br>Wird dieser Druck nicht erreicht, ist ein Schaden an den zu schmierenden Motorteilen vorhanden oder die Ölpumpe ist defekt<br>Ein höherer Öldruck weist auf einen erhöhten Widerstand in der Schmieranlage hin |
| 7 | Motor stillsetzen | |
| 8 | Drehzahlmesser ausbauen | Wenn in Schritt 5 eingebaut |
| 9 | Druckmesser ausbauen | |
| 10 | Öldruckschalter einschrauben | |
| 11 | Elektrische Leitung anschließen | Kontakt muß einwandfrei sein |

# Ölsumpffilter überprüfen/reinigen

| Schritt | Ausführung | Anmerkung |
|---|---|---|
| 1 | Motorrad auf Mittelständer stellen | |
| 2 | Motoröl ablassen | Siehe Seite 274 |
| 3 | Ölwanne abschrauben | |
| 4 | Ölsumpffilter ausbauen | Auf Einbaulage achten |
| 5 | Ölsumpffilter reinigen | |
| 6 | Ölsieb überprüfen | Ein gerissenes Ölsieb muß ausgetauscht werden |
| 7 | Ölwanne reinigen | |
| 8 | Ölsumpffilter einbauen | Öleinlaß nach vorne |
| 9 | Ölwanne anschrauben | Neue Ölwannendichtung verwenden |
| 10 | Motoröl einfüllen | Siehe Seite 274 |
| 11 | Dichtprüfung der Ölwanne | |

## 4.2.3 Kühlanlage

**Werkstatt-Tip**

- Undichtigkeiten eines Kühlers lassen sich vielfach durch flüssige Dichtmittel beseitigen. Sie sind der Kühlflüssigkeit beizugeben.
- Durch häufiges Nachfüllen von Kühlwasser wird die Verkalkung des Kühlsystems verkürzt und die Frostschutzgrenze reduziert.
- Kalkablagerungen in einem Kühler können durch ein flüssiges Entkalkungsmittel beseitigt werden, das in das Kühlsystem einzufüllen ist. Die Wirkung tritt bei warmen Motor ein. Anschließend ist die Kühlflüssigkeit abzulassen. Bei starker Verkalkung ist dieser Vorgang zu wiederholen. Nach dieser Prozedur ist das Kühlsystem mit Kühlflüssigkeit normaler Zusammensetzung aufzufüllen.
- Zur Vermeidung von Korrosion ist vor längerer Stillegung des Kraftfahrzeuges das Kühlsystem unter Beigabe von Frost- und Korrosionsschutz ganz zu füllen.
- Ist ein wassergekühlter Motor noch heiß, darf Kühlwasser nur langsam bei laufendem Motor nachgefüllt werden, um Materialspannungen – die zu einem Riß des Motorblocks führen können – zu vermeiden.

# Kühlflüssigkeitsstand kontrollieren/korrigieren

| Schritt | Ausführung | Anmerkung |
|---|---|---|
| 1 | Kühlmittelstand am Ausgleichbehälter kontrollieren  *361 Ausgleichbehälter* | Sollwert bei kaltem Motor ≧ Min-Markierung, bei warmem Motor über Min, aber nicht über Max |
| 2 | Verschlußdeckel des Ausgleichbehälters öffnen | |
| 3 | Kühlflüssigkeit in den Ausgleichbehälter bis zur Max-Markierung auffüllen | Kühlmittel besteht aus destilliertem Wasser, Frost- und Korrosionsschutz. Der Wasseranteil beträgt 50 % |
| 4 | Motor kurzzeitig laufen lassen | Entlüftung des Kühlsystems |
| 5 | Loch im Ausgleichbehälter mit einer Nadel reinigen | Ist das Loch verstopft, kann während der Abkühlphase keine Kühlflüssigkeit vom Ausgleichbehälter in den Kühler nachfließen, da der atmosphärische Luftdruck nicht wirksam sein kann |
| 6 | Ausgleichbehälter schließen | |

# Kühlflüssigkeit austauschen

| Schritt | Ausführung | Anmerkung |
|---|---|---|
| 1 | Kühlerverschluß entfernen | Vorsicht bei heißem Motor |
| 2 | Kühlwasserablaßschraube bzw. -ablaßhahn öffnen | Kann keine Ablaßschraube bzw. kein Ablaßhahn gefunden werden, untersten Kühlwasserschlauch am Kühler entfernen |
| 3 | Abwarten, bis Kühlanlage vollkommen leer | |
| 4 | Kühlwasserablaßschraube bzw. -ablaßhahn schließen | Eventuell abgenommenen Kühlwasserschlauch anschließen |

## Kühlflüssigkeit austauschen

| Schritt | Ausführung | Anmerkung |
|---|---|---|
| 5 | Kühlsystem mit blankem Wasser füllen | Reinigung des Kühlsystems |
| 6 | Motor starten und nach etwa 2 Minuten abstellen | |
| 7 | Kühlwasser ablassen | |
| 8 | Schritt 4 bis 7 solange wiederholen, bis Spülwasser sauber bleibt | |
| 9 | Kühlsystem mit Kühlmedium bestehend aus Wasser, Frostschutz und Korrosionsschutz füllen | Am zweckmäßigsten vor Einfüllen mischen. Mischungsverhältnis gemäß Gebrauchsanweisung |
| 10 | Motor in Betrieb setzen und bei Bedarf nachfüllen | Kühlflüssigkeitsstand etwa 1 cm über Kühlrippen des Kühlers |
| 11 | Nach Erreichen der Betriebstemperatur Motor abstellen, wenn keine Luftblasen mehr im Kühlerstutzen austreten | |

## Kühlanlage auf Dichtheit überprüfen

| Schritt | Ausführung | Anmerkung |
|---|---|---|
| 1 | Visuelle Kontrolle der Schläuche, Schlauchanschlüsse und des Kühlers. Bei Verwendung eines Prüfgerätes (es wird auf dem Verschluß angebracht) wird das Kühlsystem unter Druck gesetzt. Aufschluß über die Dichtigkeit gibt das Druckverhalten im Kühlsystem | Spuren von eingetrocknetem Frostschutzmittel weisen auf eine Leckstelle hin<br>Schläuche müssen weich sein. Verhärtete oder brüchig gewordene Schläuche austauschen! |
| 2 | Motor starten und bis Erreichen der Betriebstemperatur fahren | Kühlsystem steht unter Druck |
| 3 | Motor abstellen und Kühlsystem auf Tropfenbildung überprüfen | Bildet sich eine Leckage unter dem Motor, nach Ursache suchen<br>Auf Spritzer von getrocknetem Frostschutz achten |
| 4 | Verschluß des Kühlers bzw. Ausdehnungsgefäßes öffnen | Kühlerverschluß mit Lappen lockern, einige Sekunden warten, dann ganz öffnen |
| 5 | Motor starten | |

# Kühlanlage auf Dichtheit überprüfen

| Schritt | Ausführung | Anmerkung |
|---|---|---|
| 6 | Überprüfen, ob Luftblasen aus dem Verschluß austreten | Austretende Luftblasen deuten auf eine defekte Zylinderkopfdichtung hin |
| 7 | Motor abstellen | |
| 8 | Bei Bedarf Kühlmittel nachfüllen und Verschluß schließen | Wenn erforderlich, Kühlanlage abdichten bzw. poröse Schläuche, defekte Kühlmittelpumpe oder Zylinderkopfdichtung ersetzen |

# Kühler überprüfen/reinigen

| Schritt | Ausführung | Anmerkung |
|---|---|---|
| 1 | Fremdkörper aus den Lamellen entfernen |   *362 Kühler* |
| 2 | Kühler mit Wasser und Druckluft reinigen | |
| 3 | Verbogene Lamellen geradebiegen | |
| 4 | Kühler austauschen, wenn eine Beschädigung vorliegt bzw. die Kühlfläche durch starke Verschmutzung reduziert ist | Siehe Seite 171 |

# Schläuche des Kühlsystems überprüfen

| Schritt | Ausführung | Anmerkung |
|---|---|---|
| 1 | Sichtprüfung der Kühlmittelschläuche | Poröse oder beschädigte Kühlmittelschläuche sind umgehend auszutauschen, da sie aufreißen können |
| 2 | Alle Verbindungen auf Dichtheit überprüfen | Die Verbindungen müssen fest sein. Das Kühlsystem darf keine Leckstellen aufweisen |
| 3 | Defekte Teile austauschen (siehe Kühlflüssigkeit austauschen Seite 277) | Nur Originalteile verwenden |
| 4 | Kühlanlage entlüften | Wenn Schläuche ausgetauscht wurden |

# Kraftstoffhahnsieb reinigen

| Schritt | Ausführung | Anmerkung |
|---|---|---|
| 1 | Kraftstoffhahn schließen | |
| 2 | Überwurfmutter entfernen | |
| 3 | Schlauchanschluß abziehen | |
| 4 | Sieb abnehmen und in Kraftstoff reinigen | |
| 5 | Sieb einsetzen | Bei Bedarf neue Dichtung verwenden |
| 6 | Überwurfmutter anbringen | |
| 7 | Schlauch anschließen | |
| 8 | Kraftstoffhahn öffnen | |
| 9 | Dichtheitskontrolle | |

# Kraftstoffsieb reinigen

| Schritt | Ausführung | Anmerkung |
|---|---|---|
| 1 | Filterglocke nach Lösen der Befestigungsschraube abnehmen 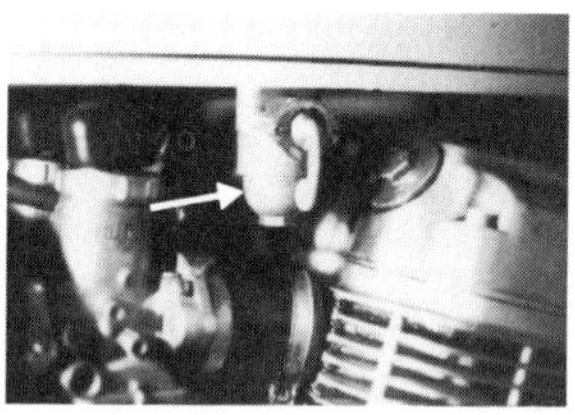 *363 Filterglocke* | Kraftstoffbehälter-Entleerung und Kraftstoffhahn-Ausbau nicht erforderlich |
| 2 | Kraftstoffsieb entfernen und in Kraftstoff gründlich auswaschen | |
| 3 | Filterglocke reinigen | |
| 4 | Kraftstoffsieb einsetzen | |
| 5 | Filterglocke festschrauben | |

# Kraftstoffleitungen überprüfen

Die Kraftstoffleitungen zwischen Kraftstoffhahn und Vergaser bestehen aus synthetischem Gummi und sind mit Drahtklammern befestigt. Zu kontrollieren sind die Schlauchverbindungen und der Leitungszustand. Sind die Leitungen porös oder beschädigt, ist ein Austausch dringend notwendig. Es dürfen nur Originalteile verwendet werden. Natürlicher Gummi schwillt und löst sich auf.

## 4.2.5 Vergaseranlage

**Werkstatt-Tip**

- Damit eventuell angesammeltes Wasser und Schmutz aus dem Vergaser abfließen kann, sollte von Zeit zu Zeit bei geöffnetem Benzinhahn die unterste Schraube am Vergaser kurzzeitig geöffnet werden.

# Schwimmerkammer reinigen

| Schritt | Ausführung | Anmerkung |
|---|---|---|
| 1 | Kraftstoffhahn schließen | |
| 2 | Spannbügel des Schwimmerkammerdeckels abdrücken und Schwimmerkammer abnehmen | 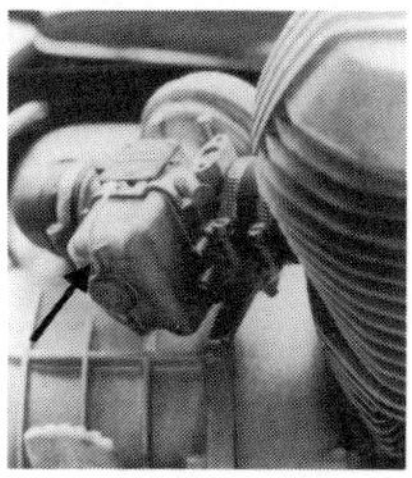 *364 Schwimmerkammerdeckel* |
| 3 | Kraftstoff aus Schwimmerkammerdeckel ausschütten | |
| 4 | Schwimmerkammerdeckel reinigen | |
| 5 | Schwimmerkammerdeckel exakt mit Vergaser verbinden | Neue Dichtung verwenden |

# Drosselklappenvergaser einstellen

| Schritt | Ausführung | Anmerkung |
|---|---|---|
| 1 | Seilzüge der Startvorrichtung einstellen | Einstellvoraussetzungen |
| 2 | Motor warmlaufen lassen | |
| 3 | Gasdrehgriff vollkommen schließen | |
| 4 | Leerlaufgemisch-Regulierschraube durch Rechtsdrehung ganz einschrauben 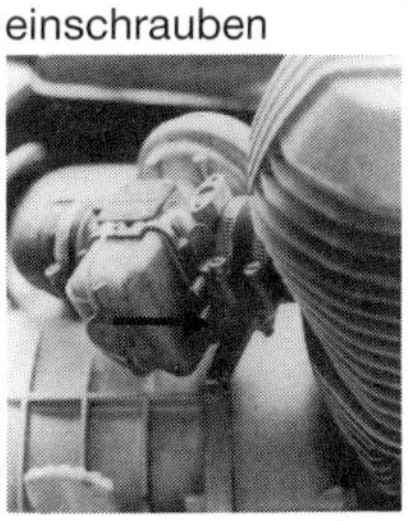 *365 Leerlaufgemisch-Regulierschraube* | Bei zwei oder mehr Vergasern sind diese Einstellungen an jedem Vergaser vorzunehmen |

# Drosselklappenvergaser einstellen

| Schritt | Ausführung | Anmerkung |
|---|---|---|
| 5 | Leerlaufgemisch-Regulierschraube eine Umdrehung ausschrauben | Eine genaue Vergasereinstellung ist nur mittels Synchronnisiergerät möglich<br>Siehe Seite 288 |
| 6 | Drosselklappen-Anschlagschraube soweit einschrauben, bis Drosselklappenhebel dessen Anschlag berührt<br><br>*366 Drosselklappen-Anschlagschraube* | |
| 7 | Drosselklappen-Anschlagschraube eine Umdrehung einschrauben | |
| 8 | Leerlaufgemisch-Regulierschraube soweit nach links bzw. rechts verdrehen, bis die maximale Leerlaufdrehzahl erreicht ist | Durch Rechtsdrehung wird das Gemisch ärmer, durch Linksdrehung fetter |
| 9 | Drosselklappen-Anschlagschraube etwas zurückdrehen und anschließend Leerlaufgemisch-Regulierschraube soweit nach rechts bzw. links drehen, bis der Motor mit der Leerlaufdrehzahl rund läuft | Siehe Betriebsanleitung<br>Richtwert: 1000 1/min ± 100 |

# Schiebervergaser reinigen

<table>
<tr><th>Schritt</th><th>Ausführung</th><th>Anmerkung</th></tr>
<tr><td>1</td><td>Vergaser ausbauen</td><td></td></tr>
<tr><td>2</td><td>Deckelplatte abschrauben<br><br>367 Deckelplatte</td><td></td></tr>
<tr><td>3</td><td>Schwimmergehäusedeckel abschrauben<br><br>368 Schwimmergehäusedeckel</td><td>Manchmal mit Bügel befestigt</td></tr>
<tr><td>4</td><td>Abschlußschraube herausschrauben</td><td></td></tr>
<tr><td>5</td><td>Gasschieber mit Düsennadel herausnehmen<br><br>369 Gasschieber mit Düsennadel</td><td></td></tr>
<tr><td>6</td><td>Schwimmer herausnehmen</td><td></td></tr>
<tr><td>7</td><td>Haupt-, Nadel- und Leerlaufdüse herausdrehen</td><td></td></tr>
</table>

# Schiebervergaser reinigen

| Schritt | Ausführung | Anmerkung |
|---|---|---|
| 8 | Vergasergehäuse und sämtliche Einzelteile in Kraftstoff reinigen | Nach der Reinigung auf sauberen Untergrund legen |
| 9 | Düsenbohrungen mit Preßluft durchblasen | |
| 10 | Zusammenbau des Vergasers in umgekehrter Schrittfolge | Stellung der Einstellschrauben nicht verändern |

# Schiebervergaser einstellen

| Schritt | Ausführung | Anmerkung |
|---|---|---|
| 1 | Einstellung der Startereinrichtung überprüfen bzw. berichtigen | Spiel des Seilzugs am Starterhebel für die Startereinrichtung etwa 2 mm. Zur Justierung dient eine Stellschraube |
| 2 | Motor auf Betriebstemperatur bringen. Startereinrichtung ausschalten und Gasdrehgriff schließen | |
| 3 | Gasschieber-Anschlagschraube durch Linksdrehung herausschrauben  *370 Gasschieber-Anschlagschraube* | Motor läuft langsamer |
| 4 | Seilzug so einstellen, daß der Gasschieber vollkommen geschlossen ist | |
| 5 | Gasschieber-Anschlagschraube soweit hineindrehen, bis der Motor bei geschlossenem Gasdrehgriff mit erhöhter Leerlaufdrehzahl läuft | Rechtsdrehung ergibt höhere Leerlaufdrehzahl |

## Schiebervergaser einstellen

| Schritt | Ausführung | Anmerkung |
|---|---|---|
| 6 | Leerlaufgemisch-Regulierschraube soweit hineindrehen, bis sich ein merkbarer Widerstand ergibt. Anschließend soweit zurückdrehen (etwa $^1/_2$ Umdrehung), bis Motor rund läuft.<br>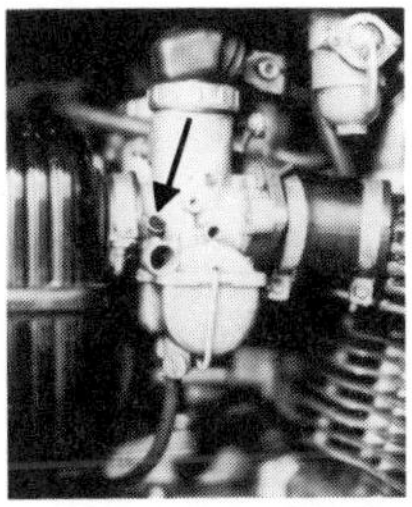<br>*371 Leerlaufgemisch-Regulierschraube* | Rechtsdrehung ergibt ein fetteres, Linksdrehung ein ärmeres Gemisch |
| 7 | Gasschieber-Anschlagschraube bis Erreichen der gewünschten Leerlaufdrehzahl herausschrauben | |
| 8 | Stellschraube des Gasseilzuges am Vergaser so einstellen, daß zwischen Vergaser und Gasdrehgriff ein Spiel von etwa 1 mm vorhanden ist. | Motordrehzahl siehe Betriebsanleitung<br>Richtwert: 900 1/min |

## Luftfilter reinigen/austauschen

| S | R | A | Ausführung | Anmerkung |
|---|---|---|---|---|
| 1 | ● | ● | Halteklammern des Gehäusedeckels mittels Schraubendreher abhebeln | <br>*372 Luftfilter* |
| 2 | ● | ● | Gehäusedeckel abnehmen | |
| 3 | ● | ● | Luftfiltereinsatz entnehmen | |
| 4 | ● | | Luftfiltereinsatz ausklopfen anschließend mit Preßluft ausblasen | |
| 5 | ● | ● | Luftfiltergehäuse und Gehäusedeckel mit trockenem Lappen reinigen | |
| 6 | ● | ● | Luftfiltereinsatz so ins Luftfiltergehäuse legen, daß die Beschriftung in Fahrtrichtung hinten und die Pfeilmarkierung »TOP-OBEN« ist. | |
| 7 | ● | ● | Gehäusedeckel montieren | |
| S = Schrittfolge; R = Reinigung; A = Austausch | | | | |

# Starterklappe prüfen/einstellen

| S | P | E | Ausführung | Anmerkung |
|---|---|---|---|---|
| 1 | ● | ● | Kraftstofftank ausbauen | |
| 2 | ● | ● | Chokehebel am Lenker bis Anschlag nach oben drücken | Chokeventil sollte geöffnet sein |
| 3 | ● | | Chokehebel am Vergaser hin- und herbewegen | Es darf kein Spiel vorhanden sein |
| 4 | | ● | Choke-Seilzugklemme am Vergaser lockern und Seilzug soweit verschieben bis Chokehebel ganz geöffnet | |
| 5 | | ● | Choke-Seilzugklemme festziehen | |
| 6 | ● | ● | Chokehebel am Lenker bis Anschlag nach unten drücken | Chokeventil muß geschlossen sein |
| 7 | | ● | Spiel zwischen Chokehebel am Vergaser und Seilzug messen | Sollwert: Siehe Betriebsanleitung<br>Bei Abweichung Schritt 4 bis 7 wiederholen |
| 8 | ● | ● | Chokeseilzug schmieren | Bei Bedarf |
| 9 | ● | ● | Kraftstofftank einbauen | |
| S = Schrittfolge; P = Prüfung; E = Einstellung | | | | |

# Gasseilzüge prüfen/einstellen

| S | P | E | Ausführung | Anmerkung |
|---|---|---|---|---|
| 1 | ● | | Gasdrehgriff in verschiedenen Lenkerstellungen ganz aufdrehen, anschließend loslassen | Der Gasdrehgriff muß nach Loslassen selbsttätig die Ruhestellung einnehmen |
| 2 | ● | | Spiel am Flansch des Gasdrehgriffs messen  *373 Flansch eines Gasdrehgriffs* | Sollwert 2 bis 6 mm |
| 3 | ● | ● | Kraftstofftank ausbauen | |
| 4 | | ● | Kontermutter an einem Ende des Gasseilzugs lockern  *374 Unterer Einsteller eines Gasseilzugs* | Kleinere Einstellung am oberen, größere am unteren Einsteller vornehmen |
| 5 | | ● | Einsteller verdrehen | |
| 6 | | ● | Kontermutter festziehen | |
| 7 | | ● | Schritt 1 und 2 wiederholen | Bei Abweichungen Schritt 4 bis 6 wiederholen |
| 8 | ● | | Gasseilzüge überprüfen | Geknickte oder beschädigte Gasseilzüge austauschen |
| 9 | ● | ● | Gasseilzüge schmieren | Gasseilzüge am oberen Ende lösen und mit einem Seilzugschmiermittel versehen |
| 10 | ● | ● | Kraftstofftank einbauen | |

S = Schrittfolge; P = Prüfung; E = Einstellung

# Vergaser synchronisieren

| Schritt | Ausführung | Anmerkung |
|---|---|---|
| 1 | Vergasereinstellung überprüfen und bei Bedarf richtigstellen | |
| 2 | Kraftstoffbehälter 0,5 m höher lagern. Die dabei gelöste Verbindung zwischen Kraftstoffhahn und Vergaser ist durch einen Kraftstoffschlauch wieder herzustellen | Durch diese Maßnahme wird der Kraftstoffdruck erhöht |
| 3 | Den an jedem Vergaser vorhandenen Prüfanschluß über einen Schlauch mit je einem Vakuummesser verbinden<br><br>*375 Prüfanschluß eines Vergasers* | Schlauchanschluß des Vakuummessers kann nach Entfernen der Verschlußschraube des Prüfanschlusses mit dem Vergaser verschraubt werden |
| 4 | Motor starten | |
| 5 | Nach Erreichen der Betriebstemperatur Einstellschraube jedes Vergasers so verstellen, bis sämtliche Vakuummesser den Sollwert anzeigen<br>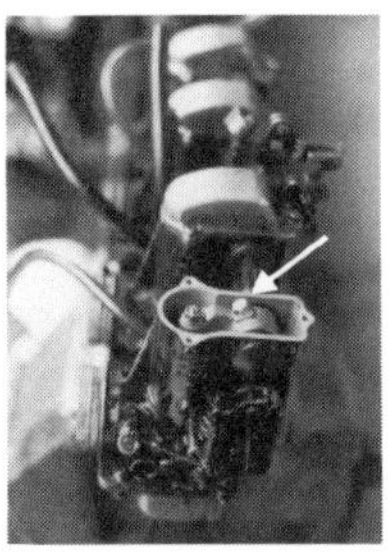<br>*376 Einstellschraube eines Vergasers* | Zulässige Abweichungen der Messungen $\leqq$ 3 cm Hg (Hg = Quecksilber) |

# Vergaser synchronisieren

| Schritt | Ausführung | Anmerkung |
|---|---|---|
| 6 | Jede Leerlauf-Luftschraube so einstellen, daß der Motor bei maximalen Unterdruck noch rund läuft<br><br>*377 Leerlauf-Luftschraube eines Vergasers* | Die Leerlauf-Luftschrauben sind jetzt vom geschlossenen Zustand etwa eine Umdrehung aufgedreht |
| 7 | Einstellschraube am Gasgestänge so einstellen, daß der Motor im Leerlauf rund läuft | Leerlaufdrehzahl 900 bis 1000 1/min |
| 8 | Motor abstellen | |
| 9 | Schläuche und Vakuummesser entfernen und Verschlußschrauben einsetzen | |
| 10 | Kraftstoffbehälter und Luftfilter einbauen | |

# Luftfiltereinsatz austauschen

| Schritt | Ausführung | Anmerkung |
|---|---|---|
| 1 | Motorrad auf Mittelständer stellen |  378 *Luftfiltergehäuse* |
| 2 | Motorradverkleidung abschrauben | |
| 3 | Befestigung des Luftfilters lösen | |
| 4 | Ansaugschnorchel aus Luftfiltergehäuse ziehen | |
| 5 | Luftfiltereinsatz herausziehen | |
| 6 | Luftfiltergehäuse reinigen | |
| 7 | Luftfiltereinsatz ins Luftfiltergehäuse geben | Beschriftung nach außen, Pfeilrichtung nach oben |
| 8 | Ansaugschnorchel mit Luftfiltergehäuse verbinden | |
| 9 | Luftfilter befestigen | |
| 10 | Motorradverkleidung anschrauben | |

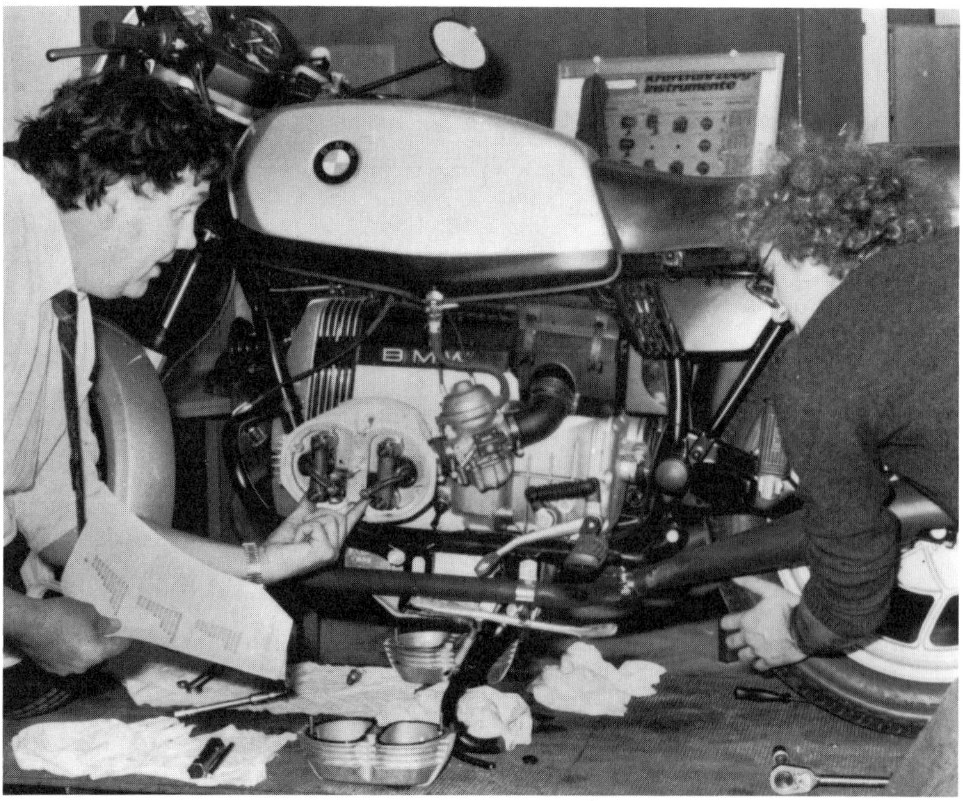

# Motorleerlauf einstellen

| Schritt | Ausführung | Anmerkung |
|---|---|---|
| 1 | Motorrad bis Erreichen der Betriebstemperatur fahren | |
| 2 | Zündung ausschalten | |
| 3 | Motorrad auf Mittelständer stellen | |
| 4 | Verschlußstopfen der Unterdruckanschlüsse abziehen<br><br>*379 Verschlußstopfen* | |
| 5 | Unterdruckschlauch vom Druckregler abziehen<br><br>*380 Druckregler* | 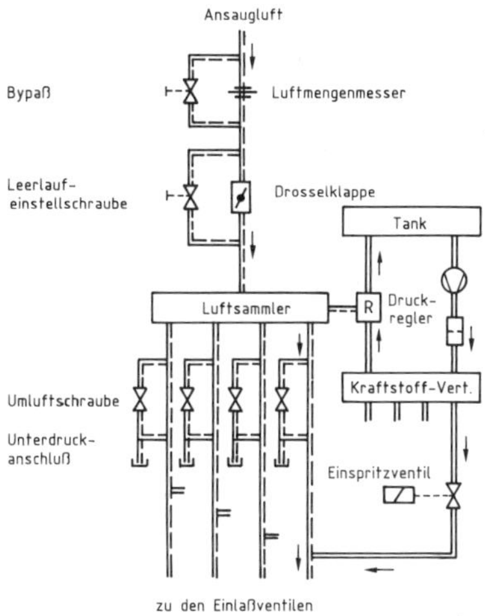<br><br>*381 Kreislaufschema der LE-Jetronic* |
| 6 | Synchrontester über Adapter mit den Unterdruckanschlüssen der Zylinder 1, 2 und 3 verbinden | |
| 7 | Adapter mit Unterdruckanschluß des Zylinders 4 verbinden | |
| 8 | Den in Schritt 5 vom Druckregler abgezogenen Schlauch auf den Winkelnippel des mit Zylinder 4 verbundenen Adapters verbinden | <br>*382 Umluftschrauben* |
| 9 | Motor starten | |
| 10 | Umluftschrauben so verdrehen, bis der Synchrontester für jeden Zylinder den gleichen Wert anzeigt | |

# Motorleerlauf einstellen

| Schritt | Ausführung | Anmerkung |
|---|---|---|
| 11 | Leerlauf-Einstellschraube so verdrehen, bis die Leerlaufdrehzahl erreicht ist<br><br>*383 Leerlauf-Einstellschraube* | Sollwert: Siehe Betriebsanleitung<br>Richtwert: 950 ± 50 1/min<br>Ist bei geringer Gasgriffdrehung kein Knacken im Leerlaufschalter zu hören, müssen die Umluftschrauben anders eingestellt werden |
| 12 | Motor abstellen | |
| 13 | Synchrontester und Adapter ausbauen | |
| 14 | Den in Schritt 5 vom Druckregler abgezogenen Schlauch mit Druckregler verbinden | |
| 15 | Unterdruckanschlüsse mit Verschlußstopfen verschließen | |

# Kraftstoffilter austauschen

| Schritt | Ausführung | Anmerkung |
|---|---|---|
| 1 | Motorrad auf Mittelständer stellen | |
| 2 | Tankverschluß öffnen | Kraftstoffilter im Tank eingebaut (typspezifisch) |
| 3 | Kraftstoffeinfüllstutzen ausbauen | |
| 4 | Schlauchbinder lösen | |
| 5 | Druckleitung mit Kraftstoffilter aus Einfüllstutzen ziehen | |
| 6 | Kraftstoffilter von Druckleitung trennen | |
| 7 | Einbau des neuen Kraftstoffilters in umgekehrter Schrittfolge | |

# Startdrehzahl einstellen

| Schritt | Ausführung | Anmerkung |
|---|---|---|
| 1 | Motorrad auf Mittelständer stellen | |
| 2 | Kontermutter der Einstellschraube lösen | <br>*384 Konter- und Einstellschraube* |
| 3 | Kaltstartbetätigung in Stufe 1 drücken | |
| 4 | Einstellschraube so verdrehen, bis sie sich um 1 mm angehoben hat | |
| 5 | Kaltstartbetätigung in Stufe 2 drücken | |
| 6 | Abstand der Einstellschraube messen | Die Einstellschraube muß sich auf 2,5 mm angehoben haben |
| 7 | Kontermutter der Einstellschraube festziehen | |

## 4.2.7 Zündanlage

**Werkstatt-Tip**

- Die Einstellung einer kontaktlosen elektronischen Zündanlage ist bei bestimmter Kurbelwellenstellung vorzunehmen. Der Geber muß in kleinem Abstand zum Leitstück, das sich auf der Kurbel- oder Nockenwelle befindet, angeordnet sein. Die Grundeinstellung ist bei stehendem Motor, die Feineinstellung mittels Stroboskop im Leerlauf durchzuführen. Eine Korrektur ist durch Verdrehen der Grundplatte möglich.
- Unterbrecher mit verschmorten Kontakten sind auszutauschen. Die Bearbeitung der Kontaktflächen mit einer Kontaktfeile bringt nur eine kurzzeitige Verbesserung, da der Abbrand bestehen bleibt.
- Unterbrecherkontakte müssen frei von Öl oder Fett sein, da sonst keine einwandfreie Kontaktgabe bzw. Unterbrechung gewährleistet ist.
  Die Kontaktflächen müssen sich genau gegenüberliegen, da sonst die Lebensdauer verkürzt wird.
- Das Isolierstoffklötzchen am Unterbrecherhammer ist ein Verschleißteil, durch dessen Abnützung sich der Kontaktabstand verringert und die Zündeinstellung verändert.
- Ein Lockern der Befestigungsschraube des Unterbrechers bewirkt eine Veränderung des Kontaktabstandes und Ausfall der Zündung.
- Sitzt eine Zündkerze zu fest, dann Kriechöl auf den Sitz der Zündkerze sprühen und vor dem Herausschrauben 10 Minuten einwirken lassen.
- Zur Reinigung der Zündkerzen-Elektroden sollte eine Stahlbürste verwendet werden.
- Verkokte Zündkerzen sind in einem Sandstrahlgebläse zu reinigen.
- Überhitzte Zündkerzen (Tränen an den Elektroden) sind durch neue zu ersetzen. Eine Fehlersuche (Spätzündung, Benzin mit zu geringer Ölbeimischung, Schwimmernadel zu tief eingehängt, Überbeanspruchung der Maschine) und Fehlerbehebung ist durchzuführen.

# Zündanlage überprüfen

| Schritt | Ausführung | Anmerkung |
|---|---|---|
| 1 | Zustandsprüfung der Zündkerzenstecker | Er darf nicht verschmutzt, verkohlt und nicht beschädigt sein |
| 2 | Zündkerzen überprüfen | Siehe unten |
| 3 | Sämtliche Zündkabel auf feste Verbindungen überprüfen | Die Kabel dürfen weder gebrochen noch durchgescheuert sein |
| 4 | Kabelanschlüsse an: Zündbox, Zündspule, Vorwiderstand und Impulsgeber überprüfen | 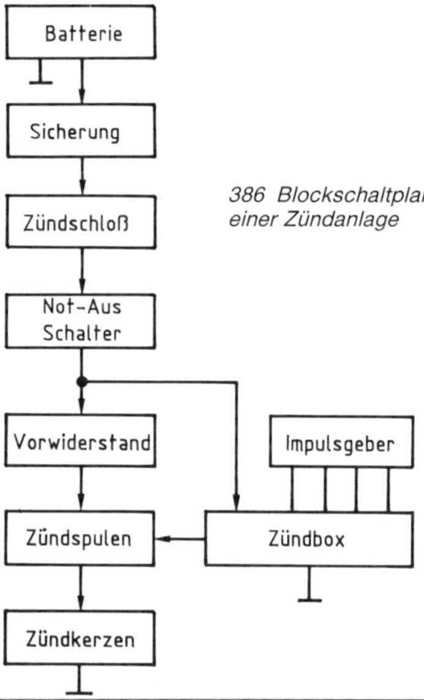<br>*386 Blockschaltplan einer Zündanlage* |
| 5 | Fliehkraftregler auf Gängigkeit testen und bei Bedarf etwas schmieren<br><br>*385 Fliehkraftregler* | |

# Zündkerze prüfen/austauschen

| S | P | A | Ausführung | Anmerkung |
|---|---|---|---|---|
| 1 | ● | ● | Zündung ausschalten | |
| 2 | ● | ● | Zündkerzenkabel abziehen<br><br>*387 Zündkerzenkabel mit Zündkerzenstecker* | |
| 3 | ● | ● | Zündkerze herausschrauben | |
| S = Schrittfolge; P = Prüfung; A = Austausch | | | | |

# Zündkerze prüfen/austauschen

| S | P | A | Ausführung | Anmerkung |
|---|---|---|---|---|
| 4 | ● | | Zündkerze begutachten<br>Rußablagerung: Gemisch zu fett, Wärmewert falsch<br>Weiße Ablagerung: Gemisch zu mager<br>Elektroden abgebrannt: Frühzündung, Wärmewert falsch | Zündkerze, Wärmewert, Vergasereinstellung und Benzineinspritzung in Ordnung, wenn der Isolator der Kerze hellbraun ist oder pulvrige Niederschläge in hellgelber bis grauweißer Farbe aufweist. Stahlkörper der Kerze trägt einen leichten mattschwarzen, trockenen oder hellgelblichen bis grauweißen Niederschlag |
| 5 | ● | | Elektrodenabstand mittels Fühlerlehre überprüfen<br>Wenn nötig berichtigen | Sollwert 0,7 bis 0,8 mm<br>Kleinmotoren 0,5 mm |
| 6 | ● | | Zündkerzenstecker auf herausgeschraubte Zündkerze stecken und Zündkerze auf Motorblock legen<br><br>*388 Anordnung der Zündkerzenprüfung* | Zündkerzengehäuse muß mit Masse verbunden sein. Während der Prüfung nicht mit der Hand, sondern mit einer Isolierzange halten. Zündspannung und Zündenergie können lebensgefährliche Werte erreichen. |
| 7 | ● | | Motorstart (von Helfer), umgehend wieder stillsetzen | Erscheinen in gleichmäßigen Abständen zwischen den Elektroden starke Funken, sind die Zündkerze und die übrigen gemeinsamen Teile der Zündanlage in Ordnung |
| 8 | ● | | Zündkerzenstecker abziehen | |
| 9 | ● | ● | Zündkerzen (auf Kerzentyp und Gewindelänge achten) von Hand einschrauben, Zündkerzenschlüssel ansetzen und leicht festziehen (ca. $^{1}/_{8}$ einer Umdrehung) | Nur bei kaltem Motor. Gewinde nicht ölen, evtl. mit Graphit bestreichen<br>Zündkerzengewinde – Anzugs-Drehmoment<br>10 mm – 1,5 kpm<br>12 mm – 3,0 kpm<br>14 mm – 4,0 kpm<br>18 mm – 5,0 kpm |
| 10 | ● | ● | Zündkerzenstecker auf Zündkerze stecken | |

S = Schrittfolge; P = Prüfung; A = Austausch

# Zündzeitpunkt einer unterbrechergesteuerten Batteriezündung prüfen/einstellen

| S | HK | KE | Ausführung | Anmerkung |
|---|---|---|---|---|
| 1 | ● | ● | Batterie abklemmen | Zuerst Massekabel |
| 2 | ● | ● | Zündkerze(n) herausschrauben | Durchdrehen des Motors möglich |
| 3 | ● | ● | Abdeckung der Zündeinrichtung entfernen | Zugang zum Unterbrecher |
| 4 | ● | ● | Motor soweit durchdrehen, bis Unterbrecherhammer abhebt | Sind die Kontakte verschmort, Unterbrecher erneuern |
| 5 | | | Kontaktabstand mittels Fühlerlehre prüfen  *389 Prüfung des Kontaktabstandes* | Sollwert 0,35 bis 0,4 mm |
| 6 | ● | ● | Unterbrecher-Kontaktabstand auf Sollwert einstellen. Hierzu Befestigungsschraube des Unterbrecherambosses lockern, entsprechend verdrehen und festziehen | Unterbrecheramboß = feststehendes Teil des Unterbrechers |
| 7 | ● | ● | Unterbrecherabstand kontrollieren | Weicht der Istwert vom Sollwert ab, erneut einstellen |
| 8 | ● | ● | Prüflampe anschließen 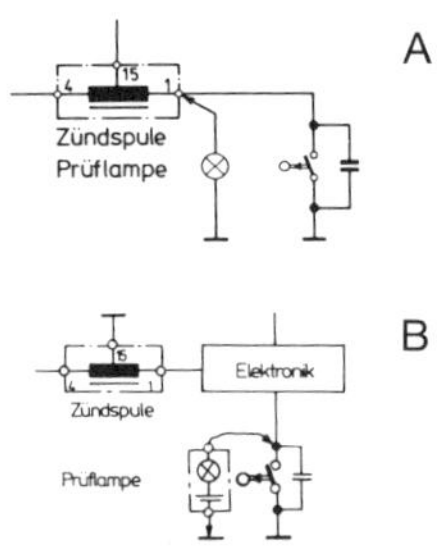  *390 Prüfschaltung zur Kontrolle des Zündzeitpunktes mittels Prüflampe: A Herkömmliche Kontaktsteuerung B Kontaktgesteuerte Elektronik* | Eine Klemme der Prüflampe mit Kondensator, die andere Klemme mit Masse verbinden |
| 9 | ● | | Batterie anklemmen | Zuerst Pluskabel |

S = Schrittfolge; HK = Herkömmliche Kontaktsteuerung; KE = Kontaktgesteuerte Elektronik

## Zündzeitpunkt einer unterbrechergesteuerten Batteriezündung prüfen/einstellen

| S | HK | KE | Ausführung | Anmerkung |
|---|---|---|---|---|
| 10 | ● | | Zündung einschalten | |
| 11 | ● | ● | Motor soweit durchdrehen, bis sich Markierung am Motor mit der am Schwungrad deckt | Kolbenstellung zum Zündzeitpunkt |
| 12 | ● | ● | Einstellen des Zündzeitpunktes durch Lockern und Verdrehen nach rechts bzw. links der Unterbrechergrundplatte | Prüflampe muß aufleuchten, da der Unterbrecher öffnet. Leuchtet die Lampe zuvor, besteht Frühzündung, leuchtet sie zu spät, liegt Spätzündung vor.<br>Bei elektronischen Zündanlagen erlischt die Prüflampe |
| 13 | ● | | Zündung ausschalten | |
| 14 | ● | ● | Prüflampe abklemmen | |
| 15 | ● | ● | Abdeckung der Zündeinrichtung anbringen | |
| 16 | ● | ● | Zündkerze(n) einschrauben | |
| 17 | | ● | Batterie anklemmen | Zuerst Pluskabel |

S = Schrittfolge; HK = Herkömmliche Kontaktsteuerung; KE = Kontaktgesteuerte Elektronik

## Zündzeitpunkt einer Magnetzündung prüfen/einstellen

| Schritt | Ausführung | Anmerkung |
|---|---|---|
| 1 | Magnetschwungrad soweit verdrehen, bis Markierungen für oberen Totpunkt übereinstimmen. | Markierungen siehe Betriebsanleitung |
| 2 | Kontaktabstand des Unterbrechers mit einer Fühlerlehre prüfen und bei Bedarf auf Sollwert einstellen | Sollwert siehe Betriebsanleitung (0,35 bis 0,4 mm) |
| 3 | Magnetschwungrad soweit verdrehen bis sich Zündmoment-Markierung am Schwungrad und Gehäuse decken. | Markierungen siehe Betriebsanleitung |
| 4 | Magnetschwungrad soweit nach rechts drehen, bis sich der Unterbrecher öffnet. | Bei richtiger Einstellung öffnet sich der Kontakt mit Beginn der Drehung. |
| 5 | Zündzeitpunkt durch Verdrehen der Ankerplatte korrigieren. Durch eine Verdrehung des Magnetschwungrades nach links wird der Zündzeitpunkt vorverlegt. Durch eine Verdrehung nach rechts erfolgt die Zündung später. | Nur erforderlich bei falscher Zündzeitpunkteinstellung |
| 6 | Ankerplatte festschrauben | |

# Unterbrecherkontakt austauschen/einstellen

| S | A | E | Ausführung | Anmerkung |
|---|---|---|---|---|
| 1 | ● | ● | Abdeckung entfernen<br><br>*391 Abdeckung der Unterbrecher* | |
| 2 | ● | | Entfernen der Sicherungen die die beweglichen Kontakte auf den Wellen halten | |
| 3 | ● | | Kabel an den Unterbrecherfedern lösen | Auf Reihenfolge der Isolationsscheiben achten |
| 4 | ● | | Bewegliche Unterbrecherkontakte entfernen | |
| 5 | ● | | Feststehende Unterbrecherkontakte, nach Lösen der Verbindung mit der Grundplatte, entfernen<br><br>*392 Feststehender Kontakt* | |
| 6 | ● | | Neue Unterbrecher in umgekehrter Reihenfolge einbauen | Auf richtige Reihenfolge der Isolationsscheiben achten |
| 7 | | ● | Motor mittels Kickstarter soweit durchdrehen, bis ein Kontakt ganz geöffnet ist | Prüfstellung |
| 8 | | ● | Befestigungsschraube des feststehenden Kontakts lockern. Dann feststehenden Kontakt soweit nach links oder rechts drehen, bis der Abstand zum beweglichen Kontakt 0,35 bis 0,4 mm beträgt. Anschließend Befestigungsschraube anziehen. | Der Kontaktabstand ist mit einer Fühlerlehre zu messen. Diese muß sich zwischen den Kontakten bei maximaler Öffnung leicht bewegen lassen, also nicht klemmen oder wackeln. |
| S = Schrittfolge; A = Austausch; E = Einstellung | | | | |

# Unterbrecherkontakt austauschen/einstellen

| S | A | E | Ausführung | Anmerkung |
|---|---|---|---|---|
| 9 | | ● | Messen des Kontaktabstandes. Bei Abweichung vom Sollwert erneute Einstellung durchführen. | |
| 10 | | ● | Einstellung weiterer Kontakte gemäß Schritt 7 bis 9 | Sofern vorhanden |
| 11 | ● | ● | Zündzeitpunkt einstellen | Siehe Seite 296 |
| 12 | ● | | Unterbrechernocken mit Fett bestreichen | |
| 13 | ● | ● | Abdeckung festschrauben | |
| S = Schrittfolge; A = Austausch; E = Einstellung | | | | |

## 4.2.8 Kraftübertragung

**Werkstatt-Tip**

- Eine Kette kann auf Verschleiß geprüft werden, indem man versucht, ein Kettenglied über einem Kettenrad anzuheben. Gelingt dieser Test, ist die Kette verbraucht.
- Kettenräder sind bei Erreichen einer spitzen Zahnform auszuwechseln, da sie in diesem Zustand die Lebensdauer einer Kette beträchtlich verringern.
- Der Kettendurchhang kann geprüft werden, indem man mit dem Daumen auf das Kettenstück zwischen den Kettenrädern drückt. Bei mehr als 1 bis 2 cm schwingt die Kette und muß nachgespannt werden, bei kleiner als 1 cm ächzt sie und muß gelockert werden.
- Das Radialspiel im Kreuzgelenk einer Gelenkwelle ist prüfbar, indem Gelenkwelle und Flansch verdreht werden. Das Axialspiel einer Gelenkwelle ist bei festgehaltenem Flansch durch stoßartiges Verschieben der Gelenkwelle in Achsrichtung prüfbar.
  Ist ein Radial- oder Axialspiel vorhanden, muß die Gelenkwelle ausgetauscht werden.

# Getriebeöl wechseln

| Schritt | Ausführung | Anmerkung |
|---|---|---|
| 1 | Motor auf Betriebstemperatur bringen | Öl muß dünnflüssig sein |
| 2 | Gefäß zur Aufnahme des Getriebeöls unter die Ölablaßschraube stellen | |
| 3 | Ölablaßschraube herausschrauben | Unterseite des Getriebes |
| 4 | Öleinfüllschraube herausschrauben | |
| 5 | Kraftrad so bewegen, daß das gesamte Öl ablaufen kann | |
| 6 | Ölablaßschraube fest einschrauben | |
| 7 | Getriebeöl der vorgeschriebenen Sorte und Menge in Öleinfüllöffnung geben | Maximaler Ölstand = unterer Gewindegang der Einfüllöffnung.<br>Ölsorte siehe Betriebsanleitung |
| 8 | Öleinfüllschraube einschrauben | |

# Getriebeölstand kontrollieren

| Schritt | Ausführung | Anmerkung |
|---|---|---|
| 1 | Öleinfüllschraube herausschrauben | |
| 2 | Visuelle Kontrolle des Getriebeölstandes | Ölstand muß $\leqq$ Max und $>$ Min sein |
| 3 | Bei Bedarf soviel Getriebeöl der vorgeschriebenen Sorte nachfüllen, bis Ölstand im Sollbereich | Maximaler Ölstand = unterer Gewindegang der Einfüllöffnung |
| 4 | Öleinfüllschraube einschrauben | |

# Öl im Hinterrad-Endantrieb kontrollieren/austauschen

| S | K | A | Ausführung | Anmerkung |
|---|---|---|---|---|
| 1 | ● | ● | Motorrad auf Mittelständer stellen | |
| 2 | ● | ● | Verschlußdeckel abnehmen 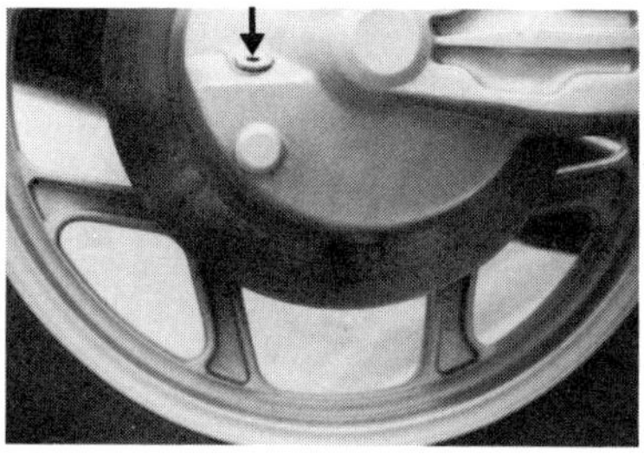 *393 Verschlußdeckel eines Hinterrad-Endantriebs* | |
| 3 | ● | | Ölstand kontrollieren | Das Hinterrad-Endantriebsgehäuse muß bis zum unteren Rand des Einfülldeckellochs gefüllt sein |
| 4 | ● | | Öl nachfüllen | Bei abgesunkenem Ölstand |
| 5 | ● | | Hinterrad-Endantrieb auf undichte Stellen überprüfen | |
| 6 | | ● | Ölauffangbehälter unter Ablaßschraube anordnen  *394 Ablaßschraube eines Hinterrad-Endantriebs* | |

S = Schrittfolge; K = Kontrolle; A = Austausch

# Öl im Hinterrad-Endantrieb kontrollieren/austauschen

| S | K | A | Ausführung | Anmerkung |
|---|---|---|---|---|
| 7 | | ● | Ablaßschraube entfernen | |
| 8 | | ● | Ablaßschraube einschrauben und fest anziehen | Wenn Hinterrad-Endantriebsgehäuse leer |
| 9 | | ● | Ölauffangbehälter entfernen | Öl zur Sammelstelle bringen |
| 10 | | ● | Hinterrad-Endantriebsgehäuse mit vorgeschriebener Ölsorte füllen | Gegebenenfalls zuvor Leckstellen beseitigen |
| 11 | ● | ● | Hinterrad-Endantriebsgehäuse mit Verschlußdeckel verschließen | |
| S = Schrittfolge; K = Kontrolle; A = Austausch | | | | |

# Lamellenkupplung nachstellen

| Schritt | Ausführung | Anmerkung |
|---|---|---|
| 1 | Sicherungsschraube etwa $^1/_2$ Umdrehung nach links drehen | |
| 2 | Kupplungseinstellschraube zurückdrehen | |
| 3 | Seilzugschraube am Lenker entkontern und ganz hineindrehen | Kupplungshebel muß auf Anschlag liegen. Wenn Zugseil nicht zu kurz |
| 4 | Seilzugschraube am Lenker soweit herausschrauben, bis nach Ziehen des Kupplungshebels sich ab etwa 1 mm der Kupplungshebel am Gehäuse abzuheben beginnt | |
| 5 | Seilzugschraube am Lenker kontern | |
| 6 | Kupplungseinstellschraube soweit nach rechts drehen, bis sich Schwergängigkeit einstellt | |
| 7 | Kupplungseinstellschraube etwa $^1/_3$ Umdrehungen nach links drehen | Spiel zwischen Kupplungshebel und Anschlag am Gehäuse etwa 2 bis 3 mm |
| 8 | Verschlußschrauben mit Dichtringe einsetzen | |

# Trockenkupplung nachstellen

| Schritt | Ausführung | Anmerkung |
|---|---|---|
| 1 | Prüfen des Kupplungsspiels am Kupplungsausrückhebel mittels Fühlerlehre | Sollwert etwa 2 mm |
| 2 | Prüfen, ob der Kupplungsausrückhebel bei halb gezogenem Kupplungshandhebel parallel zum Getriebegehäusedeckel steht | Bei Abweichungen ist eine erhöhte Betätigungskraft erforderlich |
| 3 | Gekonterte Stellschraube am Kupplungsausrückhebel so verstellen, bis Ausrückhebel bei halbgezogenem Kupplungshandhebel parallel zum Getriebegehäusedeckel steht | Nur durchführen, wenn Prüfung gemäß Schritt 2 negativ |
| 4 | Kupplungsspiel am Kupplungsausrückhebel durch Verdrehen der Rändelmutter am Kupplungshandhebel berichtigen. Durch Rechtsdrehen wird das Kupplungsspiel vergrößert, durch Linksdrehen verkleinert | Nur erforderlich, wenn Kupplungsspiel falsch |
| 5 | Gekonterte Stellschraube am Kupplungsausrückhebel so verstellen, bis Kupplungsspiel richtig. Durch Rechtsdrehen wird das Kupplungsspiel verkleinert, durch Linksdrehen vergrößert | Nur durchführen, wenn Einstellvorgang gemäß Schritt 4 unzureichend |

# Antriebskette ölen

| Schritt | Ausführung | Anmerkung |
|---|---|---|
| 1 | Motorrad auf Mittelständer stellen | |
| 2 | Kette mit Petroleum abwaschen | Erforderlich bei stärkerer Verschmutzung |
| 3 | Kette mit Lappen abtrocknen | |
| 4 | Hinterrad drehen, gleichzeitig mittels Ölkanne zwischen den Laschen und Rollen der Kette ölen | Empfehlenswert ist ein Kettenschmiermittel |
| 5 | Überschüssiges Öl mit Lappen abwischen | |

# Antriebskette nachspannen

| Schritt | Ausführung | Anmerkung |
|---|---|---|
| 1 | Motorrad auf Mittelständer stellen | |
| 2 | Hinterrad durchdrehen, dabei kleinsten und größten Durchhang messen | Richtwert: 30 bis 35 mm |
| 3 | Antriebskette mittels Kettenspanner nachspannen<br><br>*395 Kettenspanner* | Kann die vorgeschriebene Kettenspannung nicht mehr erzielt werden, ist die Kette auszutauschen |
| 4 | Lage des Hinterrads kontrollieren | Das Hinterrad muß sich genau in der Längsachse befinden |
| 5 | Kontermutter der Kettenspannschrauben festziehen | Bei einwandfreier Lage des Hinterrads |

# Kupplungsflüssigkeit kontrollieren/nachfüllen

| Schritt | Ausführung | Anmerkung |
|---|---|---|
| 1 | Lenker in horizontale Lage stellen | |
| 2 | Flüssigkeitsstand kontrollieren<br><br>*396 Behälter der Kupplungsflüssigkeit* | Der Behälter muß bis zur Max-Markierung gefüllt sein.<br>Fehlt Flüssigkeit, ist das Hydrauliksystem auf Dichtheit zu überprüfen. Undichte Stellen sind abzudichten. |
| 3 | Deckel des Behälters abnehmen | Kupplungshebel nicht mehr betätigen, ansonsten spritzt Flüssigkeit aus dem Behälter |
| 4 | Kupplungsflüssigkeit bis zur Max-Markierung nachfüllen | Nur vorgeschriebene Bremsflüssigkeit verwenden.<br>Verschiedene Marken dürfen nicht gemischt werden. |
| 5 | Behälter verschließen | |

### 4.2.9 Fahrwerk

**Werkstatt-Tip**

- Teleskopgabeln müssen während der kalten Jahreszeit mit dünnflüssigem, und in der warmen Jahreszeit mit dickflüssigem Öl gefüllt sein.
- Zum Abschmieren aller Schmierstellen mit Schmiernippel ist eine Abschmierpresse zu verwenden.
- Schmierintervalle mit Fett abgeschmierter Schmierstellen sind länger als bei Verwendung von Öl. Sie verlängern sich weiter bei Verwendung von Graphit- oder Molybdänzusätzen.
- Ob die Felge eines Rades einwandfrei läuft, läßt sich bei freilaufendem Rad prüfen, indem man das Rad dreht und einen weichen Gegenstand von Hand der Felge allmählich nähert. Ein »eierndes« Rad ist mit dem Speichen-Nippelschlüssel zu berichtigen.
- Reifenwechsel, insbesondere bei schweren Maschinen, ist schwierig, deshalb Werkstattsache.

## Radfederung überprüfen

| S | V | H | Ausführung | Anmerkung |
|---|---|---|---|---|
| 1 | ● | | Vorderradgabel in kurzer Folge stark belasten | Die Federwirkung muß gut sein |
| 2 | ● | ● | Motorrad auf Mittelständer stellen | |
| 3 | ● | ● | Luftventilkappe entfernen 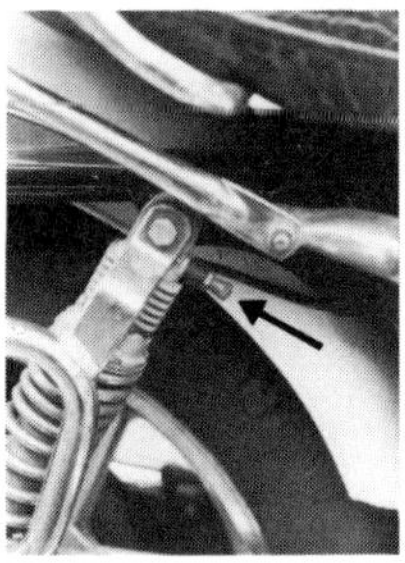 *397 Luftventilkappe* | |
| 4 | ● | ● | Luftdruck messen | Richtwert: 0,7 kg/cm$^2$ |
| 5 | ● | | Luftventilkappen montieren | |
| 6 | | ● | Hinterrad ruckartig zur Seite drücken und auf Lagerspiel achten | Ist ein Spiel feststellbar, muß das Schwingenlager ausgetauscht werden |
| 7 | ● | ● | Gabel bzw. Stoßdämpfer auf Leckstellen und Beschädigungen überprüfen | Beschädigte Teile sind auszutauschen |
| 8 | ● | ● | Alle Muttern und Schrauben nachziehen | |
| S = Schrittfolge; V = Vorderradfederung; H = Hinterradfederung | | | | |

## Zustandsprüfung der Räder

| S | G | R | Ausführung | Anmerkung |
|---|---|---|---|---|
| 1 | ● | | Radlagerspiel überprüfen | Siehe Seite 306<br>Es darf kein Spiel vorhanden sein |
| 2 | ● | | Messen des Höhenschlags am Felgenhorn | Maximal 0,8 mm |
| 3 | ● | | Messen des Seitenschlags am Felgenhorn | Maximal 0,5 mm |
| 4 | ● | | Visuelle Kontrolle des Laufrades | Es dürfen weder Risse noch Bruchstellen sichtbar sein<br>Besonders auf die Verbindungen Felge/Speichen achten<br>Beschädigte Räder sind zu ersetzen |
| 5 | | ● | Lauffläche der Reifen überprüfen | Auf Risse und Fremdkörper untersuchen.<br>Reifen mit Aufblähungen sind umgehend auszutauschen |
| 6 | | ● | Profiltiefe mit Schieblehre messen | Sollwert ≧ 3 mm |
| 7 | | ● | Luftdruck messen | Siehe Seite 305 |
| S = Schrittfolge; G = Gußrad; R = Reifen | | | | |

## Reifenluftdruck prüfen/korrigieren

| Schritt | Ausführung | Anmerkung |
|---|---|---|
| 1 | Schutzkappe des Reifenventils abschrauben Luftdruckgerät auf Reifenventil drücken | |
| 2 | Reifendruck ablesen. Bei Bedarf Reifenluftdruck erhöhen (Plustaste) bzw. reduzieren (Minustaste) | Nur bei kaltem Reifen, da der Reifenluftdruck bereits nach einigen Fahrkilometern um etwa 0,3 bar Überdruck ansteigen kann<br>Sollwerte siehe Betriebsanleitung |
| 3 | Luftdruckgerät vom Reifenventil abziehen | |
| 4 | Schutzkappe auf Reifenventil schrauben | |

## Radspeichen überprüfen/nachspannen

| Schritt | Ausführung | Anmerkung |
|---|---|---|
| 1 | Laufradspeichen auf richtige Spannung durch Gegenschlagen mittels Schraubenzieher überprüfen | Die richtige Speichenspannung ist an der Tonhöhe zu erkennen. |
| 2 | Rad, Reifen, Schlauch und Felgenband abnehmen | Erforderlich beim Nachziehen der Speichen, um eine Beschädigung des Schlauches zu vermeiden bzw. eine mögliche Unfallursache zu beseitigen |
| 3 | Richtige Speichenspannung mit Speichenschlüssel einstellen | |
| 4 | Laufrad zentrieren und auswuchten | Bei Seiten- bzw. Höhenschlag der Felge |
| 5 | Radmontage | |

## Radlagerspiel prüfen

| Schritt | Ausführung | Anmerkung |
|---|---|---|
| 1 | Motorrad auf Mittelständer stellen | |
| 2 | Motorrad so unterbauen, daß sich das Rad frei dreht | Gegen kippen absichern |
| 3 | Rad oben und unten mit den Händen anfassen und stoßartig hin- und herbewegen | Es darf kein Spiel vorhanden sein. Bei negativem Ergebnis sind die Radlager auszutauschen |
| 4 | Unterbau beseitigen | Vorsicht! Motorrad kann kippen |

## Lenkschloß ölen

| Schritt | Ausführung | Anmerkung |
|---|---|---|
| 1 | Abdeckplatte mit Schraubendreher abhebeln | |
| 2 | Schlüssel ins Lenkschloß stecken | |
| 3 | Schlüssel nach links (entgegen dem Uhrzeigersinn) bis Anschlag drehen und Schließzylinder herausziehen | |
| 4 | Schließzylinder des Lenkschlosses ölen | Nicht das Schlüsselloch |
| 5 | Schließzylinder einsetzen | |

# Öl einer Vorderradgabel wechseln

| Schritt | Ausführung | Anmerkung |
|---|---|---|
| 1 | Motorrad so aufstellen, daß Teleskopgabel ganz ausfedert | |
| 2 | Gummikappen von Bodenverschraubungen der Gleitrohre abnehmen | |
| 3 | Bodenverschraubungen durch Entfernen der Muttern lösen | An Dämpferrohrenden |
| 4 | Verschlußkappen der Gabelrohre entfernen | Zum Belüften der Gabelrohre |
| 5 | Ölauffanggefäß unter die Gleitrohre stellen | |
| 6 | Gleitrohre nach unten ziehen und Öl ablaufen lassen | |
| 7 | Bodenverschraubungen verschließen | |
| 8 | Neues Öl der vorgeschriebenen Sorte und Menge einfüllen | Siehe Betriebsanleitung |
| 9 | Verschlußkappen anbringen | |
| 10 | Ölgefäß entfernen und zum Transport in einen Kanister füllen | Altöl an einer Sammelstelle (Tankstelle) abliefern |

# Lenkkopflagerspiel prüfen/nachstellen

| S | P | N | T | Ausführung | Anmerkung |
|---|---|---|---|---|---|
| 1 | ● | ● | | Motorrad aufbocken | Vorderrad muß sich frei drehen lassen |
| 2 | ● | | | Gabelholme an den Enden erfassen und gleichzeitig in Fahrtrichtung schlagartig ziehen und drücken | Es darf kein Spiel spürbar sein. Gegebenenfalls Lenkkopflager nachstellen |
| 3 | | ● | | Griff des Lenkungsdämpfers und die Prellplatte ausbauen | |
| 4 | | ● | ● | Dichtmanschetten der Gabel nach unten schieben | |
| 5 | | ● | ● | Kraftstofftank ausbauen | Zweckmäßig wenn wenig Platz |
| 6 | | ● | | Lenkkopfmutter lösen | Zentriermutter |
| 7 | | ● | | Lenkkopflager durch Hammerschlag auf die Lenkkopfmutter entspannen | Weiche Auflage verwenden |
| 8 | | ● | | Halteschrauben des Lenkers lösen | Dadurch Zugriff zur Einstellmutter verbessert |
| S = Schrittfolge; P = Prüfung; N = Nachstellung; T = Typspezifisch | | | | | |

# Lenkkopflagerspiel prüfen/nachstellen

| S | P | N | T | Ausführung | Anmerkung |
|---|---|---|---|---|---|
| 9 | | ● | | Lenkkopflager-Einstellmutter nachziehen  *398 Einstellmutter eines Lenkkopflagers* | Das Lenkkopflager ist richtig eingestellt, wenn sich der Lenker ohne äußere Einwirkung langsam bis zum Anschlag bewegt. Ein zu fest vorgespanntes Lenkkopflager erhöht den Verschleiß |
| 10 | | ● | | Lenkkopfmutter festziehen dabei Einstellmutter festhalten | Anzugsmoment etwa 120 Nm |
| 11 | | ● | | Lenkungsspiel überprüfen | Wenn nötig korrigieren |
| 12 | | ● | | Schritt 3 bis 5 in umgekehrter Schrittfolge ausführen | |
| S = Schrittfolge; P = Prüfung; N = Nachstellung; T = Typspezifisch | | | | | |

# Öl einer Schwinge wechseln

| Schritt | Ausführung | Anmerkung |
|---|---|---|
| 1 | Motorrad bis Erreichen der Betriebstemperatur fahren | Öl wird dünnflüssig |
| 2 | Motorrad auf Mittelständer stellen |  *399 Ölablaßschraube* |
| 3 | Ölnachfüllschraube herausschrauben | |
| 4 | Wanne unter Ölablaßschraube stellen | |
| 5 | Ölablaßschraube herausschrauben | |
| 6 | Nach vollkommener Entleerung Ölablaßschraube einschrauben und festziehen | |
| 7 | Öl mit Hilfe eines Trichters einfüllen | Nur vorgeschriebenes Öl verwenden |
| 8 | Meßstab in die Einfüllöffnung stecken, herausziehen und Ölstand ablesen | Der Sollwert ist erreicht, wenn der Meßstab 2 mm mit Öl bedeckt ist. |
| 9 | Schritt 7 und 8 wiederholen wenn Sollwert noch nicht erreicht | Wird mehr Öl eingefüllt, entsteht in der Schwinge ein erhöhter Druck, der zu einem Schaden führen kann |
| 10 | Ölnachfüllschraube einschrauben | |

# Hinterrad-Schwingenlagerspiel prüfen/nachstellen

<table>
<tr><th>Schritt</th><th>Ausführung</th><th>Anmerkung</th></tr>
<tr><td>1</td><td>Ruckartiges Hin- und Herziehen des Schwingenarmes<br><br>400 Hinterrad-Schwingenlager und Schwingenarm</td><td>Bei vorhandenem Lagerspiel ist eine Einstellung gemäß Schritt 3 bis 5 durchzuführen</td></tr>
<tr><td>2</td><td>Schutzkappe abnehmen</td><td></td></tr>
<tr><td>3</td><td>Gegenmutter lockern</td><td></td></tr>
<tr><td>4</td><td>Lagerbolzen vorspannen, wieder lösen und festziehen<br><br>401 Lagerbolzenmutter</td><td>Sollwerte für Anzugs- und Festziehdrehmomente siehe Betriebsanleitung<br>Richtwert für Vorspanndrehmoment 20 Nm (≈ 2 mkp)<br>Richtwert für Festziehdrehmoment 100 Nm (≈ 10 mkp)</td></tr>
<tr><td>5</td><td>Gegenmutter festziehen</td><td></td></tr>
<tr><td>6</td><td>Lager mittels Fettpresse abschmieren</td><td></td></tr>
<tr><td>7</td><td>Schutzkappe anbringen</td><td></td></tr>
</table>

**Werkstatt-Tip**

- Läßt sich der Bremshebel bedeutend weiter als normal bewegen, muß mit Bremsflüssigkeitsverlust gerechnet werden.
- Einem Versagen der Bremsen nach dem Waschen ist vorzubeugen, indem im 1. Gang bei betätigten Bremsen solange gefahren wird, bis sich die Bremswirkung wieder einstellt, das heißt, bis die Feuchtigkeit durch die heiß werdenden Bremsen verdampft ist.
- Verölte Bremsbeläge bzw. Bremsscheiben mit stärkeren Schleifreifen sind auszutauschen.

## Bremsflüssigkeitsstand kontrollieren/nachfüllen

| Schritt | Ausführung | Anmerkung |
|---|---|---|
| 1 | Visuelle Kontrolle des Flüssigkeitsstandes im Bremsflüssigkeitsbehälter<br><br>*402 Bremsflüssigkeitsbehälter an einem Lenker* | Der Flüssigkeitsstand sollte bis zur Max-Markierung reichen. Die Min-Markierung darf nicht unterschritten werden, damit sichergestellt ist, daß keine Luft in das Bremssystem gelangt. |
| 2 | Nachfüllen von Original-Bremsflüssigkeit. Hierzu Schraubverschluß öffnen, wenn sich der Bremsflüssigkeitsbehälter in horizontaler Lage befindet. | Dringend notwendig, wenn der Flüssigkeitsspiegel unter der Min-Markierung liegt. Da in diesem Fall die Sicherheit in hohem Maße gefährdet ist, muß die Fehlerursache unverzüglich festgestellt und beseitigt werden.<br>Bei abgenommenem Schraubverschluß Bremshebel nicht betätigen, da sonst Bremsflüssigkeit herausspritzt. |

## Bremspedalhöhe prüfen/einstellen

| Schritt | Ausführung | Anmerkung |
|---|---|---|
| 1 | Motorrad auf Mittelständer stellen | 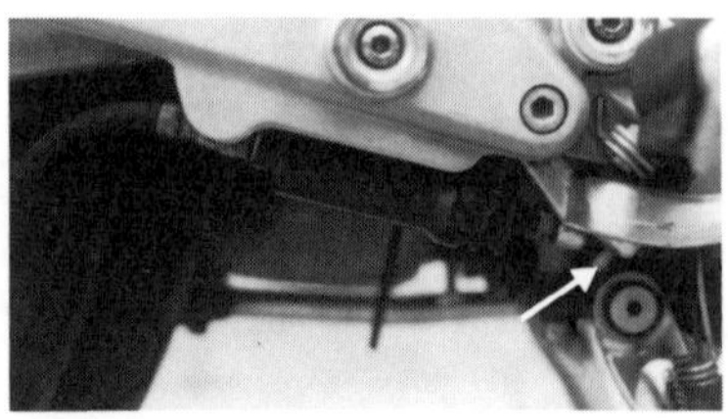<br>*403 Anschlagschraube* |
| 2 | Kontermutter der Anschlagschraube lockern | |
| 3 | Bremspedalhöhe (Lage des Bremspedals 7 mm unter der Fußrasteroberkante) durch Verdrehen der Anschlagschraube einstellen | |
| 4 | Anschlagschraube kontern | |

# Bremsleitungen prüfen/austauschen

| Schritt | Ausführung | Anmerkung |
|---|---|---|
| 1 | Sichtprüfung der Bremsschläuche | Poröse oder beschädigte Bremsschläuche sind umgehend auszutauschen |
| 2 | Sichtprüfung der Bremsleitungen | Angerostete oder beschädigte Bremsleitungen sind umgehend auszutauschen |
| 3 | Alle Verbindungen auf Dichtheit überprüfen | Die Verbindungen müssen fest sein. Das Bremssystem darf keine Leckstellen aufweisen. |
| 4 | Defekte Bremsleitungen austauschen | Nur Originalteile verwenden |
| 5 | Bremsanlage entlüften (siehe Seite 237) | Wenn ein Eingriff erforderlich war |

# Bremsanlage auf Dichtheit überprüfen

| Schritt | Ausführung | Anmerkung |
|---|---|---|
| 1 | Hauptbremszylinder auf Leckstellen überprüfen 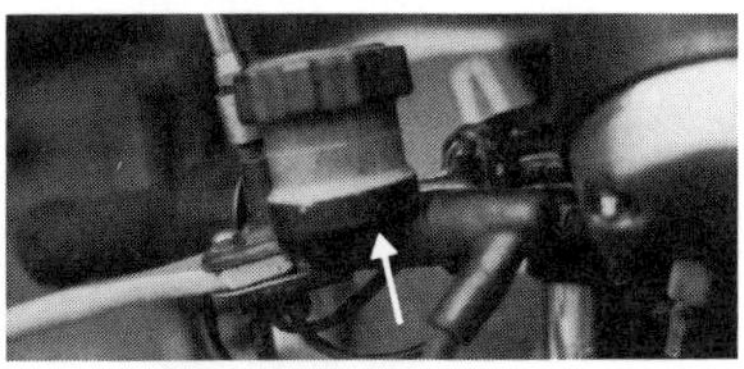 *404 Hauptbremszylinder* | Meist am Lenker |
| 2 | Bremssattel auf Leckstellen überprüfen 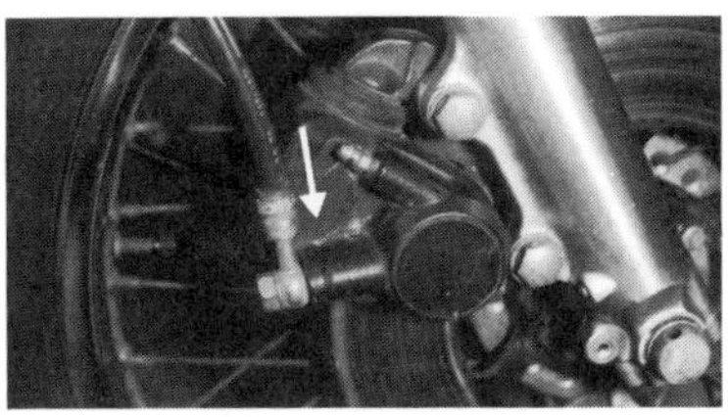 *405 Bremssattel einer Scheibenbremse* | Undichtigkeiten zeigen sich auch am Bremsflüssigkeitsverlust |
| 3 | Bremsleitungen auf Beschädigungen und Roststellen hin kontrollieren | Mangelhafte Bremsleitungen austauschen |

# Seilzug einer Vorderrad-Scheibenbremse einstellen

| Schritt | Ausführung | Anmerkung |
|---|---|---|
| 1 | Kraftstofftank entfernen | Nur bei Betätigung des Hauptbremszylinders über einen Seilzug und Anordnung unter dem Kraftstoffbehälter |
| 2 | Staubkappe entfernen | |
| 3 | Spiel am Hauptbremszylinder mittels Fühlerlehre prüfen | |
| 4 | Einstellen des Spiels nach Lösen der Kontermutter | |
| 5 | Einstellschraube kontern | |
| 6 | Staubkappe anbringen | |
| 7 | Montage des Kraftstoffbehälters | |

# Bremslicht prüfen/einstellen

| Schritt | Ausführung | Anmerkung |
|---|---|---|
| 1 | Zündung einschalten | |
| 2 | Bremspedal langsam betätigen und Weg des Bremspedals bis Aufleuchten des Bremslichts messen | Richtwert: 25 mm |
| 3 | Bremslichtschalter mittels Einstellmutter so einstellen, daß das Bremslicht aufleuchtet wenn die Bremse zu wirken beginnt  *406 Hinterrad-Bremslichtschalter* | Zuvor Höhe des Bremspedals prüfen bzw. einstellen. Schaltergehäuse nicht verdrehen 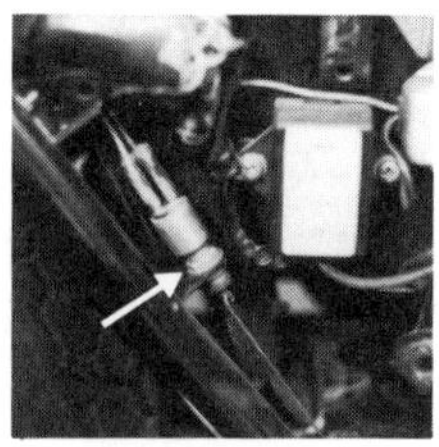 *407 Einstellmutter* |
| 4 | Zündung ausschalten | |

# Scheibenbremsklötze kontrollieren

| S | T | Ausführung | Anmerkung |
|---|---|---|---|
| 1 | ● | Abdeckkappe vom Bremssattel mittels Schraubendreher abhebeln | |
| 2 | | Bremsbelagstärke überprüfen<br><br>*408 Scheibenbremsklötze* | Ist die Bremsbelagstärke ≦ 2 mm (ohne Stahlplatte), sind die Bremsklötze auszutauschen.<br>Bei ungleichmäßigem Verschleiß sind alle Bremsklötze eines Rades auszutauschen, um eine gleichmäßige Bremswirkung zu erzielen und die Bremskolben auf Gängigkeit zu überprüfen |
| 3 | | Scheibenbremse betätigen und Abstand zwischen Bremszange und Bremsscheibe messen | Ist die Verschleißgrenze, welche meist durch eine rote Markierung gekennzeichnet ist, ≦ 1,5 mm erreicht, sind die Bremsklötze auszutauschen |
| 4 | | Scheibenbremsbetätigung beenden | |
| 5 | ● | Abdeckkappe montieren | |
| S = Schrittfolge; T = Typspezifisch | | | |

# Trommelbremsbeläge kontrollieren

| Schritt | Ausführung | Anmerkung |
|---|---|---|
| 1 | Motorrad auf Kippständer stellen | Untergrund muß befestigt sein |
| 2 | Kettenschutz abbauen | Nur erforderlich, wenn keine Schaulöcher in der Nabe |
| 3 | Kettenschloß öffnen und Kette vom hinteren Kettenrad nehmen | Lage und Laufrichtung der Kette merken |
| 4 | Hinterrad ausbauen | |
| 5 | Bremsankerplatte ausbauen<br><br>*409 Bremsankerplatte* | Sie befindet sich in der Radnabe |
| 6 | Bremsbeläge kontrollieren | Sind die Reibbeläge stark oder einseitig verschlissen, ist ein Austausch vorzunehmen |
| 7 | Zusammenbau in umgekehrter Schrittfolge | |

# Hinterradbremse einstellen

| Schritt | Ausführung | Anmerkung |
|---|---|---|
| 1 | Motorrad auf Kippständer stellen | |
| 2 | Einstellmutter (am Ende der Zugstange) soweit verdrehen, bis eine leichte Bremswirkung beim Drehen des Hinterrades feststellbar ist<br><br>*410 Einstellschraube einer Hinterradbremse* | Durch Rechtsdrehung wird der Pedalweg verkleinert, durch Linksdrehung vergrößert |
| 3 | Einstellmutter etwa 3 bis 4 Umdrehungen zurückdrehen bzw. soweit zurückdrehen, bis der Bremspedalweg 20 bis 30 mm beträgt | Sollwert siehe Betriebsanleitung. Ein zu geringes Spiel führt zum Blockieren der Hinterradbremse |
| 4 | Einstellung des Bremslichtschalters kontrollieren und gegebenfalls korrigieren<br><br>*411 Bremslichtschalter* | Die Einstellung muß eine sichere Kontaktgabe bei ausreichendem Spiel gewährleisten |

# Bremsflüssigkeit austauschen

| Schritt | Ausführung | Anmerkung |
|---|---|---|
| 1 | Bremsflüssigkeitsbehälter öffnen<br><br>*412 Bremsflüssigkeitsbehälter* | Befindet sich der Bremsflüssigkeitsbehälter unter dem Kraftstoffbehälter, so ist dieser abzubauen. Fachwerkstätten verwenden zum Austausch ein Spezialgerät, das bei geöffnetem Entlüftungsventil neue Bremsflüssigkeit in das Bremssystem drückt |
| 2 | Schutzkappe des Entlüftungsventils abnehmen und Entlüftungsventil über einen Schlauch (etwa 5 mm Innendurchmesser) mit der in einem Gefäß befindlichen Bremsflüssigkeit verbinden (Gefäß etwa zu $^1/_3$ gefüllt)<br><br>*413 Entlüftungsventil* | Dadurch entweicht die alte Bremsflüssigkeit über das jeweils geöffnete Entlüftungsventil, ohne daß Luft in das Bremssystem gelangen kann<br>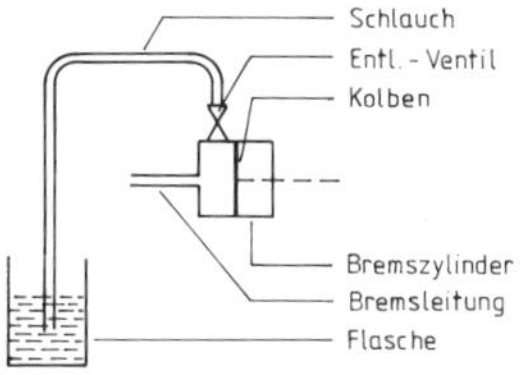<br><br>*414 Anschluß einer Flasche* |
| 3 | Entlüftungsschraube öffnen | |
| 4 | Handbremshebel solange wiederholt betätigen, bis Bremsflüssigkeitsbehälter fast leergepumpt ist | |
| 5 | Neue Bremsflüssigkeit einfüllen und solange weiterpumpen, bis neue Bremsflüssigkeit austritt | Erkennbar an der helleren Farbe. Ein weiterer Anhaltspunkt ist die nachgefüllte Menge |
| 6 | Entlüftungsventil schließen und Handbremshebel solange wiederholt ziehen, bis ein geringer Hebelweg erreicht ist | |
| 7 | Entlüftungsventil bei vollem Systemdruck öffnen und sofort schließen, wenn Hebel ganz durchgezogen ist | Diesen Vorgang so oft wiederholen, bis keine Luftblasen in der Flasche mehr sichtbar sind |
| 8 | Nachfüllen von Bremsflüssigkeit | |

# Bremsflüssigkeit austauschen

| Schritt | Ausführung | Anmerkung |
|---|---|---|
| 9 | Funktionsprüfung im Stand durch einige kurz aufeinanderfolgende Bremsbetätigungen | Der Bremshebelweg muß unverändert bleiben. Ansonsten ist Schritt 7 zu wiederholen |
| 10 | Bremsflüssigkeitsbehälter schließen | |
| 11 | Funktionsprüfung während der Fahrt bei verschiedenen Geschwindigkeiten | |

## 4.2.11 Beleuchtungsanlage

# Funktionsprüfung einer Beleuchtungsanlage

| Schritt | Ausführung | Anmerkung |
|---|---|---|
| 1 | Zünd-Lichtschalter in Stellung »Parken« | Standlicht, Schlußlicht und Skalenbeleuchtung ein. |
| 2 | Zünd-Lichtschalter ein, Abblendlicht in Stellung »Parken« | Siehe Seite 76, Abb. 163 |
| 3 | Zünd-Lichtschalter und Abblendschalter ein | Abblendlicht, Standlicht, Schlußlicht und Skalenbeleuchtung ein |
| 4 | Zünd-Lichtschalter, Abblendschalter und Fernlicht ein | Fernlicht, Fernlichtkontrollampe, Standlicht, Schlußlicht und Skalenbeleuchtung ein |
| 5 | Lichthupe ein | |
| 6 | Nebelscheinwerfer ein- und ausschalten | Sofern vorhanden |
| 7 | Fernlicht ein (bei Anlagen mit zwei Scheinwerfern) | Fernlicht des einen, Abblendlicht des zweiten Scheinwerfers, Fernlichtkontrollampe, Standlicht, Schlußlicht und Skalenbeleuchtung ein |
| 8 | Sämtliche Lichtschalter in Ruhestellung | |

# Scheinwerfer einstellen

| Schritt | Ausführung | Anmerkung |
|---|---|---|
| 1 | Reifenluftdruck messen bzw. auf Sollwert bringen | |
| 2 | Hintere Federbeine auf Solobetrieb einstellen | |
| 3 | Motorrad mit Fahrer belasten und auf einer ebenen Fläche im Abstand von 5 m gegenüber einer hellen Wand aufstellen | |
| 4 | Höhe »H« vom Boden bis Scheinwerfermitte messen, auf die Wand übertragen und einen senkrechten Strich durchziehen sodaß sich ein Kreuz ergibt | 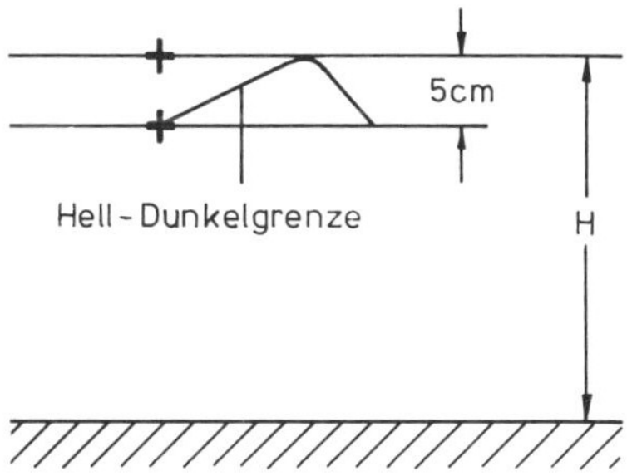 |
| 5 | Unter dem in Schritt 4 gezeichneten Kreuz ein zweites Kreuz im Abstand von 5 cm zeichnen | |
| 6 | Abblendlicht einschalten und Scheinwerfer so ausrichten, daß die Hell-Dunkel-Grenze ab Mitte des unteren Kreuzes nach rechts bis zur Mitte des oberen Kreuzes ansteigt und wieder bis Mitte des unteren Kreuzes abfällt | *415 Markierungen zur Scheinwerfereinstellung* |

## 4.2.12 Blink- und Signalanlage

# Funktionsprüfung der Blinkanlage

| Schritt | Ausführung | Anmerkung |
|---|---|---|
| 1 | Zündung einschalten | Ladekontrollampe ein |
| 2 | Betätigen des Blinkschalters nach links bzw. rechts | Linke bzw. rechte Blinkleuchten und die Blinkerkontrollampe müssen im Blinkrhythmus leuchten |
| 3 | Blinkschalter ausschalten | |
| 4 | Zündung ausschalten | Ladekontrollampe aus |

# Funktionsprüfung der Signalanlage

| Schritt | Ausführung | Anmerkung |
|---|---|---|
| 1 | Zündung einschalten | Ladekontrollampe ein |
| 2 | Fanfarenschalter kurzzeitig betätigen | Auf einwandfreien Klang des bzw. der Signalgeber achten |
| 3 | Zündung ausschalten | Ladekontrollampe aus |

# Batterie prüfen

| S | T | M | Ausführung | Anmerkung |
|---|---|---|---|---|
| 1 | ● | ● | Zündung einschalten | |
| 2 | ● | | Fernlicht einschalten und Lichtstärke beurteilen | Schwaches Licht deutet auf eine unzureichende Batterieladung bzw. auf eine defekte Batterie hin |
| 3 | ● | | Motor mit Hilfe des Anlassers starten und während des Startvorganges Lichtstärke beobachten | Nimmt die Lichtstärke beträchtlich ab, ist die Batterieladung ungenügend bzw. die Batterie defekt. Dieser Grobtest läßt sich bei Kraftfahrzeugen, bei denen während des Anlaßvorganges alle zu diesem Zeitpunkt nicht benötigten Verbraucher automatisch abgeschaltet werden, nicht durchführen |
| 4 | ● | | Fernlicht ausschalten | |
| 5 | | ● | Sitzbank hochklappen bzw. Seitendeckel abnehmen | |
| 6 | | ● | Spannungsmesser anschließen und Spannungswert ablesen (Abb. 417)<br><br>*416 Batterie* | Auf richtigen Meßbereich achten<br>Sollwert: 6 V bei einer 6 V-Anlage, 12 V bei einer 12 V-Anlage.<br>Eine Batterie ist entladen, wennn die Zellenspannung auf 1,75 V abgesunken ist.<br>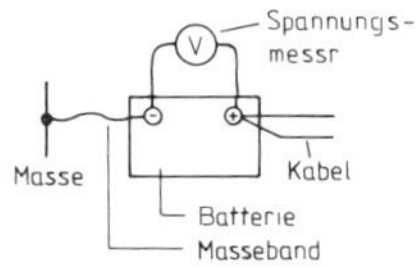<br><br>*417 Meßschaltung* |
| 7 | | ● | Motor mit Hilfe des Anlassers starten Während des Startvorganges Spannung ablesen | Sollwert: ≈ 8 V |
| 8 | | ● | Motor mit erhöhter Leerlaufdrehzahl (2000 bis 3000 1/min) betreiben | Sollwert: 13,5 bis 14,5 V |
| 9 | | ● | Motor stillsetzen | |
| 10 | | ● | Spannungsmesser abklemmen | |
| 11 | | ● | Batteriezustand mittels Zellenprüfer feststellen | Tankstelle bzw. Werkstatt |
| 12 | | ● | Sitzbank herunterklappen bzw. Seitendeckel anbringen | |

S = Schrittfolge; T = Test; M = Messung

# Batteriesäure prüfen/nachfüllen

| S | E | A | T | Ausführung | Anmerkung |
|---|---|---|---|---|---|
| 1 | ● |  | ● | Sitzbank hochklappen | Abhängig vom Einbauort |
| 2 |  | ● | ● | Seitendeckel entfernen |  |
| 3 | ● | ● |  | Verschlußkappen abschrauben |  |
| 4 | ● | ● |  | Säurestand kontrollieren<br>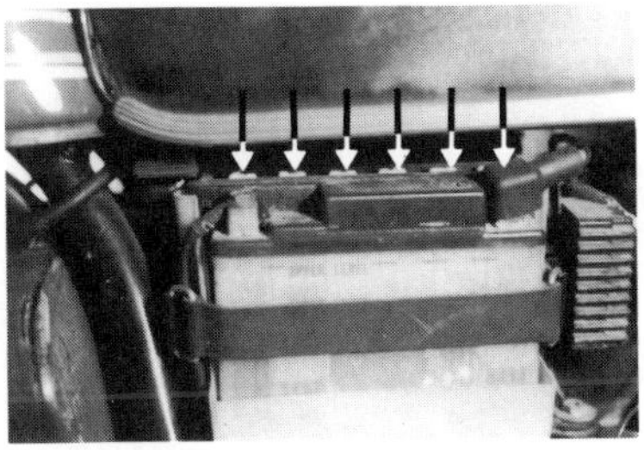<br>*418 Batterie* | Wenn nötig, mit Taschenlampe in jede Zellenöffnung leuchten.<br>Der Säurespiegel muß über den Bleiplatten stehen |
| 5 |  | ● | ● | Batterie ausbauen | Zuerst Massekabel abklemmen |
| 6 | ● | ● |  | Bei Bedarf destilliertes Wasser nachfüllen | Vorteilhaft Plastikflasche mit Schlauch |
| 7 | ● | ● |  | Zellenöffnungen mit Verschluß-kappen schließen |  |
| 8 |  | ● | ● | Batterie einbauen | Zuerst Pluskabel anschließen |
| 9 |  | ● | ● | Seitendeckel befestigen |  |
| 10 | ● |  | ● | Sitzbank absenken |  |
| S = Schrittfolge; E = Eingebaut; A = Ausgebaut; T = Typspezifisch | | | | | |

# Batterieanschlüsse überprüfen/reinigen

| S | P | R | T | Ausführung | Anmerkung |
|---|---|---|---|---|---|
| 1 | ● | ● |  | Motorrad auf Mittelständer stellen |  |
| 2 | ● | ● | ● | Sitzbank abnehmen bzw. hochklappen oder Seitenverkleidung abnehmen |  |
| 3 |  |  | ● | Die unter der Sitzbank befindlichen Gegenstände entfernen |  |
| S = Schrittfolge; P = Prüfung; R = Reinigung; T = Typspezifisch | | | | | |

# Batterieanschlüsse überprüfen/reinigen

| S | P | R | T | Ausführung | Anmerkung |
|---|---|---|---|---|---|
| | | | | | |
| 4 | ● | | | Sämtliche an den Pluspol (+) der Batterie angeschlossenen Kabel und das an den Minuspol (–) angeschlossene Masseband durch Bewegen auf festen Sitz überprüfen  *419 Batterie* | Es muß eine feste Verbindung bestehen |
| 5 | | ● | | Masseband vom Minuspol (–) der Batterie abklemmen | Wenn Verbindung locker und Anschlüsse verschmutzt bzw. oxydiert |
| 6 | | ● | | Kabel vom Pluspol (+) der Batterie abklemmen | |
| 7 | | ● | | Unsaubere Batteriepole und Klemmlaschen blank schaben | |
| 8 | ● | ● | | Kabel an Pluspol der Batterie festklemmen | Laschen vor dem Festziehen ganz auf die Batteriepole drücken |
| 9 | ● | ● | | Masseband an Minuspol der Batterie festklemmen | |
| 10 | ● | ● | | Batteriepole mit Polfett bestreichen | Zur Vermeidung von Oxydation |
| 11 | ● | ● | | Die in Schritt 3 entfernten Gegenstände unter die Sitzbank legen | |
| 12 | ● | ● | ● | Sitzbank montieren bzw. herunterklappen oder Seitenverkleidung anbringen | |
| S = Schrittfolge; P = Prüfung; R = Reinigung; T = Typspezifisch | | | | | |

*Historische Maschinen wollen mit besonderer Sorgfalt gewartet sein (hier eine Mabeco von 1928).* ▶

# 5. Pflege

Das Aussehen und somit die Wertbeständigkeit eines Motorrads werden in hohem Maße von dessen Pflege bestimmt. Werden Verschmutzungen nicht rechtzeitig beseitigt, führt das zu Lackschäden. Ferner kommen den Maßnahmen zur Rostvermeidung bzw. Rostbekämpfung eine besondere Bedeutung zu, da durch eine gründliche Arbeit auf diesem Gebiet die Lebensdauer von Fahrzeugteilen, wie z. B. die des Rahmens, beachtlich erhöht wird. Bei der Inspektion des Rahmens sind vor allem die Schweißstellen auf etwaige Risse bzw. Rostansätze zu untersuchen, da in jedem Fall eine Schwächung des Materials gegeben ist. Derartige Mängel sind umgehend und fachmännisch zu beseitigen.

**Werkstatt-Tip**

- Teerflecken sind mit Benzin, Petroleum, Terpentin oder einem Lackkonservierer zu beseitigen.
- Verölte Stellen sind mit einem fettlösenden Mittel vor der Motorwäsche zu reinigen.
- Zylinderkühlrippen sind mit einer Bürste zu säubern.
- Leichtmetallteile sollten mit Leichtmetallpolitur bearbeitet werden.
- Auspuffkrümmer bei Zweitakter sind mittels Bürste zu reinigen; Auspufftöpfe müssen in der Werkstatt durch Ausbrennen gesäubert werden.
- Verschmutzungen allgemeiner Art können mit warmer Seifen- oder Waschmittellösung geringer Konzentration beseitigt werden.
- Zur Vermeidung von Lackschäden muß beim Waschen reichlich Wasser und ein weicher Schwamm verwendet werden.
- Eisbildung beim Waschen – bei Temperaturen unter dem Gefrierpunkt – ist durch Vermischen des Waschwassers mit Glyzerin zu verhindern.
- Eine Dampfstrahlreinigung führt häufig zu einer Störung in der elektrischen Anlage und kann Korossionsschäden zur Folge haben. Deshalb ist eine manuelle Reinigung mit Wasser, Schwamm und Lappen vorzuziehen.
- Lackschäden – insbesondere an Schweißstellen – sind baldmöglichst zur Vermeidung von Korossion zu beseitigen.

## Seilzug abschmieren

<table>
<tr><th>Schritt</th><th>Ausführung</th><th>Anmerkung</th></tr>
<tr><td>1</td><td>Seilzug ausbauen</td><td>Nur erforderlich wenn kein Schmiergerät verwendet wird.</td></tr>
<tr><td>2</td><td>Seilzug reinigen</td><td rowspan="5">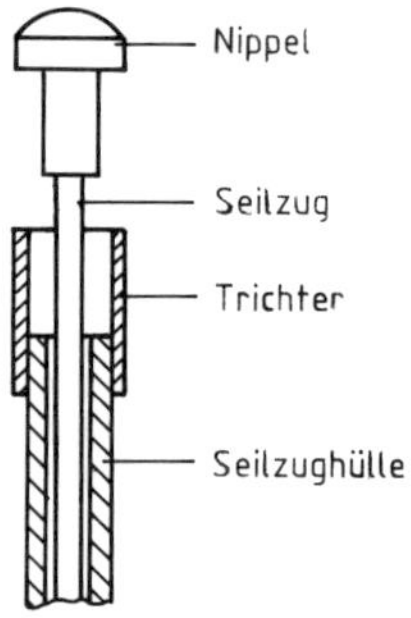

420 Schmieranordnung eines Seilzugs<br>Seilzüge, die mit Nylon überzogen sind, dürfen nicht abgeschmiert werden, da der Überzug aufquellen kann</td></tr>
<tr><td>3</td><td>Über oberes Ende eine als Trichter dienende Gummihülle schieben</td></tr>
<tr><td>4</td><td>Seilzug senkrecht aufhängen</td></tr>
<tr><td>5</td><td>Motoröl, Waffenöl oder Mehrzwecköl solange in Trichter füllen bis am unteren Ende Öl austritt</td></tr>
<tr><td>6</td><td>Trichter vom oberen Seilzugende abziehen</td></tr>
<tr><td>7</td><td>Seilzug einbauen</td><td></td></tr>
</table>

## Motorrad reinigen

| Schritt | Ausführung | Anmerkung |
|---|---|---|
| 1 | Motorrad mit Schwamm und reichlich Wasser reinigen | Es darf kein Wasser an die elektrische Anlage, den Luftfilter oder Vergaser gelangen |
| 2 | Nachbehandlung hartnäckiger Schmutzstellen | |
| 3 | Mit Wasser nachspülen | |
| 4 | Abtrocknen | Besonders gründlich Chromteile |
| 5 | Lackteile mit Autowachs oder Autopolitur, Chromteile mit Chrompolitur versehen | Entsteht kein Glanz, Lackierung polieren und anschließend konservieren |
| 6 | Sekundärantriebskette einölen | Siehe Seite 302 |

## Motorrad stillegen

| Schritt | Ausführung | Anmerkung |
|---|---|---|
| 1 | Reinigen | Elektrische Geräte und Anschlüsse müssen trocken bleiben. Chromteile nicht einfetten |

# Motorrad stillegen

| Schritt | Ausführung | Anmerkung |
|---|---|---|
| 2 | Warmfahren | Voraussetzung fürs Ablassen der Öle, da nun dünnflüssig |
| 3 | Hochbocken | |
| 4 | Batterie ausbauen | In kühlem und trockenem Raum aufbewahren. Alle Monate mittels Ladegerät nachladen |
| 5 | Motoröl ablassen (4-Takter) | Altes Öl besitzt korossionsbildende Stoffe |
| 6 | Getriebeöl ablassen (2-Takter) | |
| 7 | Hinterachsöl ablassen | Typbedingt |
| 8 | Ölfüllung der Schwingenholme ablassen | |
| 9 | Kraftstoffhahn schließen | |
| 10 | Kraftstoffbehälter ganz mit Kraftstoff füllen und etwas Öl beigeben | Zur Vermeidung von Korossion |
| 11 | Wassersammelbehälter des Kraftstoffhahns entleeren | |
| 12 | Kraftstoffilter des Kraftstoffhahns reinigen | |
| 13 | Vergaserschwimmerkammer(n) entleeren | |
| 14 | Frisches Motoröl, Getriebeöl, Hinterachsöl und Schwingenholmöl einfüllen | Erfolgt nach einigen Monaten die Inbetriebnahme, kann mit dem Öl 1000 bis 2000 km gefahren werden |
| 15 | Etwa 3 $cm^3$ Motoröl in Ventileinstellöffnungen geben | Schmierung der Ventilsteuerung |
| 16 | Gang einlegen | |
| 17 | Zündkerze(n) entfernen | Erleichtert das Durchtreten |
| 18 | Etwas Motoröl in das Kerzenloch bzw. in die Kerzenlöcher geben | Zur Schmierung der Zylinderlaufbahn(en) |
| 19 | Motor mittels Kickstarter mehrmals durchtreten | Frisches Öl gelangt an alle Schmierstellen |
| 20 | Zündkerze(n) einschrauben | |
| 21 | Motor bis OT-Punkt durchdrehen. Beim Zweitakter Ansaugstutzen des Vergasers mit Lappen verschließen | Durch geschlossene Ventile wird der Zutritt der Außenluft verhindert |
| 22 | Seilzüge schmieren | Korossionsschutz |
| 23 | Sekundärkette ölen | Siehe Seite 302 |
| 24 | Motorrad in einen trockenen Raum abstellen oder mit einer Plane vollkommen abdecken | |

# 6. Änderungen

Jedes Kraftfahrzeug muß von der Kfz-Zulassungsstelle für den Verkehr freigegeben werden.
Die Betriebserlaubnis erlischt bzw. muß neu beantragt werden, wenn Änderungen am Fahrzeug vorgenommen wurden, durch deren Betrieb eine Gefährdung von Verkehrsteilnehmern möglich sein kann. Hierzu zählen im wesentlichen:

- Einbau eines anderen Motortyps
- Änderung der Getriebeübersetzung
- Änderungen an der Abgasanlage
- Änderung des Fahrwerks
- Verwendung anderer Felgen und Reifen
- Änderungen an der Bremsanlage, z. B. Einbau von Scheibenbremsen anstelle von Trommelbremsen
- Änderungen an der Lenkung
- Einbau anderer Sitze

Für Teile, die mit einem Prüfzeichen versehen sind, ist die Betriebserlaubnis erteilt. Handelt es sich um ein nicht genehmigtes Teil, ist ein Sachverständigen-Gutachten erforderlich. Das geprüfte Teil darf nur bei positivem Ergebnis verwendet werden. Sonderteile müssen im Kraftfahrzeugbrief eingetragen sein. Ein Vermerk im Kraftfahrzeugschein ist zu empfehlen.
Sonderteile am Fahrzeug, die nicht eingetragen sind, können zum Erlöschen der Betriebserlaubnis für das gesamte Fahrzeug führen.

## 6.1 Verbrennungsmotor

Zur Leistungserhöhung von Serienmotoren können Änderungen an Motorbauteilen – auch Frisieren oder Tuning genannt – vorgenommen werden. Dies setzt jedoch gute Fachkenntnisse und geeignete Werkstatt-Einrichtungen voraus, deshalb sollten derartige Arbeiten generell von Spezialisten ausgeführt werden. Hier soll lediglich ein Überblick über Möglichkeiten und Maßnahmen vermittelt werden (siehe nachstehende Übersicht).
Werden allerdings verbotene Manipulationen vorgenommen, erlischt automatisch die Betriebserlaubnis. Änderungen, durch die andere Verkehrsteilnehmer gefährdet werden können, müssen nach erteilter Betriebserlaubnis im Fahrzeugschein eingetragen werden.

| Möglichkeit | Maßnahme | Anmerkung |
|---|---|---|
| Vergrößerung des Hubraumes | Vergrößern der Kolbenfläche durch Aufbohren der Zylinder und Einsetzen größerer Kolben | Nur möglich, wenn geeignete Kolben zu bekommen sind und die Wandstärke des Zylinders ausreicht |
| | Verlängerung des Kolbenhubs durch Vergrößern des Abstandes zwischen Kurbelzapfen und Kurbelwellenmitte | Neue Kurbelwelle erforderlich |
| Erhöhung der Verdichtung | Einsatz von Kolben mit speziell ausgebildeten Kolbenböden | Die Belastung des Kurbeltriebes wird größer. Es können sich Fehlzündungen ergeben |
| | Auftragsschweißung auf dem Kolbenboden | |
| | Abschleifen an der Dichtfläche des Zylinderkopfes | Eine ausreichende Wandstärke zum Kühlwassermantel muß erhalten bleiben, um keinen Durchbruch zu riskieren, bzw. um dem erhöhten Verdichtungsdruck standzuhalten |
| | Kürzen des Zylinderblocks durch Abdrehen | Kolben bewegt sich in den Zylinderkopf |
| Steigerung des Gasdurchflusses | Verringerung der Strömungsverluste im Ansaugsystem durch strömungstechnisch günstigere Führung des Ansaugrohres | |

| Steigerung des Gasdurchflusses | Einsatz mehrerer Vergaser | Eine maximale Leistungserhöhung wird erzielt, wenn jedem Zylinder ein Vergaser zugeordnet wird. |
|---|---|---|
| Änderungen am Zylinderkopf | Vergrößern der Ventile, Ventilsitze und Gaskanäle. Anpassung der Anschlüsse auf der Ansaug- und Auslaßseite an die vergrößerten Kanalquerschnitte | Der Durchmesser des Auslaßventils kann bei gleichem Ventilhub bis zu 15 % kleiner als der Durchmesser des Einlaßventils sein. Scharfe Kanten und starke Querschnittsänderungen sind zu vermeiden, da sie den Gasstrom behindern. |
| Erhöhung der Drehzahl | Einbau härterer Ventilfedern. Unterlegen einer Scheibe zwischen Zylinderkopf und Ventilfeder. Dabei dürfen die Windungen der Ventilfeder bei vollem Ventilhub nicht aufeinanderliegen. | Die Resonanzfrequenz (Eigenschwingung) der Ventile zusammen mit den Ventilfedern wird in einen höheren Drehzahlbereich verlegt. Die Drosselwirkung des Ein- und Auslaßsystems wird verringert. |
| | Gewichtsverminderung am Kurbeltrieb durch Auswechseln der Stahlpleuel gegen leichtere. Reduzierung der Schwungscheibenmasse durch Abdrehen von Material. | Die Gewichtsverminderung hat kürzere Beschleunigungszeiten zur Folge. Der Motorrundlauf im unteren Drehzahlbereich wird beeinträchtigt. |

Das Frisieren von Kleinkrafträder, z. B. durch Einbau eines größeren Vergasers bzw. Luftfilters, das Aufbohren der Einlaßkanäle oder Änderungen an der Auspuffanlage sind verboten. Außerdem darf zur Steigerung der Höchstgeschwindigkeit weder ein größeres Ritzel am Motor noch ein kleineres Kettenrad eingebaut werden.
Da die Bremsen für eine bestimmte Höchstgeschwindigkeit ausgelegt sind, würden Eingriffe dieser Art die Unfallgefahr erhöhen.

## 6.2 Elektrische Anlage

Bevor man sich zu einer Erweiterung bzw. Änderung der elektrischen Anlage eines Kraftfahrzeuges entschließt, ist vor allem zu klären, ob die gesetzlichen Bestimmungen eingehalten werden, eine TÜV-Abnahme erforderlich ist (nur für Sonderzubehör bzw. Ersatzteile, die »typgeprüft« sind, ist keine allgemeine Betriebserlaubnis einzuholen) und die Stromversorgung ausreicht. Handelt es sich um den Einbau eines elektronischen Gerätes, so ist ein Einbauort festzulegen, wo:

- keine hohen Temperaturen bzw. Temperaturschwankungen auftreten,
- Erschütterungen, Verschmutzung und Feuchtigkeit weitgehend ausgeschlossen werden können.

Temperaturschwankungen kann man mit vertretbarem technischen Aufwand nur dadurch begegnen, indem man Bauelemente verwendet, die trotz wechselnder Umgebungstemperatur eine einwandfreie Funktion gewährleisten. In jedem Fall muß der Einbauort so gewählt werden, daß eine direkte Wärmeeinwirkung durch heiße Motorteile ausgeschlossen ist.
Den besten Schutz gegen Feuchtigkeit und Verschmutzung bietet eine mit Gießharz ausgegossene elektronische Schaltung. Bei der Dimensionierung einer elektrischen Leitung sind die Strombelastbarkeit und der Spannungsverlust zu berücksichtigen. Der Spannungsverlust im Leitungsnetz darf keine Werte annehmen, bei denen die Funktionstüchtigkeit von Geräten bzw. Anlagenteilen in Frage gestellt ist. Eventuell ist eine Querschnittserhöhung im bestehenden Leitungsnetz erforderlich.
Um ausreichende Befestigung, Schutz gegen Scheuern, einwandfreie Anschlüsse, kein Verletzen von Litzen beim Abisolieren usw. zu gewährleisten, ist das Verlegen von Leitungen fachmännisch auszuführen.
Die Verbindung eines neuen Stromkreises mit dem Pluspotential des Bordnetzes kann an jeder plusführenden Anschlußstelle vorgenommen werden, sofern sichergestellt ist, daß die bis zu diesem Punkt führende Leitung durch die Zusatzbelastung des neuen Verbrauchers nicht überlastet wird. Eine zu schwache Leitung ist gegen eine neue, mit einem für die Gesamtbelastung ausreichendem Querschnitt, auszutauschen.
Die Minusleitung kann an jedem beliebigen Punkt der Fahrzeugmasse angeschlossen werden. Voraussetzung ist eine einwandfreie Verbindung aller Masseteile mit dem Minuspol der Batterie. Um dies zu gewährleisten, sollte der

Anschluß an einer bereits vorhandenen Masseklemme vorgenommen werden.

## Zündanlage

Aufgrund der Nachteile herkömmlicher Zündanlagen (nicht wartungsfrei, Verschleiß des Unterbrechernockens, absinkende Zündspannung bei höheren Drehzahlen, Verstellung des Zündzeitpunktes) wurden elektronische Zündanlagen entwickelt.

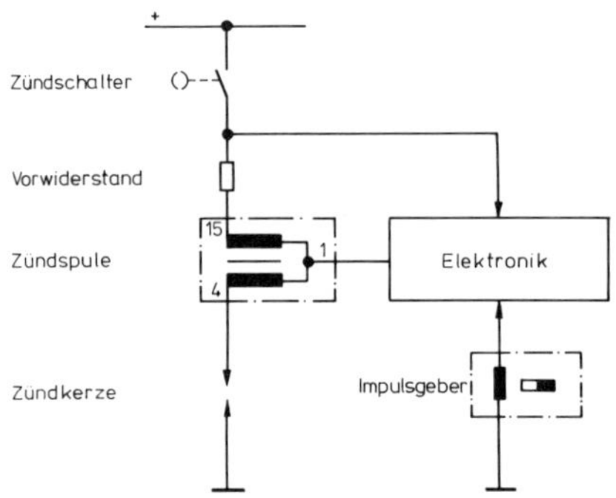


*421 Schaltung einer Batterie-Transistor-Zündanlage*

Die jeweils durchzuführenden Änderungen sind der Montageanleitung des Bausatzes zu entnehmen.

## Beleuchtungsanlage

An Kraftfahrzeugen dürfen nur die vorgeschriebenen und die für zulässig erklärten Beleuchtungseinrichtungen angebracht werden; als Beleuchtungseinrichtung gelten auch Leuchtstoffe und rückstrahlende Mittel. Die Beleuchtungseinrichtungen müssen vorschriftsmäßig angebracht und ständig betriebsfähig sein, sie dürfen weder verdeckt noch verschmutzt sein. Grundsätzlich dürfen nur Zusatzscheinwerfer am Kraftfahrzeug angebracht werden, die mit einem Prüfzeichen (auf der Streuscheibe) versehen sind.
Bei Krafträdern sind maximal zwei Scheinwerfer zulässig. Sie müssen laut StVZO in gleicher Höhe und in gleichem Abstand von der Fahrzeugmitte angeordnet sein. Diese Forderung muß jedoch nicht erfüllt sein, wenn beide Scheinwerfer bei gleichzeitiger Einschaltung bereits aus kurzer Entfernung wie eine Lichtquelle wirken.
Ferner ist zusätzlich ein Nebelscheinwerfer zulässig. Er darf nicht höher als der bzw. die Scheinwerfer angeordnet sein.

Die schaltungstechnische Erweiterung (starke Linien) einer Beleuchtungsanlage um einen Zusatzscheinwerfer und einen Nebelscheinwerfer ist aus Abb. 422 ersichtlich.

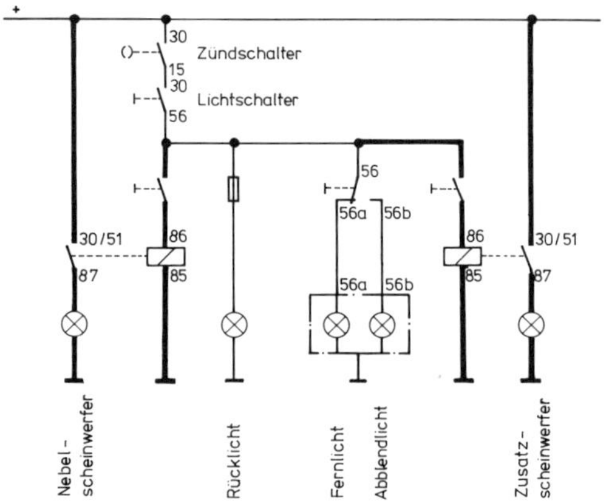


*422 Eine um einen Scheinwerfer und um einen Nebelscheinwerfer erweiterte Schaltung einer Beleuchtungsanlage*

Zusatz- und Nebelscheinwerfer dürfen gemäß gegenüberliegender Schaltkombinationen nicht gleichzeitig eingeschaltet werden.
Zur Erfüllung dieser Forderungen sollte die Schaltung durch entsprechende Verriegelungen, z. B. durch Relaiskontakte, erweitert werden.
Ferner können beim Zubehörhandel für bestimmte Fabrikate und Typen komplette Umrüstsätze für H4-Licht bezogen werden. Wurden die ursprünglich für Fern- und Abblendlicht eingesetzten Biluxlampen (Leistung 45/40 W) direkt über Schalter eingeschaltet, sollte diese Schaltung zur Steuerung des H4-Lichts (Leistung 60/55 W) in eine Relaissteuerung geändert werden, damit ein geringer Spannungsverlust erzielt wird und eine einwandfreie Kontaktgabe sichergestellt ist (Abb. 423).
Der Austausch der Einsätze ist relativ einfach und kann anhand der Montageanleitung auch von Laien mühelos ausgeführt werden.

### Scheinwerferrelais einbauen

Eine sichere Umschaltung vom Abblendlicht auf Fernlicht und umgekehrt, kann durch den Einbau eines Relais erzielt werden. Das Relais muß für die Bordspannung (6 V bzw. 12 V) ausgelegt sein. Zur Steuerung ist ein Umschalter erforderlich.
Ein Anschluß des Umschalters ist mit einem beliebigen Massepunkt zu verbinden, der andere mit einem Anschluß der Relaisspule.

| Scheinwerfer | | | | Zusatz-Scheinwerfer | | Nebel-Scheinwerfer | | Rücklicht |
|---|---|---|---|---|---|---|---|---|
| Abblendlicht | | Fernlicht | | | | | | |
| Ein | Aus | Ein | Aus | Ein | Aus | Ein | Aus | Ein |
| × | | | × | | × | | × | × |
| | × | | × | × | | | × | × |
| | | × | | × | | | × | × |
| × | | | | × | | | × | × |
| | × | | × | | × | × | | × |
| × | | | × | | × | × | | × |
| | × | | × | × | | × | | × |
| | | × | | × | | × | | × |
| × | | | | × | | × | | × |

*Zulässige Schaltkombinationen einer Beleuchtungsanlage*

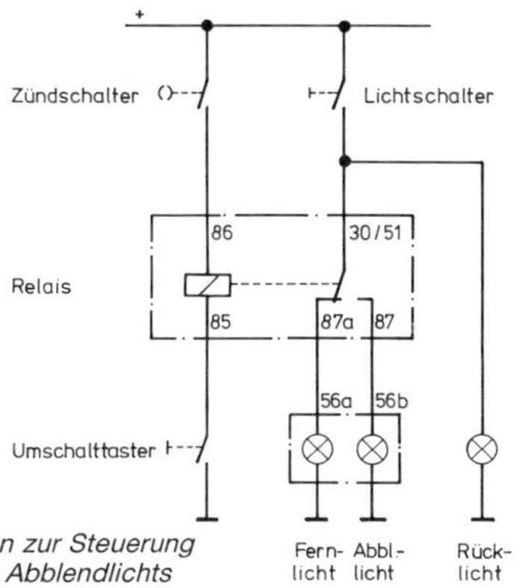

*423 Schaltplan zur Steuerung des Fern- und Abblendlichts mittels Taster und Stromstoßrelais*

## Austausch eines Blinkgebers

Hitzdrahtblinkgeber sind störempfindlich d. h. sie erhöhen durch Vibrationen (bei höherer Motordrehzahl) ihre Blinkfrequenz bzw. sie führen zu einem Defekt des Blinkgebers. Da ein elektronischer Blinkgeber diese Nachteile nicht aufweist, bietet sich dessen Einbau an. Die Schaltungen und Klemmenbezeichnungen der Blinkanlagen sind aus Abb. 424 ersichtlich. Besitzt ein Kraftfahrzeug keine Blinkanlage, sollte eine Nachrüstung erfolgen.

## Einbau einer Blinkanlage

Der Bausatz einer nachzurüstenden Blinkanlage besteht im Wesentlichen aus einer Elektro-

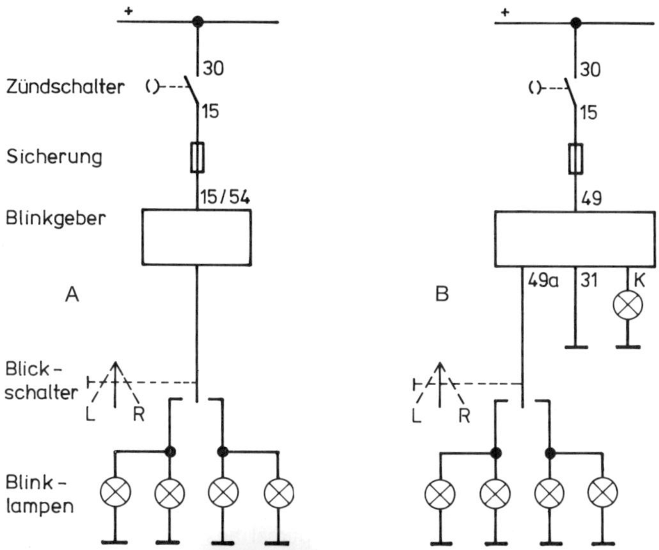

*424 Schaltungen einer Blinkanlage:*
*A mit Hitzdrahtblinkgeber*
*B mit elektronischem Blinkgeber*

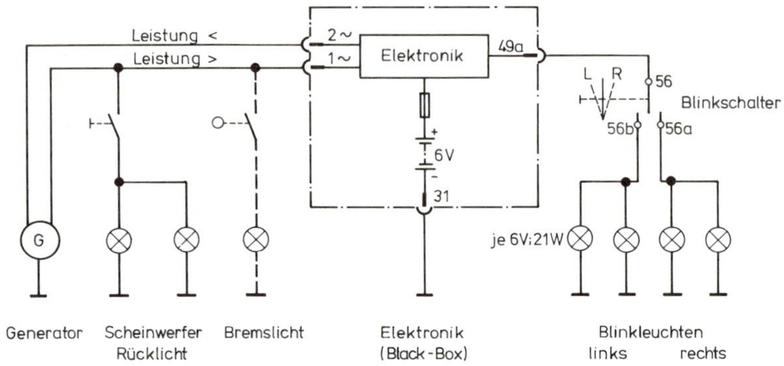


*425 Stromlaufplan einer Blinkanlage für Kleinkrafträder*

nik, dem Blinkschalter und den Blinkleuchten. Wie diese Geräte durch elektrische Leitungen zu verbinden bzw. an das bestehende Bordnetz anzuschließen sind, zeigt Abb. 425.

Demgemäß ist der Eingang 1 ~ der Elektronik mit der Generatorklemme zu verbinden, an der die Fahrzeugbeleuchtung angeschlossen ist (größere Leistung) und der Eingang 2 ~, an die andere Generatorklemme (kleinere Leistung). Die Elektronik beinhaltet einen Laderegler für die Batterie, Gleichrichter und Blinkgeber. Die Blinkimpulse werden nach Betätigung des Blinkschalters im Blinkgeber erzeugt und gelangen über den Ausgang 49a zu den entsprechenden Blinkleuchten.

## Öldruck- und Öltemperaturmessung

Wird eine analoge Öldruckanzeige gewünscht, (Abb. 426), so ist anstelle des Öldruckschalters ein Druckgeber einzuschrauben, der ein elektrisches Meßsignal liefert. Ferner ist ein Druckanzeiger mit geeignetem Meßbereich (siehe Betriebsanleitung) einzubauen.
Die Öltemperatur gibt Aufschluß über den thermischen Zustand des Motors, d. h. wann das Öl seine volle Schmierfähigkeit erreicht hat bzw. der Motor voll belastet werden kann. Zur Erfassung der Öltemperatur ist anstelle des Temperaturschalters ein Temperaturgeber einzuschrauben, der ein analoges Meßsignal liefert. Außerdem ist ein Temperaturanzeiger mit geeignetem Meßbereich einzubauen. Die Öltemperatur in der Ölwanne beträgt 90 bis 120 °C. Der Anzeiger ist mit einer Instrumentenleuchte ausgestattet, die mittels Lichtschalter eingeschaltet wird.

## Drehzahlmessung

Der Drehzahlmesser dient zur Anzeige der Motordrehzahl (Drehzahl der Kurbelwelle). Da die vom Motor in jedem Belastungszustand abgegebene Leistung nur dann optimal aus-

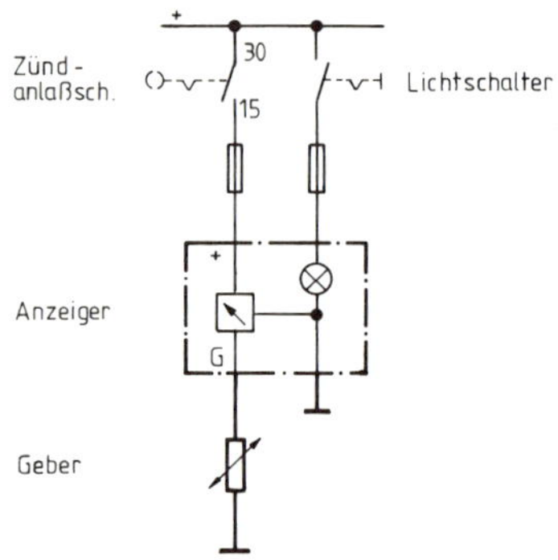


*426 Anschluß eines Anzeigers mit analogem Geber*

genutzt wird, wenn sich die Motordrehzahl im richtigen Drehmomentbereich bewegt, kommt dieser Messung in bezug auf Wirtschaftlichkeit und Motorverschleiß eine besondere Bedeutung zu. Zu hohe Drehzahlen bewirken eine erhöhte Kolbenbeschleunigung und beeinflussen die Ventilsteuerung ungünstig; bei zu kleinen Drehzahlen wird die Kurbelwelle überansprucht.
Beim Ottomotor erfolgt die Drehzahlmessung durch einen Transistor-Drehzahlmesser, der gemäß Abb. 427 an die Zündspule anzuschließen ist.

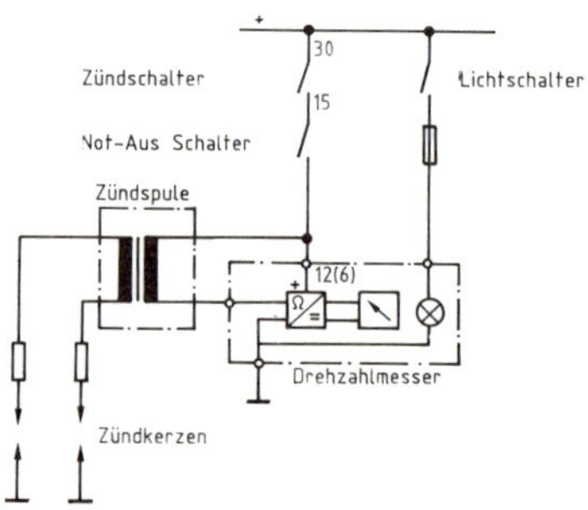


*427 Anschlußschaltung eines elektronischen Drehzahlmessers*

Sind mehrere Zündspulen vorhanden, ist eine für den Anschluß auszuwählen. Der Anschluß 15 der Zündspule ist bei einem 12 V-Bordnetz mit dem Anschluß +12 des Drehzahlmessers zu verbinden, bei einem 6 V-Bordnetz mit +6.
Der auf der Rückseite des Drehzahlmessers befindliche Schalter ist entsprechend der Einbauanleitung auf die Zylinder- bzw. Taktzahl des Motors einzustellen.
Die Instrumentenbeleuchtung wird über den Lichtschalter eingeschaltet.

**Spannungsmessung**
Der Spannungsmesser dient zur Überwachung der Batterie bzw. des Bordnetzes.
Die Spannungsschwankungen bei den verschiedenen Betriebsfällen, z. B. Anlassen, gleichzeitige Inbetriebnahme leistungsstarker Verbraucher, geben Aufschluß über den Zustand der Batterie, der Lichtmaschine und des Reglers. Außerdem ist zu erkennen, ob die Batterie geladen (Spannung > Nennspannung) wird.
Die Plusklemme des Spannungsmessers kann an einem beliebigen Punkt der Sammelleitung angeschlossen werden.

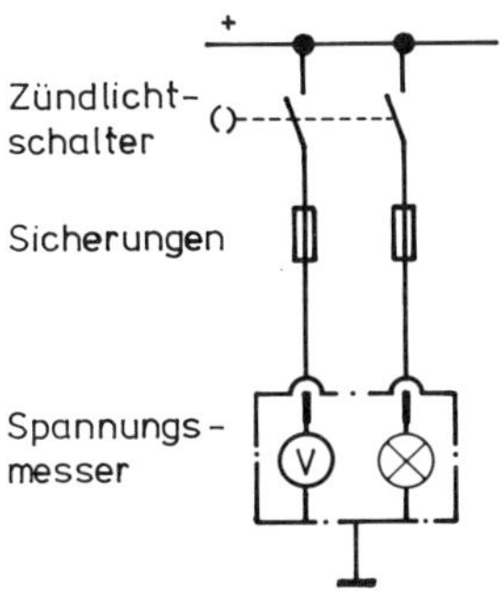


*428 Anschluß eines Spannungsmessers*

**Zeituhr**
Da die Normalausführung der Instrumentierung in vielen Fällen ohne Zeituhr ist, wird sie vielfach nachgerüstet. Ihr Einbau und Anschluß sind problemlos.

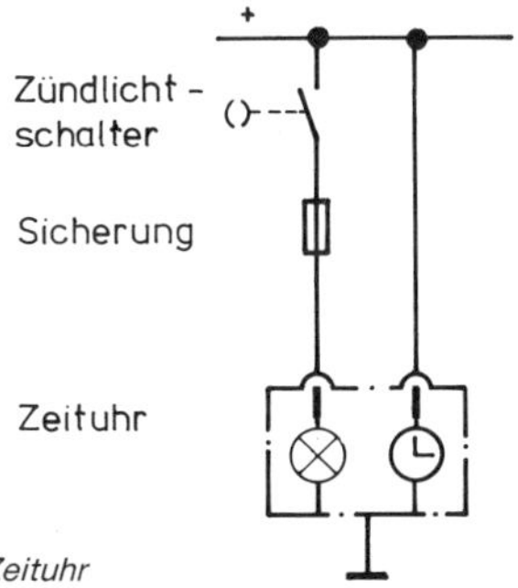


*429 Anschluß einer Zeituhr*

Entsprechend der individuellen Genauigkeitsanforderung ist beim Kauf einer Zeituhr auf die technischen Daten zu achten.

**Heizgriffe**
Heizwiderstände zur Beheizung der Griffe sollten nur an ein Bordnetz mit ausreichender Leistungsreserve angeschlossen werden, damit die Stromversorgung der übrigen Verbraucher nicht beeinträchtigt wird.
Als Heizdrahtmaterial ist Kanthal zu empfehlen, das einen spezifischen Widerstand von 1,45 hat.
Die Länge des Heizdrahtes ergibt sich durch den Drahtquerschnitt und der gewünschten Heizleistung. Im allgemeinen genügt eine Heizleistung von 12 W/Griff. Somit fließt bei einer 12 V-Anlage, gemäß der Leistungsformel P [W] = U [V] · I [A], ein Strom von

$$I = \frac{P}{U} = \frac{12}{12} = 1 \text{ A.}$$

Dementsprechend ist nach dem Ohm'schen Gesetz ein Widerstand von R = U : I = 12 Ω erforderlich. Legt man nun einen Querschnitt des Heizdrahtes von 0,3 $mm^2$ zugrunde, so ergibt sich eine benötigte Heizdrahtlänge

$$l\,[m] = \frac{R\,[\Omega] \cdot A\,[mm^2]}{\varrho} = \frac{12 \cdot 0{,}3}{1{,}45} \approx 2{,}5 \text{ m.}$$

Jeder Griff ist mit dem Heizdraht und anschließend mit Isolierband zu umgeben. An jedes Ende eines Heizdrahtes ist ein isolierter Kupferlitzendraht anzulöten, und gemäß Abb. 430 anzuschließen.

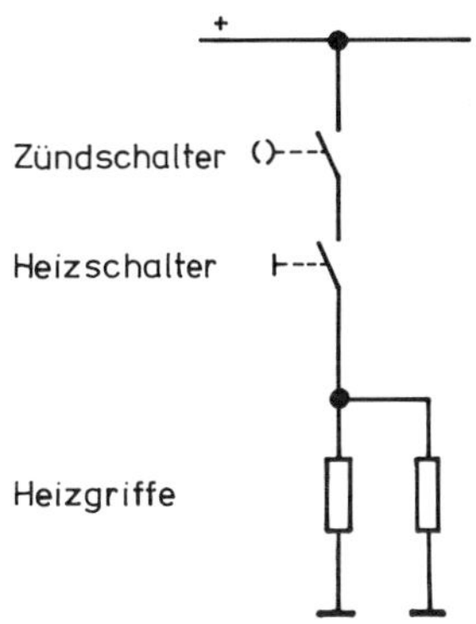


*430 Schaltung von Heizgriffen*

Zur Ein- und Ausschaltung der Griffheizung ist an geeigneter Stelle ein Schalter (Heizschalter) zu montieren.

# 7. TÜV-Prüfung

Vor einer TÜV-Prüfung sollten folgende Funktions- und Sichtprüfungen sowie alle notwendigen Einstellungen und Reparaturen durchgeführt werden.

## 7.1 Übersicht

| Anlage/ Komponente \ Arbeiten/ Ausführung | Funktionsprüfung | Sichtprüfung | Einstellung | Werkstatt | Laie | Anmerkung |
|---|---|---|---|---|---|---|
| Rückspiegel | | ● | | | ● | Spiegel muß unbeschädigt, gut befestigt und darf nicht matt sein |
| Kfz.-Kennzeichen | | ● | | | ● | Unbeschädigt, gut lesbar und einwandfrei befestigt |
| Beleuchtung | ● | | ● | ● | ● | Alle nach vorn gerichteten Beleuchtungseinrichtungen müssen zusammen mit der Schluß- und Kennzeichenbeleuchtung brennen |
| Abblendlicht | ● | | | | ● | |
| Fernlicht | ● | | | | ● | |
| Fernlichtkontrolle | | ● | | | ● | |
| Scheinwerferglas | | ● | | | ● | Muß unbeschädigt sein |
| Scheinwerferreflektor | | ● | | | ● | Darf nicht angerostet bzw. matt sein |
| Zusatzscheinwerfer | ● | | | | ● | Darf mit Fernlicht gleichzeitig leuchten |
| Schlußleuchte/ Kennzeichenbeleuchtung | ● | | | | ● | Zündung und Lichtschalter ein |
| Bremsleuchten | ● | | | | ● | Zündung ein, Fußbremse betätigen |
| Rückstrahler | | ● | | | ● | |
| Montage eines Seitenwagens | | ● | | | ● | Betriebserlaubnis |
| Signalanlage | ● | | | | ● | Bei eingeschalteter Zündung Signaltaste betätigen. Die Tonhöhe der Schallzeichen muß gleichmäßig sein |
| Blinkanlage | ● | | | | ● | Zündung und Abblendlicht einschalten. Blinkschalter betätigen, Blinkleuchten und Kontrolleuchte müssen mit einer Blinkfrequenz von 90 ± 30 Perioden pro Minute leuchten |
| Fußbremse | ● | | | | ● | Bremsprobe aus mäßiger und höherer Geschwindigkeit. Die Bremswirkung muß gut sein. |
| Bremspedalweg | | | ● | ● | ● | Leerweg etwa $^1/_3$ |
| Handbremse | | | ● | ● | ● | |
| Bremsflüssigkeitsstand | | ● | | | ● | Sollte bis zur Max-Markierung gefüllt sein |
| Bremsbeläge | | ● | | ● | | |
| Kraftstoffanlage | | ● | | | ● | Auf Dichtheit achten. Leitungen müssen einwandfrei sein |

| Anlage/ Komponente \ Arbeiten/ Ausführung | Funktionsprüfung | Sichtprüfung | Einstellung | Werkstatt | Laie | Anmerkung |
|---|---|---|---|---|---|---|
| Lenkkopflagerspiel | ● | | | | ● | Siehe Wartung |
| Reifen | | ● | | | ● | Zulässigkeit siehe Kfz-Schein. Auf Schäden und Profiltiefe (≧ 2 mm) überprüfen |
| Vorderachse | | ● | | ● | ● | Spiel des Radlagers prüfen |
| Motor und Getriebe | | ● | | | ● | Keine Undichtigkeiten am Motor, Schaltgetriebe und Achsantrieb |
| Rahmen | | ● | | | ● | Tragende Teile dürfen weder stärker an- noch gerostet sein. |
| Auspuff | | ● | | | ● | Befestigung muß einwandfrei sein. Auf Dichtheit bzw. Korrosion überprüfen |
| Abgastest | | | | ● | | Eventuell Einstellung der Vergaser, Einspritzung und Zündung erforderlich |
| Bremsseile | | ● | | | ● | Keine Korrosionsschäden. Einwandfreie Führung |
| Bremsleitungen | | ● | | | ● | Keine Korrosionsschäden |
| Bremsschläuche | | ● | | | ● | Dürfen nicht porös sein |
| Hauptbremszylinder | | ● | | | ● | Auf Dichtheit achten |

## 7.2 Tips

- Gibt man ein Fahrzeug zur TÜV-Vorbereitung in eine Werkstatt, sollte ein detaillierter Kostenvoranschlag verlangt werden. Legen Sie fest, daß alle größeren Reparaturen vor Beginn mit Ihnen abzusprechen sind. Erteilen Sie keiner Werkstatt einen Freibrief.
- Viele Kfz-Werkstätten bieten die Möglichkeit, eine Hauptuntersuchung in ihrem Betrieb von einem Prüfer des TÜV oder deutschen Kraftfahrzeug-Überwachungsvereins (DEKRA) vornehmen zu lassen.
- Die TÜV-Prüfstelle bzw. TÜV-Nachprüfstelle ist frei wählbar.
- Wird das Fahrzeug in einem verkehrsunsicheren Zustand vorgeführt, entfernt der Prüfer die TÜV-Plakette und informiert die Zulassungsstelle. Das Fahrzeug muß von einem Abschleppwagen in die Werkstatt transportiert werden.
- Eine Terminvereinbarung (kann auch telefonisch erfolgen) verkürzt die Wartezeit erheblich.
- Wurden Änderungen am Motorrad vorgenommen, durch deren Betrieb eine Gefährdung von Verkehrsteilnehmern möglich sein kann, muß die Betriebserlaubnis vorgelegt werden, sofern sie noch nicht im Fahrzeugschein eingetragen sind.
- Motorrad in sauberen Zustand vorführen.
- Fahrgestellnummer und Fabrikschild müssen lesbar sein und mit Eintrag im Kfz-Schein übereinstimmen.
- Nebelscheinwerfer müssen vorschriftsmäßig angeordnet sein.
- Zur TÜV-Hauptuntersuchung sollten die Bremsen zur Erzielung einer optimalen Bremswirkung warm gefahren werden. Feuchte Bremsen können trotz einwandfreiem Zustand unterschiedlich stark ziehen.
- Um einen günstigen CO-Wert zu erzielen, ist der Motor bis Erreichen der Betriebstemperatur zu fahren und ein längerer Leerlaufbetrieb zu vermeiden (Richtwert 1,5 ± 0,5 Volumenprozent).
- Führen Sie nach Möglichkeit Ihr Fahrzeug persönlich beim TÜV vor. Es entfallen dadurch Werkstattkosten.
- Stellt der Prüfer einen oder mehrere Mängel fest, werden bei einer Nachuntersuchung, die nur einen Teil der Erstuntersuchung kostet, lediglich die vom Prüfer angekreuzten Mängel überprüft.

# 8. Tabellen

## 8.1 Zündabstand und Zündfolge

| Takte | | Zylinder | | | | Zündabstand [°KW] | Zündfolge | Bemerkung |
|---|---|---|---|---|---|---|---|---|
| 2 | 4 | 1 | 2 | 3 | 4 | | | |
| ● | | ● | | | | 360 | 1 | |
| | ● | ● | | | | 720 | | |
| ● | | | ● | | | 180 | 1,2 | Twinmotor |
| | ● | | ● | | | 180 u. 540 | | |
| ● | | | ● | | | 360 | | Gleichläufer |
| | ● | | ● | | | 360 | | |
| | ● | | ● | | | 270 u. 450 | | 90 °-V-Motor |
| | ● | | ● | | | 300 u. 420 | | 60 °-V-Motor |
| ● | | | ● | | | 360 | | Boxer-Motor |
| | ● | | ● | | | 360 | | |
| | ● | | | | ● | 180 | 1,3,2,4<br>1,4,2,3 | |
| ● | | | | ● | | 120 | 1,2,3 | |
| | ● | | | ● | | 240 | 1,3,2 | |
| | ● | | | | ● | 180 | 1,2,4,3<br>1,3,4,2 | Reihenmotor |

## 8.2 Leistungen elektrischer Komponenten

| Benennung | Leistung [W] | Bemerkung |
|---|---|---|
| Lichtmaschine/Generator | 150<br>200<br>240<br>280<br>460 | Drehstromgenerator bei Motorrädern |
| | 19<br>35 | Kleinkrafträder |
| Magnetzünder-Generator | 17 | Moped |
| Zündanlage | 5 | |
| Biluxlampe | 25/25<br>35/35<br>45/40<br>50/35 | Fernlicht/Abblendlicht |
| Halogenlampe | 60/55 | |
| Scheinwerferlampe | 15,0 | Moped |
| Standlichtlampe | 4,0 | |

| Benennung | Leistung [W] | Bemerkung |
|---|---|---|
| Schlußlicht | 10,0 | |
| Schluß- und Kennzeichenlampe | 5,0 | Zweifadenlampe |
| Bremslichtlampe | 21,0 | |
| Schluß- und Bremslichtlampe | 7/23<br>3/32 | |
| Schlußlichtlampe | 4,0 | Kleinkraftrad |
| Bremslichtlampe | 5,0 | |
| Schlußlichtlampe | 2,0 | Moped |
| Bremslichtlampe | 5,0 | |
| Kontrollampen | 3,0<br>4,0 | Fernlicht<br>Öldruck<br>Leerlauf<br>Bremse<br>Batterieladung<br>Blinker |
| | 0,6 | Kleinkraftrad/Moped |
| Skalenbeleuchtung | 3,0 | Tachometer<br>Drehzahlmesser<br>Spannungsmesser<br>Zeituhr<br>Öltemperatur |
| Blinklampe | 21,0 | |
| Signalhorn | 25,0 | |
| Zündspule | 15,0 | |
| Anlasser | 400<br>700 | Gleichstrommotor |

Die Leistungen können je nach Fabrikat und Typ des Fahrzeuges von den angegebenen Werten geringfügig abweichen.

## 8.3 Belastungstafel isolierter Kupferleiter für Kraftfahrzeuge

| Querschnitt $mm^2$ | Belastung A | Verwendung |
|---|---|---|
| 0,5 | 0,5 | Melde- und Kontrollampen, Meßkreise usw. |
| 0,75 | 2,5 | Brems- und Schlußleuchten |
| 1,0 | 3,0 | Fahrtrichtungsanzeiger |
| 1,5 | 6,0 | Scheinwerfereinzelleitungen, Blinker- und akustische Signalanlage |
| 2,5 | 15,0 | Scheinwerfersammelleitung, Signalhorn > 6 A usw. |
| 4,0<br>6,0<br>10,0 | 20,0<br>25,0<br>40,0 | Ladeleitungen, Leitungen zu Lichtschaltern |
| 16–120 | – | Anlasserleitungen |